配 位 化 学

宋学琴　孙银霞　主编

西南交通大学出版社
·成　都·

图书在版编目（CIP）数据

配位化学 / 宋学琴，孙银霞主编. —成都：西南交通大学出版社，2013.4（2017.12 重印）
ISBN 978-7-5643-2268-7

Ⅰ. ①配… Ⅱ. ①宋… ②孙… Ⅲ. ①络合物化学－高等学校－教材 Ⅳ. ①O641.4

中国版本图书馆 CIP 数据核字（2013）第 069584 号

配位化学

宋学琴　孙银霞　主编

责任编辑	牛　君
封面设计	墨创文化
出版发行	西南交通大学出版社 （四川省成都市二环路北一段 111 号 西南交通大学创新大厦 21 楼）
发行部电话	028-87600564　028-87600533
邮政编码	610031
网　　址	http: //www.xnjdcbs.com
印　　刷	成都蓉军广告印务有限责任公司
成品尺寸	185 mm × 260 mm
印　　张	16.75
字　　数	438 千字
版　　次	2013 年 4 月第 1 版
印　　次	2017 年 12 月第 4 次
书　　号	ISBN 978-7-5643-2268-7
定　　价	38.00 元

前　言

配位化学是在无机化学的基础上发展起来的一门新兴学科，是无机化学的一个极其重要而又非常活跃的分支学科，在化学基础理论和实际应用方面都具有非常重要的意义。近年来，由于它自身的迅速发展、日益丰富和完善，同时不断与其他相关学科联系、交叉、融合，其深度、广度都在不断增加，逐步成为化学学科中的一门独立的分支学科。目前，配位化学不仅与有机化学、分析化学、物理化学、高分子化学等学科相互关联、渗透，而且与材料科学、生命科学以及医药等其他学科的关系也越来越密切，已成为化学学科中最具活力的前沿学科之一。同时现代配位化学也取得了非常丰硕的研究成果。

本教材的编写力求继承国内外配位化学已有教材、专著的精华，希望做到深入浅出，阐明基本概念，并注重内容的科学性和系统性，便于相关专业的学生学习和掌握配位化学的基本理论、基本知识，了解现代配位化学的研究范围、研究内容、研究方法、新成果及未来的发展趋势。本书共分为 8 章，第 1 章介绍了配位化学的发展简史、研究内容，并对配合物的基础知识进行了系统的归纳；第 2 章较全面地概括了配合物立体化学的基础知识；第 3 章系统地介绍了配合物的化学键理论；第 4 章简述了配合物的电子光谱和磁学性质；第 5 章总结了近年来比较实用的配合物的合成方法和表征手段；第 6 章较全面地介绍了配合物在溶液中的稳定性；第 7 章总结了配合物的反应动力学和机理的相关规律；第 8 章简述了稀土配合物及其应用。

本书编写分工如下：第 3、4、5、8 章由宋学琴编写，第 1、2、6、7 章由孙银霞编写。

在编写此书过程中得到董文魁教授和吴辉禄教授的鼓励和指导，作者在此表示感谢。我们在撰写本书时参阅并引用了国内外有关教材、著作、论文及研究成果，在此对上述有关作者表示衷心的感谢。

作者虽抱有良好愿望，但由于时间仓促、作者学识水平有限，书中疏漏和错误在所难免，敬请各位读者、同行批评指正。

编　者

2013 年 1 月于兰州交通大学

目　录

1　配位化学概论

1.1　配位化学发展简史

配位化学是无机化学中一门新兴的极其重要的分支学科，在化学基础理论和实际应用方面具有非常重要的意义。它所研究的主要对象是配位化合物（coordination compound），简称为配合物。由于早期对这类化合物的本质认识得不够清楚，故最初称其为“复杂化合物”，后又曾称为“错合物”或“络合物”（complex）。经典的配位化学则仅限于金属或金属离子（中心原子）和其他离子或分子（配体）相互作用的化学。目前，配位化学无论是在深度还是广度上与以前无机化学中介绍的配位化学相比较都发生了很大的变化，它不仅已经渗透到有机化学、分析化学、物理化学和生物化学等领域，而且与这些基础学科交叉，产生了具有广阔发展前景的边缘学科，如金属有机化学、生物无机化学等，其研究成果已被广泛用于催化工业、生物模拟过程、新型无机材料制备等诸多具有实际应用前景的领域。

1.1.1　早期研究及链式理论

配位化学大致形成于 20 世纪 40 年代中期，但是配合物在人类社会中的应用却可追溯到 18 世纪。历史上有记载的最早发现并使用的第一个真正意义上的配合物是我们很熟悉的 $Fe_4[Fe(CN)_6]_3$（普鲁士蓝），它是 1704 年德国颜料工人狄斯巴赫（Diesbach）在染料作坊中为寻找蓝色染料，而将兽皮、兽血同碳酸钠在铁锅中强烈地煮沸而得到的。后经研究确定其化学式为 $Fe_4[Fe(CN)_6]_3$，然而它的发现并未受到化学家的重视。文献所记载的历史上最早的有关配合物的研究是 1798 年法国分析化学家塔索尔特（Tassaert）所发现的配合物，它是将亚钴盐放在 NH_4Cl 和 $NH_3 \cdot H_2O$ 溶液中制得的橘黄色的盐 $CoCl_3 \cdot 6NH_3$：

$$4\,CoCl_2 + 2NH_3 \cdot H_2O + 4NH_4Cl + O_2 = CoCl_3 \cdot 6NH_3 + 3H_2O$$

这个新化合物的发现首先对经典化合价理论提出了尖锐挑战：化合价已经饱和的分子 $CoCl_3$ 和 NH_3 为什么还能相互结合生成非常稳定的新化合物 $CoCl_3 \cdot 6NH_3$?

起初人们把这种橙色晶体看成是稳定性较差的 $CoCl_3$ 和 6 个 NH_3 的分子加合物 $CoCl_3 \cdot 6NH_3$，但事实却相反：① 加热该化合物到 150 °C 却没有 NH_3 放出；② 一般温度下将强碱加入 $CoCl_3 \cdot 6NH_3$ 水溶液中仍没有 NH_3 放出；③ 将碳酸盐或磷酸盐加到 $CoCl_3 \cdot 6NH_3$ 溶液中，也检验不出钴离子（Co^{3+}）的存在。这说明该化合物中并不存在自由的 Co^{3+} 与 NH_3 分子，而是 Co^{3+} 与 NH_3 分子牢固地结合在一起。然而，向 $CoCl_3 \cdot 6NH_3$ 溶液中加入 $AgNO_3$ 溶液，会产生白色的 AgCl 沉淀，分析说明该化合物中的 3 个 Cl 是以自由的 Cl^- 形式存在的（表 1.1）。

表 1.1 $CoCl_3 \cdot 6NH_3$沉淀的氯离子数

配合物	沉淀出的Cl^-数	现在的化学式
$CoCl_3 \cdot 6NH_3$	3	$[Co(NH_3)_6]Cl_3$
$CoCl_3 \cdot 5NH_3$	2	$[CoCl(NH_3)_5]Cl_2$
$CoCl_3 \cdot 4NH_3$	1	$[CoCl_2(NH_3)_4]Cl$
$CoCl_3 \cdot 3NH_3$	0	$[CoCl_3(NH_3)_3]$

即使如此，人们仍然无法弄清楚这类化合物的真正结构。1869 年瑞典 Lund 大学教授勃朗斯特兰（Blomstrand）及他的学生丹麦化学家乔根森（Jörgensen）根据有机化学中碳的四价和碳成链的学说提出链式理论，试图解释该类化合物的结构。他们认为：Co^{3+}在配合物中只能有 3 个键，而在 $CoCl_3 \cdot 6NH_3$ 中附加的 6 个 NH_3 和 3 个 Cl^-距离 Co^{3+}有某种距离，因而再加入 Ag^+时，Cl^-很容易沉淀为 AgCl。上述化合物的结构分别为

$NH_3—Cl$
/
$Co—NH_3—NH_3—NH_3—NH_3—Cl$
\
$NH_3—Cl$

$CoCl_3 \cdot 6NH_3$

Cl
/
$Co—NH_3—NH_3—NH_3—NH_3—Cl$
\
$NH_3—Cl$

$CoCl_3 \cdot 5NH_3$

Cl
/
$Co—NH_3—NH_3—NH_3—NH_3—Cl$
\
Cl

$CoCl_3 \cdot 4NH_3$

Cl
/
$Co—NH_3—NH_3—NH_3—Cl$
\
Cl

$CoCl_3 \cdot 3NH_3$

链式理论认为：连接在 Co^{3+}上的氯不易离解成 Cl^-，据此解释表 1.1 中的实验事实。根据这种假定，可以推测配合物 $CoCl_3 \cdot 3NH_3$ 应与配合物 $CoCl_3 \cdot 4NH_3$ 相似。但 Jörgensen 未能制得 $CoCl_3 \cdot 3NH_3$，却制得类似物 $IrCl_3 \cdot 3NH_3$，实验证明，该配合物不导电，加入 $AgNO_3$ 不产生沉淀。因此他推翻了自己和老师先前的看法，指出链式理论是不正确的。

自 1798 年 $CoCl_3 \cdot 6NH_3$ 的发现以来，化学家们对这类化合物的研究持续了近 100 年，但直到 1892 年还未找到正确的答案。

1.1.2 现代配位化学理论的建立

1893 年，年仅 26 岁的瑞士年轻学者 A. Werner 冲破经典化学价的概念，抛弃了当时颇为流行的链式理论，发表了《对于无机化合物的结构贡献》等一系列论文，提出了具有革命意义的配位理论，包括配位键、配位数和配位化合物结构的基本概念，并用立体化学观点成功地阐明了配合物的空间构型和异构现象，奠定了现代配位化学的基础，因而被称为近代配位化学的奠基人。1913 年 A. Werner 因其“天才见解”荣获 Nobel 化学奖，他也是第一位获得 Nobel 化学奖的无机化学家。Werner 的“配位理论”要点如下：

（1）大多数元素具有两种原子价：主价（相当于现在的氧化数）和副价（相当于后来的配

位数），每一元素倾向于既满足它的主价又满足它的副价。

（2）在配合物中部分分子或离子与中心离子较紧密地结合在一起，组成在溶液中能够稳定存在的整体，称为“内界”；与中心离子结合不够紧密的离子则处于“外界”。在溶液中外界离子易于离解，内界分子或离子则难于离解。

（3）副价指向空间的确定位置，配合物有确定的几何构型。

依据 Werner 配位理论，上述实验结果可解释为，在 $CoCl_3 \cdot 6NH_3$ 中有 3 个 Cl^- 作用于主价，6 个 NH_3 作用于副价。用现代的观点来说，这 3 个 Cl^- 是可电离的，可被 $AgNO_3$ 沉淀；6 个 NH_3 以配位键作用于 Co^{3+}，形成稳定的配离子，是不可电离的。也就是说，钴离子可以同时有氧化数（主价）+3 和配位数（副价）6。$CoCl_3 \cdot 5NH_3$ 的结构和性质可以认为是从 $CoCl_3 \cdot 6NH_3$ 中失去 1 分子 NH_3 的同时，1 个 Cl^- 从可电离的主价变为不可电离的副价衍生而来的。所以 $CoCl_3 \cdot 5NH_3$ 中只有 2 个 Cl^- 是可电离的，其余 5 个 NH_3 和 1 个 Cl^- 作用于副价，是不可电离的。同样，在 $CoCl_3 \cdot 4NH_3$ 中的 1 个 Cl^- 作用于主价，是可电离的；而同时，2 个 Cl^- 和 4 个 NH_3 作用于副价，是不可电离的。这样，随着 Cl^- 从主价到副价的不同变化而形成不同的化合物。这些化合物虽然性质有所不同，但其中心离子的配位数（6）和氧化数（+3）都是一样的。

根据 Werner 理论，这些配位原子或基团同中心原子或离子形成了稳定的核，也称内界。若以符号表示，把核的符号写入方括号里边。这样，可以很方便地写出配位化合物的化学式：$[Co(NH_3)_6]Cl_3$、$[CoCl(NH_3)_5]Cl_2$、$[CoCl_2(NH_3)_4]Cl$、$[Co(NH_3)_5 \cdot H_2O]Cl_3$、$[Pt(NH_3)_4]Cl_2$ 等，据此将表 1.1 中 4 个配合物的结构依次表示为（主价 ---，副价 —）：

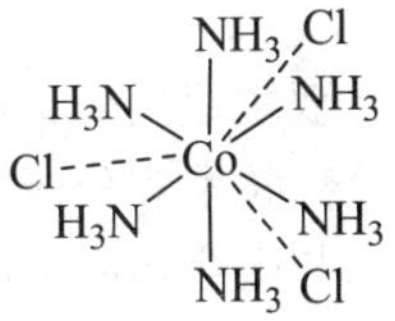

$[Co(NH_3)_6]Cl_3$ 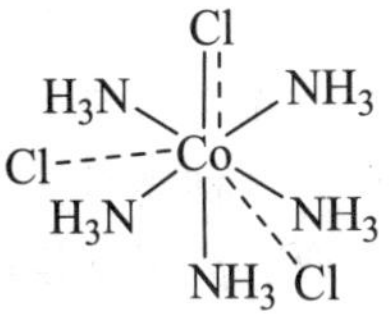　　$[CoCl(NH_3)_5]Cl_2$ 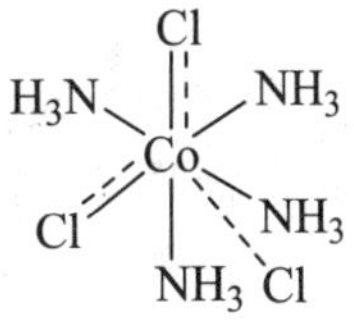　　$[CoCl_2(NH_3)_4]Cl$ 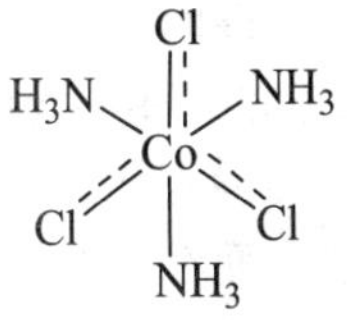　　$[CoCl_3(NH_3)_3]$

Werner 提出副价概念，借以补充当时尚不完善的原子价理论，这是他的重要贡献之一。正是为了满足副价的要求，主价已经饱和的分子、离子可以进一步反应生成配合物。内界、外界的概念说明了配合物的结构和物理、化学性质。而 Werner 创造性地把有机化学的空间结构理论扩展到无机化合物领域，奠定了配合物立体化学的基础，这是他的又一重大贡献。在发现 X 射线结构分析法以前，分子的空间构型是通过对已知异构体的数目与理论上可能有的异构体的数目相比较来确定的。利用这个方法，可以说明某些立体构型是不正确的，并取得证据以支持某一构型。Werner 曾用这个方法成功地说明了六配位配合物具有八面体构型。

需要指出的是，Werner 提出配位理论的时候，化学键理论尚未出现。人们对于化学键的本质并不清楚，因此他未能明确地说明配位作用（配位键）的本质。从电子角度来解释配位键的形成与本质是在 Werner 去世后的 20 世纪 20 年代。另外，值得一提的是 Werner 配位理论是在没有 X 射线衍射法、现代光谱方法等条件下，仅依靠化学计量反应、异构体数目、溶液电导率测定等简单方法进行研究、总结的基础上提出的，这足以证明 Werner 的天赋与才能。

Werner 的配位理论在当时并没有立即被人们普遍接受，在此后一段时间内配位化学的发展依然相当缓慢。继 Werner 之后，在 Lewis 共价键基础上形成了配位键的概念，即 2 个原子可以采取共同享用电子对的方式形成稳定结构。例如，$CoCl_3 \cdot 6NH_3$ 中共享的电子对是 NH_3 中的 N 原子单方面提供的，这种键称为配位共价键，以区别于正常的共价键。1923 年，英国化学家

Sidgwick 提出 EAN 规则，揭示中心原子电子数与配位数之间的关系。该规则适用于金属羰基化合物和有机金属化合物。1910—1940 年间，现代研究方法如四大波谱学、XRD、电子衍射、磁学测量等在配合物中得到应用。1929 年，皮赛（Bethe）提出晶体场理论（CFT），随后哈特曼（Hartman）和欧格尔（Orgel）分别解释了配合物的光谱与稳定性。1930 年，Pauling 用 X 射线测定了配合物的结构，在此基础上提出了价键理论。从 Werner 提出配位理论到 Pauling 提出价键理论，经历了半个多世纪之久，配合物的成键本质才基本被人们弄清楚，为日后配位化学的发展奠定了基础。

1.1.3 配位化学的发展

配位理论的建立使配位化学开始走上正确的发展道路，但是其后它的发展进程仍然是缓慢的，这是因为配位化学是一门边缘学科，它的发展有赖于有机化学、物理化学和结构化学提供的理论观点和研究方法。基于以下三个原因，1940 年后配位化学才有了新的跃进。一是化学键理论的发展：L. Pauling 的著作 *The Nature of the Chemical Bond* 于 1939 年出版，为阐明配合物中化学键的性质及其空间构型提供了有力的武器；二是适合于研究配位化学的物理化学方法取得了可喜的成果，J. Bjerrum 编著的 *Matal Ammine Formation in Aqueous Solution*（1941）便是这个时期的代表作；第三，最重要的原因是社会生产和科学技术发展的需要给配位化学的发展以巨大的推动力。F. Engels 曾经说过，“社会一旦有技术上的需要，则这种需要就会比十所大学更能把科学推向前进。”

20 世纪 40 ~ 50 年代，原子能工业、半导体、火箭等尖端技术的发展，要求提供大量核燃料、高纯稀有元素及高纯化合物等新材料、新原料，这种需求大大促进了分离技术和分析方法的发展。而在水溶液中的任何分离方法（如溶剂萃取、离子交换等）几乎都与配合物的生成有关。配位化学在原子能工业、核染料、稀有金属及有色金属化学中的应用，促进了无机化学的复兴与繁荣，生物无机、金属有机等新兴交叉学科应运而生。

20 世纪 50 ~ 60 年代，现代石油化工和有机合成工业的发展需要高效、专一的催化剂，从而推动了小分子配位的过渡金属配合物的研究。在一定条件下，小分子（如 O_2、H_2、N_2、CO、CO_2、NO、SO_2、烯烃分子等）通过和过渡金属离子配位而获得活化，从而引起插入、氧化加成、还原消除等反应的进行。因此，某些过渡金属配合物成为聚合、氧化还原、异构化、环化、羰基化等反应的高效、高选择性的催化剂。例如，用[$RhClCo(PPh_3)_2$]代替羰基钴催化剂，使甲醇转化为醋酸的反应压力由 650×10^5 Pa 降为 1×10^5 Pa，温度由 573 K 降为 473 K 左右，而催化剂的选择性高达 99%。高效、专一过渡金属配合物催化剂的研制以及配位催化机理的研究，成为有机过渡金属化学发展的巨大动力：

（1）齐格勒-纳塔催化剂：采用烷基铝-过渡金属卤化物催化烯烃的选择性聚合；Ziegler（联邦德国）和 Natta（意大利）由此共享了 1963 年度诺贝尔化学奖。

（2）钯配合物催化剂：选择性催化氧化乙烯为乙醛。

（3）威尔金森催化剂[$RhCl(PPh_3)_3$]：用于催化烯烃低压氢甲酰化。

（4）瓦斯卡配合物[$IrCl(CO)(PPh_3)_2$]：对多种化合物有各种各样的反应性能，氧化加成和还原消去反应的概念由此提出。

（5）不对称催化：1966 年 Noyori 等合成出手性席夫碱 Cu(Ⅱ)配合物，用于催化不对称环丙烷化。Horner 和 Knowles 几乎同时将手性膦引入铑催化剂，成功地实现了催化不对称加氢

（15% e.e.）。1971 年，Kagan 以天然酒石酸为原料制得双膦配体 DIOP，并将其用于乙酰基的不对称氢化，首次实现了 80% e.e.的高对映选择性。

20 世纪 70 年代，生物无机化学是配位化学向生物科学渗透而形成的边缘学科。生物体中含有许多金属元素，含量虽少，但对生命过程却起着关键性的作用。例如，储存和输送氧气的血红素、光合作用中的叶绿素以及维生素 B_{12} 等。它们分别是铁、镁卟啉配合物及钴的咕啉配合物（结构如下所示）。分子生物学的研究表明，生物体内发生的化学反应都是在一定酶的催化作用下进行的，其中金属酶约占 1/3，达数百种。生物无机化学的任务之一就是研究金属酶、金属辅酶和其他活性物质的结构和作用机理。其主要手段是用较简单的金属配合物来模拟酶的活性中心的结构及功能。例如，1965 年人们从固氮菌中分离出含铁及钼的固氮酶，这一发现启发人们进行温和条件下化学模拟固氮作用的研究；另外，天然碱金属离子载体大环抗生素缬氨霉素的模拟，已经推进了冠状及笼状大环化合物的合成及应用，并取得了可喜的成果。

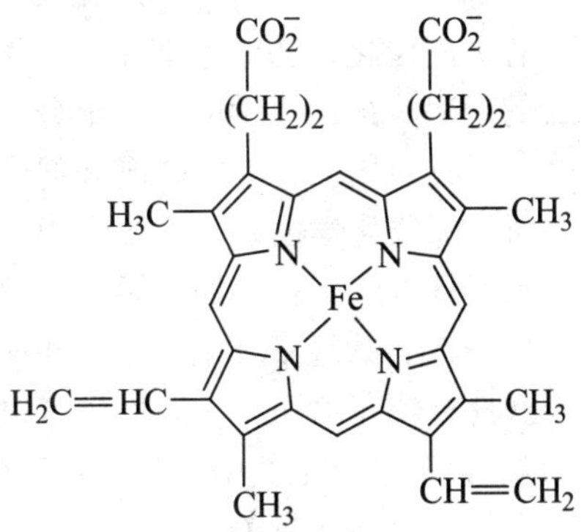

血红素

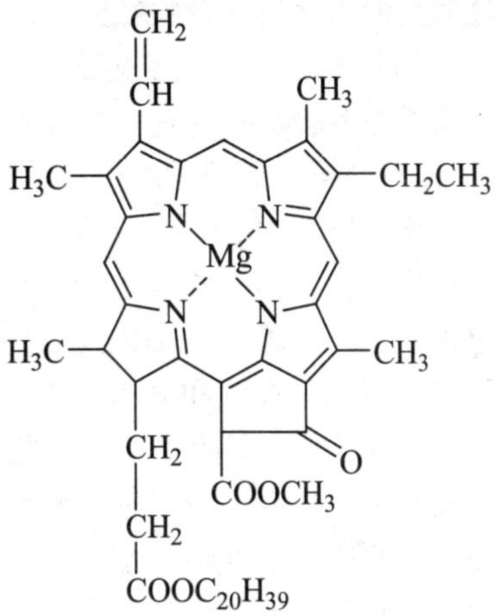

叶绿素

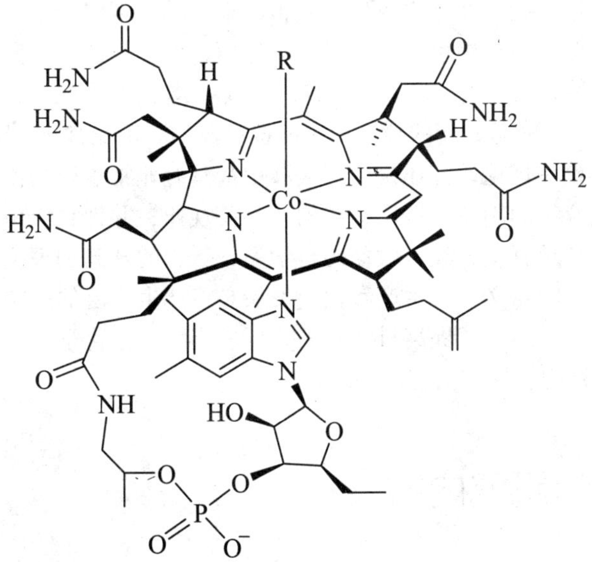

辅酶 B12

20 世纪 80 年代，在主-客体化学、分子识别以及生物体系中给体与受体之间的相互作用等研究的基础上发展起来的超分子化学，自 C. J. Pedersen、D. J. Cram 和 J. M. Lehn 获得诺贝尔化学奖后得到了蓬勃发展。同时，无机固体化学及材料化学在材料科学中占有重要地位。作为现代文明的三大支柱（材料、能源、信息）之一的材料与配位化学有密切联系，固体金属配合物作为室温超导材料和高效催化剂有着非常诱人的发展前景。

20 世纪 90 年代，随着高新技术的日益发展，具有特殊物理、化学和生物化学功能的功能配合物得到蓬勃发展。例如，混合价桥联的双核配合物$[(CN)_5Ru\text{-}\mu\text{-}CN\text{-}Ru\text{-}(NH_3)_5]^-$等具有很大的二阶非线性极化率。另外，利用超分子的观点对配位超分子配合物的研究正在逐步深入。

进入 21 世纪，配位化学与其他学科一样正经历新的发展和飞跃。近年来，纳米科学与技术的出现及相关研究的不断深入，给配位化学带来了新的机遇。分子器件是近年来兴起并迅速发展的研究领域，金属离子尤其是过渡金属和稀土金属离子由于具有丰富的氧化还原、光学、磁学等方面的性质，使得金属配合物在分子器件方面具有广阔的发展前景。

由此可见，当代配位化学已经突破了纯无机化学的范畴，它渗入有机合成、高分子化学和生物化学，形成了许多崭新的富有生命力的边缘学科，成为当代化学学科中最活跃的领域之一。自 1951 年在英国召开第一次国际配位化学会议以来，有关配位化合物的论文在现代无机化学专业杂志中所占的比例已超过 70%，并保持着继续增长的趋势。配位化学的应用十分广泛，它涉及国民经济的许多重要部门，除原子能、半导体、火箭、石油化工、有机合成等部门之外，在湿法冶金、电镀、医药、鞣革、染色及分析化验等方面，配位化学也起着重要作用。例如，在湿法冶金中用螯合萃取剂提取和分离有色金属和稀土元素日益广泛；再如，肟类萃取剂在湿法冶铜中的应用，改变了传统的火法冶炼工艺，减少了“三废”，减轻了环境污染，并取得了良好的经济效益。我国稀土资源十分丰富，萃取分离技术也具有较高水平，从而推进了单一及混合稀土在国民经济中的应用。再如，近百年来铜、锌、银、金等电镀工艺中一直采用氰化物镀液，以便获得均匀、致密和光亮的良好镀层，这与 CN^-的良好配位性能有关。但是氰化物的毒性很大，为了消除电镀过程中的氰化物污染，广泛研究了采用柠檬酸、焦磷酸盐、氨三乙酸、有机多膦酸等配位剂进行无氰电镀，在一定条件下获得的铜、锌、铜锡合金等镀层，其质量和氰化物镀液相近。配合物在药物治疗中也显示出了重大作用。例如，乙二胺四乙酸钙钠盐是排除人体内铀、钍、钚等放射性元素和铅的高效解毒剂。顺式-二氯二氨合铂有抑制癌症的效果，但副作用较大，会引起呕吐和肾病等；新的副作用小的抗癌药物顺铂配合物，国内外都在积极研制。

总之，配位化学无论在理论研究还是生产实践中都具有非常重要的作用。我们学习配位化学的目的，在于了解配合物的制备、性质、结构及有关规律，并把它应用于工农业生产和人民生活中。配位化学研究是具有重大经济效益的科学领域，它的基础和理论研究处在现代无机化学发展的前沿，具有重要的意义，对生产和社会发展必将产生广泛的影响，已成为国际上化学学科中蓬勃发展的领域之一。为了提高科学水平，要求广大配位化学工作者加强从微观水平开展配位化合物的合成、结构、性质及应用的综合研究。

1.2 配位化学的研究内容

当代配位化学沿着广度、深度和应用三个方向发展。从广度看，二茂铁的合成打破了传统配位键的概念，配合物被扩展为由两种或更多种可以独立存在的简单物种相结合而形成的可以独立存在的一种新化合物。这时不再强调它的规则几何构型，而是注重其组建方式，并使无机物和有机物的界限变得模糊起来。进一步的研究扩展到多齿螯合物、多核配合物、烯烃、炔烃和芳香烃等有机配体所形成的有机金属的π-配合物（如 Zeise 盐）、金属簇合物、大环配合物，甚至各类生物模拟配合物。总之，自 Werner 创立配位化学以来，在广度上表现为配位化学始终处于导向无机化学的通道，成为无机化学研究的主流。配合物以其花样繁多的价键形式和空间结构在化学键理论发展中，以及与物理化学、有机化学、生物化学、固体化学、材料化学和环境科学的相互渗透中，使配位化学已成为众多学科的交叉点。特别是 Lehn 等在超分子化学领域中的杰出工作，使得配位化学的研究范围大为扩展，为今后的配位化学开拓了一个富有活力的广阔前景。

在深度上表现为有众多与配位化学有关的学者获得了诺贝尔奖，如 Werner（1913 年）创建了配位化学（1905 年著《无机化学新概念》），Ziegler 和 Natta（1955）的烯烃催化剂，Eigen（1967）研究快速反应，Lipscornb（1971）的硼烷理论，Wilkinson 和 Fischer（1973）发展有机金属化学，Hoffmann（1982）的等瓣理论，Taube（1983）研究配合物和固氮反应机理，Cram、Lehn 和 Pedersen（1987）在超分子化学方面的贡献，Marcus（1992）的电子传递过程等。在以他们为代表的开创性成就的基础上，配位化学在合成、结构、性质和理论的研究方面取得了一系列进展。

在应用方面，结合生产实践，配合物的传统应用继续得到发展，例如，金属簇合物作为均相催化剂，对 O_2、H_2、N_2、CO、CO_2、NO、SO_2 及烯烃等小分子的活化；螯合物稳定性差异在湿法冶金和元素分析、分离中的应用等。随着高新技术的日益发展，具有特殊物理、化学和生物化学功能的“功能配合物”得到蓬勃的发展。近年来，配位化学在信息材料、光电技术、激光能源、生物技术等分子光电功能材料方面得到广泛重视。

近几十年来，配位化学的研究领域已大大拓展，其主要研究领域可概括如下：

1.2.1 新型配合物的合成和结构

随着近代技术的发展，开辟了一系列合成配合物的新途径。由于元素周期表中各种元素的反应性能差别远比有机化学中所遇到的大得多，因而在合成方法中经常采用多种独特的方法和技术。除了传统的水相和固相反应方法外，目前广泛使用高温高压水热合成、厌氧无水操作、离子束法和金属原子蒸气合成法等，并且所使用的设备都已达到商品化程度。

目前已制备了大量大环、笼状、簇状、夹心、包合、层状、非常氧化态和混合价化合物，以及非常配位数和各种罕见构型的配合物。由于大量使用有机配体，一系列以 M—C 键为特征的有机金属化合物的出现反映了这方面的进展，以致我们只能以“难得模糊”的方式将它和配合物加以区分。实际上国外大都在无机化学领域中广泛进行有机金属化学方面的工作。以金属-金属键为特征的金属簇合物的研究得到了蓬勃的发展，弥补了在固体化学和简单分子化合物之间的空白。目前已合成了含有 50 多个金属核的簇合物。碳烯配合物的合成为首次确定 C_{60} 的结构作出了贡献。考虑到已合成了几百万种以碳原子为骨架的有机化合物，不难设想以不同金属为核心的簇合物和多核配合物将会有多么宽广的发展前景。

尽管对各种新型配合物的合成积累了不少事实，但还没有系统的方法可循。在制备中常会获得意外的产物，正是“有心栽花花不活，无意插柳柳成荫”。这就要求在今后的工作中加强反应机理及规律性的研究。

1.2.2 生物无机化学的兴起

生命金属元素在生物体中的含量不足 2%，但对生物功能的影响极大。生物化学和无机化学相结合而产生的生物无机化学这门科学在 20 世纪 70 年代后得到了蓬勃的发展。X 射线衍射法是测定金属蛋白质的二、三和四级结构的有力武器。目前高分辨二维 NMR 方法被推崇为研究生物分子“溶液结构分析”的有力武器。氧的传递、太阳能的转化、细胞间电信号的传递和膜的渗透都是有待探讨的课题。微量元素在生物体内的作用非常微妙。酶的催化作用比简单金属离子的反应要快 10^6 数量级以上。合成具有凹型表面的大分子，引入具有催化能力的过渡金属配合物以模拟天然酶的工作日益受到重视。在人体的新陈代谢过程中，某些金属元素的缺乏或过剩将导致生理反常而产生所谓的“分子病”。这正是 Pauling 教授致力于推广服食维生素 C 的根据。在药疗中如何使药物选择性地准确配位到病变抗原或客体上去（所谓“分子导弹”）是一个引人注目的方向。一个熟知的例子是抗癌药物顺铂$[Pt(NH_3)_2Cl_2]$，它和 DNA 单股螺旋中 2 个碱基的键合可阻碍 DNA 的复制及癌细胞的生长。蛋白质中的电子传递和细胞内部的能量转移等基础研究也是一个十分活跃的领域。由于金属离子间相隔甚远，可以想象，电子交换中心间的相互作用是相当弱的，但氧化还原反应却进行得相当快。这种现象引起了实验和理论化学家的关注，人们试图了解是什么结构因素控制着长程电子转移速度。

1.2.3 功能配合物材料的开发

根据配合物在溶液中稳定性的差别，在湿法冶金、生物体系、海水化学、环境保护、电镀、萃取、均相催化、分离分析和试剂改性等领域中广泛应用配合物。随着空间技术、激光、能源、计算机和电子技术的发展，配合物固体材料的应用也日益引人注目。很多有机金属化合物的应用也已从作为均相催化剂而转向功能材料。由于在近代技术中薄膜材料的重大意义和生物体系中膜结构的模拟，以及组装分子器件的要求，胶体化学中的 Langmuir-bladgett 拉膜方式得到广泛的应用。这类分子电子器件有可能发展成为第六代电子计算机。利用光化学方法对太阳能进行储存和转换是近代化学中一个具有吸引力的课题，其中代表性的工作是 N3、N719 及 Black dye 等（结构如下所示）钌金属光敏剂的合成，而$[Ru(bpy)_3]^{2+}$和$[Ru(bpy)_3]^{3+}$分别具有还原 H_2O 成 H_2 和氧化 H_2O 成 O_2 的可能性。可以采用光电解方法将太阳能转化为化学能，也可采用光伏电池方法将太阳能转化为电能。各种光、电、热、磁等配合物敏感器件相继出现。通过修饰电极等方法制备了几乎可以在可逆电位下催化分子氧还原为水的面对面的双钴卟啉配合物。这种新催化剂的特点是可以被吸附在电极上而不必溶解在溶液中。

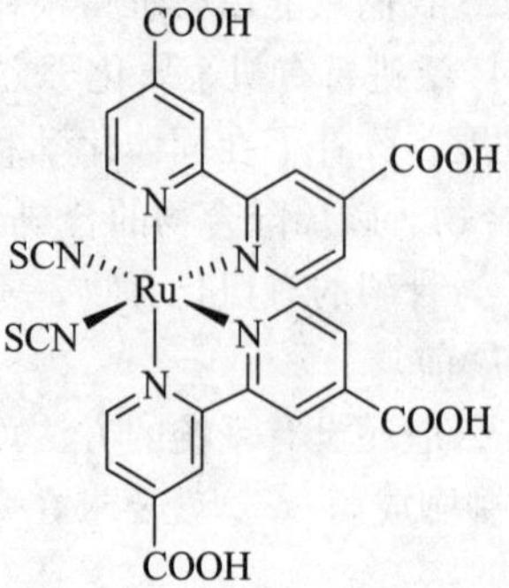

COOH COOH SCN SCN Ru N COOH COOH

N3

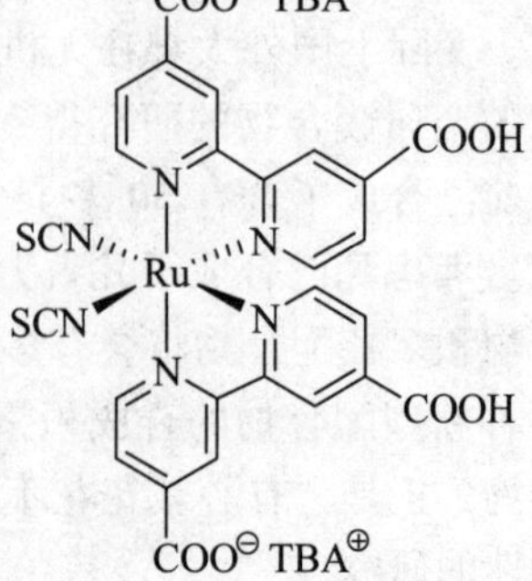

COO⊖ TBA⊕ COOH SCN SCN Ru N COOH COO⊖ TBA⊕

N719

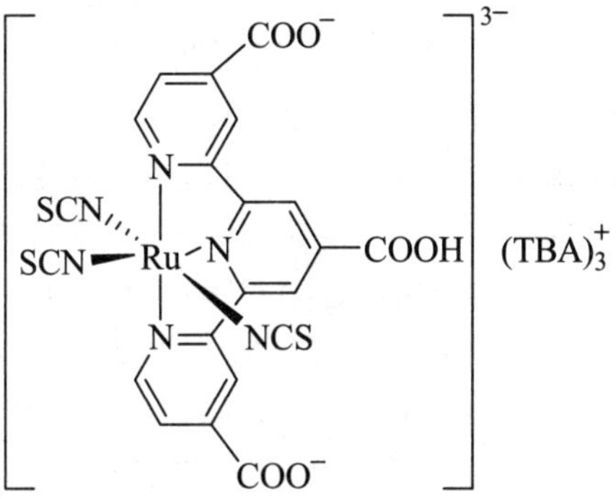

black dye

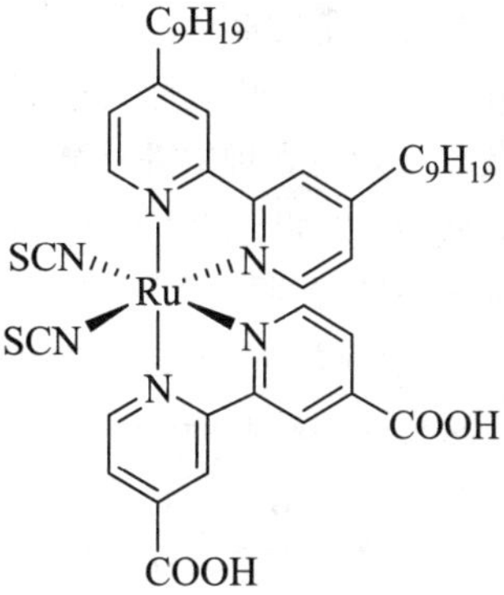

Z907

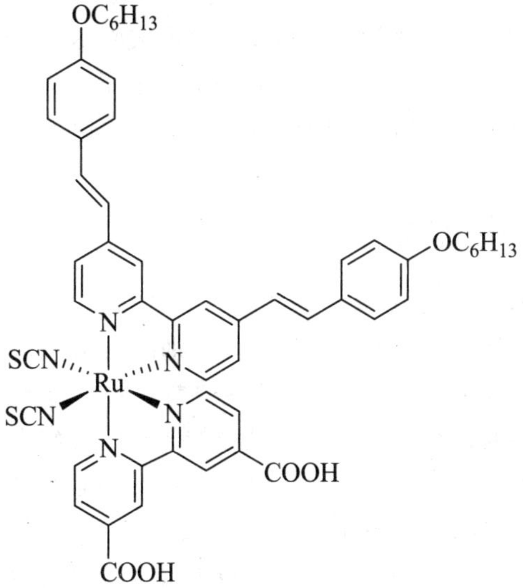

K19

具有高技术意义的光、电、磁材料几乎都是由原子或离子所组成的纯无机材料。但已发现一系列由分子型化合物所组成的分子材料（molecular-based materials）具有特殊的光电性能。从目前“分子尺寸”的分子电子器件研究情况来看，兼具有无机和有机化合物特性的配位化合物也许正孕育着新的生长点。

1.2.4 结构方法和成键理论的开拓

配位化学的发展与近代物理方法的广泛使用密切相关。各种光谱、波谱、能谱和质谱方法在揭示复杂配合物的结构和性质方面起着重要作用。单晶结构分析用于稳定配合物的研究，外衍 X 射线吸收精细结构法（EXAFS）用于研究无定型中心离子邻近的配位和结构，磁圆二色散法（MCD）研究光学活性不对称配合物的几何结构和 d 电子能级分布，电喷雾质谱（ESM）用于分析溶液中分子结构，时间分辨光谱用于分析激发态结构等方面都有独到之处。配合物结构研究的动向是由宏观深入微观，静态深入动态，从溶液结构到表面结构，从基态结构到激发态结构。目前已应用各种方法对诸如 $LnM_aL_bM_bLn$ 型混合价和电荷转移化合物的类型和性质进行了研究。对此通常的晶体结构分析法碰到一些困难，因为有时其中不同金属位置间的差别不超过室温时晶体结构的热椭球大小，晶体中具有一定对称性的分子还可能以无序的形式存在。

新型配合物所表现的花样繁多的价键本性及空间结构，促使了化学键理论的发展。众所周知，Pauling 于 20 世纪 30 年代提出的价键理论解释了配合物的几何构型和磁性。Bethe 等所建立的配位场理论解释了配合物的光谱和顺磁共振谱。分子轨道对称性理论在解释反应性能等方面也取得了很大成功。但是随着现代复杂构型的有机金属化合物及簇状化合物的出现，发展新的成键理论和规则已普遍受到重视。尽管由于计算技术的高度发展，更精确的 MP2 和 MP4 等从头计算法得到应用，但对于复杂体系，简单的 Fenske-Hall，EHMO，INDO 等半经验方法仍在使用，有效势（ECP）方法和密度泛函理论（DFT）在重原子元素化合物中进一步受到重视。实际上，更易于被广大实验化学家所接受的半定量和半经验规律会进一步得到发展。例如，继各种形式的“多面体骨架电子对理论”（PSEPT）后，1981 年 Nobel 奖获得者 Hoffmann 所提出的“等瓣相似理论”在沟通无机化学和有机化学这两大领域方面取得了重大突破。此外，对于大分子计算的非量子力学方法，如分子力学（MM）、分子动力学（MD）和 Monte Carlo（MC）等方法也已有标准计算程序以供利用（如在 Gauss 98 程序包中）。

1.2.5 从配位化学到超分子化学

1987 年诺贝尔化学奖授予了 Lehn、Pederson 和 Cram，标志着化学的发展进入了一个新的时代。发轫于 Pederson 对冠醚的基础性研究，并分别由 Cram 和 Lehn 发展起来的主客体化学和超分子化学将成为今后配位化学发展的另一个主要研究领域。

人们熟知的化学主要是研究以化学键相结合的分子的合成、结构、性质和变换规律。对以非化学键弱相互作用力键合起来的复杂有序且具有特定功能的分子集合体的研究，即超分子化学也称为“超越分子概念的化学”，是化学键分子化学的一次升华和质的超越，因为弱相互作用力的协同作用而进行的分子识别和分子组装（包括分子自组装和自组织）普遍存在于生命体的各种过程中。超分子化学是分子间弱相互作用和分子组装的化学。其中超分子是由两个以上物种通过弱相互作用（静电作用、氢键、范德华力、短程排斥力等）而形成的具有特定结构和功能的实体。为了说明配位饱和的分子间相互作用而形成的有组织的实体，早在 20 世纪 30 年代就引入了“超分子”这个名词。类似于生物学中接受体（receptor）和底物（substrate，通常指相互作用中较小的分子）的情况，超分子也可看成是由接受体和给予体所组成。其涵义分别对应于配位化学中的受体（acceptor）和给体（donor），锁（lock）和钥匙（key），主体（host）与客体（guest），甚至配体和金属等术语。它们只是从不同研究领域中发展出来的类似概念。分子间的相互作用形成了各种化学、物理和生物体系中高选择性的识别、反应、传递和调制过程。而这些过程就导致超分子的光电功能和分子器件的发展。超分子器件是基于超分子构造所组建的具有结构组装和功能集成的化学体系。

在由接受体和给予体形成超分子的过程中，分子的识别作用特别重要，它可以定义为一个具有特殊功能的给定接受体分子对于给予体（或底物）的成键和选择作用。一般说来，仅仅成键并不一定是识别作用。

如前所述，更广义的配位化学可以定义为研究 2 个以上的分子通过结合（binding）作用而形成的一种新化合物的化学。这种定义当然不再以配位多面体为核心了。不难设想配位化学和超分子化学有着天然的血缘关系，可以认为广义的配位化学是超分子化学的一个领域，其中人工的受体分子不限于过渡金属离子，而是可以扩展到所有类型的底物（给予体），如有机、无机的阳离子、阴离子或中性的物种。当然超分子化学比配位化学更为广泛，前者强调了形成过程中分子间的相互作用，后者并不排斥共价键的形成，但一般强调了生成物中仍可区别结合成配合物前的分子实体。接受体、主体或配体和给予体、客体或中心原子间的互补关系是分子识别的决定因素。正如 Lehn 所指出“互补性是接受体和给予体，主体和客体，或中心原子和配体间形状、大小、电荷和能量或电子相容性的一种协调”。有 4 个结构因素在分子组装中有着特殊意义，即大小和形状（几何因素）、拓扑性或连接性和刚性（约束条件），前面 2 个因素常被看作分子的立体化学效应，实际上后两者对分子识别成键亲和力起着一种微妙的调节作用。通过分子组装所形成的超分子功能体系具有一些根据其个别组件的特征无法预测的新特性。分子识别是分子组装的基础。目前分子组装一般是通过模板效应、自组装、自组织来实现的。

大环配体不仅可以和碱金属、碱土金属、过渡金属和稀土金属离子，而且可以和配合物阳离子、配合物阴离子、中性离子（如在主-客体配合物中）发生配位作用。早在 1956 年 Bailar 所出版的代表性配位化学丛书中只有几个表征得较好的碱金属配合物；现在已经出现了借助阳离子-偶极子作用而配位的阳离子冠醚和穴状配合物。但单纯的冠醚是很难进行组装的，冠醚环上连接其他基团后，通过冠醚的组装可形成一些有意义的组装体。例如，在苯并-15-冠-5 的苯并环上连接多肽链，发现 Na^+、K^+可调控其 α-螺旋的多肽链结构。由于 Na^+与苯并-15-冠-5 尺寸匹配，可形成 1∶1 配合物，故在 Na^+存在下可得到单螺旋链；而尺寸较大的 K^+与苯并-15-冠-5 形成 1∶2 夹心式结构，使 2 个冠醚环的多肽链几乎相互接近并发生作用而形成双螺旋链。配合物本身也可作为给予体和接受体，例如，NH_3 作为配体可以和金属离子 Co(Ⅲ)生成配合物 $[Co(NH_3)_6]^{3+}$，此配合物本身又可作为给予体而和接受体拉沙里菌素（Lasalocid）生成新的“超配合物”；进而若将 $[Co(NH_3)_6]$ · 3Las 放置在作为接受体的膜中，则可以发生类似于生物体系中四级结构的配位作用。环糊精（cyclodextrin）是一类由淀粉经酶促水解而生成的由 6 个以上吡喃葡萄糖单元连接起来的环状分子，它含有疏水的空腔和亲水的外壁，能够包结各种中性无机、有机或生物分子而生成对应的主-客体或超分子配合物。它是一种性能优良的分子受体（其中一些是成功的酶模拟体系），广泛地应用于科学技术的多个领域（如增加药物的溶解度、稳定性，药物缓释，食品工业，化妆品等）。为了提高其识别能力及选择性，以及开发与创造新的、功能与天然酶媲美甚至优于天然酶的酶模型，研究人员对天然环糊精进行了广泛的修饰，产生了各种各样的环糊精衍生物。环糊精也能与 C_{60}、C_{70} 形成水溶性的包合配合物。众所周知，环糊精及化学修饰环糊精分子识别的重要标志是几种弱相互作用力的协同作用。

1.3 配位化学的基本知识

1.3.1 配位化合物的定义

与经典的配位化学相比，现代配位化学无论是在广度还是深度上都发生了较大的变化，可以定义为：研究金属原子或离子同其他分子或离子（配位体）形成的配合物（包括分子、生物大分子和超分子）及其凝聚态的组成、结构、性质、化学反应及其规律和应用的化学。其中，配位化合物的（组成）定义为：金属原子或离子同其他分子或离子（配位体）形成的化合物（包括分子、生物大分子和超分子）。可以说配位化学是研究广义配体与广义中心原子结合的“配位分子片”，及由分子片组成的单核、多核配合物、簇合物、功能复合配合物及其组装器件、超分子、Lock and Key 复合物，一维、二维、三维配位空腔及其组装器件等的合成和反应，制备、剪裁和组装，分离和分析，结构和构象，粒度和形貌，物理和化学性能，各种功能性质，生理和生物活性及其输运和调控作用的机制，以及上述各方面的规律，相互关系和应用的化学。

随着配位化学的迅速发展，配合物的数目在不断增多，范围在不断扩大，致使早先一些关于配合物的定义或因含义不妥，或因范围太窄而变得不太适用。虽然目前要对配合物这一重要概念作出一个完美无缺的定义仍然困难，但是根据配合物的特征给出一个比较清楚、确切的定义还是可能的。例如，武汉大学等校主编的《无机化学》教材对配合物的内界的定义：“中心离子与配位体构成了配合物的内配位层（或称内界），通常把它们放在方括弧内。内界中配位体的总数（单基的）叫配位数……”徐光宪先生在《物质结构》一书中关于配合物内界（配合单元）的定义为：“凡是由含有孤对电子或 π 键组成的分子或离子（称为配体）与具有空的价电子轨道的原子或离子（统称中心原子）按一定的组成和空间构型结合成的结构单元”。

另外，国际纯粹及应用化学联合会无机化合物命名法广义定义：凡是由原子 B 或原子团 C 与原子 A 结合形成的，在某一条件下有确定组成和区别于原来组分（A、B 或 C）的物理和化学特性的物种均可称为配合物。中国化学会 1980 年公布的《无机化学命名原则》中的狭义定义：具有接受电子的空位原子或离子（中心体）与可以给出孤对电子或多个不定域电子的一定数目的离子或分子（配体）按一定的组成和空间构型所形成的物种称为配位个体，含有配位个体的化合物称为配合物。

由以上定义的比较，我们可以看出，一般说来配合物的特征主要有以下三点：

（1）中心原子（或离子）有空的价电子轨道；

（2）配位体（简称配体，它们可以是分子或离子）含有孤对电子或π键电子；

（3）中心原子（或离子）与配体相结合形成具有一定组成和空间构型的结构单元，称为配合物的内界。

配合物的内界具有双层意义：一是配合物内界由中心金属及与之成键的配体两部分组成；二是考察配合物的内界，不但要考虑中心离子与配体的组成和成键方式，还要考虑整个内界的空间构型。按照配位化学的结构理论，“相似的内界”可理解为：不同配合单元的中心金属及其所带电荷数是相同的，而且中心金属具有相同的配位数、配位环境（配位原子相同、空间构型基本相同）。

1.3.2 配合物的组成

笼统地说，配合物是由处于内界的中心原子和配体以及处于外界的抗衡离子两部分组成的。配合物的内界，也叫配位个体，由一个简单阳离子或原子和一定数目的中性分子或阴离子以配位键结合，按一定的组成和空间构型形成一个复杂的离子或分子，形成的离子称为配离子，形成的分子称为配分子。通常把内界用方括号括起来，如 $[Cu(H_2O)_4]^{2+}$。配合物的外界，一般是与内界电荷平衡的相反离子，包括抗衡阳离子和抗衡阴离子（如图 1.1 所示）。当然，有些配合物不存在外界，如 $[Pt(NH_3)_2Cl_2]$、$[Co(NH_3)_3Cl_3]$。配合物中除了配位个体、抗衡离子之外，还有一些水分子、溶剂分子或客体分子等“结晶分子”。

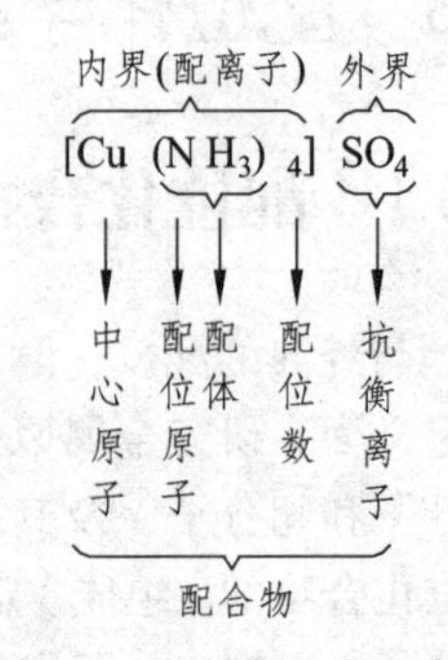

图 1.1 配合物组成示意图

这些结晶分子往往是在配合物的形成、结晶过程中填充在配合物分子的空隙中，与配合物分子本身没有直接的关系，有的在配合物的形成、结构维持中起一定作用。

1.3.2.1 中心原子

配合物中凡是具有能接受配体的孤对电子或π键电子空轨道的原子或离子称为中心原子。有时中心原子又称为配合物的形成体或接受体。能够充当配合物中心原子的元素，几乎遍及元素周期表中各个区域，其中尤以 d 区及 ds 区的金属具有很强的形成配合物的能力。

1.3.2.2 配体和配位原子

配合物中可以给出孤对电子或π电子，与中心原子以配位键结合的分子或离子称为配体，如 NH_3，F^-，CO，CN^-，Cl^-，en，py，EDTA 等。配体中直接与中心原子键合的原子称为配位原子。配位原子主要属于元素周期表中右上角ⅤA～ⅦA 族元素，外加氢负离子及碳原子等，常见的是卤素（F、Cl、Br、I）和氧、硫、氮、磷等元素。元素周期表（图 1.2）中绿色区域的原子能形成稳定的简单配合物和螯合物；黄色区域的原子能形成稳定的螯合物；蓝色区域的原子仅能生成少数螯合物和大环配合物；灰色区域原子的性能不明；深红色区域的原子为常见配体。

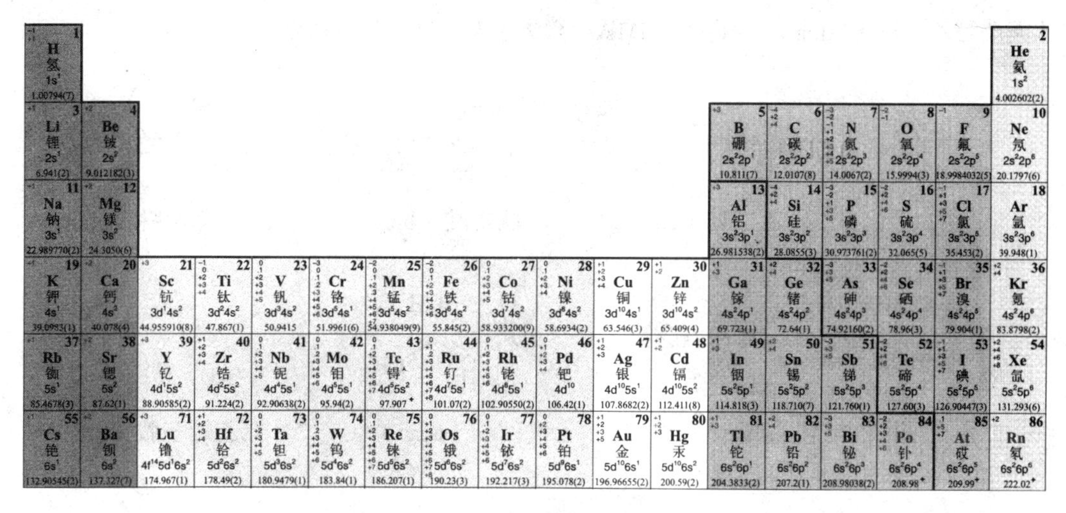

图 1.2 中心原子与配体在元素周期表中的分布

1.3.2.3 配体的类别

1. 按配位原子不同分类

（1）配位原子为氧的配体：H_2O、OH^-、ROH、ROR、CO^{2-}、SO_4^{2-}、R_2CO、$RCOO^-$、ONO^-等（R 代表烷基）。

（2）配位原子为硫的配体：S^{2-}、HS^-、CH_3S^-、SCN^-等。

（3）配位原子为氮的配体：NH_3、RNH_2、N_3^-、RCN、N_2、NCS^-、C_5H_5N、NO_2^-等。

（4）卤素配体：F^-、$C1^-$、Br^-、I^-。

（5）配位原子为磷或砷的配体：PH_3、PR_3、$P(RO)_3$、AsR_3等。

（6）配位原子为氢的配体：H^-、ReH_9^{2-}等。

（7）配位原子为碳的配体：CO、CN^-、RNC 等。

大体说来，卤离子为弱配体；以 O、S、N 为配位原子的配体是中强配体；以 C 原子为配位原子的配体是强配体。

2. 按配体中所含配位原子的数目分类

（1）单齿配体：若配体分子或离子中仅有一个原子可提供孤对电子，则只能与中心原子形成一个配位键，所形成的配体称为单齿配体。

常见的单齿配体有卤离子（F^-、Cl^-、Br^-、I^-）、其他离子（CN^-、SCN^-、NO_3^-、NO_2^-、$RCOO^-$）、中性分子（R_3N、R_3P、R_2S、H_2O、CO、吡啶、$CH_2{=}CH_2$）等。

常见的两可配体有：$\underline{N}O_2^-$（硝基），$\underline{O}NO^-$（亚硝酸根）；$\underline{N}CS^-$（异硫氰酸根），$\underline{S}CN^-$（硫氰酸根）；$\underline{C}N^-$（氰根），$\underline{N}C^-$（异氰根）；$\underline{C}NO^-$（雷酸根），$\underline{O}NC^-$（异雷酸根）；$\underline{O}CN^-$（氰氧基），NCO^-（异氰氧基）等。

（2）多齿配体：若配体分子或离子中含有多个可提供孤对电子的配位原子，如果空间允许，则多个配位原子可同时配位给中心原子，所形成的环状结构配体称为多齿配体（配体中含有 2 个或 2 个以上配位原子），四齿以上的配位化合物常称为螯合物（chelate）。

常见的多齿配体有：乙二胺（en）、$C_2O_4^{2-}$、CO_3^{2-}、二乙三胺、氮三乙酸、乙二胺三乙酸、二水杨醛缩乙二胺（salen）（四齿）、EDTA（六齿）等（结构如下所示）。

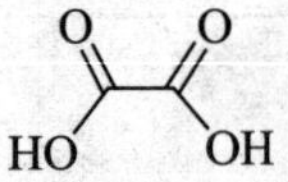

草酸 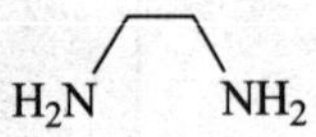　　乙二胺（en） 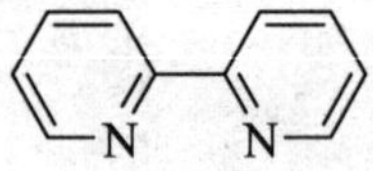　　联吡啶（bipy） 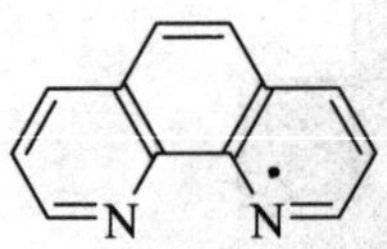　　1, 10-菲罗啉（phen）

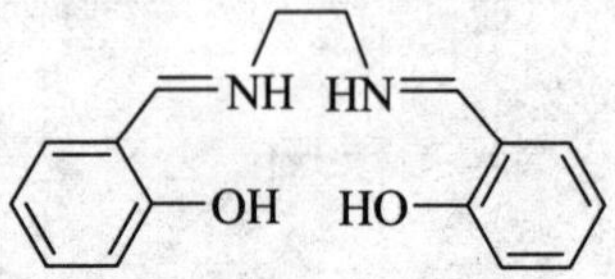

二水杨醛缩乙二胺（shen） 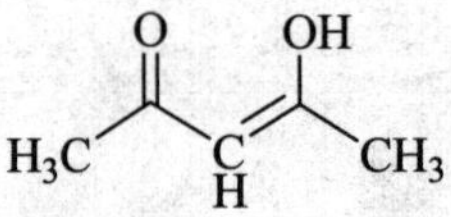　　乙酰丙酮（acac） 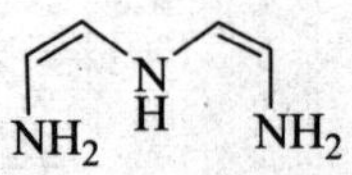　　二乙烯三胺（dien）

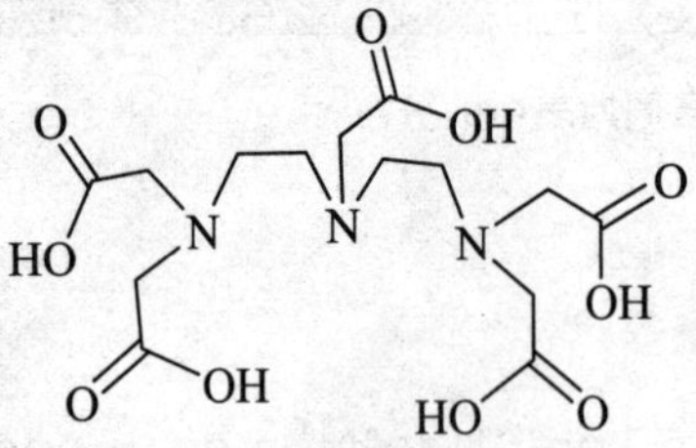

二乙三胺五乙酸（DTPA） 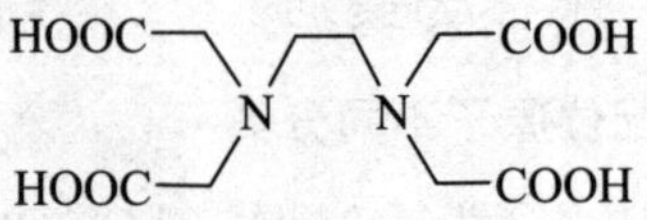　　乙二胺四乙酸（EDTA）

常见的大环配体有：冠醚、卟啉、卟吩等（结构如下所示）。卟啉是四齿配位体，配位原子是 4 个 N 原子（具有孤对电子的两个 N 原子和 H^+解离后留下孤对电子的两个 N 原子）。

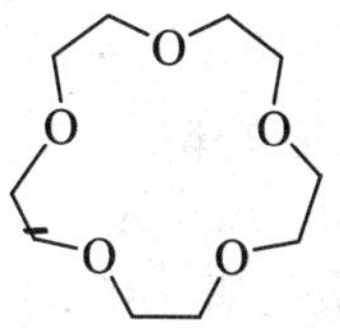

冠醚[15-C-5] 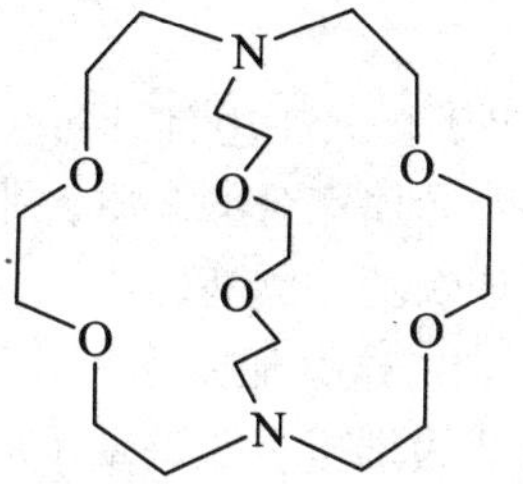　　穴醚[2, 2, 2] 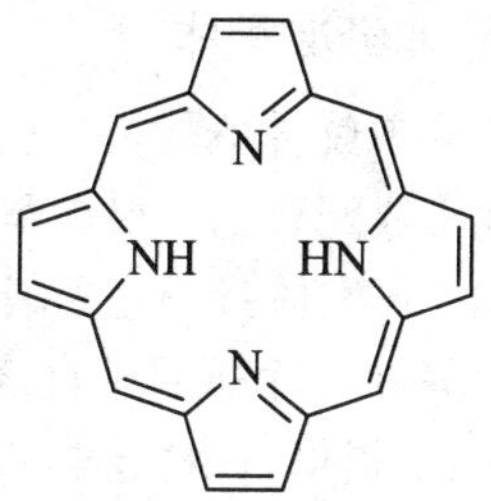　　卟吩

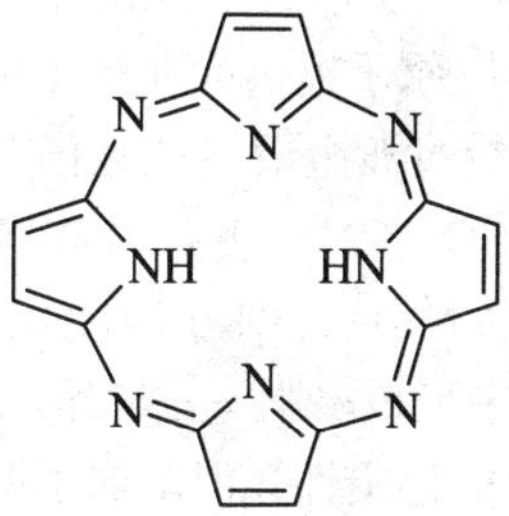

四氮卟吩 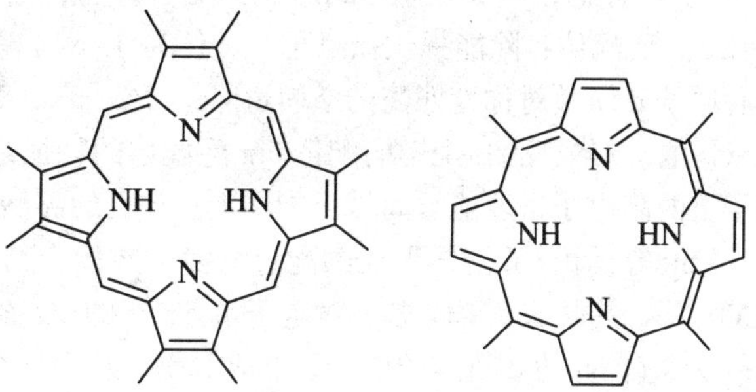　　卟啉及其衍生物

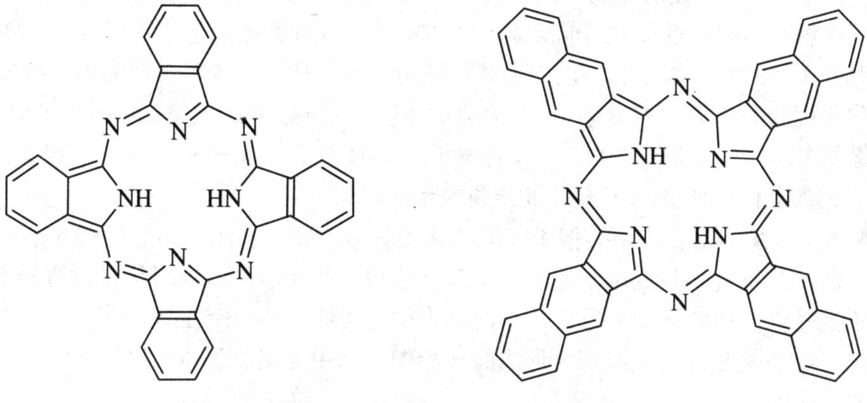

酞菁（phthalocyanine）及其衍生物

叶绿素（*chlorophylls a*）是镁的大环配合物，作为配位体的卟啉环与 Mg^{2+}的配位是通过 4 个环氮原子实现的。叶绿素分子中涉及包括 Mg 原子在内的 4 个六元螯环，它能吸收太阳光的能量，并将储存的能量导入碳水化合物的化学键中。

这里应当注意的是，配体的齿数虽与配位原子数有关，但不能简单地由配位原子的个数来确定“有效的”齿数。配体‘有效的’齿数并不是固定不变的。例如，$RCOO^-$可以多种方式配位，其不同配位模式如下所示。

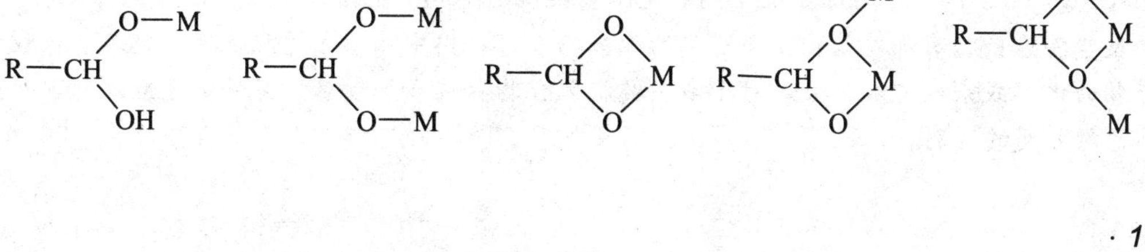

3. 非经典配体

非经典配体既能提供电子对或π电子，又能用自身的空π轨道接受中心金属反馈的电子与过渡金属形成配合物。根据非经典配体与金属键合的本质，非经典配体有以下三类：

（1）σ 配体：一些含碳有机基团如烷基、烯基、炔基、芳基和酰基等在与金属形成 M—C 键时，只有 1 个碳原子直接同金属键合，这类配体称为 σ 配体。它们一般作为负离子（形式电荷为－1）提供 1 对 σ 电子，配位方式为端基。亚烷基（R_2C∶）和次烷基（RC⋮）也属于含碳的 σ 配体，它们与金属形成多重键。过渡金属与亚烷基形成的 M═C 二重键配合物称为卡宾（carbene）配合物；与次烷基形成的 M≡C 三重键配合物称为卡拜（carbine）配合物。

（2）π 酸配体：除能提供孤电子对（作为 Lewis 碱）与中心原子形成 σ 配键外，同时还有与中心原子 d 轨道对称性匹配的空轨道（p，d 或 π^*），能接受中心原子提供的非键 d 电子对（作为 Lewis 酸）形成反馈π配键的配体。π 酸配体的特征是能够稳定过渡金属的低氧化态，因此金属原子上的高电子密度能够离域至配体上。常见的 π 酸配体有 CO、CN^-、N_2、R_3P、R_3As、py、bpy、phen 等。由π酸配体形成的配合物叫 π 酸配合物。如$[Ni(CN)_4]^{2-}$、$[RuN_2(NH_3)_5]^{2+}$等。在$[Ni(CO)_4]$中，一方面，CO 把 1 对电子填入 Ni 的 sp^3 杂化轨道中形成σ键，一方面又以空的π_{2p}^*轨道接受来自 Ni 的 d 轨道的电子，形成 π 键，从而增加配合物的稳定性，但削弱了 CO 内部成键，活化了 CO 分子。

（3）π 配体：既能提供 π 电子（定域或离域π键中的电子）与中心原子形成配键，又能接受中心原子提供的非键 d 电子对形成反馈 π 键的不饱和有机配体。它可分为链状（如烯烃、炔烃、π 烯丙基等）和环状（如苯、环戊二烯基、环庚三烯、环辛四烯等）两大类。由 π 配体形成的配合物称 π 配合物，如$[Fe(C_5H_5)_2]$、$[Cr(C_6H_6)_2]$等。蔡斯盐$[PtCl_3(C_2H_4)]^-$阴离子中，Pt(Ⅱ)采取 dsp^2 杂化方式，接受 3 个 Cl^-的 3 对孤对电子和 C_2H_4 中的 π 电子形成 4 个 σ 键，同时 Pt(Ⅱ)充满电子的 d 轨道和 C_2H_4 的 π^*反键空轨道重叠形成反馈 π 键。

π 配体与金属的键合作用类似于 π 酸配体，为 σ-π 相互作用。但它们与 π 酸配体有以下两方面的区别：① π 配体授受电子用的都是其 π 轨道，而 π 酸配体利用其 σ 轨道授予电子，利用空 π 轨道接受电子；② π 配体形成的 π 配合物中金属原子不一定在其平面内（如二茂铁中的 Fe 不在环戊二烯平面内），而 π 酸配体形成的 π 酸配合物中金属原子位于直线型配体的轴上或平面型配体的平面内。

1.3.2.4 配位数

配合物中与中心原子直接成键的配位原子的数目称为该中心原子的配位数。配位数是中心原子的重要性质之一。一般说来，中心原子只要有合适的空轨道以接受来自配体的电子，就倾向于达到尽可能高的配位数。一种中心原子可能有几种配位数，至于某一中心原子形成某种配合物时的倾向大小，主要取决于中心原子和配体的性质。

同一中心原子与不同配位体，或与不同浓度的同一配位体都可能表现出不同的配位数，如$[Cu(NH_3)_4]^{2+}$，$[Cu(H_2O)_6]^{2+}$；$[CoCl_4]^{2-}$，$[Co(NH_3)_6]^{2+}$；$[Fe(NCS)_3]$，$[Fe(NCS)_4]^-$，$[Fe(NCS)_5]^{2-}$，$[Fe(NCS)_6]^{3-}$等。同一中心原子的不同氧化态会表现出不同的配位数，如$[PtCl_4]^{2-}$，$[PtCl_6]^{2-}$等。

应当注意：只有那些结构完全明确的配合物才可指出中心原子的配位数，绝不能仅仅根据配合物的化学式来确定配位数。对于多核链状配合物更应多加注意。另外，还应注意配位数与配体总数之间的区别。

上述配位数的定义，实际上仅适合于经典配合物（Werner complexes），对于有机金属化合物则不适合，如$[PtCl_3(C_2H_4)]^-$（结构如下）中 Pt(Ⅳ)配位数为 4 还是 5?又如，$Fe(C_5H_5)_2$配位数为 10 吗? 故有人提出“与中心原子成键的键数”，对$[PtCl_3(C_2H_4)]^-$适合（配位数=4），但对$[Fe(C_5H_5)_2]$配位数为 2 还是 10? $[Fe(CO)_5]$，配位数为 5 还是 10?

Cl—Pt(Cl)(Cl)←CH_2=CH_2

1.3.3 配合物的分类

配合物的种类繁多，分类标准不同，同一配合物归属的类别也不同。常用的分类方法有以下几种。

1.3.3.1 按配体的种类分类

（1）单一配体化合物：只含有 1 种配体的配合物，如 $K_3[Fe(CN)_6]$等。

（2）混合配体化合物：含有 2 种或 2 种以上不同配体的配合物，如$[PtCl_2(NH_3)_2]$等。

1.3.3.2 按配体的配位形式分类

1. 简单配合物

单齿配体形成的配合物，如 $K_4[Fe(CN)_6]$等。在简单配合物中配体数等于配位数。

2. 螯合物

多齿配体以 2 个或 2 个以上配位原子同时和 1 个中心原子配位所形成的、具有环状结构的配合物，如二水杨醛缩乙二胺合钴（结构如下）等。螯合物的环上有几个原子，就称为几元环。

螯合物形成条件为：

（1）配体必须有 2 个或 2 个以上都能给出孤对电子的原子，这样才能与中心离子配位形成环状结构。因为配体中的 1 个原子即使能给出 2 对电子，对同一金属配位不能形成环状结构。如果给出的 2 对电子同 2 个金属配位，则形成多核配合物，例如，OH^-和 Cl^- 与两个金属离子可形成如下所示的结构。

（2）给出电子对的原子应间隔 2 个或 3 个其他原子以形成稳定的五元或六元环。否则不能形成具有环状结构的稳定螯合物。例如，联氨（肼）的两个相邻的 N 虽然都能给出电子对，但同一金属离子形成的三元环不稳定，由于环张力太大，稳定性差，只能形成如下所示的多核配合物。

不稳定三元环　　　　桥联螯合物

1.3.3.3 按中心原子的数目分类

1. 单核配合物

在配位个体中只含有 1 个中心原子的配合物，如$[Pt(NH_3)_2Cl_2]$、$[Cu(NH_3)_4]^{2+}$等。

2. 多核配合物

在配位个体中含有通过桥基连接的 2 个或 2 个以上中心原子的配合物如$[Pt(CO)_6]$、μ-草酸根 · 二[二水 · 乙二胺合镍(Ⅱ)]离子（结构如下）。像 Cl^-、—NH_2、—OH 等能同时与 2 个或 2 个以上中心原子配位的原子或原子团称为桥基，以 μ 表示。桥基必须具有 2 对以上的孤对电子才能具有桥联作用。

$[Pt(CO)_6]$　　　　μ-草酸根 · 二[二水 · 乙二胺合镍(Ⅱ)]离子

1.3.3.4 按配合物的价键特点分类

1. 经典配合物

也称 Werner 型配合物。其一般特点是：① 中心原子一般为主族元素和正常价态过渡金属，其氧化态确定，并且有正常的氧化数；② 配体是饱和化合物，形成配位键的电子对基本上分布在各个配体上；③ 配位原子具有明确的孤电子对，可以给予中心原子以形成配位键 。

2. 非经典配合物

也称新型或非 Werner 型配合物，如 π-酸配合物、π-配合物（示例如下）等。其一般特点是：① 配体是不饱和化合物，除给予孤对电子或 π 电子外，还接受中心原子的 d 电子对形成反馈 π 键。② 中心原子一般为低价、零价甚至负价的过渡金属。其氧化态越低，反馈 d 电子的趋势就越大。③ 由于配体既给出电子又接受电子，故中心原子和配体的电荷密度难以预测。

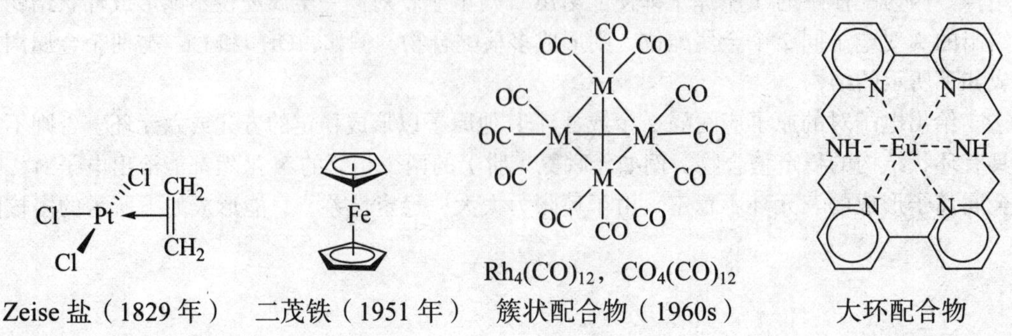

Zeise 盐（1829 年）　二茂铁（1951 年）　簇状配合物（1960s）　大环配合物

1.3.4 配合物的命名

根据“中国化学会无机化学命名原则”（1980），现就一般配合物的命名，概括为以下几点予以介绍，对于比较特殊的配合物的命名，在以后有关章节中再作介绍。

1.3.4.1 一般配合物的命名

1. 配合物的命名

遵循一般无机物命名原则：对于配离子化合物，酸根为简单阴离子时，称为某化某，酸根为复杂阴离子时，称为某酸某。若配合物外界只有氢离子，则称为酸。例如：

$K_2[PtCl_6]$	$Cu_2[SiF_6]$	$H_4[Fe(CN)_6]$
六氯合铂(Ⅳ)酸钾	六氟合硅(Ⅳ)酸亚铜	六氰合铁(Ⅱ)酸
$[Co(NH_3)_6]Cl_3$	$[Cu(NH_3)_4]SO_4$	$[Ag(NH_3)_2](OH)$
三氯化六氨合钴(Ⅲ)	硫酸四氨合铜(Ⅱ)	氢氧化二氨合银(Ⅰ)

2. 配位个体的命名

配体名称列在中心原子之前，不同配体名称之间以中圆点（·）分开，在最后一个配体名称之后，缀以“合”字。每种配体的个数，以倍数词头二、三、四等数字表示。当配体是一长名称的有机化合物或无机含氧酸阴离子时，给该配体名称加一圆括号。中心原子的氧化数常用写在括号内的罗马数字[如 Cu(Ⅰ)、Fe(Ⅱ)等]来表示，也可以用带圆括号的阿拉伯数字[如（1－）或（1+）等]来表示配离子的电荷数。即按照：配位体数（中文数字）→配位体名称→“合”→中心离子（原子）名称→中心离子（或原子）氧化数（罗马数字）的顺序进行命名。例如：

$K_4[Fe(CN)_6]$	$[Co(NH_3)_6]^{3+}$	$[Co(NH_3)_5H_2O]^{3+}$
六氰合铁(Ⅱ)酸钾	六氨合钴(Ⅲ)离子	五氨·水合钴(Ⅲ)离子
$[Fe(CN)_6]^{4-}$	$[Fe(CN)_6]^{3-}$	$[Cr(en)_3]^{3+}$
六氰合铁(Ⅲ)离子	六氰合铁(Ⅲ)离子	三(乙二胺)合铬(Ⅲ)离子

3. 配体的位次

在配合物中，配体的命名次序按以下规定：

（1）在配合物中，如果既有无机配体又有有机配体，则无机配体排列在前，有机配体排列在后。例如：

cis-$[PtCl_2(PPh_3)_2]$
顺-二氯·二(三苯基膦)合铂(Ⅱ)

（2）在无机配体和有机配体中，先列出阴离子的名称，后列出中性分子和阳离子的名称。例如：

$K[PtCl_3(NH)_3]$	$[Co(N_3)(NH_3)_5]SO_4$
三氯·氨合铂(Ⅱ)酸钾	硫酸叠氮·五氨合钴(Ⅲ)

（3）同类配体的名称，按配位原子元素符号的英文字母顺序排列。例如：

$[Co(NH_3)_5(H_2O)]Cl_3$
氯化五氨·水合钴(Ⅲ)

（4）同类配体中，若配位原子相同，则将含较少原子数的配体排列在前，含较多原子数的配体排列在后。例如：

$[Pt(NO_2)(NH_3)(NH_2OH)(py)]Cl$
氯化硝基·氨·羟胺·吡啶合铂(Ⅱ)

（5）若配位原子相同，配体中含原子的数目也相同，则按在结构中与配位原子相连的原子元素符号的英文字母顺序排列。例如：

$[Pt(NH_2)(NO_2)(NH_3)_2]$
氨基·硝基·二氨合铂(Ⅱ)

（6）配体化学式相同，但配位原子不同，如—SCN、—NCS，则按配位原子元素符号的英文字母顺序排列。若配位原子尚不清楚，则以配位个体的化学式中所列的顺序为准。

1.3.4.2 配体命名

1. 无机配体的命名

一些常见的离子或分子在配合物中的名称：O^{2-}（氧）、S^{2-}（硫）、S_2^{2-}（双硫）、OH^-（羟基）、SH^-（巯基）、N_3^-（叠氮）、CO（羰基）、ONO^-（亚硝酸根）、NO_2^-（硝基）、NH_2^-（氨基）、O_2（双氧）、N_2（双氮）、NCS^-（异硫氰酸根）、SCN^-（硫氰酸根）、NO（亚硝酰）。

（1）无机阴离子配体：一般称为“某根”、“亚某根”。例如：SCN^-（硫氰酸根），ONO^-（亚硝酸根）等。但 NH_2^- 按习惯用法称为氨基。中文名称的单音节阴离子，也可用单音节名称代替阴离子名称，如 F^-、Cl^-、Br^-、I^-、O^{2-}、H^-、S^{2-}、S_2^{2-}、OH^-、SH^-、CN^-、N_3^- 等。

（2）中性分子配体：命名时一般保留原来名称不变，但 NO 称亚硝酰、CO 称羰基、O_2 称双氧、N_2 称双氮。

2. 有机配体的命名

（1）当烃基连接于金属时，一般都表现为阴离子，在计算氧化数时，也把它们当作阴离子，但在配位个体中还是按照一般的基团来命名。例如：

$K_2[Cu(C_2H)_3]$	$K[SbCl_5(C_6H_5)]$	$[Fe(CO)_4(C_2C_6H_5)_2]$
三(乙炔基)合铜(Ⅰ)酸钾	五氯·苯基合锑(Ⅴ)酸钾	四羰基·二(苯乙炔基)合铁(Ⅱ)

（2）从有机化合物失去质子而形成的阴离子都用“根”字结尾（上面的烃类除外）。例如：CH_3COO^-（乙酸根），$(CH_3)_2N^-$（二甲胺根），CH_3CONH^-（乙酰胺根）。

（3）有机配体命名时一律用括号括起来。例如：(苯甲酸根)、(对氯苯酚根)、[2-(氯甲基)-1-萘酚根]。

（4）有机配体命名时均采用系统命名法，一般不得用俗名。例如：铜铁灵应为N-亚硝基-N-苯基羟胺，双硫腙应为：1, 5-二苯基硫代缩二氨基脲。但有一些习惯名称可以表明有机物的结构，如乙酰丙酮、8-羟基喹啉等，仍可同时采用。例如：

$[Cu(C_5H_7O_2)_2]$
二(乙酰丙酮根)合铜(Ⅱ)

3. 配位原子的标记

如果一个配体有几种可能的配位原子，为了标明哪个原子配位，必须把配位原子的元素符号放在配体名称之后，例如：二硫代草酸根的硫和氧原子均有可能是配位原子，若硫为配位原子，则用“二硫代草酸根-S, S′”表示，若氧为配位原子，则用“二硫代草酸根-O, O′”表示，如二(二硫代草酸根-S, S′)合镍(Ⅱ)酸钾。

同组分配体的不同配位原子也可以用不同名称来表示。例如："硫氰酸根"表示—SCN，为硫原子配位，"异硫氰酸根"表示—NCS，为氮原子配位；"亚硝酸根"表示—ONO，为氧原子配位，"硝基"表示—NO_2，为氮原子配位。若配位原子尚不清楚，就用"硫氰酸根"、"亚硝酸根"表示。例如：

$[Co(NO_2)_3(NH_3)_3]$ 三硝基·三氨合钴(Ⅲ)

$[Co(ONO)(NH_3)_5]SO_4$ 硫酸亚硝酸根·五氨合钴(Ⅲ)

$[Rh(ONO)(NH_3)_5]^{2+}$ 亚硝酸-O-五氨合铑(Ⅲ)离子

$[Rh(NO_2)(NH_3)_5]^{2+}$ 亚硝酸-N-五氨合铑(Ⅲ)离子

$K_2[Ni(S_2C_2O_2)_2]$ 二(二硫代草酸根-S,S′)合镍(Ⅱ)酸钾

1.3.4.3 几何异构体的命名

1. 用结构词头

顺-（*cis-*）、反-（*trans-*）、面-（*fac-*）、经-（*mer-*），对下列构型的几何异构体进行命名。

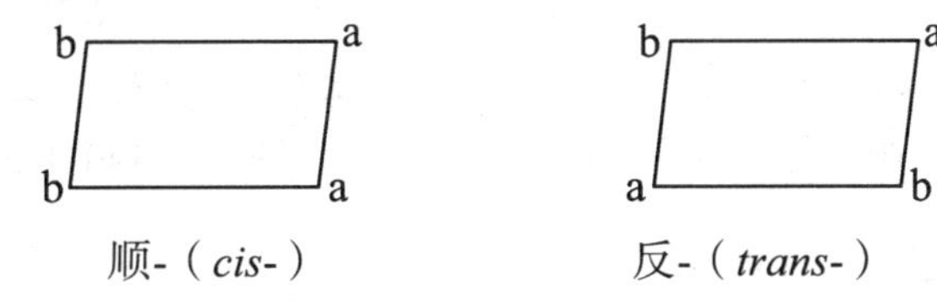

平面正方形配合物几何异构体的命名，举例如下：

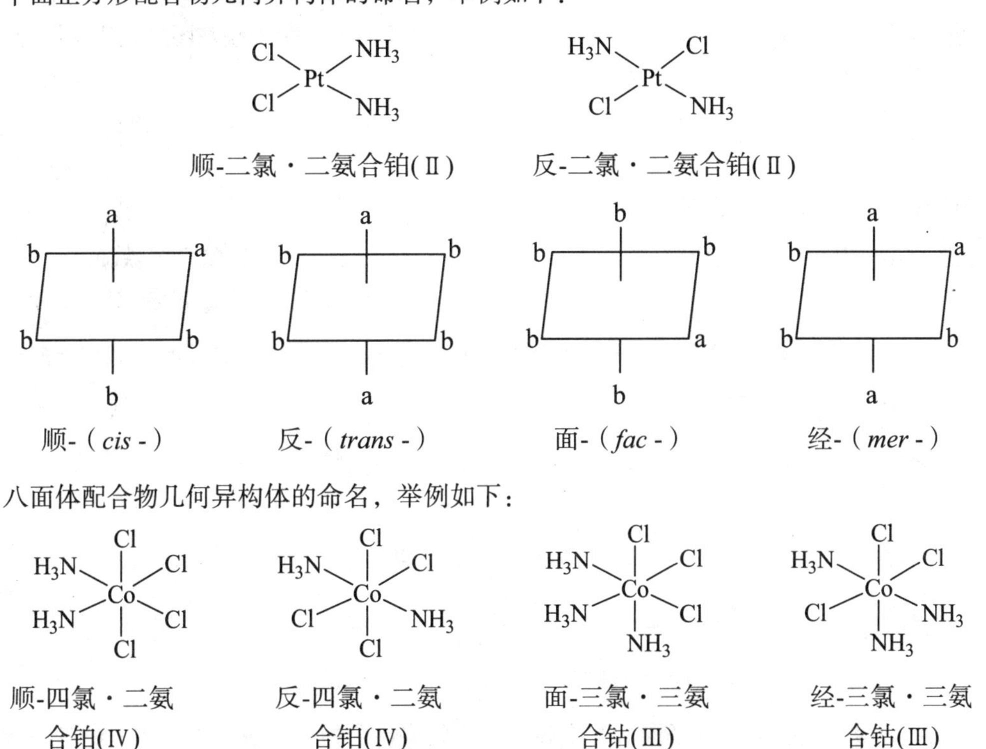

2. 用小写英文字母作位标

若配合物含有多种配体，上述结构词头不够用，则用小写英文字母作位标来标明配体的空间位置。平面正方形和八面体构型的位标规定如下：

按配体命名顺序，首先列出的配体给予最低的位标 *a*，第二列出的配体给予次低的位标 *b*，其余的配体则根据其在配位层中的位置按如下所示排好的字母，先上层，后下层，予以标明。例如：

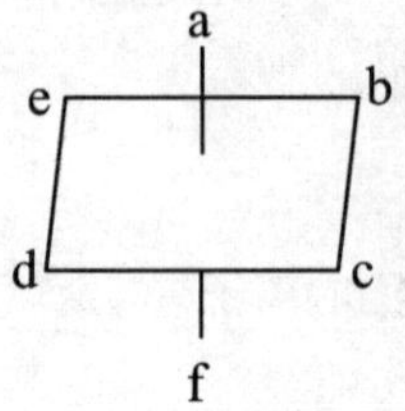

d a c b　　　a e b d c f

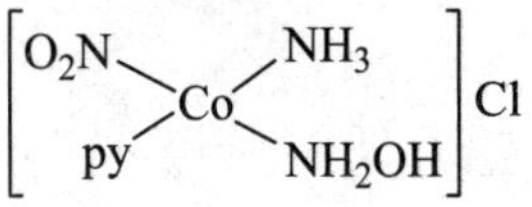

$\left[\begin{matrix} O_2N & & NH_3 \\ & Co & \\ py & & NH_2OH \end{matrix}\right]Cl$

氯化 *a*-硝基 · *b*-氨 · *c*-羟胺 · *d*-(吡啶)合铂(Ⅱ)

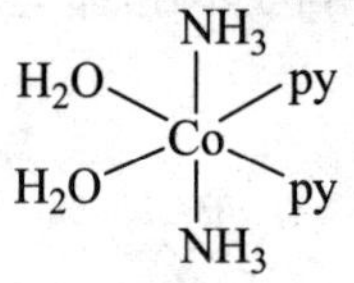

$[Co(NH_3)_2(H_2O)_2(py)_2]$

a, *f*-二氨 · *b*, *c*-二水 · *d*, *e*-二(吡啶)合钴(Ⅲ)离子

1.3.4.4　桥基多核配合物命名

（1）同一配体有的是桥基，有的不是桥基，则先列出桥基，并在桥基前面加上希腊字母μ-。即按照：桥联基团（或原子）数（中文表示）→μ-桥联基团（不同桥联基团之间用中圆点分开）→非桥联部分的顺序依次写出。例如：

$[(NH_3)_5Cr—OH—Cr(NH_3)_5]Cl_5$

五氯化μ-羟基 · 二[五氨合钴(Ⅲ)]

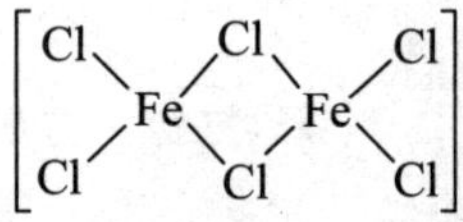

$[Cl_2Fe(\mu\text{-}Cl)_2FeCl_2]$

二(μ-氯) · 四氯合二铁(Ⅲ)

二[(μ-氯) · 二(二氯合二铁(Ⅲ))]

（2）如果桥基以不同的配位原子与 2 个中心原子连接，则该桥基名称的后面加上配位原子的元素符号来标明。例如：

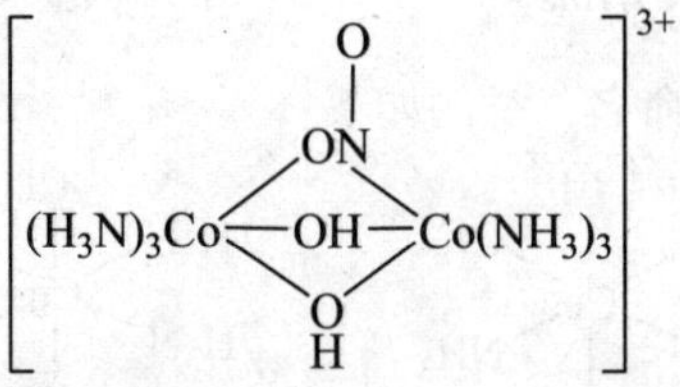

$\left[(H_3N)_3Co(\mu\text{-}ONO)(\mu\text{-}OH)_2Co(NH_3)_3\right]^{3+}$

二(μ-羟) · μ-亚硝酸根(O, N) · 六氨合二钴(Ⅲ)离子

（3）中心原子间既有桥联基团又有金属间键：此类化合物应按桥联配合物来命名，并将金属-金属键的元素符号在括号中缀在整个名称之后。例如：

$[(CO)_3Fe(CO)_3Fe(CO)_3]$　　　　$[(CO)_3Co(CO)_2Co(CO)_3]$

三(μ-羰基)·二(三羰基合铁)(Fe-Fe)　　　　二(μ-羰基)·二(三羰基合钴)(Co-Co)

（4）如一桥基所连接的中心原子数目不止 2 个，则在 μ 的右下角用阿拉伯数字标明。例如：

$[Cr_3O(CH_3COO)_6]Cl$

氯化μ_3-氧·六[μ-乙酸根(O, O′)]合铬(Ⅲ)

1.3.4.5 金属有机化合物命名

遵循配合物的命名规则。但在配体前用“η^n”表示配体的齿合度，即一个配体分子与金属原子（离子）的结合位点数 *n*。例如：

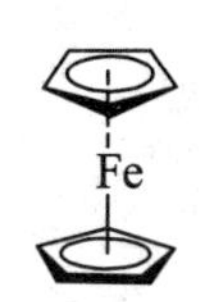

二(η^5-环戊二烯基)铁(Ⅱ)

二[羰基(μ-羰基)η^5-环戊二烯基铁(0)]

η^3-烯丙基钯(Ⅱ)二-μ-氯二氯合铝(Ⅲ)

（1）若链上或环上所有原子都键合在中心原子上，则在配体名称前加词头η。例如：

$K[PtCl_3(C_2H_4)]$　　　　$[Fe(C_5H_5)_2]$

三氯·(η-乙烯)合铂(Ⅱ)酸钾　　　　二(η^5-环戊二烯)合铁(Ⅱ)（简称二茂铁）

（2）若配体链上或环上只有部分原子参与配位，则在η前列出参与配位原子的位标（1 ~ *n*）；若着重指出配体只有 1 个原子与中心原子成键，则应将词头σ-加在此配体前。例如：

三羰基·(1-3-η-2-丁烯基)合钴(Ⅰ)　　　　三羰基·(σ-苯)合铬(Ⅰ)

1.3.4.6 簇状配合物的命名

（1）当中心原子之间仅有金属之间键连接时：

① 含有金属键而且具有对称结构的化合物应用倍数词头命名。例如：

$[Br_4Re—ReBr_4]^{2-}$　　　　$[(CO)_5Mn—Mn(CO)_5]$

二[四溴合铼(Ⅲ)]酸根离子　　　　二(五羰基合锰)

② 若为非对称结构，则将其中一个中心原子及其配体一起作为另一个中心原子的配体（词尾用“基”）来命名。另一个作为主要的中心原子是其元素符号的英文字母居后的金属。例如：

$[(C_6H_5)_3AsAuMn(CO)_5]$

五羰基·[(三苯基胂)金基]合锰

（2）中心原子间既有桥联基团又有金属之间键：此类化合物应按桥联配合物来命名，并将金属-金属键的元素符号在括号中缀在整个名称之后。

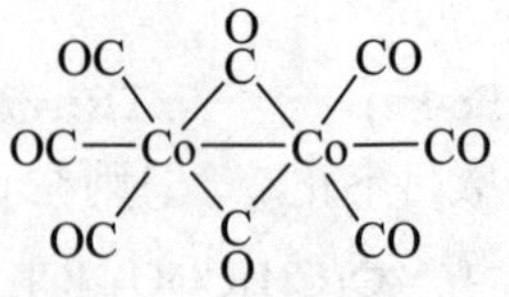

二(μ-羰基)·二(三羰基合钴)(Co—Co)

（3）同种金属原子簇状配合物的命名：命名时在金属原子之前写明该金属原子簇的几何形状（如三角、四方、四面等）加以说明。例如：

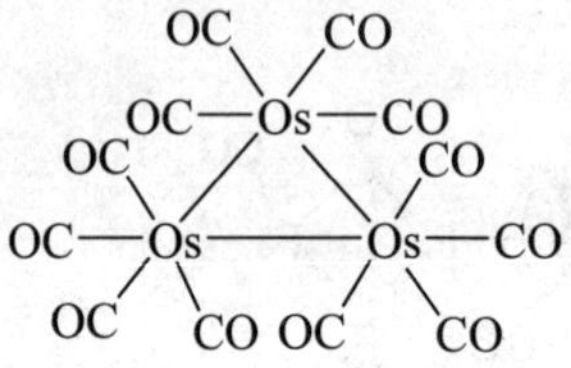

十二(羰基)合-三角-三锇(Os—Os)

1.3.4.7　某些配位化合物的习惯名称

$K_4[Fe(CN)_6]$	$K_3[Fe(CN)_6]$	$[Cu(NH_3)_4]^{2+}$	$[Ag(NH_3)_2]^+$	$K_2[PtCl_6]$
亚铁氰化钾（黄血盐）	铁氰化钾（赤血盐）	铜氨配离子	银氨配离子	氯铂酸钾

以首次合成者的名字命名：

$NH_4[Cr(NH_3)_2(NCS)_4]$	$[Pt(NH_3)_4]\,[PtCl_4]$	$[IrCOCl(PPh_3)_2]$
雷纳克盐	马格努斯盐	瓦斯卡化合物

$[RhCl(PPh_3)_3]$	$K[PtCl_3(C_2H_4)]$
威尔金森化合物	蔡司盐

1.3.5　配合物的化学式

配合物化学式的写法与一般化合物相同：阳离子在前，阴离子在后，如 $K_2[Ni(CN)_4]$，$[CoCl_2(NH_3)_4]Cl$。

对于配位个体的化学式，应首先列出中心原子的符号，再列出阴离子和中性配体，将整个配位个体的化学式括在方括号[ ]中。在括号中同类配体的次序，以配位原子元素符号的英文字母次序为准。化学式中括号套列次序是{[(　)]}。如果括号套列次序有重复时如[[(　)]]，可采用[{(　)}]以免混淆。例如，三甲基·(1-乙酰丙酮根)·(2, 2'-联吡啶)合铂(Ⅳ)的化学式为$[Pt(CH_3)_3\{CH(COCH_3)_2\}(bpy)]$。

对于较复杂的配体使用其缩写符号代替完全的化学式（如用 en 代替 $H_2NC_2H_4NH_2$，用 ox 代替草酸根，用 PPh_3 代替三苯基磷，用 py 代替吡啶 C_5H_5N）。必要时，在化学式前加一英文前缀，以指明配体在空间的排列特点（如表示异构体、手性等）如 *cis-*, *trans-*, *mer-*, *fac-* 分别表示顺式、反式、经式、面式异构体结构，如 *cis-* $[CoCl_2(NH_3)_4]^+$；Δ 和 Λ 表示手性，如对于$[Co(en)_3]^{3+}$，Δ 代表右手螺旋型，Λ 代表左手螺旋型。

本章小结

本章首先概述了配位化学的发展简史，即早期研究及链式理论，现代配位化学理论的建立及配位化学的发展；然后简单介绍了配位化学的研究内容，包括新型配合物的合成和结构、生物无机化学的兴起、功能配合物材料的开发、结构方法和成键理论的开拓及从配位化学到超分子化学；最后，详细了介绍配位化学的基本知识，内容涉及配合物的组成、配合物的分类、配合物的命名和配合物的化学式等。

1. 配合物的定义

广义上，凡是由原子 B 或原子团 C 与原子 A 结合形成的，在某一条件下有确定组成和区别于原来组分（A、B 或 C）的物理和化学特性的物种均可称为配合物。

狭义上，具有接受电子的空位原子或离子（中心体）与可以给出孤对电子或多个不定域电子的一定数目的离子或分子（配体）按一定的组成和空间构型所形成的物种称为配位个体，含有配位个体的化合物称为配合物。

2. 配合物的组成

（1）中心原子；

（2）配体和配位原子；

（3）配体的类别；

（4）配位数：配合物中与中心原子直接成键的配位原子的数目。

3. 配合物的分类

（1）按配体的种类分类：① 单一配体化合物；② 混合配体化合物。

（2）按配体的配位形式分类：① 简单配合物；② 螯合物。

（3）按中心原子的数目分类：①单核配合物；② 多核配合物。

（4）按配合物的价键特点分类：① 经典配合物，也称 Werner 型配合物；② 非经典配合物，也称新型或非 Werner 型配合物。

4. 配合物的命名

遵循一般无机物命名原则：对于配离子化合物，酸根为简单阴离子时，称为某化某，酸根为复杂阴离子时，称为某酸某。若配合物外界只有氢离子，则称为酸。

参考文献

[1] 游效曾，孟庆金，韩万书. 配位化学进展. 北京：高等教育出版社，2000.

[2] 徐光宪. 化学的定义、地位、作用和任务. 化学通报，1997, 60（7）：54-57.

[3] 武汉大学，吉林大学，等. 无机化学. 3 版. 曹锡章，王杏乔，宋天佑，修订. 北京：高等教育出版社，1994.

[4] 徐光宪，王祥云. 物质结构. 2 版. 北京：高等教育出版社，1987.

[5] 徐光宪. 从外行人眼里远看“21 世纪的分析化学”. 化学通报，2004，67（10）：713-714.

[6] 游效曾. 配位化合物的结构和性质. 北京：科学出版社，1992.

[7] COTTON F A, WILKINSON G. Advanced inorganic chemistry. 6th Ed. New York: John Wiley & Sons Inc, 1999.

[8] 戴安邦. 无机化学的复兴和发展. 大学化学，1988，3（1）：1-5.

[9] KAUFFMAN G B. Inorganic coordination compounds. London: Heyden & Son Ltd, 1981.
[10] 张清建. Alfred Werner 与配位理论的创立. 大学化学，1993，8（6）：52-58.
[11] 张清建. 配位化学的先驱 S. M. Jorgensen. 大学化学，1998，13（3）：60-64.
[12] 孟庆金，戴安邦. 配位化学的创始与现代化. 北京：高等教育出版社，1998.
[13] 徐志固. 现代配位化学. 北京：化学工业出版社，1987.
[14] MIESSLER G L, TARR D A. Inorganic chemistry. 3rd Ed. New Jersey: Prentice-Hall Inc, 2004.
[15] KAUFFMAN G B. Alfred Werner's research on optical active coordination compounds. Coord Chem Rev, 1974, 12:106.
[16] 杨素苓，吴谊群. 新编配位化学. 哈尔滨：黑龙江教育出版社，1993.
[17] 任红艳，李广洲，宋心琦. 二茂铁化学的半个世纪历程. 大学化学，2003，18（6）：57-60.
[18] 中国化学会. 无机化学命名原则. 北京：科学出版社，1980.
[19] 陈慧兰. 高等无机化学. 北京：高等教育出版社，2005.
[20] 戴安邦，等. 无机化学丛书：第 12 卷　配位化学. 北京：科学出版社，1987
[21] 张祥麟. 配合物化学. 北京：高等教育出版社，1991.
[22] 罗勤慧，沈孟长. 配位化学. 戴安邦，审校. 南京：江苏科学技术出版社，1987.
[23] 金斗满，朱文祥. 配位化学研究方法. 北京：科学出版社，1996.
[24] 周公度，段连运. 结构化学基础. 2 版. 北京：北京大学出版社，1995.
[25] 严志弘. 络合物化学. 北京：人民教育出版社，1960.

≺ 习 题 ≻

1. 命名下列配合物

$K_2[U(SO_4)_3]\cdot 2H_2O$　　$[Cr(OH)(H_2O)(C_2O_4)(en)]$

$K_3[Ni(NO)(S_2O_3)_2]$　　$Na[Co(CO)_4]$

$[RuN_2(NH_3)_5](NO_3)_2$　　$NH_4[Co(SCN)_4(NH_3)_2]$

$[CoCl(NCS)(en)_2]NO_3$　　$[Co(en)_3]Cl_3$

$[ReI(CO)_3(py)_2]$　　$K_2[U(SO_4)_3]\cdot 2H_2O$

2. 画出下列配合物的立体结构式

cis-二氯・二氨合铂；氯化 *trans*-二氯・四氨合铂(Ⅳ)；面-三氯・三(羟氨)合铑；*trans*-四(硫氰酸根)二氨合铬(Ⅲ)酸铵；硫酸(μ-氨基)・(μ-羟基)・八氨合二钴(Ⅱ)；*trans*-氯・氨・二(乙二胺)合钴离子；*trans*-二(氨基乙酸根)合钯

3. π 酸配体和 π 配体属于哪种类型的配体？举例说明两者的区别，并说明下列配位体哪些是 π 酸配位体，哪些是 π 配位体？

CO　$C_5H_5^-$　N_2　CN^-　PR_3　AsR_3　C_6H_6　C_2H_4　C_4H_6（丁二烯）　py　bpy　phen

4. 某一锰的配合物是从溴化钾和草酸阴离子的水溶液中获得的。经纯化并分析，发现其中含有（质量分数）10.0% 锰、28.6% 钾、8.8% 碳和 29.2% 溴。配合物的其他成分是氧。该配合物水溶液的电导性与等物质的量浓度的 $K_4[Fe(CN)_6]$相同。写出该配合物的化学式，用方括号表示配位内界。

2 配合物的立体化学

配合物的立体结构以及由此产生的各种异构现象，是研究配合物性质及反应的重要基础，也是现代配位化学理论和应用的主要方面。在配位化学研究的早期阶段，Werner 曾对配合物的立体结构和异构现象做了大量经典的研究工作，并作出了重要贡献，奠定了配合物立体化学的基础。随着配位化学的发展和现代结构测定方法的不断完备，立体结构和异构现象已成为现代配位化学理论研究和实际应用的重要方面。

2.1 配位数和配合物的空间构型

2.1.1 中心原子（离子）的配位数

配合物中心原子（离子）的配位数决定了配合物的结构，是配合物的重要特征之一，Werner 最早提出了配位数的概念。配位数是指在配合物中直接与中心原子（或离子）相连的配位原子总数，即形成配位键的数目，但不一定为配体总数。例如，在$[Co(NH_3)_6]^{3+}$中 Co(Ⅲ)的配位数为 6，在$[Pt(en)_2]Cl_2$中 Pt(Ⅱ)的配位数为 4。从本质上来讲，中心离子的配位数是中心离子接受配体提供的孤对电子的数目或是形成σ配键的数目。抓住这个本质，就比较容易确定一个中心离子的配位数。中心离子的配位数可以从 2 一直到 12，甚至可高达 14，一般常见的中心离子的配位数为 2、4、6、8，其中最常见的是 4 与 6 两种，配位数超过 8 的配合物较少。多数中心原子的配位数是可变的，只有少数处于特定氧化态的中心原子有固定的配位数，如 Co(Ⅲ)、Cr(Ⅲ)、Pt(Ⅳ)在绝大多数配合物中配位数为 6。

配位数的大小主要取决于中心原子和配位体的性质，即中心原子和配体的电荷、半径、电子层结构等；同时还和配合物形成的条件，特别是浓度、温度或者外界抗衡离子存在等因素有关。一般来说：

（1）中心离子的半径越大，其周围可以容纳的配体就越多，配位数就越大。例如，Al^{3+}的半径大于 B^{3+}，它们的氟配合物分别是$[AlF_6]^{3-}$和$[BF_4]^{-}$。金属离子的半径与它所在的周期数有关，通常第一周期的元素，配位数为 2，第二周期的元素最高配位数为 4，第三周期的元素最高配位数为 6，第四至六周期的较重元素的配位数可以为 8、10 等，第七周期元素的配位数最高可达 12。

（2）中心离子的电荷越高，吸引配体的能力越强，配位数也越大。例如，金属铂有两种价态 Pt(Ⅳ)和 Pt(Ⅱ)。形成配合物时，高价态 Pt(Ⅳ)的配位数通常为 6，如$[PtCl_6]^{2-}$；低价态 Pt(Ⅱ)的配位数则通常为 4，如$[PtCl_4]^{2-}$。再如，电荷数不同的 Ag^{+}和 Hg^{2+}，与配体离子形成的配离子分别是$[AgI_2]^{-}$和$[HgI_4]^{2-}$，$[Ag(CN)_2]^{-}$和$[Hg(CN)_4]^{2-}$；Cu^{+}与 Cu^{2+}与 NH_3、CN^{-}、Cl^{-}等配体形成配离子时特征配位数分别是 2 和 4。

（3）体积较大的配位体占据的空间较大，相应的中心离子的配位数就较小。例如，卤素离子的半径变化次序为：F < Cl < Br < I，当它们与 Al^{3+}形成配合物时，则分别为$[AlF_6]^{3-}$、$[AlCl_4]^{-}$、$[AlBr_4]^{-}$。

（4）阴离子配体的电荷越小，中心离子的最高配位数就越大。这是因为配体阴离子相互之间的排斥作用随着电荷的增加而增强。例如，Co^{2+}与配体 CN^{-}可形成$[Co(CN)_6]^{4-}$配离子，配位数为 6；而与配体 SO_4^{2-} 只能形成$[Co(SO_4)_2]^{2-}$，其配位数为 4。虽然这时配位阴离子与带正电荷的中心离子之间的吸引作用也有所增加，但是相比之下配体之间的排斥作用为主要因素，因此配体负电荷的增加将使中心离子的配位数减小。显然，在具体情况下体积因素和电荷因素必须同时加以考虑，才能得出比较正确的结论。

（5）通常配体浓度越大，温度越低，配位数也越大。不过，虽然影响配位数的因素复杂，但有些中心离子在较大范围的条件改变下和许多配体形成配合物时，往往具有一个几乎不变的配位数，称为特征配位数，不同条件下，主要都以这个具有特征配位数的离子形式存在。例如，Co^{3+}、Pt^{4+}、Cr^{3+}的特征配位数为 6，Pt^{2+}、Pd^{2+}的特征配位数为 4。然而大多数金属离子的配位数是可变的。例如，Zn^{2+}的特征配位数为 4，但有时可以增加到 6，如与 $EDTA^{4-}$配位时，就可达 6；Zr^{4+}和 F^{-}可形成$[ZrF_6]^{2-}$、$[ZrF_7]^{3-}$、$[ZrF_8]^{4-}$、$[ZrF_9]^{5-}$数种配合物，Zr^{4+}的配位数显然在 6~9 范围内变动。

一般而言，形成高配位数化合物需要具备以下条件：

（1）中心离子体积较大，而配体体积较小，以减小配体间的空间位阻；

（2）中心离子所含的 d 电子数一般较少，一方面可获得较多的配位场稳定化能，另一方面可减少 d 电子和配体间的相互排斥作用；

（3）中心离子的氧化数较高；

（4）配体的电负性要大，但极化变形性要小，否则中心离子较高的正电荷将会使配体明显地极化变形而增强配体间的相互排斥作用。

综上所述，高配位数化合物的中心离子通常是具有 $d^0 \sim d^2$ 电子组态的第二、三过渡系金属离子，以及稀土离子，它们的氧化数一般为+3 或更高。常见的配体主要是 F^{-}、O^{2-}、CN^{-}、NCS^{-}或 H_2O，以及一些螯合间距（形成四元或五元螯环）和体积较小的双齿配体，如 NO_3^{-}、O_2^{2-}、$C_2O_4^{2-}$或 $RCOO^{-}$等。

2.1.2 影响配位几何构型的因素

1. 主族元素化合物

对主族元素化合物，服从 VSEPR（价层电子对互斥）规则。

（1）分子的几何构型，选择价层电子对（键对和孤对）之间互斥作用最小的构型，即选择电子对互相远离的构型，具体情况见表 2.1。

表 2.1 价层电子对与分子的几何构型的关系

价层电子对	分子的几何构型	特例
2 对	L2（Linear，直线形）	$BeCl_2$
3 对	TP3（Trigonal Planar，平面三角形）	BF_3

续表 2.1

价层电子对	分子的几何构型	特例
4 对	T4（Tetrahedron，四面体形）	CH_4、BF_4^-、$AlCl_4^-$、SO_4^{2-}、ClO_4^-、PO_4^{3-}
5 对	TB5（Trigonal Bipyramid，三角双锥形）	PF_5
6 对	OC6（Octahedron，八面体形）	SF_6，PF_6
7 对	PB7（Pentagonal Bipyramid，五角双锥形）	碱金属和碱土金属的冠醚或穴醚配合物
8 对	SA8（Square Antiprism，四方反棱柱）	碱金属和碱土金属的冠醚或穴醚配合物

（2）电子对的排斥作用大小有别：电子对离中心原子核（A）越近，密度越大，排斥作用越强。因此，孤对电子强于键对电子。因为孤对电子只受中心原子核吸引，定域在 A 的价层内；而键对电子为 A、X 两原子分享，只有部分概率在 A 原子的价层空间。因此分子中电子对之间的互斥作用强弱次序为 lplp > lpbp > bpbp（lp：lone pair，孤对电子；bp：bonding pair，键对电子）。另外，当配体 X 的电负性大时，成键电子密度偏移 X 原子，这时 A 原子价层的键对域变小，因而排斥力变小，分子中的 A—X 键对电子会被孤对电子排挤，造成 AX 与相邻 AX 键之间的夹角变小。这可用于解释某些配合物的配位几何构型发生畸变的原因，例如，对于 AX_3E 和 AX_2E 型分子的键角有如下影响：

AX_3E 型：NH_3，107.2°；NF_3，102.3°；PF_3，97.7°；PCl_3，100.3°；PBr_3，101.0°；AsF_3，95.8°；$AsCl_3$，98.9°。

AX_2E_2 型：H_2O，104.5°；F_2O，103.1°；SF_2，98.0°；SCl_2，102.0°；$S(CH_3)_2$，99.0°；$TeBr_2$，104°。

（3）电子对间键角不同时，斥力也不同：90° > 120° > 180°，配合物将尽可能选取键角大的构型。基于此可说明：对于电子对总数为 5 或 6 且包含孤对电子时，孤对电子总是占据赤道平面位置，如 AX_4E 型分子 SF_4、$[SbCl_4]^-$、$[AsCl_4]^-$具有 K 形结构；而 AX_4E_2 型分子，两个 E 分占反位位置，分子呈 SP4 型结构，如 XeF_4、$[ICl_4]^-$。又如，对于 AX_5 型分子，多取 TB5 型，而不取 SP4 型结构，是因为若取 TB5 型，则只有 6 个 90°角；而取 SP4 型，则有 8 个 90°角。

（4）双键和三键是分别由 2 对和 3 对电子构成的，因此其电子域和电子密度均大于单键，故排斥作用力强于单键。但可将多重键看作一个电子对，因为其配位原子在空间仅占据一个成键位置，如 CO_2 分子，有 2 个双键，键对数认作 2，孤对电子数为 0；HC≡N 中，一个叁键、一个单键，键对数认作 2，但其排斥作用力三键>双键>单键，故多重键-多重键>多重键-单键>单键-单键。

2. 过渡金属配合物

对于过渡金属配合物，有以下几种情况：

（1）对于中心离子电子组态为 d^{10}、d^5、d^0 的过渡金属配合物，由于这 3 个组态的电子结构具有球形对称的特征，故也服从 VSEPR 规则，如 Sc^{III}、Ti^{IV}、V^{V}、Cr^{VI}、Mn^{VII}、Cu^{I}、Zn^{II}、Ag^{I} 的配合物，例如，$[Ag(NH_3)_2]^+$、$[CuCl_2]^-$呈 L2 构型，$[MnO_4]^-$、$[CrO_4]^{2-}$、$[ZnCl_4]^{2-}$、$[FeCl_4]^-$呈 T_d 构型。对于其他 d^n 组态离子配合物，需用配合物的化学成键理论，如价键理论、晶体场理论、配位场理论和分子轨道理论来说明。

（2）过渡金属配合物的几何构型也可以由中心原子适宜的轨道杂化方式决定，如 $[Cu(NH_3)_4]^{2+}$中 Cu^{2+}以 dsp^2 杂化，故呈 SP4 构型；而$[Fe(CN)_6]^{3-}$中 Fe^{3+}以 d^2sp^3 杂化，故呈 OC6

构型。

（3）对某一种配位数，可有 2 种或 2 种以上几何构型供选择时，除了受配体间静电排斥作用影响外（VSEPR 规则），还要受晶体场稳定化能（CFSE）等因素的影响。例如，对四配位配合物，可有 T4 和 SP4 两种构型选择，这时就看哪种构型的 CFSE 更大，就呈现哪种构型（表 2.2）。

表 2.2　d^n组态金属离子在四面体场和平面正方形场中的 CFSE 值

d^n	弱场			强场		
	SP4	T4	差值	SP4	T4	差值
d^0	0	0	0	0	0	0
d^1	0.51	0.27	0.24	0.51	0.27	0.24
d^2	1.02	0.54	0.48	1.02	0.54	0.48
d^3	1.45	0.35	1.09	1.45	0.81	0.64
d^4	1.22	0.18	1.04	1.96	1.08	0.88
d^5	0	0	0	2.47	0.90	1.57
d^6	0.51	0.27	0.24	2.90	0.72	2.18
d^7	1.02	0.54	0.48	2.67	0.54	2.13
d^8	1.45	0.36	1.09	2.44	0.36	2.08
d^9	1.22	0.18	1.04	1.22	0.18	1.04
d^{10}	0	0	0	0	0	0

从表 2.2 数据可推知：

① d^0、d^5（弱场）、d^{10}组态离子的 CFSE 无论在 SP4 或 T4 中均为零。这时配体间的排斥作用是决定因素，因此服从 VSEPR 规则，取 T4 构型。所以$[TiBr_4]$、$[TiI_4]$（d^0）、$[FeCl_4]^-$（d^5）、$[ZnCl_4]^{2-}$、$[ZnBr_3(H_2O)]^-$、$[ZnI_2(py)_2]$（d^{10}）均取 T4 构型。

② d^1和弱场中的d^6组态的四配位配合物，CFSE 差值很小，故也采取 T4 构型，如VCl_4^-（d^1）、$[FeCl_4]^{2-}$（d^6）取 T4 构型。

③ d^8组态离子的四配位配合物以 SP4 构型为主，因为其 CFSE 差值大，如$[Rh(CO)_2I_2]^-$、$[Ni(CN)_4]^{2-}$、$[PdCl_4]^{2-}$、$[Pd(CN)_4]^{2-}$、$[PtCl_4]^{2-}$、$[Pt(NH_3)_4]^{2+}$、$[AuF_4]^-$、$[Au(CN)_4]^-$等均为 SP4 构型。但对于 Ni^{2+}，因其半径较小，当它与体积大的配体配位时，由于空间位阻或静电排斥作用，有时也采取 T4 构型，例如$[NiX_4]^{2-}$（X = Cl、Br、I）、$[NiCl_2(PPh_3)_2]$、$[NiBr_2(Ph_3AsO)_2]$就是四面体构型。

④ 对于六配位的d^6组态离子配合物，几乎都是 OC6 构型，因为易形成低自旋八面体配合物，如 Fe^{II}、Co^{III}、Ru^{II}、Rh^{III}、Os^{II}、Ir^{III}、Pt^{IV}的六配位配合物几乎均为 OC6 构型。

⑤ 另外还有 Jahn-Teller 效应，使八面体构型由 O_h 畸变为 D_{4h}。

⑥ 对于特别大的配体，其空间位阻作用将是配合物几何构型的主要决定因素。

2.1.3　配位数和配合物空间构型的关系

一船说来，具有一定配位数的配合物，配体均在中心离子的周围按一定的几何构型进行排列，也就是说该配合物具有一定的空间构型。配体只有按这种空间构型在中心离子周围排布时，配合物才能处于最稳定的状态。关于配合物的立体化学概念，早在 1897 年 Werner 就提了出来，他根据异构体的数目，用化学方法确定了配位数为 6 的配合物具有八面体结构，配位数为 4 的配合物有四面体结构和平面正方形结构两种。目前，我们已经有了充分的近现代实验方法如 X 射线分析、旋光光度法、偶极矩、磁矩、紫外及可见光谱、红外光谱、核磁共振、顺磁共振、穆斯堡尔谱等测定，可以确定配合物的立体结构（或称空间构型）。实验表明，中心离子的配位数与配合物的空间构型及性质密切相关。配位数不同，配离子的空间构型一般不同；即使配位数相同，由于中心离子和配体种类以及相互作用不同，配离子的空间构型也可能不同。现将一些常见配位数不同的配合物及其立体结构列于表 2.3，并按配位数的大小次序对配合物的几何构型予以讨论。

表 2.3　配位数和配合物的空间构型

配位数	构型（点群）	图形	杂化方式	配合物实例	d 电子数
2	直线型（$D_{\infty h}$）		sp	$[Ag(NH_3)_2]^+$ $[AgCl_2]^-$	d^{10}
3	平面三角形（D_{3h}）	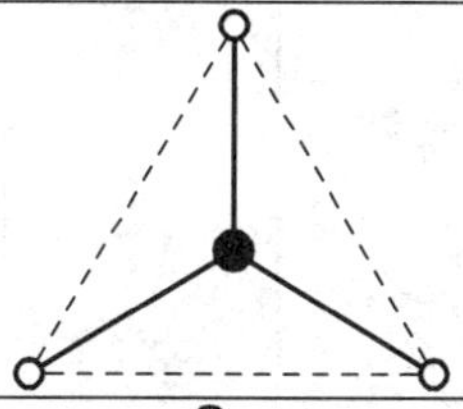	sp^2	$[Fe\{N(SiMe_3)_2\}_3]$ $[HgI_3]^-$ NO_3^- $[Pt(PPh_3)_3]$	d^{10}
4	正四面体（T_d）	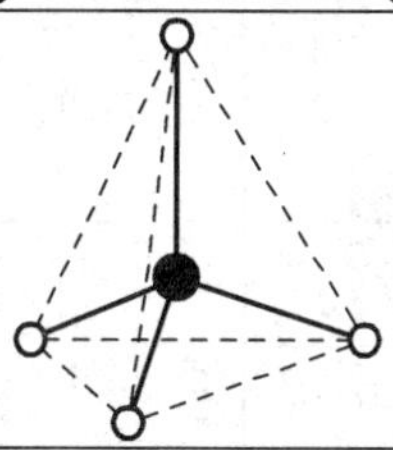	sp^3	$[MnO_4]^-$ SO_4^{2-} $[CoCl_4]^-$	d^7
	平面正方形（D_{4h}）	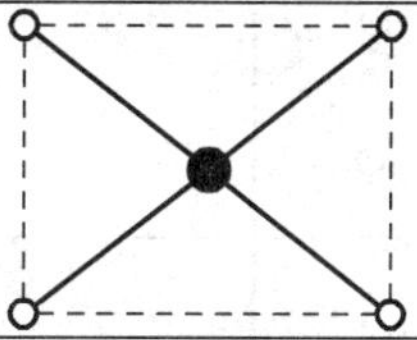	dsp^2	$[PtCl_4]^{2-}$ $[Ni(CN)_4]^{2-}$ $[Ph(CO)_2Cl_2]^-$	d^8
5	三角双锥形（D_{3h}）	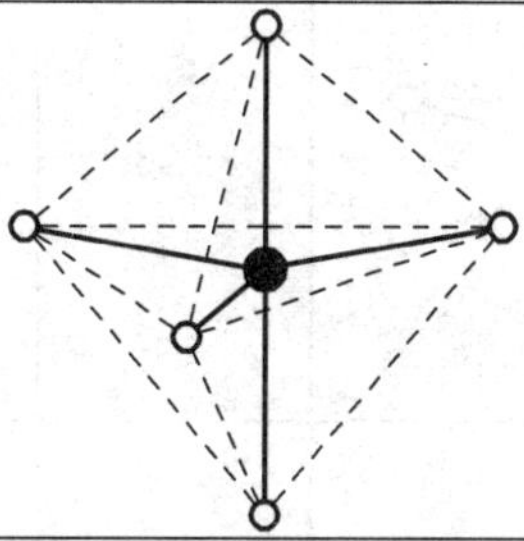	dsp^3 d^3sp	$[Fe(CO)_5]$ $[CoCl_5]^{2-}$	d^8
	四方锥形（C_{4v}）	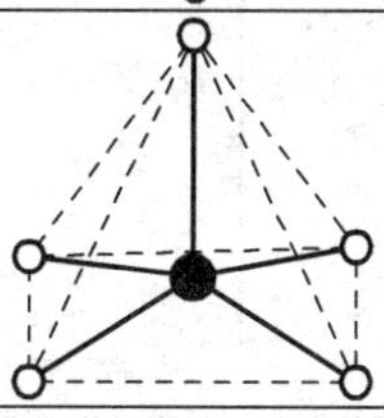	d^2sp^2 d^4s	$[NiBr_3(R_3P)_2]^-$ $[Cu_2Cl_8]^{4-}$	d^8

续表 2.3

配位数	构型（点群）	图形	杂化方式	配合物实例	d 电子数
6	正八面体（O_h）	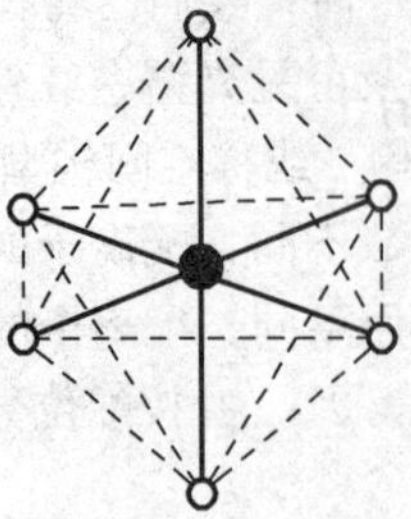	d^2sp^3	$[Co(NH_3)_6]^{3+}$ $[Fe(CN)_6]^{3-}$ $[FeCl_6]^{3-}$	d^6
	三角棱柱形（D_{3h}）	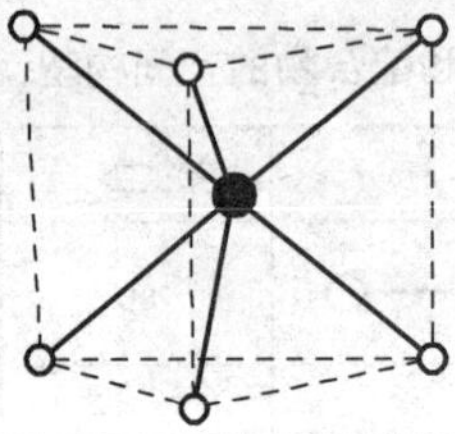	d^4sp	$[Re(S_2C_2Ph_2)_3]$	d^6
7	五角双锥形（D_{5h}）	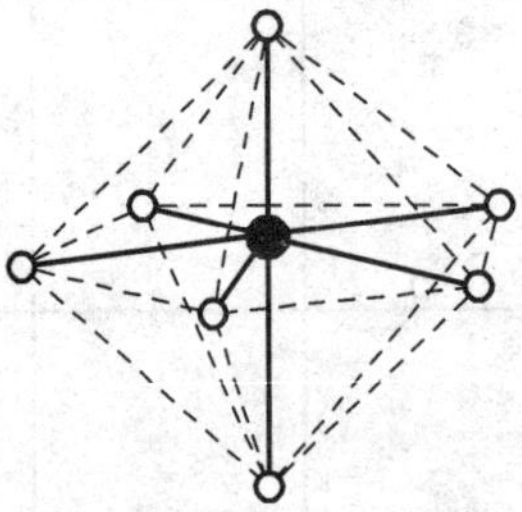	sp^3d^3	$[ZrF_7]^{3-}$ $[UO_2F_5]^{3-}$	d^0
	单帽三棱柱（C_{2v}）	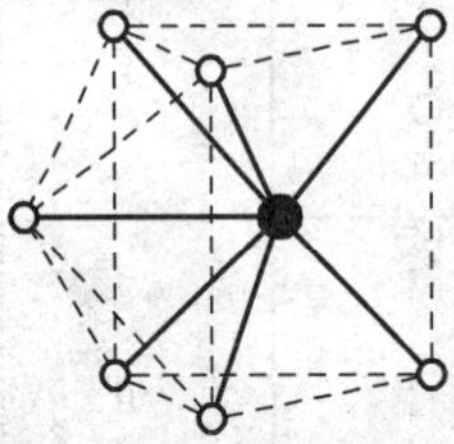	d^4sp^2	$[NbF_7]^{3-}$ $[TaF_7]^{3-}$	d^0
	单帽八面体（C_{3v}）	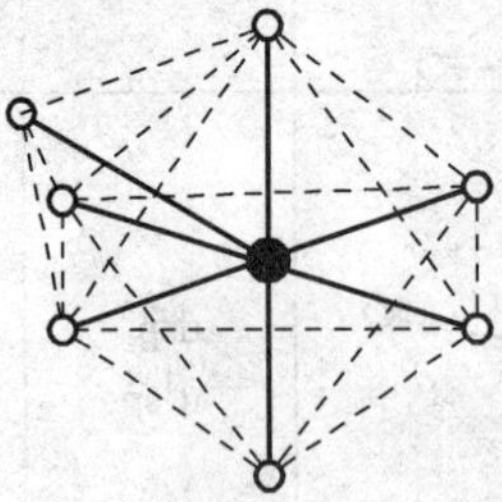	d^5sp	$[NbOF_6]^{3-}$	d^0
8	三角十二面体（D_{2h}）	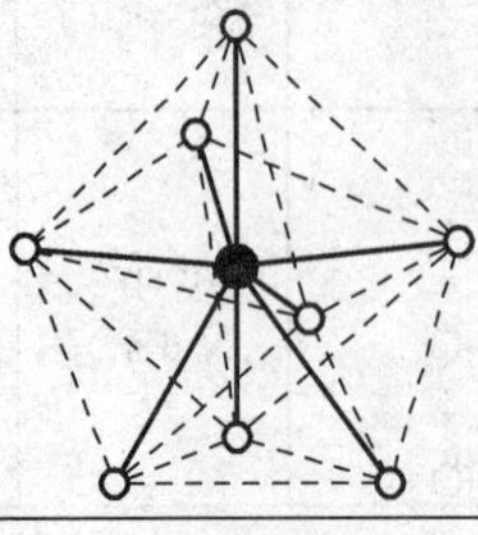	d^4sp^3	$[Mo(CN)_8]^{4-}$ $[W(CN)_8]^{4-}$ $[Zr(C_2O_4)_4]^{4-}$	d^2

续表 2.3

配位数	构型（点群）	图形	杂化方式	配合物实例	d 电子数
8	四方反棱柱（D_{4h}）		d^4sp^3	$[TaF_8]^{3-}$ $[ReF_8]^{2-}$	d^0
	六角双锥形（D_{6h}）		d^4sp^3	$[UO_2(Ac)_3]$	d^0
9	三帽三棱柱（D_{3h}）		d^5sp^3	$[Sm(H_2O)_9]^{3+}$ $[ReH_9]^{2-}$	d^0
	单帽四方反棱柱（C_{4v}）		d^5sp^3	$[Sc(NO_3)_4(ONO_2)]\cdot(NO)_2$	$4f^6$

由表 2.3 可见，配位数为 2、3 的配合物只有 1 种空间构型。随着配位数增加，空间构型的种类也增加，当配位数为 7、8 时有 3 种空间构型，配位数大于 9 的配合物数目较少。此外空间构型与中心原子的 d 电子数也有关系。

2.1.3.1 配位数为 1 和 2

配位数为 1 的配合物一般是在气相中存在的离子对，如 $Ga[C(SiMe_3)_3]$是在气相中存在的单配位金属有机化合物；即使在水溶液中可能存在的单配位物种，也会因水分子的配位而使其配位数大于 1。目前只见 2 例有机金属化合物的报道：2, 4, 6-三苯基苯基铜（Ph_3PhCu）和 2, 4, 6-三苯基苯基银（Ph_3PhAg）。

配位数为 2 的配合物也不常见，其中心原子大都是 d^0 或 d^{10} 的电子组态。例如，Cu^+、Ag^+、

Au^+和 Hg^{2+}等 d^{10} 组态的离子可以形成$[Cu(NH_3)_2]^+$、$[Ag(NH_3)_2]^+$、$[CuCl_2]^-$、$[AgCl_2]^-$、$[AuCl_2]^-$、$[Au(CN)_2]^-$、$[HgCl_2]$和$[Hg(CN)_2]$等配合物。而 U^{6+}、V^{6+}、Mo^{6+}等 d^0 组态的离子，则可形成$[UO_2]^{2+}$、$[VO_2]^{2+}$和$[MoO_2]^{2+}$。通常由这些离子所形成的配合物或配离子都是直线形或接近于直线形结构，即配体-金属-配体键角为 180°，如下所示的一些配合物。

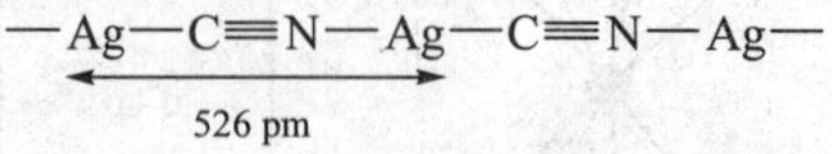

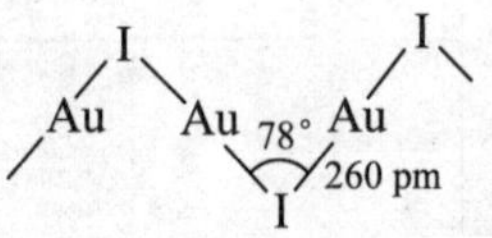

—Ag—C≡N—Ag—C≡N—Ag—

526 pm

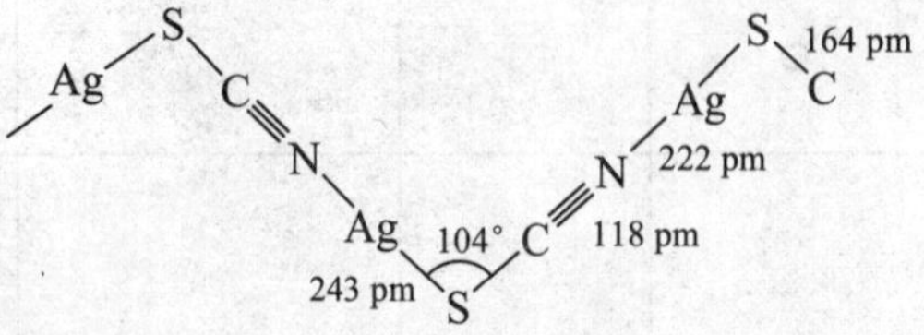

作为粗略的近似，可以把这种键合描述为配位体的σ轨道和金属原子的 s、p 杂化轨道重叠的结果。不过，在某种程度上过渡金属的 d 轨道也可能包括在成键中，假定这种键位于金属原子的 z 轴上，则在这时，用于成键的金属的轨道已不是简单的 sp_z 杂化轨道，而是具有 p_z 成分、d_{z^2} 成分和 s 成分的 s、p、d 杂化轨道了。

在 d^0 的情况下，金属仅以 d_{z^2} 和 s 形成 ds 杂化轨道，配体沿 z 轴与这个杂化轨道形成 σ 配键，与此同时金属的 d_{xz} 和 d_{yz} 原子轨道分别和配体在 x 和 y 方向的 p_x、p_y 轨道形成两条 p-dπ 键。其结果是能量降低，配合物的稳定性增强。

在某些二配位配合物中，由于其中心原子含有孤对电子且排斥力较强，因而也可能形成“V”形的空间结构（C_{2v}），如 $SnCl_2$。有些配合物，从其组成来看，很像是 2 配位，如 $K[Cu(CN)_2]$（结构如下所示），实际是 3 配位的多核配合物，其中每个 Cu(I)原子与 2 个 C 原子和 1 个 N 原子键合。

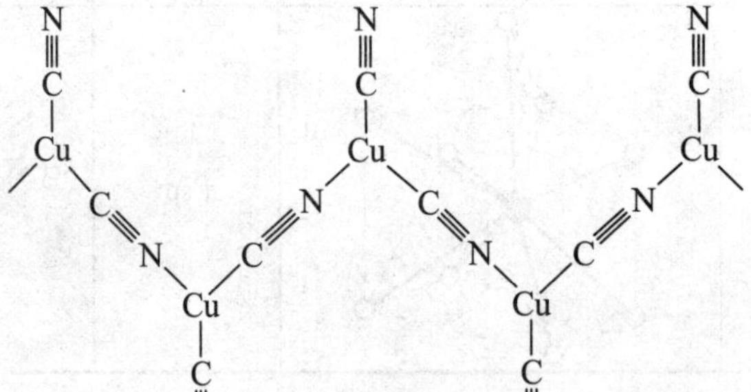

2.1.3.2 配位数为 3

配位数为 3 的配合物数目不多，目前，已确证的有 Cu^+、Au^+、Hg^{2+}和 Pt 等具有 d^{10} 组态的一些配合物，当中心原子没有孤对电子时，其中心原子以 sp^2、dp^2 或 d^2s 杂化轨道与配体的合适轨道配位成键，形成平面三角形结构的三配位配离子，如$[HgI_3]^-$、$[AgCl_3]^{2-}$、$[Pt(PPh_3)_3]$、$[Cu_2Cl_2(Ph_3P)_2]$、$[Cu(SPPh_3)_3]ClO_4$、$[CuCl(SPMe_3)]_3$、$[Au(PPh_3)_3]^+$、$[AuCl(PPh_3)_2]$、三(硫化三甲基膦)合铜(I)离子$[Cu(SPMe_3)_3]^+$、$[Fe(N(SiMe_3)_2)_3]$及$[Cu(SC(NH_2)_2)_3]$等。若中心原子具有孤电子对，一般形成类似于 NH_3 分子的三角锥形结构（中心原子占据三角锥的顶点），如 $SnCl_3$、SbI_3、AsO_3^{3-}、$[Pb(OH)_3]^-$等。在这些配合物中，由于大体积配体如 PPh_3 等的位阻作用，配合物不易

达到更高的配位数，除了 Mn^{3+}外，第一过渡系金属几乎都可以形成该类配合物。例如，$[Cu(SPMe_3)Cl]_3$（结构如下）是 $CuCl\cdot SPMe_3$ 的三聚体形式，每个铜原子为平面三角形配位，与硫原子共同组成椅形的六元环；而在$[Sn_2F_5]$中，2 个 SnF_2 单元通过 1 个 F 桥联，形成相连的 2 个三配位结构（结构如下）。

$[Cu(SPMe_3)Cl]_3$ 的结构

$[Sn_2F_5]$的结构

而$[AgCl_3]^{2-}$具有 D_{3h} 对称性，$[AgCl_3]^{2-}$与二苯并-18-冠-6-KCl 组装成一个带有 3 个轮子的有趣结构（图 2.1）。

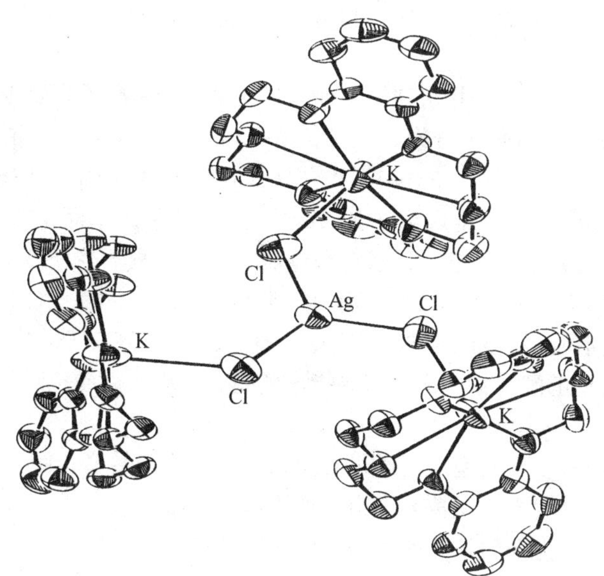

图 2.1　$[AgCl_3]^{2-}$与二苯并-18-冠-6-KCl 形成的配合物

必须注意，具有 MX_3 组成的配合物不一定都是三配位配合物。例如，$[AuCl_3]$中，金原子通过桥联配体 Cl^-的作用,实际上形成的是配位数为 4 的配合物$[Au_2Cl_6]$（结构如下）。而在 $Cs[CuCl_3]$中，每个铜离子的周围有 4 个氯原子配位，呈链型结构 —Cl—$CuCl_2$—Cl—$CuCl_2$—，实际上是链状连接的四配位共顶点的四面体排列（结构如下）。此外，$Cs_2[AgCl_3]$、$FeCl_3$、二氯·(三烷基膦)合铂(O) $[PtCl_2(PR_3)]$和 $CrCl_3$ 等均为中心原子配位数高于 3 的配合物。

$[AuCl_3]$的结构

$[CuCl_3]^{n-}$的结构

2.1.3.3 配位数为 4

配位数为 4 的配合物较为常见，仅次于六配位配合物。其空间构型主要有两种：四面体和平面正方形。

一般非过渡金属元素的四配位化合物都是四面体构型。这是因为采取四面体空间排列，配体间能尽量远离，静电排斥作用最小、能量最低。但当除了用于成键的 4 对电子外，还多余 2 对电子时，也能形成平面正方形构型，此时，两对电子分别位于平面的上下方，如 XeF_4。

过渡金属的四配位化合物既有四面体形，也有平面正方形，究竟采用哪种构型需考虑下列两种因素的影响：

（1）配体之间的静电排斥作用；

（2）配位场稳定化能的影响。

第一过渡系金属特别是 Fe^{2+}、Co^{2+}以及具有球对称 d^0、d^5（高自旋）或 d^{10} 组态的金属离子与碱性较弱或体积较大的配体配位时，由于影响配合物几何构型的主要因素为配体间的排斥作用，故容易形成四面体构型，符合价层电子对互斥理论（VSEPR）的预测。例如，$[BF_4]^{2-}$、$[Be(OH)_4]^{2-}$、$[SnCl_4]$、$[Zn(NH_3)_4]^{2+}$、$[Ni(CO)_4]$、$[VO_4]^{3-}$和$[FeCl_4]^-$等，其中心离子采取 sp^3 或 d^3s 杂化轨道与配体合适的轨道成键。

具有 d^8 电子组态的 Ni^{2+}（强场）和第二、三过渡系的金属离子，如 Rh^+、Ir^+、Pd^{2+}、Pt^{2+}及 Au^{3+}等都倾向于形成平面正方形配合物。此时，中心离子采用 dsp^2 或 d^2p^2 杂化轨道与配体合适的轨道成键。实例有$[Ni(CN)_4]^{2-}$、$[Pt(NH_3)_4]^{2+}$、$[PdCl_4]^{2-}$、$[AuCl_4]^-$、$[Rh(PPh_3)Cl]$等。但是，应该注意，第一过渡 d^8 组态的金属离子如 Ni^{2+}，虽然可生成平面正方形结构的配合物（如$[Ni(CN)_4]^{2-}$），但由于其离子半径较小，当它和电负性高或体积大的配体结合时，由于空间效应和静电排斥等因素的影响，也可以形成四面体构型，如$[NiX_4]^{2-}$（X = Cl、Br、I）。然而在特定的条件下，例如，在四齿配体$[N(CH_2CH_2NH_2)_3]$（氨三乙基胺）“三脚架”结构的强制限定下，Pt^{2+}也能形成四面体构型的配合物。这里需要指出的是，由于张力或位阻的缘故，该化合物的稳定性较差。

四配位配合物的两种主要构型之间通过对角扭转可以相互转变（图 2.2），对于中心离子具有 d^0、d^{10} 组态的四面体构型配合物来说，由于四面体具有最低能量，一般不可能转变为平面正方形构型。但对于某些 d 轨道电子部分填充的过渡金属离子而言，平面正方形构型的能量可以低于或相当于四面体的能量，此时两种构型之间的互变就可能发生，尤其是对 d^7、d^8 和 d^9 电子组态的金属离子更是如此。影响四配位配合物构型之间转变的因素包括位阻效应、电子构型、离子半径比、配位场强和溶剂化效应等，即四配位配合物构型之间的转变取决于配体和中心离子两方面的特征。

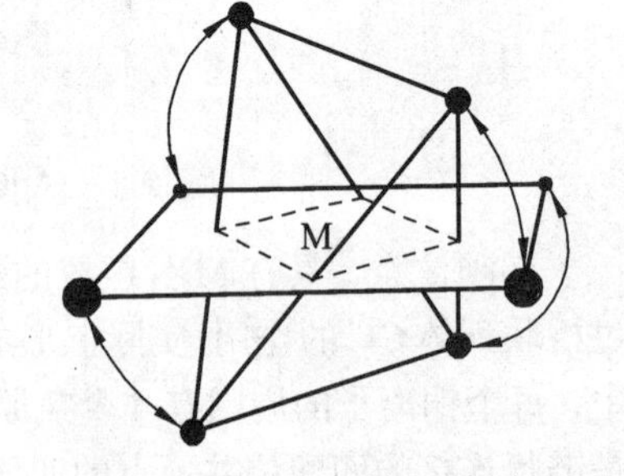

图 2.2 四配位配合物构型的转变

例如，Ni^{2+}与水杨醛亚胺衍生物形成的配合物（结构如下），其几何构型与配体上的取代基 R 有关。当 R 为正丙基时测得配合物的磁矩为零，应为平面正方形构型。当 R 为异丙基时，溶液中存在着反式平面正方形和四面体两种构型的平衡。若该配合物为四面体，则其磁矩应为 3.3 B.M.，而实际测得配合物的磁矩在 1.8 ~ 2.3 B.M.之间，结果表明，该平衡溶液中四面体构型占 30% ~ 50%。而 R 基为叔丁基时，其空间位阻使两个丁基不能共处在同一平面而不利于形成平面正方形，测得配合物的磁矩为 3.2 B.M.，说明溶液中约有 95%的四面体构型配合物。

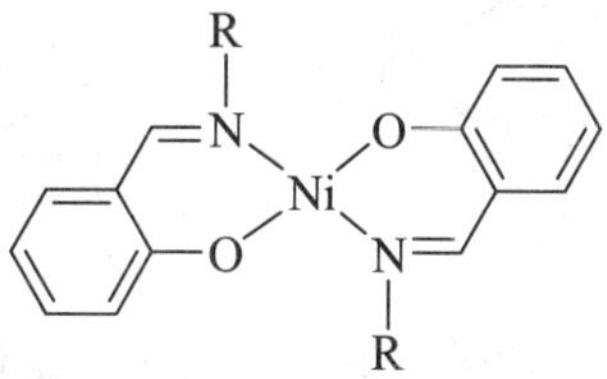

四配位配合物除上述两种构型外，还有某种中间构型——畸变四面体（D_{2d}），其典型实例是$[CuCl_4]^{2-}$和$[Co(CO)_4]$。另外，还有三角单锥体（C_{3v}）结构的例子如 $M^{Ⅲ}(NR_3)_4$，R = (*t*-$BuMe_2Si$)NCH_2CH_2，M = Ti、V、Cr、Mn、Fe；庞大的(*t*-$BuMe_2Si$)基团堵塞了第二个轴向配位空间（图 2.3）。

2.1.3.4 配位数为 5

五配位配合物过去较少见，但近年来被确认的配位数为 5 的配合物正急骤增多，使五配位配合物已和四、六配位的配合物一样普遍。目前所有第一过渡系的金属都已发现五配位的配合物，而第二、第三过渡系金属因其体积较大，配体间斥力较小和总成键能较大，易形成比配位数 5 更高的配合物。

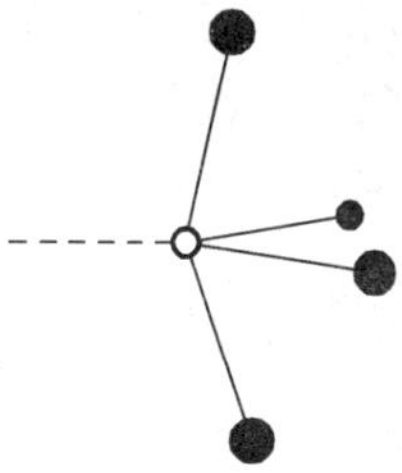

图 2.3 三角单锥体形配合物的结构示意图

配位数为 5 的配合物空间构型主要有 2 种：三角双锥形（D_{3h}）和四方锥形（C_{4v}），一般以形成三角双锥形为主。

1. 三角双锥（tbp）

以 d^8、d^9、d^{10}和 d^0的金属离子较为常见，皆以 dsp^3杂化轨道配位成键，其中 5 个配体处在等同位置的规则三角双锥结构很少，往往产生不同程度的畸变，如$[CuCl_5]^{3-}$（结构如下）、$[ZnCl_5]^{3-}$、$[CdCl_5]^{3-}$、$[Fe(CO)_5]$、$[CuI(bpy)_2]$（结构如下）等。$[CuCl_5]^{3-}$存在于复盐$[Cr^{Ⅲ}(NH_3)_6][Cu^{Ⅱ}Cl_5]$的结构中，其轴向配体与金属间的键长和赤道配体与金属间的键长不等，略有差异，但可近似看成规则的三角双锥。与之相类似的配合物$[Co(NH_3)_6][CdCl_5]$，其中$[CdCl_5]^{3-}$的轴向与径向仅差 1%，故仍属规则的三角双锥。但类似的$[Co(NH_3)_6][ZnCl_5]$却未制得，而得到了$[Co(NH_3)_6][ZnCl_4]Cl$。

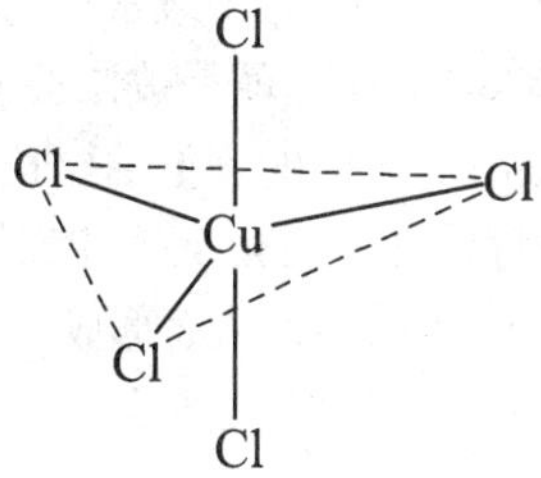

$[Cr(NH_3)_6][CuCl_5]$中$[CuCl_5]^{3-}$的结构

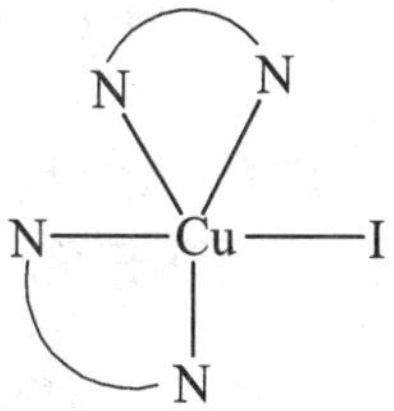

$[CuI(bpy)_2]$的结构

2. 四方锥

规则的四方锥结构不多，一般也略有畸变，如$[VO(acac)_2]$、$[MnCl_5]^{3-}$、$[Cu_2Cl_8]^{4-}$等，其中$[Cu_2Cl_8]^{4-}$以 2 个相邻氯离子的桥联作用将 2 个 Cu^{2+}连接起来，形成了联边、上下倒置的双四方锥结构（结构如下）。

三角双锥和四方锥构型互变的能量差值很小（约 25.2 kJ·mol^{-1}或更小），只要 2 种构型的键角稍加改变，即可实现相互间的转化（图 2.4）。例如，$[Ni(CN)_5]^{3-}$的 2 种构型能量很接近，只要改变阳离子就可引起构型的改变。在$[Cr(en)_3]$ $[Ni(CN)_5]$ · $1.5H_2O$ 中，就包含 2 种构型的$[Ni(CN)_5]^{3-}$，红外光谱和拉曼光谱的研究表明：当该配合物中的结晶水脱去时，三角双锥构型的特征谱带会消失，而只显现四方锥构型的特征谱带。这是由于三角双锥构型已完全转化成稳定的四方锥构型。

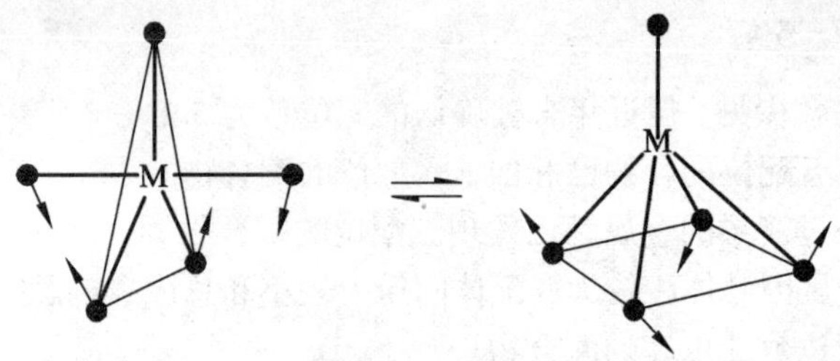

图 2.4　三角双锥和四方锥构型的互变

此外，有的配合物畸变较大，如二氰 · 三(苯基二乙氧基膦)合镍$[Ni(CN)_2(phP(OEt)_2)_3]$，它的结构介于三角双锥和四方锥之间。类似的情形还有 $[Sb(C_6H_5)_5]$、$[Pt(GeCl_5)]^3$、$[Co(C_6H_7NO)_5]^{2+}$等。

2.1.3.5　配位数为 6

在各类配合物中，六配位配合物是最常见也是最重要的一类。过渡金属系列中 d 电子数较少（一般 6 以下）的金属离子（如 Cr^{3+}、Fe^{3+}、Co^{3+}、Pt^{4+}等）大多数以 d^2sp^3 或 sp^3d^2 杂化轨道与配体相适合的轨道配位成键，形成八面体的配合物，6 个配位原子位于八面体的 6 个顶点，而中心原子位于八面体的中央，如$[Cr(CN)_6]^{3-}$、$[Co(NH_3)_6]^{3+}$、$[FeF_6]^{3-}$、$[PtCl_6]^{2-}$等。

正八面体是一种具有高度对称性的构型。但由于配体、环境力场及金属内部 d 电子效应（如 Jahn-Teller effect）的影响，正八面体构型常会发生畸变（图 2.5）。其中最常见的是沿八面体的四重轴作拉长或压缩的“四方畸变”（$O_h \to D_{4h}$）。实验证明，$[Cu(NH_3)_6]^{2+}$就是被拉长了的八面体构型，而$[Ti(H_2O)_6]^{3+}$则是被压缩了的八面体构型。另一种情况是沿八面体的三重轴拉长或压缩的“三角畸变”（$O_h \to D_{3d}$），形成三角反棱柱体，并保持三重轴的对称性。三角反棱柱型结构发现于 ThI_2 晶体中，其中一半钍原子为三角反棱柱构型，另一半为三棱柱构型，从而形成了层状结构。

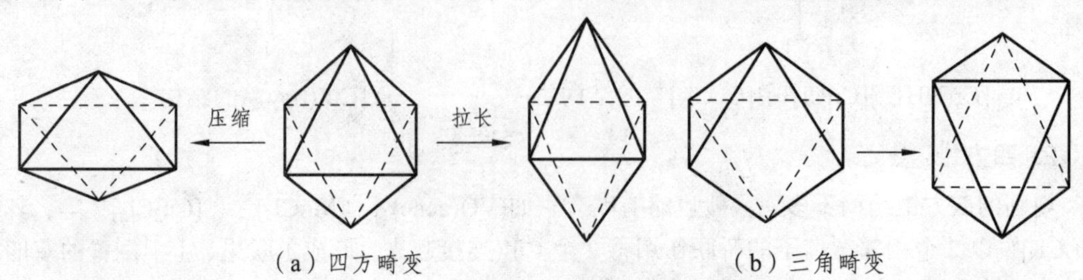

（a）四方畸变　　（b）三角畸变

图 2.5　正八面体配合物的四方畸变和三角畸变

三角反棱柱构型目前发现很少，而三棱柱构型近年来却有所发现，例如，三（顺-1, 2-二苯乙烯-1, 2-二硫醇根）合铼(Ⅶ)[$Re(S_2C_2ph_2)_3$]（结构如下），是 1965 年第一个合成出来的三棱柱型结构。此后，以 $R_2S_2C_2^{2-}$为配体的铑、钼、钨、钒、锆及其他金属的配合物陆续被合成出来。在这类化合物的螯合环中，2 个硫原子间的距离约为 305 pm，比二者的范德华半径（S 为 180 pm）约短 60 pm，说明其中可能存在着 S—S 键，且有较大的强度足以维持三棱柱结构。三棱柱结构也不多见，但可通过设计一个适合三棱柱构型且有一定刚性的螯合配体，金属离子嵌入其内而形成三棱柱的配合物。

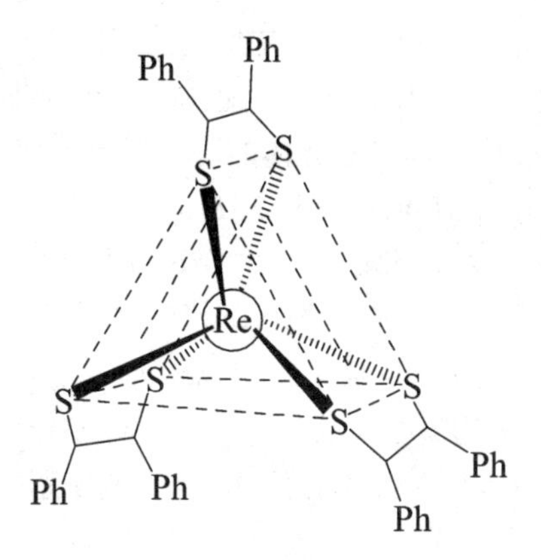

2.1.3.6　配位数为 7

七配位配合物比较少见，主要有 3 种空间构型：五角双锥（D_{5h}），如$[UF_7]^{3-}$、$[ZrF_7]^{3-}$、$[HfF_7]^{3-}$、$[V(CN)_7]^{2-}$等；单帽八面体（C_{3v}），是在八面体的一个平面外再加上一个配体，形同戴帽而得名，如$[NbOF_6]^{3-}$、$[U(Me_3PO)_6Cl]^{3+}$；单帽三棱柱（C_{2v}），是在三棱柱的矩形面外法线上再加一个配体而得名，如$[NbF_7]^{2-}$、$[TaF_7]^{2-}$。这三种构型的对称性都比较低，其中五角双锥构型对称性稍高于其他 2 种构型，它的中心原子是以 d^3sp^3 杂化轨道与配体相适合的轨道成键。这 3 种结构之间的能量差很小，相互转变只需要很小的键角弯曲。例如，在 $Na_3[ZrF_7]$中，$[ZrF_7]^{3-}$是五角双锥结构；但在$(NH_4)_3[ZrF_7]$中，$[ZrF_7]^{3-}$属于单帽三棱柱结构，其差别是由于铵盐中存在氢键而造成的。

在理想情况下，五角双锥体中赤道平面上的五边形是等边的，在其 5 个顶点分布着 7 个配体中的 5 个；在单帽八面体中，配体中有 1 个是从八面体的 1 个三角形面的中心伸出到八面之外；在单帽三棱柱中，配体中有 1 个是从三棱柱的 1 个矩形面的中心伸出到棱柱体之外。在实际存在的有关配合物中，由于上述构型之间易于互相转化以及其他原因，大多数七配位配合物的构型往往表现为其中某种构型的变形，或者介于三种构型之间。

过去发现配位数为 7 的配合物，其中心原子几乎都是体积较大的第二或第三系列的过渡元素，第一系列的过渡元素较少。按照习惯的看法，第一系列的过渡元素的配位数为 4、6。但近年来发现，只要选取适当的多齿配体，也可以形成配位数为 7 的第一过渡系元素的配合物，如 2, 6-二乙酰吡啶和三乙基四胺可缩合成含 5 个氮原子的大环。目前已发现，除了一些镧系金属配合物外，大多数过渡金属都能形成七配位配合物，特别是具有 $d^0 \sim d^4$ 组态的过渡金属离子，如 $Cs[Ti(C_2O_4)_2(H_2O)_3]$、$K_3[Cr(O_2)_2(CN)_3]$、$[M(NO_2)_2(py)_3]$（M = Co、Cu、Zn、Cd）、$Li[Mn(H_2O)(EDTA)] \cdot 4H_2O$、$[MoCl_2(CO)_3(PEt_3)_2]$等。

研究七配位配合物可以发现：① 在中心离子周围的 7 个配位原子所构成的几何体远比其他

配位形式所构成的几何体对称性要差得多。② 这些低对称性结构要比其他几何体更易发生畸变，在溶液中极易发生分子内重排。③ 含 7 个相同单齿配体的配合物数量极少，含有 2 个或 2 个以上不同配位原子所组成的七配位配合物更趋稳定，结果又加剧了配位多面体的畸变。

2.1.3.7 配位数为 8

八配位配合物的中心原子是ⅣB，ⅤB，ⅥB 族的重金属，如锆、铪、铌、钽、钼、钨及镧系、锕系。八配位配合物的几何构型有 5 种基本形式：四方反棱柱体、三角十二面体、立方体、双帽三棱柱体及六角双锥。其中四方反棱柱和三角十二面体构型较为常见，二者均可看作立方体构型的变形，但比立方体稳定，因为立方体中配体间的相互排斥作用较强，易转化为上述两种相对稳定的构型。四方反棱柱可看作是立方体的下底保持不变，将上底转 45°，然后将上下底的角顶相连而构成，如$[Zr(acac)_4]$，$[Ln(acac)_4]^-$、$[Mo(CN)_8]^{4-}$、$[TaF_8]^{3-}$、$[ReF_8]^{2-}$等。

十二面体一共有 8 个顶角、12 个三角面，如$[Zr(ox)_4]^{4-}$（ox = $C_2O_4{}^{2-}$）、$[Mo(CN)_8]^{4-}$等就属于十二面体构型。其特点是：2 个配位原子间相距较近的双齿配体，易形成十二面体配位构型，如$[Co(NO_3)_4]^{2-}$（其中 NO_3^- 双齿配体，形成 1 个四元环），又如$[Cr(O_2)_4]^{5-}$（过氧根离子 O_2^{2-} 中 2 个 O 原子形成三元环）。上述 2 种构型都可看作是由立方体变形所致。因为立方体中配体间存在较大的相互作用。而三角十二面体与立方体的关系如图 2.6 所示：立方体的 8 个角顶可看作四面体 A 和 B 的各 4 个角顶；将四面体 A 按图中所示的箭头方向拉长，而将四面体 B 按箭头方向压扁，即得三角十二面体。

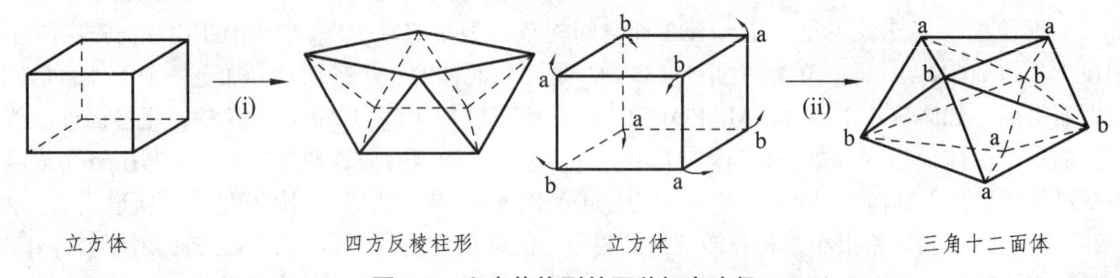

图 2.6 立方体构型的两种扭变途径

六角双锥体构型，多为不理想的对称六角双锥体。通常轴向上的 2 个配体是氧原子，被强烈地配位于中心金属，如$[UO_2(acetate)_3]^-$（三醋酸铀酰阴离子）。比较接近于理想的六角双锥体构型的是某些冠醚配合物，如 $K(18C6)^+$，6 个 O 原子构成规则的六边形，轴向上的 2 个配体可以是别的配位原子。另外，$[VO_2(C_2O_4)_3]^{4-}$也呈六角双锥结构；而$[UF_8]^{4-}$为双帽三棱柱构型；$[PaF_8]^{3-}$、$[UF_8]^{3-}$、$[NpF_8]^{3-}$等锕系元素配合物为立方体构型。

2.1.3.8 配位数为 9

九配位配合物并不多见，它成键时要求过渡金属中 s、p、d 9 个价轨道完全被利用。其中，Tc(Ⅶ)、Re(Ⅶ)和某些镧系、锕系金属离子可满足这一要求。其典型的空间构型为三帽三棱柱体（D_{3h}），即在三棱柱体的 3 个矩形面外中心垂线上，分别加入 1 个配体，如$[ReH_9]^{2-}$配阴离子及许多镧系离子的水合物 $[Nd(H_2O)_9]^{3+}$、$[Pr(H_2O)_9]^{3+}$等。另一种几何构型为单帽四方反棱柱体（C_{4v}），如$[Pr(NCS)_3(H_2O)_6]$等。

2.1.3.9　配位数为 10 或更高配位数

配位数为 10 或更高配位数的配合物一般都是镧系或锕系的金属配合物。

配位数为 10 的配合物，其配位多面体较复杂，通常遇到的有双帽四方反棱柱体和双帽十二面体（图 2.7）。例如，$[La(H_2O)_4(Hedta)]\cdot 3H_2O$ 中 La^{3+}的配位数为 10；而在配位聚合物 $[La(H_2O)_2(pmta)_3]\cdot 3H_2O$（pmta=嘧啶硫乙酸）中，中心原子 La^{3+}为十配位的双帽四方反棱柱体构型。

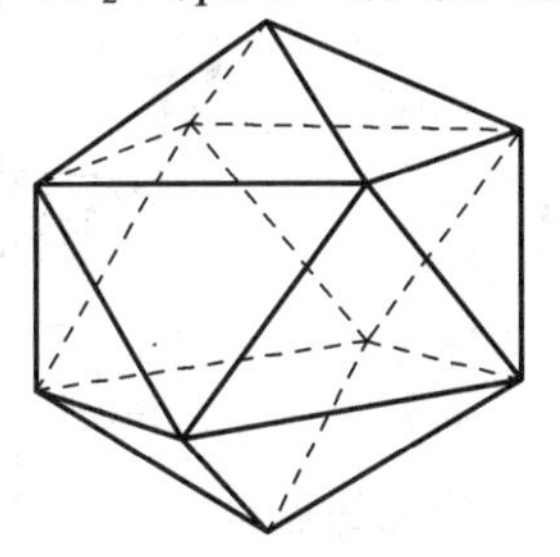

（a）双帽四方反棱柱体

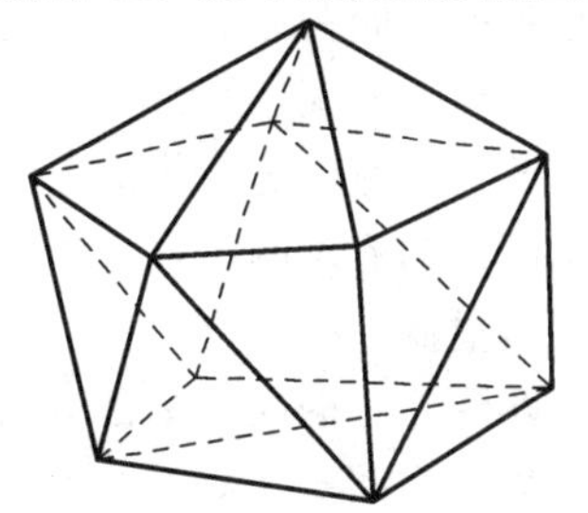

（b）双帽十二面体

图 2.7　十配位配合物常见的两种配位多面体形式

配位数为 11 的配合物极为罕见，理论计算表明，配位数为 11 的配合物很难具有某种理想的配位多面体，可能为单帽五角棱柱体或单帽五角反棱柱体（图 2.8），常见于大环配位体和体积很小的双齿硝酸根组成的配合物中。现仅发现几例，$[Th(NO_3)_4(H_2O)_3]\cdot 2H_2O$（$NO_3^-$ 为双齿配体）为其中一例。

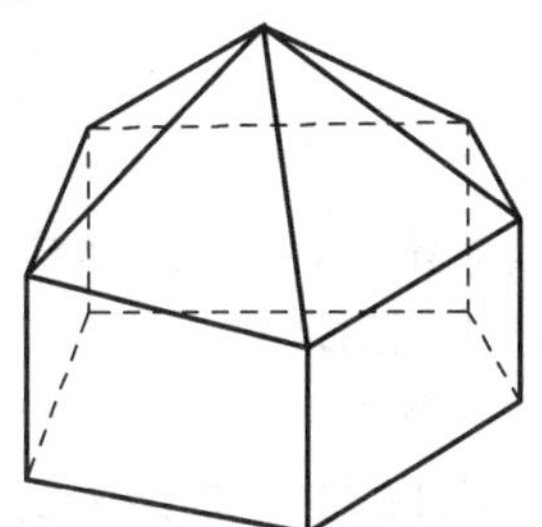

（a）单帽五角棱柱体

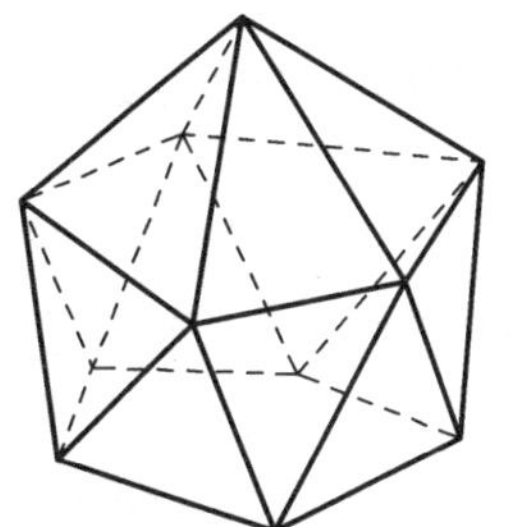

（b）单帽五角反棱柱体

图 2.8　十一配位配合物可能的两种配位多面体形式

十二配位配合物最稳定的几何构型是二十面体（I_h）（图 2.9），如$(NH_4)_3[Ce(NO_3)_6]\cdot 2H_2O$ 和$[Mg(H_2O)_6]_3[Ce(NO_3)_6]\cdot 6H_2O$ 中的$[Ce(NO_3)_6]^{3-}$及 $Mg[Th(NO_3)_6]\cdot 6H_2O$ 中的$[Th(NO_3)_6]^{2-}$等。

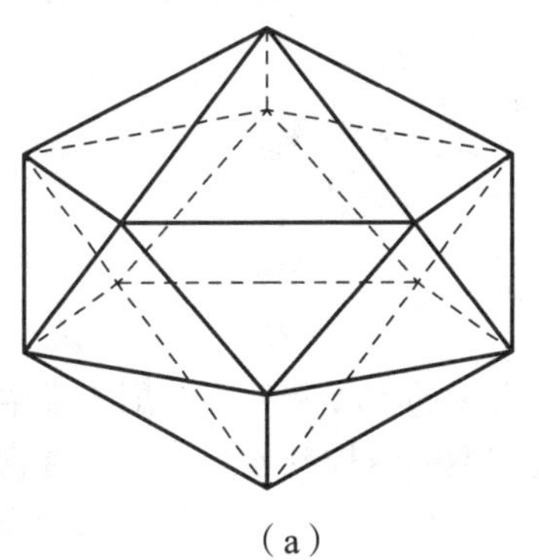

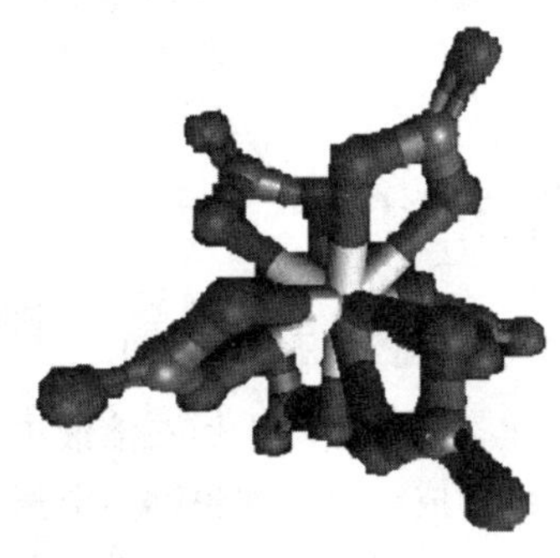

（a）　　　（b）

图 2.9　十二配位配合物的二十面体几何构型

十四配位配合物可能是目前发现的配位数最高的化合物，其几何结构为双帽六角反棱柱体（图 2.10）。目前发现的配合物多与 U(Ⅳ)有关，如 $U(BH_4)_4$中的 U(Ⅳ)为十四配位，其结构为双帽六角反棱柱体。再如 $U(BH_4)_4OMe$ 和 $U(BH_4)_4 \cdot 2(C_4H_8O)$等。

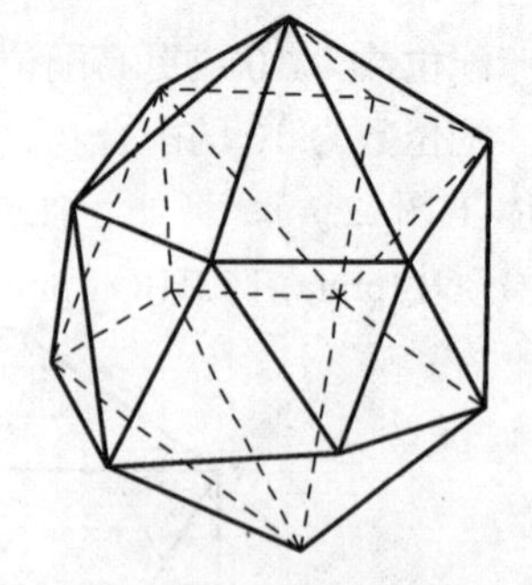

图 2.10　十四配位配合物的双帽六角反棱柱体几何构型

综上所述，配合物有其相对稳定的空间构型。虽然中心原子的配位数对配合物的空间构型起着重要的作用，但是，就其本质而言，金属和配体间的配位特性才是确定配合物空间构型的决定性因素。因此，在考虑配合物的配位数和立体构型时必须同时考察金属和配体两方面的因素。当金属与配体配位时，为了使整个体系能量更低、更稳定，从空间因素看，中心原子与配体大小须彼此匹配才能构成最紧密、最稳定的空间排列，且要求配体以更合理的空间排布以减少彼此间的排斥力，或通过配体甚至抗衡离子之间的非共价相互作用来稳定某种特殊构型；从能量因素看，则要求中心原子具有高配位数以使配合物尽量多成键或在晶体场稳定化能中获得较多的能量增益。所以对于某一具体的配合物，它究竟采取何种空间构型，应综合考虑中心原子的电子构型（是否球对称、含 d 或 f 电子的多寡等）、阴阳离子间的半径比、配体的性质、体积、配位场强弱、空间位阻效应、溶剂化作用以及配体或抗衡离子间的相互作用等诸多因素，从而得出合乎实际的结论。

2.2　配合物的异构现象

配合物的异构现象是配合物的重要性质之一，它是指配合物的化学组成完全相同，但原子间的连接方式或空间排列方式不同而引起的结构和性质不同的现象。异构现象是由配合物配位键的刚性和方向性决定的，它不仅影响配合物的物理、化学性质，而且与配合物的稳定性和成键性质密切相关。目前，这个领域的内容丰富多彩，与有机物立体化学相比，从某种意义上说，有过之而无不及，已被人们赞誉为配位化学中的“分子建筑学”。

已知配合物中存在多种异构现象，一般可分为两大类：一类是化学结构异构（也叫构造异构），另一类是立体异构。化学结构异构是配合物的化学式相同，而金属-配体（M—L）的成键方式不同的异构体，包括电离异构、键合异构、配位异构、溶剂合异构、配体异构和聚合异构；立体异构是配合物的化学式和配体原子的成键方式都相同，仅配合物中各原子在空间的排列不同的异构体，包括几何异构、光学异构等。

2.2.1　构造异构

1. 电离异构（或称离解异构）

凡配合物化学组成相同，但在溶液中电离时，配合物的内界和外界的配体发生交换，生成不同的配离子而形成的异构现象称为电离异构，这种类型的异构现象是由于配合物内界的配位体与它的外界离子之间彼此交换位置所形成的。例如，$[CoBr(NH_3)_5]SO_4$ 与$[Co(SO_4)(NH_3)_5]Br$ 即互为电离异构体（表 2.4）。

表 2.4　$Co(NH_3)_5BrSO_4$ 的电离异构

化学式	颜色	化学性质
$[CoBr(NH_3)_5]SO_4$	暗紫	与 $BaCl_2$ 作用有沉淀生成，室温下，与 $AgNO_3$ 无反应
$[Co(SO_4)(NH_3)_5]Br$	紫红	室温下，与 $BaCl_2$ 无反应，与 $AgNO_3$ 作用有沉淀生成

再如，反式 $[CoCl_2(en)_2]NO_2$（绿色）与反式 $[CoCl(NO_2)(en)_2]Cl$（红色）也互为电离异构体。

2. 溶剂合异构

外界溶剂分子取代一定数目的配位基团而进入配离子的内界产生溶剂合异构现象。由于常见的溶剂是水，所以最常见的溶剂合异构是水合异构。这是电离异构的特例。溶剂合异构体的物理性质、化学性质及稳定性都有很大的差别。表 2.5 列出了实验式为 $CrCl_3\cdot 6H_2O$ 的 3 种水合异构。

表 2.5　$CrCl_3\cdot 6H_2O$ 的水合异构体

分子式	颜色	溶液中离子总数	AgCl 沉淀的物质的量/mol	开始失水温度/K
$[Cr(H_2O)_6]Cl_3$	紫色	4	3	373
$[CrCl(H_2O)_5]Cl_2\cdot H_2O$	绿色	3	2	353
$[CrCl_2(H_2O)_4]Cl\cdot 2H_2O$	灰绿色	2	1	333

热重分析表明：这 3 种异构体随着它们外界水分子数的增多和内界强反位效应 Cl^- 数目的增多，热稳定性逐渐降低，各异构体的失水温度也逐步递降。

3. 配位异构

当配合物中的阴、阳离子都是配离子时，由于配体在阴、阳配离子间分配的不同而产生的异构，称为配位异构。例如，紫色的 $[Cu(NH_3)_4][PtCl_4]$ 和绿色的 $[Pt(NH_3)_4][CuCl_4]$ 是配盐 $PtCu(NH_3)_4Cl_4$ 的两种配位异构体，它可看成是 Cu(Ⅱ)和 Pt(Ⅱ)两种不同的中心离子在配位个体中互换的结果。同理，若中心离子不变，配体部分互换也可以形成一系列包括中间形式的配位异构体，如 $[Co(en)_3][Cr(C_2O_4)_3]$、$[Co(en)_2(C_2O_4)][Cr(en)(C_2O_4)_2]$、$[Co(en)(C_2O_4)_2][Cr(en)_2(C_2O_4)]$ 和 $[Co(C_2O_4)_3][Cr(en)_3]$；$[Cr(NH_3)_6][Cr(SCN)_6]$ 和 $[Cr(NH_3)_4(SCN)_2][Co(NH_3)_2(SCN)_4]$；$[Co(NH_3)_6][Co(NO_2)_6]$ 和 $[Co(NH_3)_4(NO_2)_2][Co(NH_3)_2(NO_2)_4]$；以及 $[Pt^{II}(NH_3)_4][Pt^{IV}Cl_6]$ 和 $[Pt^{IV}(NH_3)_4Cl_2][Pt^{II}Cl_4]$ 等。其中配位体的种类、数目可以进行任意的组合，中心离子可以相同也可以不同，氧化态可以相同也可以不同。

此外，在多核配合物中，由于配体在中心原子之间的分布不同而产生的异构称为配位位置异构。例如：

$$\left[(H_3N)_4Co\begin{matrix}\overset{H}{O}\\ \underset{H}{O}\end{matrix}Co(NH_3)_2Cl_2\right]^{2+} \quad 与 \quad \left[Cl(H_3N)_3Co\begin{matrix}\overset{H}{O}\\ \underset{H}{O}\end{matrix}Co(NH_3)_3Cl\right]^{2+}$$

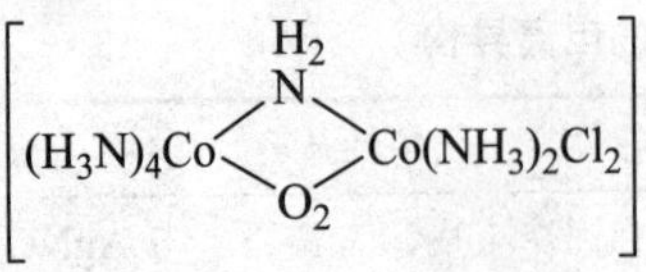

$$\left[(H_3N)_4Co\overset{NH_2}{\underset{O_2}{\diamond}}Co(NH_3)_2Cl_2\right]Cl_2 \quad 与 \quad \left[Cl(H_3N)_3Co\overset{NH_2}{\underset{O_2}{\diamond}}Co(NH_3)_3Cl\right]Cl_2$$

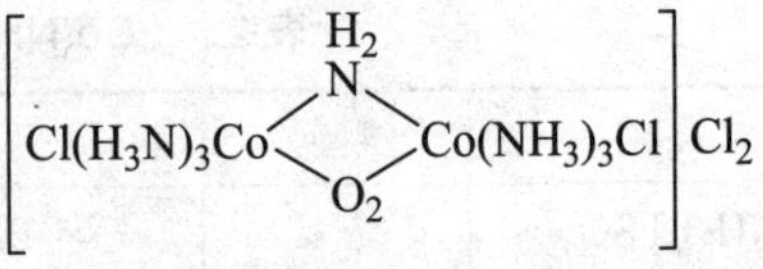

4. 键合异构

当一个单齿配位体含有不止一种可配位原子时，则可分别以不同种配位原子与中心原子键合，称为键合异构。在配位化学中，凡是能以不同种配位原子与同种金属离子键合的配体称为异性双位配体。常见的有：NO_2^-（硝基）和∶ONO^-（亚硝酸根）；∶$SC{\equiv}N^-$（硫氰酸根）和∶$N{=}C{=}S^-$（异硫氰酸根）；∶SSO_3^{2-}（硫代硫酸根 S）和∶OSO_2S^{2-}（硫代硫酸根 O）等。它们形成键合异构体的实例分别有：

$[Co(\underline{N}O_2)(NH_3)_5]^{2+}$和$[Co(\underline{O}NO)(NH_3)_5]^{2+}$；$[Co(en)_2(\underline{N}O_2)_2]^+$和$[Co(en)_2(\underline{O}NO)_2]^+$；$[Pd(bipy)(\underline{S}CN)_2]$和$[Pd(bipy)(\underline{N}CS)_2]$；*cis*-$[Co(trien)(\underline{C}N)_2]^+$和 *cis*-$[Co(trien)(\underline{N}C)_2]^+$；$[Cr(\underline{S}CN)(OH_2)_5]^{2+}$和$[Cr(\underline{N}CS)(OH_2)_5]^{2+}$；$[Co(\underline{S}SO_3)(NH_3)_5]^+$和$[Co(\underline{O}SO_2S)(NH_3)_5]^+$（其中带下画线的原子为配位原子）。例如，$[Co(NO_2)(NH_3)_5]^{2+}$和$[Co(ONO)(NH_3)_5]^{2+}$的结构如下所示。其中，棕黄色的$[Co(NO_2)(NH_3)_5]Cl_2$是氮键合的，橙红色的$[Co(ONO)(NH_3)_5]Cl_2$是氧键合的。前者叫硝基配合物，后者叫亚硝基配合物。它们可通过红外光谱分析加以识别，如在红外光谱中，1 310 cm^{-1}附近出现吸收峰时，为氮配位的特征峰；而在 1 065 cm^{-1}附近出现吸收峰时，则是氧配位的特征峰。

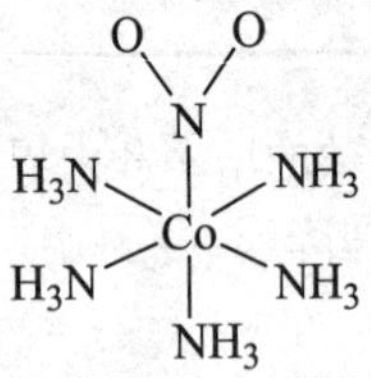

$[Co(NH_3)_5(NO_2)]^{2+}$ 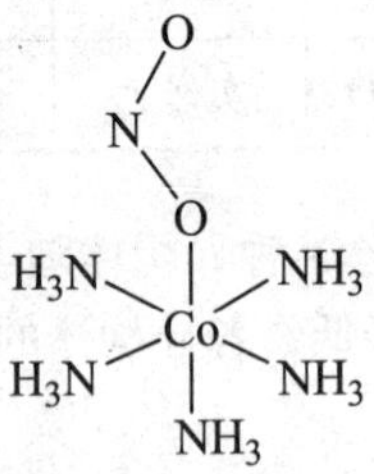　　　　$[Co(NH_3)_5(ONO)]^{2+}$

从理论上讲，生成键合异构的必要条件是配体的 2 个不同原子都含有孤对电子。例如，∶$N{\equiv}C{-}S$∶$^-$，它的 N 和 S 上都有孤对电子，以致它既可以通过 N 原子又可以通过 S 原子同金属相连接，也就是说配体必须为异性双位配体。由于引起异性双位配体键合状态改变的因素相对微妙，如何从理论上判定配合物中配体采取何种配位原子配位，目前还是尚未完全解决的问题，它至少应取决于配体性质、中心离子性质和制备时的反应条件（溶剂、温度等）因素。

5. 聚合异构

聚合异构并非真正的异构体，因为它们并不具有相同的相对分子质量，只是具有相同的实验式。换句话说，各聚合异构体的相对分子质量应分别为它们最简化学式量的 *n*（整数）倍。表 2.6 中列出了有关$[Co(NO_2)_3(NH_3)_3]$的 6 种聚合异构体。

表 2.6 $[Co(NO_2)_3(NH_3)_3]$的聚合异构体

配位式	最简化学式量的倍数 *n*	颜色
$[Co(NH_3)_6][Co(NO_2)_6]$	2	黄
$[Co(NO_2)_2(NH_3)_4][Co(NO_2)_4(NH_3)_2]$	2	黄棕

续表 2.6

配位式	最简化学式量的倍数 n	颜色
$[Co(NO_2)(NH_3)_5][Co(NO_2)_4(NH_3)_2]_2$	3	橙
$[Co(NH_3)_6][Co(NO_2)_4(NH_3)_2]_3$	4	黄橙
$[Co(NO_2)_2(NH_3)_4]_3[Co(NO_2)_6]$	4	橙红
$[Co(NO_2)_3(NH_3)_5]_3[Co(NO_2)_6]_2$	5	棕黄

应当注意：配合物的聚合异构现象与一般化合物的聚合现象不同，它不是简单分子的聚合，而是由配体的不同排列所形成的配位异构体。

6. 配体异构

如果有 2 种配体互为异构体，则相应的配合物就互为配体异构体。例如，$H_2NCH_2CH(NH_2)CH_3$（1, 2-二氨基丙烷，记为 L），$H_2NCH_2CH_2CH_2NH_2$（1, 3-二氨基丙烷，记为 L′）互为异构体，那么它们与 Co(Ⅲ)形成的配合物$[CoCl_2L_2]Cl$和$[CoCl_2L'_2]Cl$也互为异构体。配体异构的一种特殊情况是：当配体本身彼此为旋光异构体时，生成的配合物也会有旋光异构体存在。

此外，还有一些其他的构造异构，此处不再一一讨论。最后应指出的是：在某些组成复杂的配合物中，各种异构现象常常同时存在。因此，在分析其异构现象时，必须综合考虑。

2.2.2 立体异构

立体异构的研究曾在配位化学的发展中起过决定性的作用。Werner 曾出色地完成了四、六配位的配合物立体异构的合成与分离，从而为确立配位理论提供了最令人信服的证据。配合物立体异构的数目和种类取决于空间构型、配体种类、配位齿数、多齿配体中配位原子的种类及环境等。配合物的立体异构分为非对映异构（或几何异构）和对映异构（或旋光异构）两大类。

2.2.2.1 非对映异构（几何异构）

凡是一个分子与其镜像不能重合时，这 2 个分子互称为对映异构体（或旋光异构）；其余不属于对映异构体的立体异构体则统称为非对映异构体（或几何异构）。

在配合物中，空间构型确定后，凡因配体围绕中心原子在空间排列的相对位置不同而引起的异构现象，叫几何异构，包括多形异构和顺反异构。

1. 多形异构体

多形异构体是指分子式相同，而立体构型不同的异构体，也就是说具有相同配位数的配合物可能存在几种不同的几何构型或配位多面体。例如，$[NiCl_2(P)_2]$（P 为二苯基苄基膦）存在红色抗磁性的反式平面正方形异构体和蓝绿色顺磁性的四面体异构体（结构如下）。

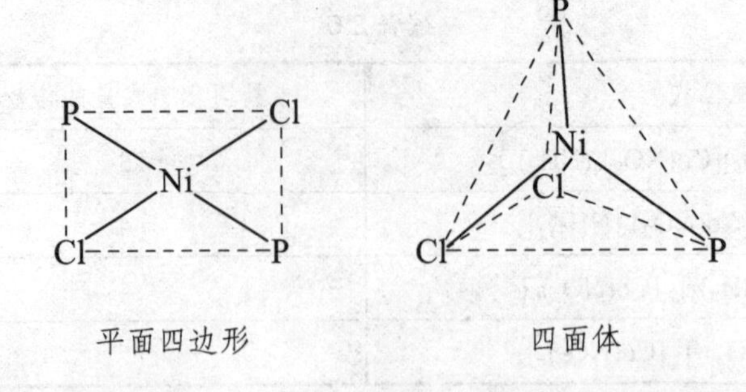

平面四边形　　　　四面体

2. 顺反异构体

在配合物中，配体可以占据中心原子周围的不同位置。所研究的配体如果处于相邻的位置，我们称为顺式结构（*cis*）；如果配体处于相对的位置，我们称为反式结构（*trans*）。由于配体所处顺、反位置不同而造成的异构现象称为顺反异构。顺反异构体的合成曾是 Werner 确立配位理论的重要实验根据之一。很显然，配位数为 2 的配合物，配体只有相对的位置，没有顺式结构；配位数为 3 的平面三角形和配位数为 4 的四面体，所有的配位位置都是相邻的，因而不存在反式异构体；然而在平面正方形和八面体配合物中，顺反异构是很常见的。

（1）平面正方形配合物

四配位平面正方形配合物的几何异构现象，研究得最多的是 Pt(Ⅱ)和 Pd(Ⅱ)的配合物，现以 Pt(Ⅱ)平面正方形配合物为例进行讨论，并由此推至一般的平面正方形配合物。

若 Pt(Ⅱ)与单齿配体（以 a、b、c、d 表示）形成平面正方形配合物，则存在 5 种可能的类型（表 2.7）。

表 2.7　平面正方形单齿配体配合物的几何异构体数目

配合物类型	实例	几何异构数
$[Ma_4]$	$[Pt(NH_3)_4]Cl_2$，$K_2[PtCl_4]$	1
$[Ma_3b]$	$[Pt(NH_3)_3Cl]Cl$、$K_2[Pt(NH_3)Cl_3]$	1
$[Ma_2b_2]$	$[Pt(NH_3)_4Cl_2]$	2
$[Ma_2cd]$	$[Pt(NH_3)_2(Cl)(NO_2)]$	2
$[Mabcd]$	$[Pt(NH_3)(NH_2OH)(py)(NO_2)]^+$	3

组成为$[Ma_4]$和$[Ma_3b]$的平面正方形配合物，由于配体在中心离子周围只有一种排列方式，所以不存在几何异构体；而$[Ma_2b_2]$、$[Ma_2cd]$和$[Mabcd]$等 3 种类型则存在不止一种空间排布方式，故存在几何异构体。

$[Ma_2b_2]$和$[Ma_2cd]$型平面正方形配合物有顺式和反式两种异构体。最典型的是$[Pt(NH_3)_2Cl_2]$（结构如下），其中顺式结构的溶解度较大，为 0.25 g/100 g 水，偶极矩较大，为橙黄色晶体，化学性质较活泼，能与乙二胺反应生成$[Pt(NH_3)_2(en)]Cl_2$，有抗癌作用，可干扰 DNA 的复制，是著名的第一代抗癌药物（商品名“顺铂”）；反式结构难溶，为 0.036 6 g/100 g 水，亮黄色，偶极矩为 0，性质稳定，不与 en 反应，无抗癌活性。$[Ma_2cd]$型的$[Pt(NH_3)_2(Cl)(NO_2)]$（结构如下）也有顺式和反式两种异构体。

$[Pt(NH_3)_2Cl_2]$的顺反异构体　　　　$[Pt(NH_3)_2(Cl)(NO_2)]$的顺反异构体

[Mabcd]型的平面正方形配合物存在 3 种几何异构体，这是因为 b、c、d 都可以是 a 的反位基团，分别记作[M<ab><cd>]、[M<ac><bd>]和[M<ad><bc>]，其中的角括弧表示相互成反位（结构如下）。

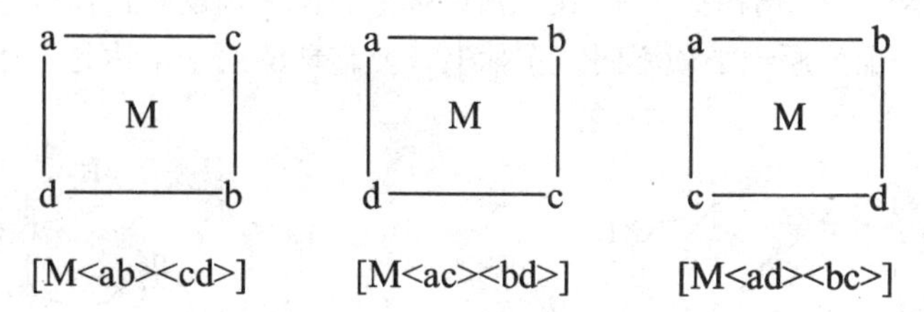

[M<ab><cd>]　　[M<ac><bd>]　　[M<ad><bc>]

例如，$[Pt(NH_3)(NH_2OH)(py)(NO_2)]^+$的 3 种几何异构体如下所示。

$[Pt(NH_3)(NH_2OH)(py)(NO_2)]^+$的三种几何异构体

某些平面正方形配合物的顺反异构体也可通过化学的方法加以区别。例如，*cis*-$[PtCl_2(NH_3)_2]$与 $H_2C_2O_4$ 反应（化学反应方程式如下），双齿的 $C_2O_4^{2-}$ 可占据平面正方形的相邻位置，生成$[Pt(NH_3)_2(C_2O_4)]$；而 *trans*-$[PtCl_2(NH_3)_2]$与 $H_2C_2O_4$ 反应，$C_2O_4^{2-}$ 只能作为单齿配体占据平面正方形中的相反位置，生成$[Pt(NH_3)_2(C_2O_4)_2]^{2-}$。

$[PtCl_2(NH_3)_2]$与 $H_2C_2O_4$ 的反应

含有不对称二齿配体的平面正方形配合物$[M(AB)_2]$，也存在顺式和反式几何异构体（结构如下）。例如，$NH_2CH_2COO^-$（Gly）（氨基乙酸根）就是这样一类配体，它与 Pt(Ⅱ)形成的配合物$[Pt(H_2NCH_2COO)_2]$具有 2 种几何异构体（结构如下）。

顺式　　反式

$[M(AB)_2]$型平面正方形配合物的顺反异构体

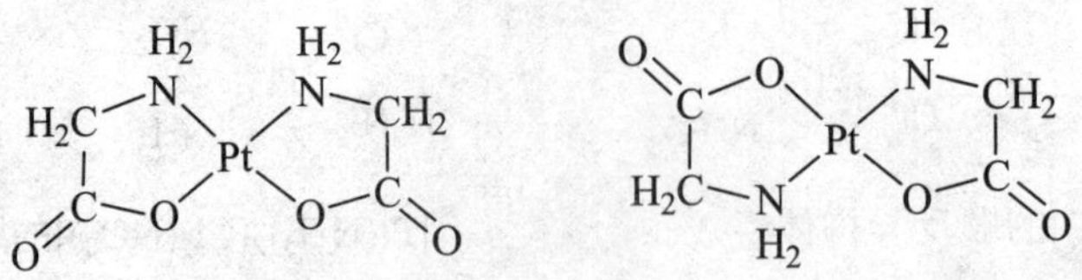

$[Pt(Gly)_2]$的顺反异构体

$[M(AB)_2]$类平面正方形配合物中螯环的两个半边不相同也有顺反异构，如$[Pt(NH_2CH_2C(CH_3)_2NH_2)_2]$（结构如下）。在二齿配体中，作为顺反异构体的条件并不要求与中心离子直接连接的 2 个配位原子必须不同，实际上只要螯环的两个半边是不相同的，就可能会有顺反异构体存在。

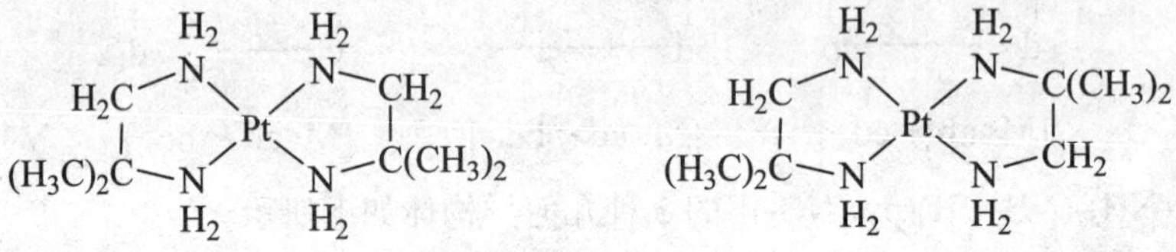

cis- *trans-*

在有成桥基团的双核平面正方形配合物中，也可能有顺反异构体，如$[Pt_2(PEt_3)_2Cl_4]$（结构如下）和$[Pt_2(PPr_3)_2(SEt)_2Cl_2]$（结构如下）的顺反异构体分别为：

cis- *trans-*

$[Pt_2(PEt_3)_2Cl_4]$的顺反异构体

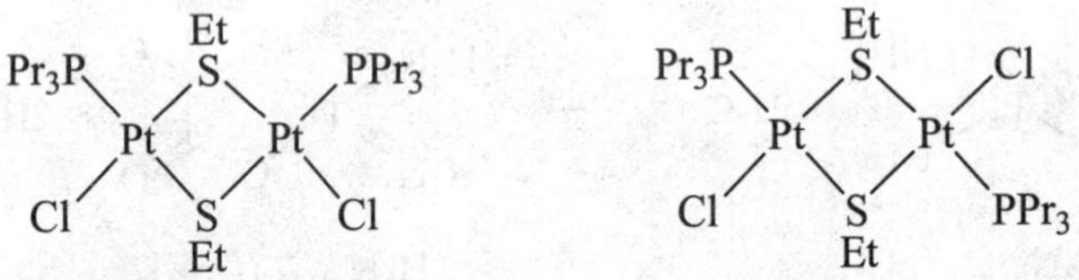

cis- *trans-*

$[Pt_2(Pr_3P)_2(SEt)_2Cl_2]$的顺反异构体

（2）八面体配合物

八面体配合物的存在最普遍。以 a、b、c、d、e 及 f 分别表示不同的单齿配体，与中心金属 M 形成八面体配合物时，则存在 $[Ma_6]$、$[Ma_5b]$、$[Ma_4b_2]$、$[Ma_3b_3]$、$[Ma_4bc]$、$[Ma_3bcd]$、$[Ma_2bcde]$、$[Ma_2b_2c_2]$、$[[Ma_2b_2cd]$、$[Ma_3b_2c]$、$[Mabcdef]$等可能的类型，其中除$[Ma_6]$和$[Ma_5b]$类型不存在几何异构外，其余各类均有几何异构体存在，而以$[Mabcdef]$的几何异构体最多，达 15 个。

在以 6 个单齿配体 a 形成的六配位八面体配合物$[Ma_6]$中，若以另一种单齿配体 b（●）依次逐步取代$[Ma_6]$中的配体 a（○），则会得到如下所示的$[Ma_{6-x}b_x]$一系列配合物及其几何异构体。由此可知：$[Ma_4b_2]$、$[Ma_2b_4]$及$[Ma_3b_3]$各有 2 种几何异构体，而$[Ma_4b_2]$和$[Ma_2b_4]$实际上是等同的，都只有顺反异构体。在$[Ma_3b_3]$的 2 种异构体中，当 3 个配体 a 和 3 个配体 b 各占据八面体的同一个三角面的顶点时，则称为面式（*facial* 或 *fac*）或者顺顺式异构体；当 3 个配体 a 和 3 个配体 b 各位于八面体外接球的子午线上时，则称为经式（*meridional* 或 *mer*）或者顺反式异构体。

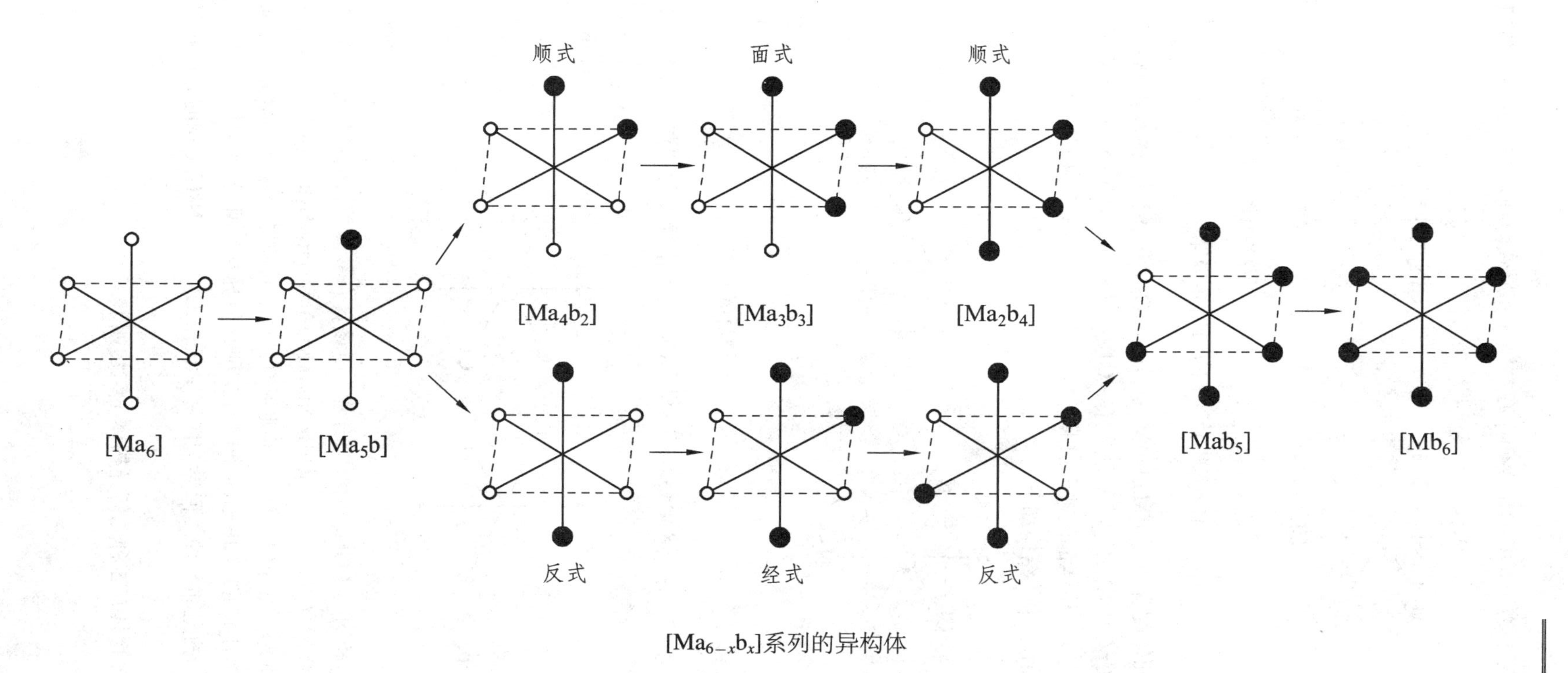

$[Ma_{6-x}b_x]$系列的异构体

上述$[Ma_4b_2]$型配合物，如$[Cr(NH_3)_4Cl_2]^+$存在顺式和反式两种几何异构体（结构如下）。

cis-(紫色)　　*trans*-(绿色)

$[Cr(NH_3)_4Cl_2]^+$的顺反异构体

其他类型的八面体配合物，如$[Ma_4bc]$型的$[CoCl(NO_2)(NH_3)_4]$、$[M(AA)_2b_2]$的$[Co(NO_2)_2(en)_2]^+$和$[M(AA)_2bc]$型的$[CoCl(CN)(en)_2]^{3+}$等都只有一对顺反异构体，其中(AA)代表双齿配体。这些类型的数百种配合物及其异构体都已被合成和鉴定，其中M为Co^{3+}、Cr^{3+}、Rh^{3+}、Ir^{3+}、Pt^{4+}、Ru^{2+}和Os^{2+}等，如$[Co(en)_2Cl_2]^+$（结构如下）。

cis-　　*trans*-

$[Co(en)_2Cl_2]^+$的顺反异构体

$[Ma_3b_3]$型的$[Rh(py)_3Cl_3]$、$[Ru(H_2O)_3Cl_3]$和$[Pt(NH_3)_3Br_3]^+$等配合物存在面式和经式两种几何异构体（结构如下）。

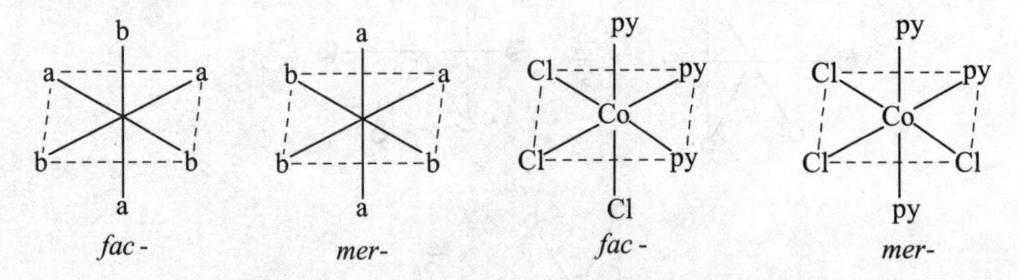

fac-　　*mer*-　　*fac*-　　*mer*-

6个配位体都不相同的[Mabcdef]型配合物，应该具有最多数目的几何异构体（15种）。已制得的这一类型的配合物有$[Pt(NH_3)(py)ClBr(NO_2)(NO_3)]$和$[Pt(NH_3)(NH_2CH_3)(py)ClBr(NO_2)]X$和$[Pt(NH_3)(py)ClBrI(NO_2)]$等。但是至今还未能把15种不同的异构体全部制备、分离出来，如已制备分离出$[Pt(py)(NH_3)(NO_2)ClBrI]$的全部15种几何异构体中的7种。此外，已经制得了$[Pt(Cl)_2(NO_2)_2(NH_3)_2]$的全部5种几何异构体和$[Pt(Cl)(Br)(NO_2)(NH_3)(en)]$的6种几何异构体中的5种。

$[Ma_2b_2c_2]$型配合物具有5种几何异构体（结构如下）。

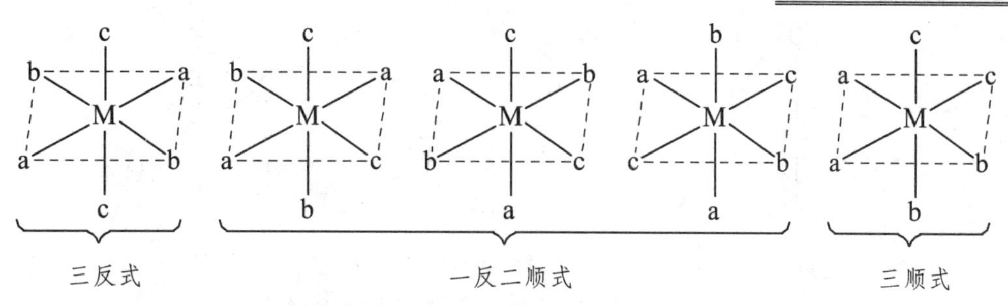

含有不对称双齿配体的$[M(AB)_3]$型八面体配合物也有面式和经式 2 种异构体（结构如下），如三(甘氨酸根)合钴$[Co(Gly)_3]$。

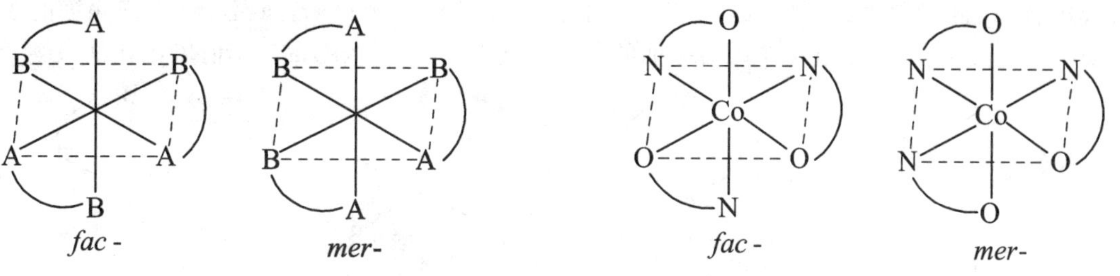

$[M(AB)_3]$型八面体配合物的几何异构体　　　　$[Co(Gly)_3]$的几何异构体

三齿配体(AAA)或(ABA)形成的$[M(AAA)_2]$、$[M(ABA)_2]$型八面体配合物，均有 3 种几何异构体（结构如下），除经式外，面式还可以形成对称（symmetrical）和不对称（unsymmetrical）两种，如二乙烯三胺（dien）或亚氨基二乙酸$[NH(CH_2COOH)_2]$形成的钴配合物（结构如下）。

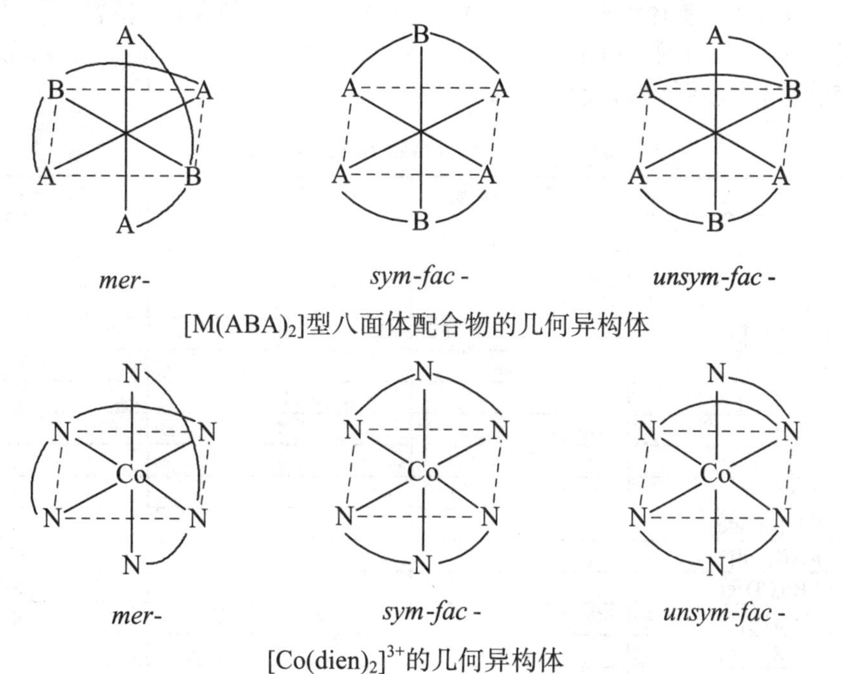

$[M(ABA)_2]$型八面体配合物的几何异构体

$[Co(dien)_2]^{3+}$的几何异构体

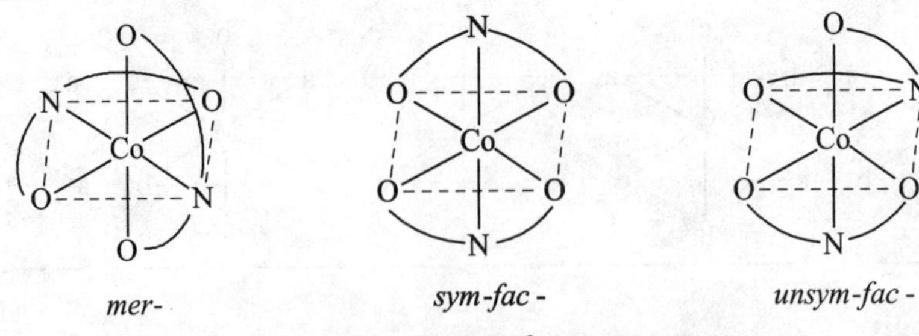

$[Co\{NH(CH_2COOH)_2\}_2]^{3+}$的几何异构体

$[Ma_3(BB)c]$（其中 BB 为对称二齿配体）和$[Ma_3(BC)d]$（其中 BC 为不对称二齿配体）型八面体配合物也有面式和经式的区别（结构如下）。在面式的情况下 3 个 a 处于 1 个三角面的 3 个顶点，在经式中，3 个 a 在 1 个四方平面的 3 个顶点之上。$[Co(NH_3)_3(C_2O_4)(NO_2)]$就是一例。

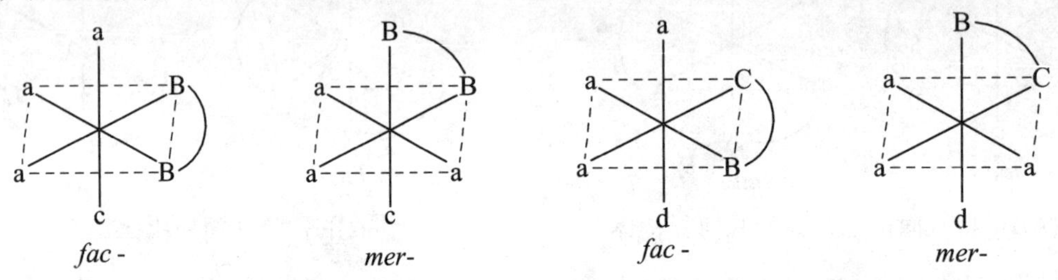

$[Ma_3(BB)c]$和$[Ma_3(BC)d]$型八面体配合物的几何异构体

具有面式、经式异构体的配合物数目不多，已知的例子有$[Co(NH_3)_3(CN)_3]$、$[Co(NH_3)_3(NO_2)_3]$、$[Ru(H_2O)_3Cl_3]$、$[RhCl_3(CH_3CN)_3]$、$[Ir(H_2O)_3Cl_3]$和$[Cr(Gly)_3]$、$[Co(Gly)_3]$等。

其他不同类型的八面体配合物的几何异构体还有很多。总的来说，随着配合物中配体、配位原子种类的增多，其几何异构体也相应增多。表 2.8 总结了六配位八面体配合物几何异构体的数目，并同时给出了相应对映体的数目。

表 2.8　八面体配合物的立体异构体数

类型	几何异构体数	对映异构体对数	立体异构体总数
$[Ma_6]$、$[Ma_5b]$	1	0	1
$[Ma_4b_2]$、$[Ma_3b_3]$	2	0	2
$[Ma_4bc]$	2	0	2
$[Ma_3bcd]$	4	1	5
$[Ma_2bcde]$	9	6	15
[Mabcdef]	15	15	30
$[Ma_2b_2c_2]$	5	1	6
$[Ma_2b_2cd]$	6	2	8
$[Ma_3b_2c]$	3	0	3
[M(AA)(BC)de]	5	5	10
$[M(AB)_2cd]$	6	5	11
[M(AB)(CD)ef]	10	10	20
$[M(AB)_3]$	2	2	4
[M(ABA)cde]	6	3	9
$[M(ABC)_2]$	6	5	11
[M(ABBA)cd]	4	3	7
[M(ABCBA)f]	4	3	7

注：*a、b、c、d、e、f 分别为不同的单齿配体，A、B、C、D 分别为多齿配体中不同的配位原子。

2.2.2.2 对映异构（旋光异构）

若一个分子与其镜像不能重合，则该分子与其镜像互为对映异构体，它们的关系如同左右手一样，故称两者具有相反的手性，这个分子即为手性分子。当然，任何分子都有镜像，但多数分子和它的镜像都能重合。如果分子和它的镜像能重合，它们就是同一物质，是非手性分子，无对映异构体。一对对映异构体结构差别很小，因此它们具有相同的熔点、沸点、溶解度等物理性质，化学性质也基本相同，很难用一般的物理或化学方法区分。但它们对平面偏振光的作用不同：一个可使平面偏振光向逆时针方向旋转，称为左旋体；另一个可使平面偏振光向顺时针方向旋转，称为右旋体，二者旋转角度相同，分别在冠名前加 L（或“−”）和 D（或“+”）表示。因此对映异构也叫做旋光异构或光学异构。许多旋光活性配合物常表现出旋光不稳定性，它们在溶液中进行转化，左旋异构体转化为右旋异构体，右旋异构体转化为左旋异构体。当左旋和右旋异构体达到等量时，即得一无旋光活性的外消旋体，这种现象称为外消旋作用。

1. 分子中常见的几种对称因素

物质具有手性就有旋光性和对映异构现象，那么，物质具有怎样的分子结构才与其镜像不能重合，具有手性呢？要判断某一物质分子是否具有手性，必须研究分子的对称性质，下面介绍分子中常见的几种对称因素：对称面（σ）、对称中心（i）、对称轴（C_n）、旋转-反映轴（S_n）。

（1）对称面（σ）

假如有一个平面可以把分子分割成两部分，而一部分正好是另一部分的镜像，这个平面就是分子的对称面，用 σ 表示。分子中有对称面，它和它的镜像就能够重合，分子就没有手性，是非手性分子（achiral molecule），因而它没有对映异构体和旋光性。

（2）对称中心（i）

若分子中有一点，通过该点画任何直线，如果在离此点等距离的两端有相同的原子，则该点称为分子的对称中心，用 i 表示。具有对称中心的化合物和它的镜像是能重合的，因此它不具有手性。图 2.11 所示的结构均具有对称中心。

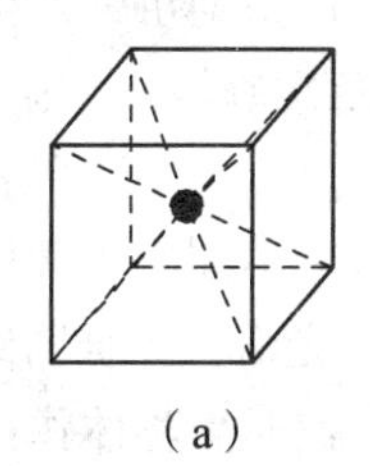

（a）

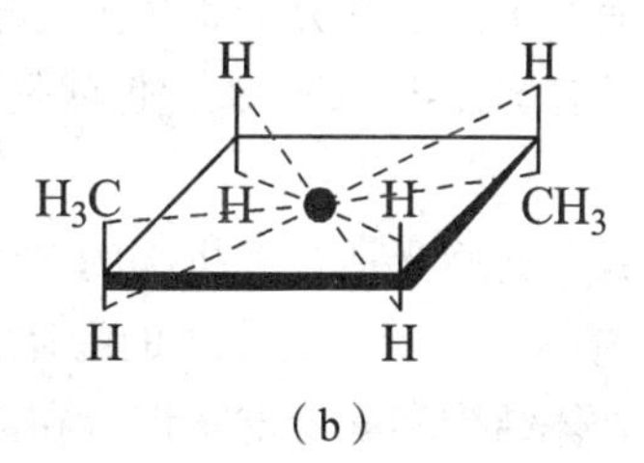

（b）

图 2.11　对称中心示意图

（3）对称轴（C_n）

以设想直线为轴旋转 360°/n，得到与原分子相同的分子，该直线称为 n 重对称轴（又称 n 阶对称轴），用 C_n 表示。因此，有无对称轴不能作为判断分子有无手性的标准。例如，反-1, 2-二氯环丙烷具有二重对称轴（图 2.12），但没有对称面和对称中心，故为手性分子，它与镜像不能重合，具有旋光性。

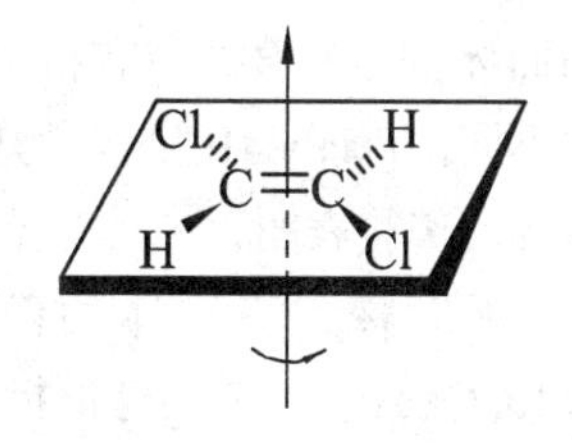

图 2.12　反-1, 2-二环丙烷的 C_2 对称轴

（4）旋转-反映轴（或称交替对称轴）（S_n）

设想分子中有一条直线，当分子以此直线为轴旋转

360°/n 后，再用一个与此直线垂直的平面进行反映（即作出镜像），如果得到的镜像与原来的分子完全相同，这条直线就是旋转-反映轴，用 S_n 表示。如果旋转的角度为 90°（360°/4），就称为四重更替对称轴（S_4）。具有四重更替对称轴的化合物和其镜像能够重合，因此不具旋光性（图 2.13）。

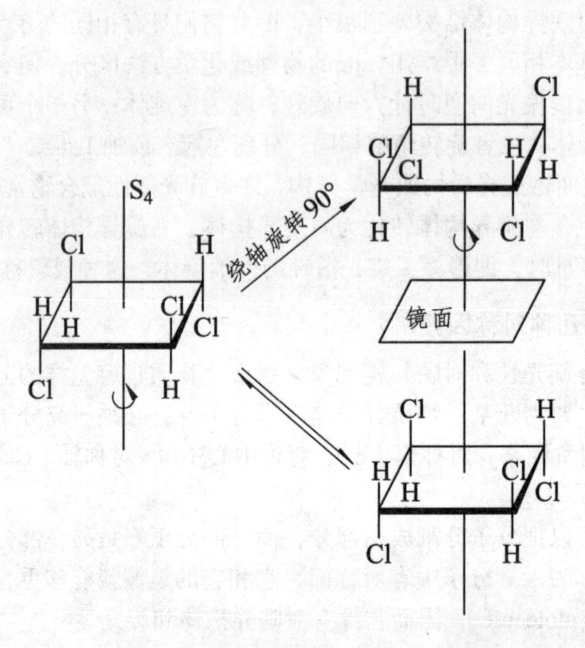

图 2.13　四重更替对称轴（S_4）

一般认为，形成手性分子的条件是该分子不含对称中心和对称平面，但这一判据不是很严格，因为已经发现椅式 1, 3, 5, 7-四甲基环辛四烯分子虽无对称中心和对称面，却有 S_4，即与其镜像可以重合，因而并不是手性分子，也无光学活性。所以，严格地讲，产生手性分子的充要条件是它的构型中没有旋转-反映轴 S_n，也就是说，不具有任意次旋转-反映轴 S_n 的分子才具有旋光性。

许多事实表明：某些旋光活性有机物的对映体对生物体有着不同的生理效应。由于不少有机药物都是含 N、O、S、Cl 等配位原子的配体，因此开展对旋光活性配合物结构的研究，在理论上对确定配合物立体结构和配位键本性；在实践上为揭示它们对生物体作用的内在机理都有着重要的意义。

2. 各类对映异构体的实例

（1）四面体构型配合物的对映异构体

四面体构型配合物像有机分子中的四面体碳原子结构一样，应当有旋光活性，特别是 4 个配体都不同的[Mabcd]型配合物更应如此，但是实际上配体由于并不十分安定，常常很快消旋，难以拆分。实验表明，在具有螯合配体和不对称配体的四面体配合物中才发现有对映异构现象。含 2 个不对称二齿配体的四面体配合物曾被拆分过，例如，双苯基乙酰丙酮合铍(Ⅱ) $[Be(C_6H_5COCHCOCH_3)_2]$已被拆分为光学活性物质（结构如下），另外 Be^{2+}、Zn^{2+}等离子与二齿配体也能形成具有旋光活性的四面体配合物。

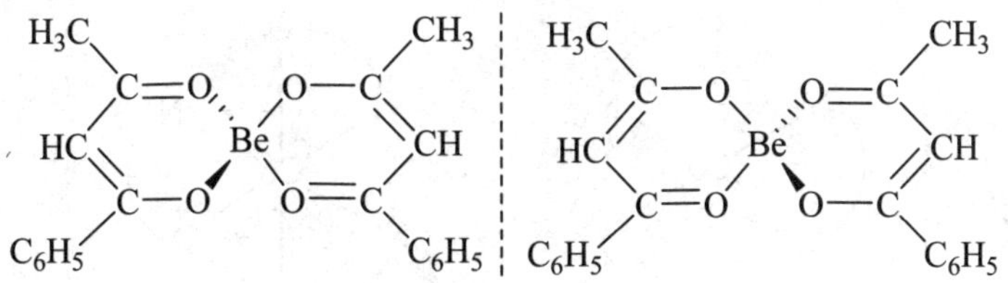

由此可见：这类对映体的产生并不要求围绕中心原子的是 4 个不同的基团，唯一应具备的条件是该分子应与它的镜像不能重合。至于$[Ma_2b_2]$和对称的$[M(AA)_2]$、$[M(AA)(BB)]$型四面体配合物除配体本身引入手性结构外皆无对映异构体。

（2）平面正方形配合物的对映异构体

平面正方形的配合物其分子平面就是对称平面，似乎不应有对映异构。但是，当配体本身就具有光学活性，或配合物形成过程中某配位原子能充当手性中心时，对映体还是能够存在的。例如，$(CH_3)(C_2H_5)NCH_2COOH$ 的叔 N 原子，在与 Pt(Ⅱ)配位时，形成了手性（N^*），因此有对映体（结构如下）。

$(CH_3)(C_2H_5)NCH_2COOH$ 及其铂配合物

（3）八面体配合物的对映异构体

与四配位的配合物不同，六配位的旋光异构现象是普遍存在的，大致可分为以下几种情况：

① 单齿配体形成手性分子

$[Ma_2b_2c_2]$、$[Ma_2b_2cd]$、$[Ma_2bcde]$、$[Ma_3bcd]$、$[Mabcdef]$等单齿配体配合物均有对映异构体。其中，$[Ma_2b_2c_2]$型配合物$[Pt(NH_3)_2(NO_2)_2Cl_2]$有 6 个立体异构体，除了 5 个几何异构体之外，三顺式还有 1 个对映异构体，结构如下所示。

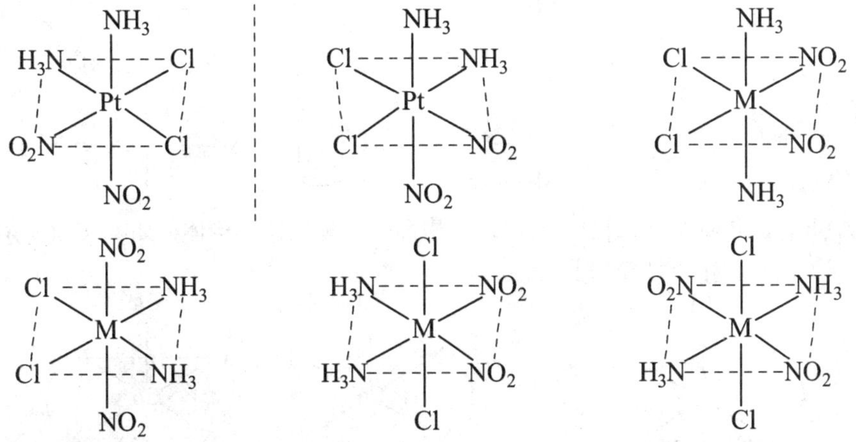

② 不对称双齿配体形成手性分子

含不对称双齿配体的$[M(AB)_3]$型八面体配合物，其面式和经式都存在旋光异构体。例如，$[Cr(Gly)_3]$的旋光异构体如下所示。

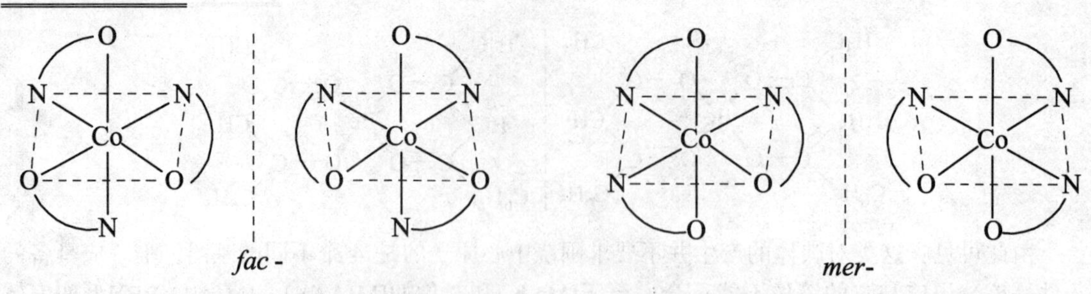

再如，$[M(AB)_2c_2]$型八面体配合物$[Cu(H_2NCH_2COO)_2(H_2O)_2]$中的配体之一甘氨酸根（$H_2NCH_2COO^-$）即为非对称双齿配体，其 8 种立体异构体如下所示。

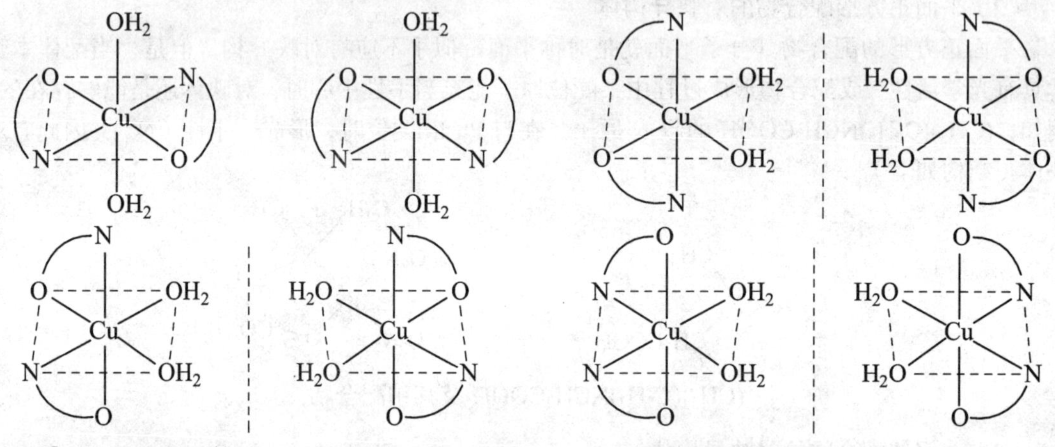

③ 对称双齿配体形成手性分子

含对称双齿配体的八面体配合物，如$[M(AA)b_2c_2]$、$[M(AA)_2bc]$、$[M(AA)_2b_2]$、$[M(AA)_3]$及$[M(AA)(BB)c_2]$等类型的螯合物，它们的顺式异构体都可分离出一对旋光活性异构体，而反式异构体（含手性配体除外）则往往没有旋光活性。其中，$[M(AA)b_2c_2]$型八面体配合物有 4 种立体异构体，2 种有旋光活性，互为对映体，2 种没有旋光活性。例如，$[CoCl_2(NH_3)_2(en)]^+$的立体异构体如下所示。

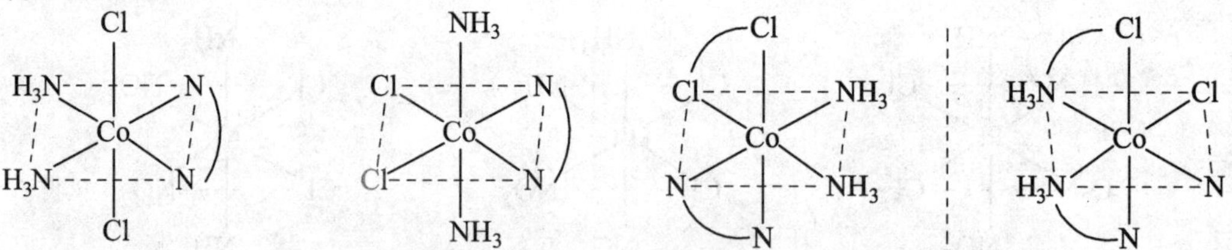

$[M(AA)_2b_2]$型和$[M(AA)_2bc]$型八面体配合物都有 3 种立体异构体，如$[CoCl_2(en)_2]^+$（结构如下）和$[CoCl(NH_3)(en)_2]^+$（结构如下）。

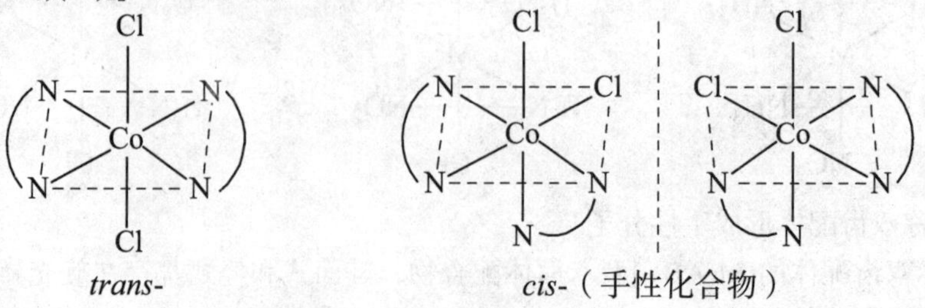

$[CoCl_2(en)_2]^+$的立体异构体

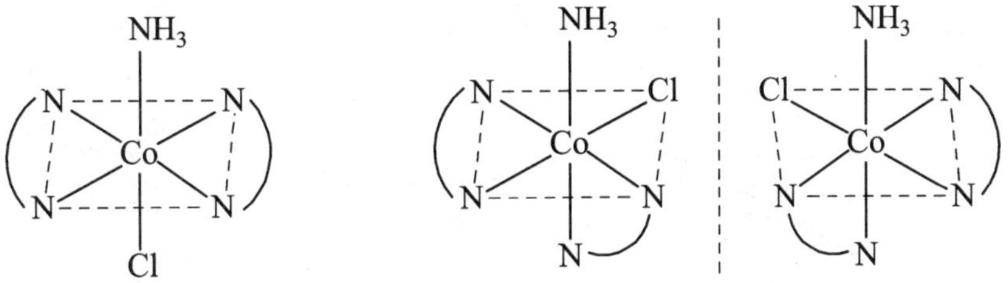

trans-　　　　*cis-*（手性化合物）

$[CoCl(NH_3)(en)_2]^+$的立体异构体

$[M(AA)_3]$型的六配位螯合物其不对称中心是金属本身，故也具有旋光性。早在 1913 年 Werner 已证实$[Co(en)_3]Cl_3$是具有 2 个对映异构体的手性螯合物，其中每个 en 分子分别占据相邻的两个位置（结构如下）。

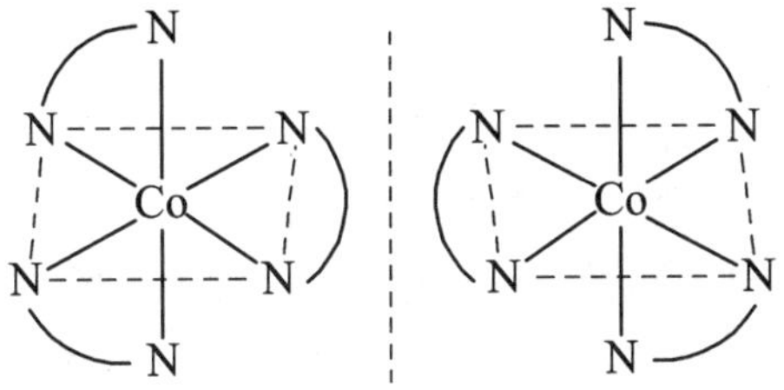

④ 手性配体使配合物具有手性

例如，氨基丙酸有 *R* 和 *S* 两种构型（结构如下），因 *S* 氨基丙酸有光学活性，与 Co(Ⅲ)配位进入配合物$[Co(S\text{-alan})(NH_3)_5]^{2+}$时，其手性结构并未被破坏从而使整个配合物仍具有旋光性。

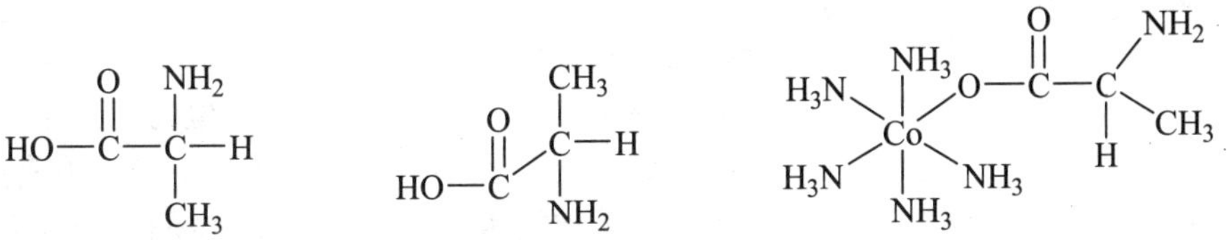

S-alan　　　　*R*-alan

氨基丙酸（alan）的 *R* 和 *S* 构型及其钴配合物$[Co(S\text{-alan})(NH_3)_5]^{2+}$

⑤ 螯环不同构象引起的对映异构

在螯合物中，因为螯合剂本身不同构象的引入，引起螯合物也具有不同构象而产生了对映异构，较典型的实例是$[Co(en)_3]^{3+}$。由于乙二胺分子中有 C—C 单键的旋转，使连接于 2 个碳上的其他原子产生了不同的空间排布，即产生了不同的构象，除有重叠，还有交叉。乙二胺的两种偏斜式（δ和λ，δ为右手螺旋，λ为左手螺旋）如下所示。

若从能量与立体结构相结合的角度考虑，不难确定具有偏斜式构象的乙二胺分子只适于与 Co(Ⅲ)螯合成环。但是，当乙二胺的交叉式以上述 2 种方式键合到中心原子，它们形成的五元螯环并不共面而是发生了扭曲，使配合物也产生了不同的构象。如以金属与 C—C 键中点的连

线为二重轴，则产生如下所示的 2 种交叉式的配合物。

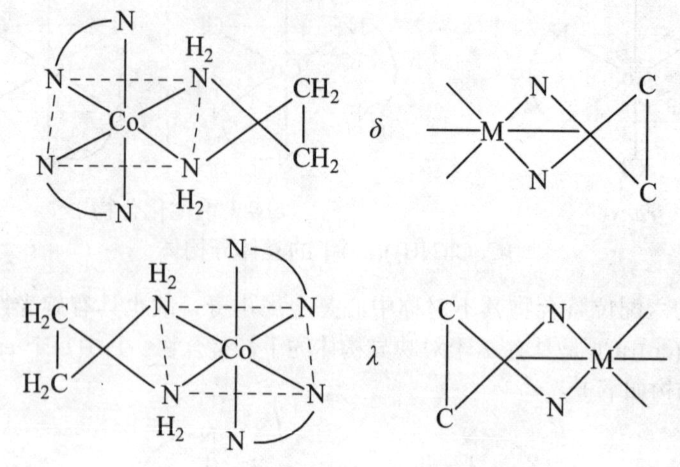

$[Co(en)_3]^{3+}$的两种交叉式配合物

从理论上推测，这两种对映体是应该能分离出来的，但异构体之间位垒非常低，能相互转换，故单环的配合物虽有不同构象，但不能分离出来。如果配合物中有 2 个或 2 个以上的环存在，环与环之间可以稳定某一种构象。

本章小结

1. 配位数和配合物的空间构型

中心原子（或离子）的配位数是指在配合物中直接与中心原子（或离子）相连的配位原子总数。其大小主要取决于中心原子和配体的性质，即中心原子和配体的电荷、半径、电子层结构等。同时还和配合物形成的条件特别是浓度、温度或者外界抗衡离子存在等因素有关。

配位数和空间构型有密切联系，除中心原子和配体的电荷及体积对空间构型有影响外，中心原子的电子互斥及配体的强制构型，常引起畸变。

2. 配合物的异构现象

已知配合物中存在多种异构现象，一般可分为两大类：一类是化学结构异构（也叫构造异构），另一类是立体异构。

重要的异构现象有几何异构现象和手性异构现象，前者包含顺式、反式、面式、经式等异构现象，后者来源于配位个体中无非真旋转轴、配体本身有手性及螯合环有不同构象。单齿和多齿配体形成的单核和多核配合物均可有手性。

参考文献

[1] MIESSLER G L, TARR D A. Inorganic chemistry. 3rd Ed. New Jersey: Prentice-Hall Inc, 2004.

[2] 徐志固. 现代配位化学. 北京：化学工业出版社，1987.

[3] 唐宗薰. 中级无机化学. 北京：高等教育出版社，2003.

[4] COTTON F A, WILKINSON G. Advanced inorganic chemistry. 6th Ed. New York: John Wiley

& Sons Inc, 1999.
[5] 申泮文. 无机化学. 北京：化学工业出版社，2002.
[6] 周绪亚，孟静霞. 配位化学. 开封：河南大学出版社，1988.
[7] 戴安邦，等. 无机化学丛书：第 12 卷 配位化学. 北京：科学出版社，1987.
[8] 游效曾. 配位化合物的结构和性质. 北京：科学出版社，1992.
[9] 张祥麟. 配合物化学. 北京：高等教育出版社，1991.
[10] MÜLLER U. Inorganic structure chemistry. 2nd Ed.West Sussex: John Wiley & Sons Inc, 2007.
[11] 张祥麟，康衡. 配位化学. 长沙：中南工业大学出版社，1986.
[12] 章慧. 配位化学：原理与应用. 北京：化学工业出版社，2008.
[13] 宋廷耀. 配位化学. 成都：成都科技大学出版社，1990.
[14] 杨昆山. 配位化学. 成都：四川大学出版社，1987.
[15] 朱声逾，周永洽，申泮文. 配位化学简明教程. 天津：天津科学技术出版社，1990.
[16] 翟慕衡，魏先文，查先庆. 配位化学. 合肥：安徽人民出版社，2007.
[17] 河南大学，南京师范大学. 配位化学. 郑州：河南大学出版社，1989.
[18] 河南大学，河南师范大学，南京师范大学，等. 配位化学. 开封：河南大学出版社，1989.

习 题

1. 下列化合物中，中心金属原子的配位数是多少?中心原子（或离子）以什么杂化态成键?分子或离子的空间构型是什么?

（1）$Ni(en)_2Cl_2$ （2）$Fe(CO)_5$ （3）$[Co(NH_3)_6]SO_4$ （4）$Na[Co(EDTA)]$ （5）$[Pt(en)_2]^{2+}$

（6）顺-二水二草酸合铁(Ⅲ)离子 （7）反-二氯二联吡啶合钌(Ⅱ) （8）四碘合汞(Ⅱ)离子

（9）$[Mo(en)_3]^{3+}$ （10）五氨一氯合钒(Ⅱ)离子 （11）顺-二氨二硫氰酸根合钯(Ⅱ)

2. 试用图形表示下列配合物所有可能的异构体，并指明它们各属于哪一类异构体。

（1）$[Co(en)_2(H_2O)Cl]^{2+}$ （2）$[Co(NH_3)_3(H_2O)ClBr]^+$ （3）$[Rh(en)_2Br_2]$

（4）$[Pt(en)_2Cl_2Br_2]$ （5）$[Pt(Gly)_3]$

3. 绘出下列配合物可能存在的几何异构体：

（1）八面体$[RuCl_2(NH_3)_4]$ （2）平面正方形$[IrH(CO)(PR_3)_2]$

（3）四面体$[CoCl_3(OH_2)]^-$ （4）八面体$[IrCl_3(PEt_3)_3]$

（5）八面体$[CoCl_2(en)(NH_3)_2]^+$

4. 配合物$[Pt(py)(NH_3)(NO_2)ClBrI]$共有多少个几何异构体?

5. 试举出一种非直接测定结构的实验方法区别以下各对同分异构体：

（1）$[Cr(H_2O)_6]Cl_3$和$[Cr(H_2O)_5Cl]Cl_2 \cdot H_2O$

（2）$[Co(NH_3)_5Br](C_2O_4)$和$[Co(NH_3)_5(C_2O_4)]Br$

（3）$[Co(NH_3)_5(ONO)]Cl_2$和$[Co(NH_3)_5(NO_2)]Cl_2$

6. 组成为 $Co(en)_2Cl_3(H_2O)_2$ 的配合物，可能有几种不同的异构体。

（1）试写出各异构体的结构式。

（2）其中哪个有光学活性?

（3）哪一个当量电导率最高? 哪个最低?

7.（1）已知配合物$[M(AB)_2]$是旋光活性的，这种情况指出了这个配合物结构上有什么特点?

（2）已知$[M(AA)_2X_2]$型配合物是旋光活性的，此配合物在结构上有什么特点？

8. 吡啶-2-甲酰胺（piaH）可能有下列 2 种方式与金属螯合：

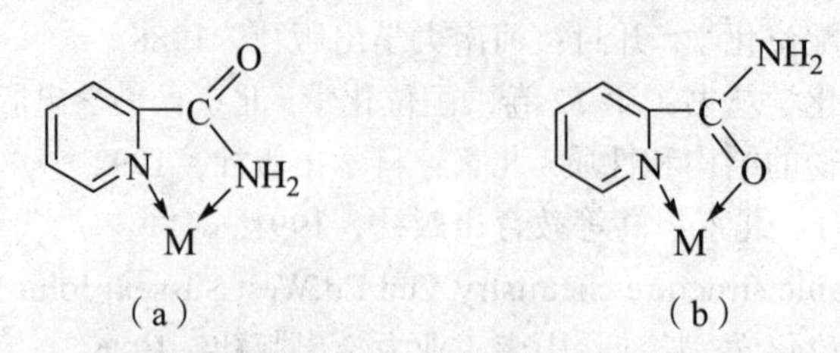

（1）如按（b）式配位，试画出$[Ni(H_2O)_2(piaH)_2]^{2+}$可能的异构体并说明其旋光性。

（2）若以（a）式配位，其可能有的异构体情况如何？

9. $Co(NH_3)_5(SO_4)Br$ 有 2 种异构体，一种为红色，另一种为紫色。2 种异构体都可溶于水形成 2 种离子。红色异构体的水溶液在加入 $AgNO_3$ 后生成 AgBr 沉淀，但在加入 $BaCl_2$ 后没有 $BaSO_4$ 沉淀。而紫色异构体具有相反的性质。根据上述信息，写出 2 种异构体的结构表达式。

10. 现有化学式为 $Co(NH_3)_4BrCO_3$ 的配合物。

（1）画出其全部异构体的立体异构；

（2）指出区分它们的实验方法。

11. 解释下列事实：

（1）$[ZnCl_4]^{2-}$为四面体构型而$[PdCl_4]^{2-}$却为平面正方形。

（2）Ni(Ⅱ)的四配位化合物既可以有四面体构型也可以有平面正方形构型，但 Pd(Ⅱ)和 Pt(Ⅱ)却没有已知的四面体配合物。

（3）主族元素和过渡元素四配位化合物的几何构型有何异同？为什么？

（4）形成高配位化合物一般需要具备什么条件？哪些金属离子和配体可以满足这些条件？试举出配位数为 8、9、10 的配合物各一例，并说明其几何构型和所属点群。

3　配合物的化学键理论

3.1　配合物化学键理论的发展

为了解释配合物丰富的立体结构、反应、光谱和磁性质，化学家们相继提出了各种配合物成键的理论来概括配合物形成的本质，这种努力从维尔纳（Werner）创立配位化学时就开始了。维尔纳的配位理论认为：每种元素都有主副价之分，在形成配合物时，两者都倾向于得到满足，其中的副价代表了金属和配体之间的连接且其空间指向是固定的。该理论对一些经典配合物，特别是钴氨配合物的结构和立体化学作出了很好的解释，大大推动了配位化学的发展。科塞尔（Kossel）和马格努斯（Magnus）分别在1916年和1922年提出了离子模型，即静电理论。该理论是将中心原子（或中心离子）和配体都视为无内部结构的点电荷或电偶极，认为配合物中各组分的结合至少在一级近似上是由纯粹静电力所决定的。该理论经修正和推广应用，发展为较为完善的静电理论，能够说明一些配合物的配位数、几何构型和稳定性，但是不能说明配合物的磁学和光学性质。1923年，Sidgwick将Lewis的酸碱电子理论应用于配合物，首次提出“配位共价键”的概念，他认为经典的钴氨配合物可以归类为Lewis盐或其加合物：其中金属阳离子为电子对接受体（Lewis酸），每个氨分子为电子对给予体（Lewis碱），自此，维尔纳的“副价”之名不再采用。1931年，配合物的价键理论诞生，这个理论是鲍林（Pauling）和Slater基于Lewis的电子理论、Sidgwick的“配位共价键”概念以及Pauling自己创立的杂化轨道理论提出的。20世纪30年代初至50年代初，价键理论对当时几乎所有已知的配位现象，如中心原子的配位数、配合物的几何构型和磁性都能给出满意的解释，因此深受化学家的欢迎。1929年皮赛（Bethe）和1932年范弗里克（Van Vleck）的工作奠定了配合物晶体场理论的基础，该理论当时只被物理学家所接受。20世纪50年代以后，由于各种谱学技术和激光技术的发展，人们对配合物的性质有了更多、更深入的了解。价键理论在解释配合物的电子光谱、振动光谱以及许多热力学和动力学性质方面都不能自圆其说，促使了一度处于停滞状态的晶体场理论有了迅速的发展。在配合物的化学键理论中，晶体场理论、配位场理论和分子轨道理论三者相伴发展、密不可分。它们的起源可以追溯到1929年Bethe发表的题为《晶体场中谱项的分裂》的著名论文，这篇论文明确提出了晶格中的离子与其所处的晶体环境间的相互作用是点电荷之间的纯静电相互作用的基本假设（晶体场理论的明确特征），证明了可由群论方法决定由此产生的自由离子各状态分裂的情形及叙述了分裂能的计算方法。1932年，Van Vleck进一步提出，扬弃纯静电模型，保留Bethe近似方法的对称性部分，适度考虑金属和配体成键中的共价因素来处理金属和配体之间的相互作用，这种改进的晶体场理论后来发展为配位场理论。1958年山寺用角重叠模型来简化分子轨道的处理方法，得出了晶体场的若干参数，大大弥补了晶体场理论和分子轨道理论的不足，后来经Jørgensen等人整理，称为配合物的角重叠模型理论。

3.2 配合物的价键理论

Pauling 等人在 20 世纪 30 年代初提出了杂化轨道理论。他本人首先将杂化轨道理论与配位共价键、简单静电理论结合起来，用于解释配合物的成键和结构，建立了配合物的价键理论（Valence Bond Theory，VBT）。

3.2.1 价键理论的基本要点

Pauling 首先提出配合物中中心原子和配体之间的化学键有电价配键和共价配键两种，相应的配合物分别称为电价配合物和共价配合物。在电价配合物中，中心金属离子和配体之间靠离子-离子或离子-偶极子静电相互作用而键合，该金属离子在配合物中的电子排布情况仍与相应的自由离子相同。d 电子的分布仍然服从 Hund 规则，即尽可能使自旋平行的电子数目最多。因此，电价配合物是高自旋配合物。在共价配合物中，中心原子以适当的空轨道接受配体提供的孤对电子而形成σ配位共价键；为了尽可能采用较低能级的 d 轨道成键，在配体的影响下，中心原子的 d 电子可能发生重排，使电子尽量自旋成对，所以共价配合物通常呈低自旋态。

为了增强成键能力，共价配合物中的中心原子的能量相近的空价轨道[如 *n*s 与 *n*p；(*n*−1)d、*n*s 与 *n*p；*n*s、*n*p 与 *n*d 等]要采用适当的方式进行杂化，以杂化了的空轨道来接受配体的孤对电子形成配合物。杂化轨道的组合方式决定配合物的空间构型、配位数等。过渡金属的价电子轨道为(*n*−1)d、*n*s 和 *n*p 共 9 个轨道，主要的杂化轨道类型为 sp（直线形）、sp^2（正三角形）、sp^3（正四面体）、dsp^2（正方形）、dsp^3（三角双锥）、d^2sp^3（正八面体）和 d^4sp^3（正十二面体）等。

在实验方面，Pauling 依据磁矩的测定来区分电价配合物和共价配合物。如果形成的配合物的磁矩与相应自由离子的磁矩相同，为电价配合物；如果发生磁矩的改变，则认为形成共价配合物。过渡金属配合物中如果含有未成对电子，由电子自旋产生的自旋磁矩使配合物表现顺磁性；如果配合物中没有未成对电子，则表现出反磁性。需要指出的是，以磁矩作为键型的判断是有明显缺陷的。例如，根据$[Fe(acac)_3]$配合物的磁矩测量推算出，中心离子 Fe(Ⅲ)含有 5 个未成对电子，与自由离子中的情况相同，由 Pauling 磁矩判据认为该配合物为电价配合物，然而$[Fe(acac)_3]$熔点较低（179 °C）、易挥发且易溶于非极性有机溶剂，表现出了共价配合物的特征；另外，对一些顺磁性配合物，由唯自旋公式计算出的理论磁矩和实验测定的有效磁矩不能很好地吻合；某些自旋交叉配合物（具有在受热和光照下易于从低自旋的基态激发到高自旋的激发态或其相反过程的性质）的磁矩会随温度和光诱导而发生变化等，这些都难以用键型不同引起的磁矩变化来说明。对于无高低自旋之分的配合物，如中心原子具有非 d^4 ~ d^7 组态的八面体配合物、d^9 组态的平面正方形配合物和一般呈高自旋的四面体配合物等，它们的电价配合物和共价配合物均具有相同的未成对电子数，磁判据明显不再适用。因此 Taube 在 Pauling 提出电价配合物和共价配合物的价键理论的基础上，将过渡金属配合物统一到共价键理论中来，进一步提出所有配合物中的中心原子与配体间都是以配位键结合的，而配合物可以有内轨型和外轨型之分。无论在内轨型还是在外轨型配合物中，M—L 之间的化学键（配位键）都属于共价键的范畴，不过这种共价键存在一定程度的极性。这种经改进的价键理论在一定程度上解决了 Pauling 将配合物划分为电价和共价配合物以及磁判据所遇到的困难，但还是不能回答配合物激发态性质的诸多问题。

3.2.2　外轨型和内轨型配合物

配合物按中心原子使用 d 轨道的情况分为内、外轨配合物。用$(n-1)$d、ns、np 杂化轨道成键者为内轨配合物，用 ns、np、nd 杂化轨道成键者为外轨配合物。磁矩常常可以作为区分这两类配合物的标准。

配合物中的中心原子在形成杂化轨道时，究竟是利用内层$(n-1)$d 轨道还是利用外层的 nd 轨道与 ns、np 杂化，不仅与中心原子所带电荷及电子层结构有关，而且与配体中配位原子的电负性有关。若配位原子电负性很大，如卤素、氧等，不易给出孤对电子，这时共用电子对将偏向配位原子一方，对中心原子的结构影响很小，中心原子的电子层结构基本不发生变化，仅用其外层空轨道 ns、np、nd 发生杂化，与配体结合形成“外轨型”八面体配合物。例如，对于$[FeF_6]^{3-}$，其自由离子 Fe^{3+}的 5 个 d 电子排布为

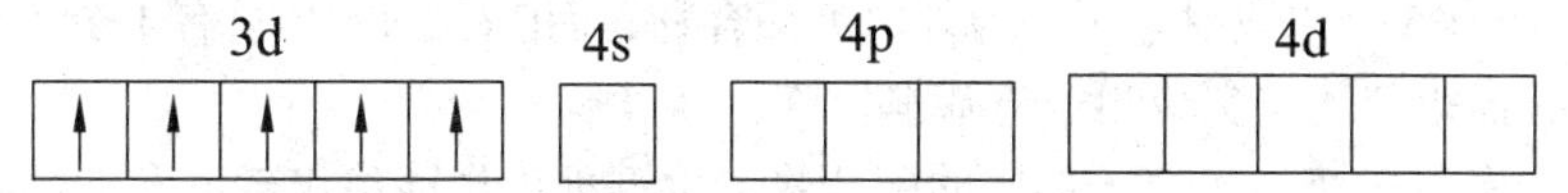

在电负性较大的配体 F^-负离子的影响下，中心离子 Fe(Ⅲ)只能利用 4s、4p 和 4d 空轨道发生 sp^3d^2 杂化，杂化后的轨道用于接受 6 个 F^-提供的 6 对孤对电子，形成如下所示的外轨型配合物：

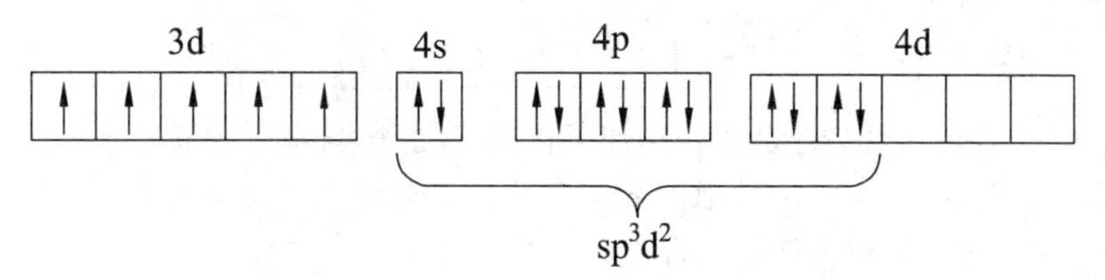

由于 nd 轨道比 ns、np 轨道能量高得多，一般认为外轨型配合物不如内轨型稳定。因此价键理论认为外轨型配合物相对来说，键能小，键的极性大，较不稳定。

当配位原子的电负性较小时，如配位原子为 C、N、P、As 等原子，较易给出孤对电子，对中心原子的影响较大而使其结构发生变化，即$(n-1)$d 轨道上的单电子被迫成对，腾出内层能量较低的空 d 轨道与 ns、np 形成杂化轨道来接受配体的孤对电子，形成“内轨型”配合物。例如，$[Fe(CN)_6]^{3-}$，配位原子为电负性较小的碳原子，自由离子 Fe^{3+}的 3d 轨道上的 5 个 d 电子被激发“挤入” 3 个 d 轨道，腾出 2 个 3d 轨道与 4s、4p 轨道杂化形成 6 个 d^2sp^3 杂化轨道，接受 6 个 CN^-提供的 6 对孤对电子，形成如下所示的八面体配合物：

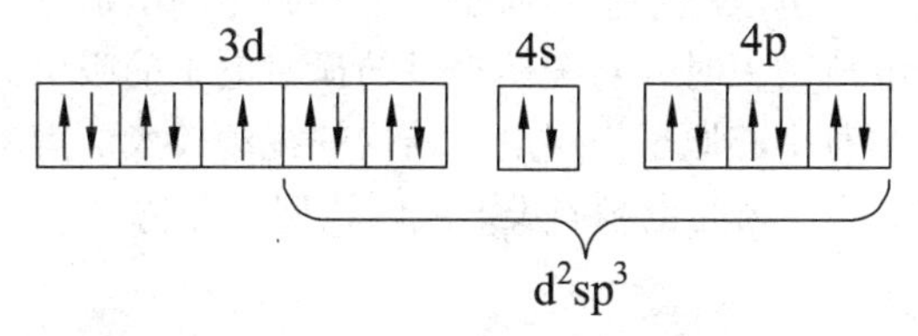

此类配合物与外轨型配合物相比，键能大，键的极性小，较稳定。

对于$[Ni(CN)_4]^{2-}$而言，Ni^{2+}有 8 个 d 电子，配体 CN^-中碳为配位原子，电负性较小，易给出孤对电子，对中心离子 Ni^{2+}的电子层构型影响较大，使其电子成对并空出 1 个 3d 轨道与 4s、4p 以 dsp^2 杂化方式形成 4 个杂化轨道，来容纳 4 个 CN^-中碳原子上的孤对电子，形成 4 个 σ 配键：

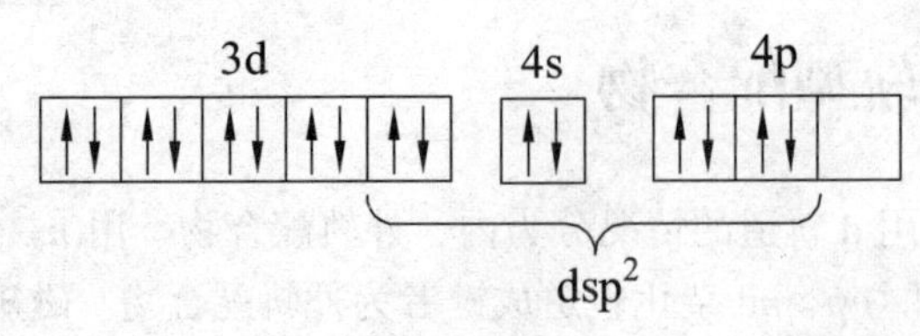

这 4 个 σ 配键指向平面正方形的 4 个顶点，因此$[Ni(CN)_4]^{2-}$的空间构型为平面正方形，是四配位、反磁性的内轨型配合物。

形成内轨型配合物时，需要提供克服按 Hund 规则在 d 轨道排布的未成对电子变成配对重排时所需要的能量，因此中心原子与配体之间成键释放的总能量除了用以克服电子成对时所需要的能量（电子成对能）外，还需比形成外轨型配合物的总键能大，才能形成内轨型配合物。由于牵涉内层电子结构的重排，一般在形成内轨型配合物时，中心原子的未成对电子数会减少，即比自由离子的磁矩降低，因此可根据磁矩的降低来判断内轨型配合物的形成。根据价键理论分析，$[FeF_6]^{3-}$应有 5 个未成对电子，为外轨型配合物；而$[Fe(CN)_6]^{3-}$只有 1 个未成对电子，为内轨型配合物，磁矩判断与实验测定值基本相符。

此外，对于零价过渡金属原子形成的配合物，价键理论也能给出较满意的解释。例如，实验发现$[Ni(CO)_4]$（无色液体）、$[Fe(CO)_5]$ （黄色液体）和$[Cr(CO)_6]$ （白色固体）等羰基化合物的存在，它们都是典型的共价化合物。以$[Fe(CO)_5]$为例，Fe 原子的基态电子排布为

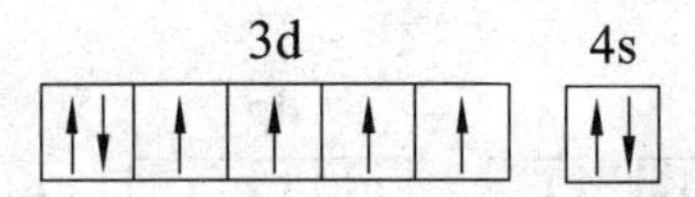

根据价键理论，在电负性较小的配位碳原子作用下，2 个 4s 电子被激发到内层的 3d 轨道上，剩余的 1 个空的 3d 轨道与 4s、4p 轨道以 dsp^3 杂化方式形成 5 个杂化轨道，从而容纳 5 个羰基配体上的 5 对孤对电子，形成内轨型配合物：

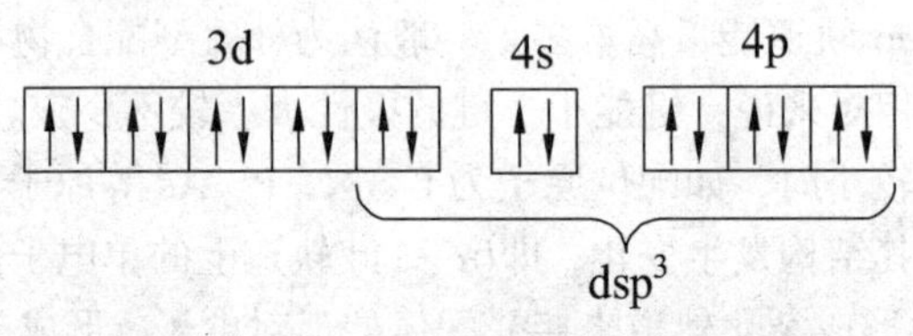

已知在$[Fe(CO)_5]$晶体（－80 °C）中，$[Fe(CO)_5]$为三角双锥构型，抗磁性，应用价键理论很好地说明了该配合物的结构和磁性。

电负性中等的氮、氯等配位原子有时形成外轨型配合物，有时形成内轨型配合物，与配体的种类有关，但在很大程度上也取决于中心原子。中心原子的电荷增多有利于内轨型配合物的形成，这是因为中心离子电荷增大时，对配体提供的孤对电子的吸引力增强，使共用电子对不至于太偏向配位原子，因此对中心原子内层电子结构的扰动较大。第二、第三过渡系的重过渡元素能提供较大的有效核电荷，因此也倾向于形成内轨型配合物。

3.2.3 电中性原理和反馈 π 键

价键理论遇到的一个问题是，按它的基本假设，过渡金属配合物中由于配体提供了带负电荷的孤对电子，使得在中心原子上有高的负电荷积累，似乎许多配合物不可能稳定存在。例如，像 $Cr(CO)_6$ 等羰基配合物是特殊低价态（零价或负价）金属的配合物，如果只形成σ键，原来低

价态的中心原子接受电子后要带上较大的负电荷，这就会阻止配体进一步向中心原子授予电子，从而使配合物稳定性下降；但事实上许多羰基配合物是稳定存在的。为了解决这个问题，Pauling提出了电中性原理：中心原子上的静电荷量越接近于零，配合物越能稳定存在。

根据电中性原理，Pauling提出了配合物的中心原子不可能有高电荷积累的2个理由：其一，由于配位原子通常都具有比过渡金属更高的电负性，因而配位键电子对不是等同地被成键原子共享，而是偏向配体一方，这将有助于消除中心原子上的负电荷积累，称为配位键的部分离子性。如果仅靠配位键的部分离子性全部消除中心原子的负电荷积累对羰基配合物来说是不可能的，于是Pauling提出第二种解释，即中心原子通过反馈π键把d电子回授给配体的空轨道，从而减轻了中心原子上负电荷的过分集中。

在配合物形成过程中，中心原子与配体形成σ键时，如果中心原子的某些d轨道（如d_{xy}、d_{yz}和d_{xz}）有孤对电子，而配体有能量合适且对称性匹配的空π分子轨道（如CO中有空的π^*轨道）或空的p（或d）轨道，则中心原子可以反过来将其d电子给予配体，形成“反馈π键”。例如，CO的π^*_{2p}为空的反键轨道，与中心原子的d_{xz}轨道有相同的对称性，可以形成如图3.1所示的反馈π键。

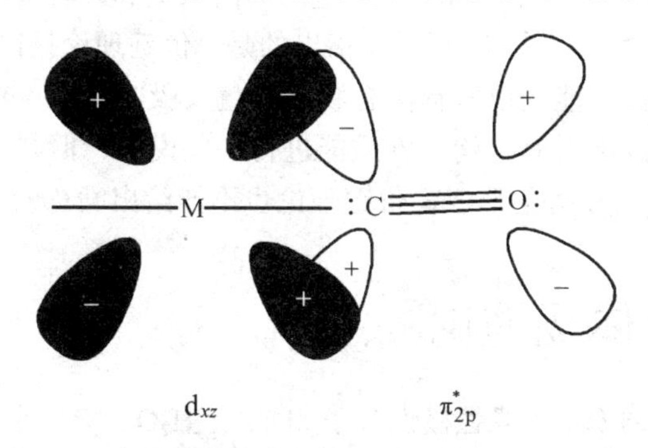

图3.1　金属羰基配合物中反馈π键的形成示意图

在$Ni(CO)_4$中，CO是有机金属化学中最常见的σ给予体和π接受体。CO的最高占有轨道（HOMO)具有σ对称性，零价Ni原子提供4个sp^3杂化轨道，接受4个CO分子中的碳原子上的4对电子，形成4个σ键；CO的最低空轨道（LUMO）为π轨道，与金属具有π对称性的d_{xz}轨道重叠成键，称为反馈π键。通过反馈π键的形成可解释金属羰基化合物的生成及其稳定性。实验发现$Ni(CO)_4$中Ni—C键键长为182 pm，比两者共价半径之和198 pm缩短了，这说明镍和碳之间的成键确实有双重键的性质；而配位的CO配体其C═O键长（115 pm）比自由配体C═O键长（112.8 pm）稍长，说明确实有部分d_π电子进入了CO的π^*轨道。另外，反馈π键理论也通过红外光谱得到了证实：CO分子的伸缩振动频率为2 143 cm^{-1}，而气态$Ni(CO)_4$中C═O伸缩振动频率为2 057 cm^{-1}，说明CO作为羰基配位时，其C═O键的键级确实降低了。除CO外，CN^-、NO_2、NO、N_2、PR_3（膦）、AsR_3（胂）、C_2H_4等要么具有空的π^*轨道，要么具有空的p或d轨道，可以接受中心金属反馈的d_π电子形成d-pπ键或d-dπ键。这些π接受体配体在形成配合物时，具有稳定过渡金属非寻常低价态的作用。

从以上的讨论可以看出，形成反馈π键的条件是配体具有空的p或d轨道，中心原子具有d电子。碱金属、碱土金属等非过渡金属元素没有d电子，不能形成反馈π键。Sn^{2+}、Sb^{3+}、Pb^{2+}、Bi^{3+}等离子虽有d电子，但被s电子屏蔽了，也不能生成反馈π键，所以它们生成配合物的能力很弱，更不能生成羰基化合物。而且过渡金属元素的氧化态越低，d电子数越多，反馈π键越强，故反馈π键常存在于低氧化态或零价过渡金属的配合物中。而In^{3+}、Sn^{4+}、Sb^{5+}、Ge^{4+}等，虽有 d 电子，但由于中心原子的正电荷太高，也不能生成反馈 π 键。在具有反馈 π 键的配合物中，由于 σ 键和反馈 π 键的协同作用，配合物达到电中性，稳定性增大。

3.2.4 价键理论的优点及局限性

价键理论概念明确，模型具体，易为化学工作者所接受，能反映配合物的大致面貌，说明配合物的某些性质。但它仅能定性地说明配合物的性质，用价键理论说明 Cu^{2+}配合物的平面正方形结构似乎有些勉强，因为 Cu^{2+}以 dsp^2 杂化方式形成 4 个配位键时，Cu^{2+}中的 9 个电子中的 1 个要被激发到高能轨道上。据估计，在气态时这样的激发能量高达 1 422.56 kJ，而且电子位于高能的 4p 轨道极易失去，这些都与实验事实相反。另外，过渡金属与某些配体所形成配合物的稳定性与中心原子的 d 电子数满足如下规律：$d^0 < d^1 < d^2 < d^3 < d^4 > d^5 < d^6 < d^7 < d^8 < d^9 > d^{10}$，以上事实用价键理论也难以定量地加以说明。用磁矩来区分 $d^4 \sim d^7$ 组态的内轨型和外轨型八面体配合物比较有效，但由于 d^1、d^2、d^3 、d^8 、d^9 组态的内轨型和外轨型配合物的未成对电子数相同，因而不能依据磁矩来加以区别。特别需要指出的是，价键理论只讨论了配合物的基态性质，对激发态却无能为力，因此不能用以解释配合物的颜色及吸收光谱。对一些非经典的配合物如羰基化合物，虽在一定程度上对其结构、性质能进行一些说明，但并不完善。此外，如二茂铁$[Fe(C_5H_5)_2]$、二茂铬$[Cr(C_6H_6)_2]$等的形成，价键理论也不能给出满意的解释。

3.3 配合物的晶体场理论

晶体场理论认为配位体（离子或强极性分子如 Cl^-、H_2O、NH_3 等）同带有正电荷的正离子之间的静电吸引是使配合物稳定的根本原因。由于这个力的本质类似于离子晶体中的作用力，所以取名为晶体场理论。这意味着我们可以将配合物中的中心金属离子（或原子）与它周围的原子（或离子）所产生的电场作用看作类似于置于晶格中的一个小空穴上的原子所受到的作用。这种晶体场当然要破坏原先自由离子（或原子）的电荷分布。晶体场理论认为中心金属上的电子基本上定域于原先的原子轨道，中心金属与配体之间不发生轨道的重叠，完全忽略了配体与中心金属之间的共价作用。

简言之，晶体场理论模型的基本要点为：

（1）配合物中的中心金属离子与配体（被视为点电荷或点偶极）之间的作用是纯静电作用，即不交换电子，也不形成共价键。

（2）当受到带负电荷的配体（阴离子或偶极子的负端）的静电作用时，过渡金属离子（或原子）原本五重简并的 d 轨道（单电子或单空穴体系）或含多电子的金属离子（或原子）的各谱项就要发生分化、改组，即发生能级分裂，能级分裂的情况根据配体对称性的不同而不同。

3.3.1 晶体场中 d 轨道能级的分裂

3.3.1.1 正八面体场

首先用直观的物理模型来说明 5 个 d 轨道的能级分裂。

为了考虑中心原子和周围配体之间的静电相互作用，晶体场理论表示出了金属离子的 d 电子是怎样受到配体所带负电荷影响的。首先考虑金属离子 M^{n+}被 6 个按高对称的八面体构型排列的配体配位的情况，如图 3.2 所示。用直观的物理模型来说明 5 个 d 轨道的能级在八面体中的分裂，将八面体场的构建假想为 3 个阶段，如图 3.3 中的阶段 Ⅰ ~ Ⅲ。

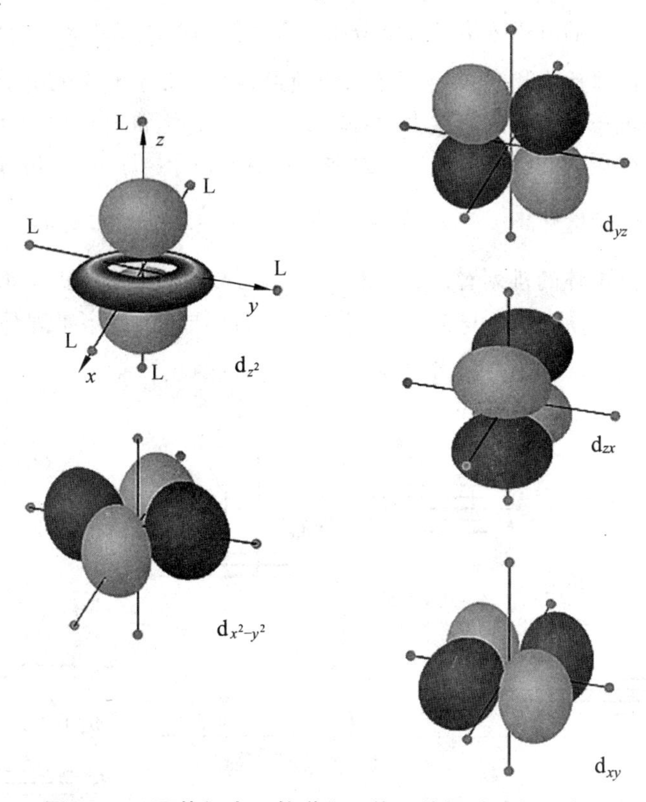

图 3.2 八面体场中 d 轨道和配体 L 的相对取向示意图

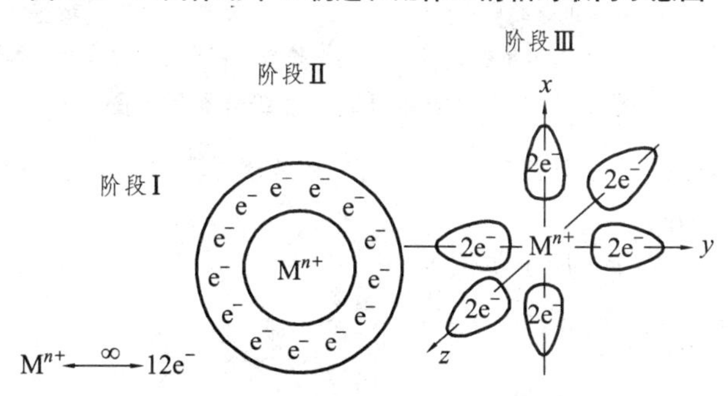

图 3.3 构造八面体场的 3 个假想阶段

阶段Ⅰ：假设 M^{n+}是一个 d^1 组态的阳离子（如 Ti^{3+}），配体所提供的 6 对孤对电子相当于 12 个电子的作用，当配体与金属相距无限远时，金属的 d 电子可以等同地占据 5 个简并的 d 轨道中的任意一个，这就是 d^1 体系自由离子的状态。

阶段Ⅱ：如果由配体组成的带负电荷的静电场是一个以 r_{M-L} 为半径的球形对称场，M^{n+}处于球壳中心，球壳表面上均匀分布着 $12e^-$的负电荷，原来自由离子的 d 电子不论处于哪一个 d 轨道都受到等同的排斥作用，因此 5 个 d 轨道并不改变其简并状态，只是在总体上能量升高。

阶段Ⅲ：当改变负电荷在球壳上的分布，将它们集中在球的内接八面体的 6 个顶点时，每个顶点所分布的电荷为 $2e^-$。由于球壳上的总电量仍为 $12e^-$，d 电子受到的总排斥力不会改变，因而不会改变 5 个 d 轨道的总能量，但是单电子处在不同轨道时受到的排斥力不再完全相同，即 5 个 d 轨道不再处于简并状态。根据 d 轨道在空间分布的特点，这 5 个 d 轨道将分为 2 组：e_g 组轨道（d_{z^2}、$d_{z^2-y^2}$）的电子云沿坐标轴分布，直接指向配体（偶极子的负端），位于该组轨道中的单电子所受到的排斥力相对较大；而 t_{2g} 组轨道（d_{xy}、d_{yz}、d_{xz}）的电子云分布在坐标轴之间，该组轨道中的单电子所受到的排斥力相对较小，将比 e_g 组轨道有利于电子的占据，即在八面体场中 5 个 d 轨道分裂为 2 组。根据量子力学"能量重心守恒原理"，相对于球对称场的能量（能量重心），e_g 组轨道能量升高了 $\frac{3}{5}\Delta_o$，t_{2g} 组能量降低了 $\frac{3}{5}\Delta_o$，Δ_o 为 e_g 和 t_{2g} 轨道的能级差，称为八面体场分裂能。从配体的排列看，d_{xy}、d_{yz}、d_{xz} 轨道有相同的电子占据条件，因此它们是简并轨道；当将 d_{z^2} 轨道看成是 $d_{z^2-y^2}$ 与 $d_{z^2-x^2}$ 轨道线性组合而成时，就不难理解为什么 d_z^2 与 $d_{x^2-y^2}$ 是一对简并轨道了。八面体场中 d 轨道能级分裂示意图见图 3.4。

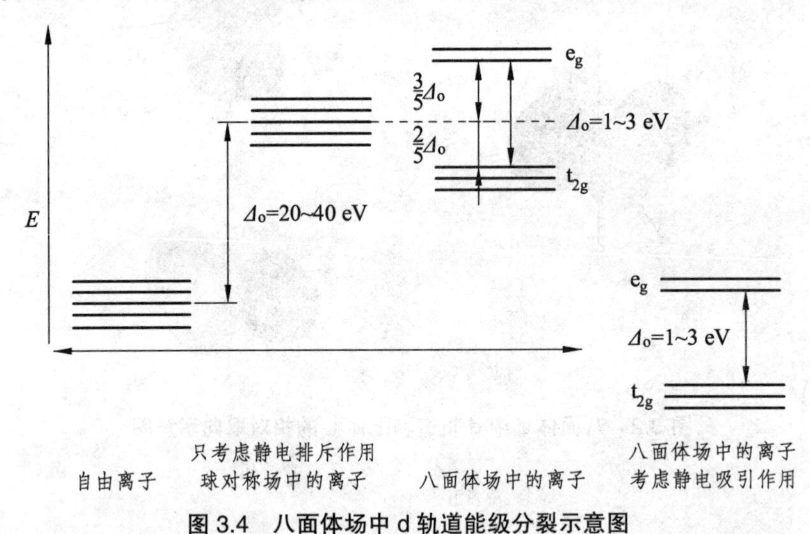

图 3.4　八面体场中 d 轨道能级分裂示意图

按晶体场理论准确计算，可得图 3.4 中八面体场的分裂能 Δ_o：

$$\Delta_o = 10Dq$$

$$D = 35Z/4a^5 \text{（原子单位）}$$

$$q = \frac{2}{105}\int_0^\infty R_{nd}^2 r^4 r^2 \mathrm{d}r = \frac{2}{105} < r^4 >$$

式中　Z——每个配体所带电荷；

a——金属原子与配位原子的距离；

R_{nd}——金属原子中 nd 轨道的径向函数。

实际上，Δ_o 和 Dq 很少通过计算直接获得，通常是由电子光谱实验数据推引得到。

至此，应注意到在阶段Ⅰ~Ⅲ中，当只考虑了金属的 d 电子与配体所带负电荷的静电排斥作用时，5 个 d 轨道作为一个整体（在球对称场中），其能量Δ_o升高了 20 ~ 40 eV；而在八面体场中，两组 d 轨道（e_g 和 t_{2g}）之间的能量间隔只有 1 ~ 3 eV（10 000 ~ 30 000 cm^{-1}）。即使由于 d 电子占据能量上比较有利的 t_{2g} 轨道，获得比球对称场更大的晶体场稳定化能（CFSE）增益，但是从总能量的角度考虑，似乎不利于形成配合物。但实验事实告诉我们，在一定条件下大多数过渡金属离子倾向于形成配合物，即形成配合物将使体系获得有利的能量增益。

为了合理地解释上述问题，让我们重新回到晶体场的基本假设：带负电荷的配体同带有正电荷的正离子之间的静电吸引是使配合物稳定的根本原因。当考虑 M—L 之间的静电吸引作用时，在配体形成的八面体场的作用下，体系的能量重心将下降至低于自由离子的能量，由此获得的体系能量增益不言而喻。

一般而言，晶体场稳定化能只占配合物总键能的 5%～10%，即占配合物总键能的很小一部分。因此，在比较配合物的性质时，总是取相似的配合物来做比较，也就是说对于系列配合物，它们的键能大致相当，这时晶体场稳定化能才体现出较大的差别。在晶体场理论中，虽然着重于讨论分裂后的 d 轨道的情况，但仍必须关注比较配合物的成键情况，否则可能会得出错误的结论。

3.3.1.2 正四面体场

当形成四面体配合物时，4 个配体处在四面体的 4 个顶点，如图 3.5 所示。t_2 组轨道（d_{xy}、d_{yz}、d_{xz}）的电子云极大值指向立方体棱边的中点，距配体较近，受到较强的静电作用；e 组轨道（d_{z^2}、$d_{z^2-x^2}$）的电子云极大值指向立方体棱边的面心，距配体较远，受到较弱的静电排斥作用。因此，当过渡金属离子 M^{n+}被 4 个按四面体排列的配体配位时，d_{z^2}、$d_{z^2-x^2}$ 将比 d_{xy}、d_{yz}、d_{xz} 更有利于单电子占据，因此在四面体场的作用下，轨道的分裂情况与八面体场正好相反，过渡金属离子的 5 个 d 电子分裂成一组能量较高的三重简并的 t_2 轨道和一组能量相对较低的二重

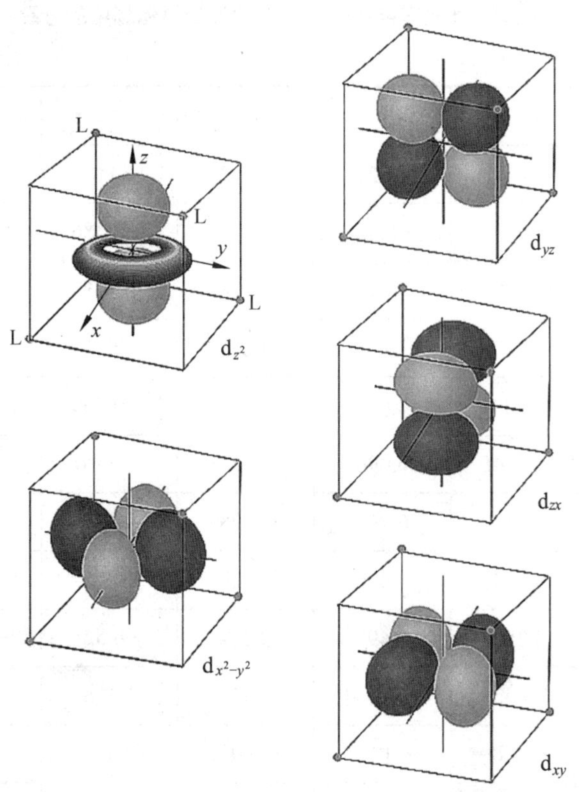

图 3.5 四面体场中 d 轨道和配体 L 的相对取向示意图

简并 e 轨道。由于正四面体没有对称中心，故轨道下标不用 g 或 u。按照“能量重心守恒原理”，相对于球对称场，t_2 组轨道能量升高了 $\frac{2}{5}\Delta_t$，e 组能量降低了 $\frac{3}{5}\Delta_t$，Δ_t 为 e 和 t_2 轨道的能级差，称为四面体场的分裂能。由于在四面体场中 5 个 d 轨道都在一定程度上偏离了配体，不像在八面体场中配体直接指向金属离子的 d 轨道，因此可以推测：$\Delta_t < \Delta_o$。在 M—L 键及其键距大致相同的情况下，通常 $\Delta_t \approx \frac{4}{9}\Delta_o$。

3.3.1.3　平面正方形场

当只考虑静电排斥作用，4 个配体位于 xy 平面内的坐标轴上形成平面正方形时，$d_{x^2-y^2}$ 轨道的极大值指向这 4 个配体，因此 $d_{x^2-y^2}$ 轨道中的电子受配体的负电荷排斥作用最强烈，$d_{x^2-y^2}$ 轨道的能量最高。d_{xy} 轨道的极大值与 x 轴和 y 轴成 45°夹角；再次是 d_{z^2} 轨道的电子云只有在沿 xy 平面上的小环部分与配体有接触，而 d_{yz}、d_{xz} 轨道的能量最低。因此根据直观的物理模型并结合群论的方法考虑，在平面正方形场中，过渡金属离子的 5 个 d 轨道分裂为 4 组：b_{1g}（$d_{x^2-y^2}$）、b_{2g}（d_{xy}）、a_{1g}（d_{z^2}）和 e_g（d_{yz}、d_{xz}）。

除以上讨论的 3 种构型的配合物外，其他构型中心原子 d 轨道的能级分裂情况在此不再详细讨论。根据计算，在各种对称性的晶体场中 d 轨道能级的分裂见表 3.1。从能量的大小可以绘出 d 轨道能级图。图 3.6 为常见的几种构型的中心原子 d 轨道的能级分裂图。

表 3.1　d 轨道能级在各种对称性的晶体场中的分裂

单位：Δ_o

配位数	场对称性	$d_{x^2-y^2}$	d_{z^2}	d_{xy}	d_{yz}	d_{xz}	注
2	直线形	−0.628	1.028	−0.628	0.114	0.114	键沿 z 轴
3	正三角形	0.545	−0.321	0.564	−0.386	−0.386	键在 xy 平面
4	正四面体	−0.267	−0.267	0.178	0.178	0.178	—
4	平面正方形	1.228	−0.428	0.228	−0.514	−0.514	键在 xy 平面
6	正八面体	0.600	0.600	−0.400	−0.400	0.400	—
6	三角棱柱体	−0.548	0.096	−0.548	0.536	0.536	—
5	三角双锥	−0.082	0.707	−0.082	−0.272	−0.272	锥底在 xy 平面
5	四方锥	0.914	0.086	−0.086	−0.457	−0.457	
7	五角双锥	0.282	0.493	0.282	−0.528	−0.528	
8	立方体	−0.534	−0.534	0.536	0.536	0.536	—
8	四方反棱柱	−0.089	−0.534	−0.089	0.356	0.356	—
9	三帽三棱柱	−0.038	−0.225	−0.038	0.151	0.151	—

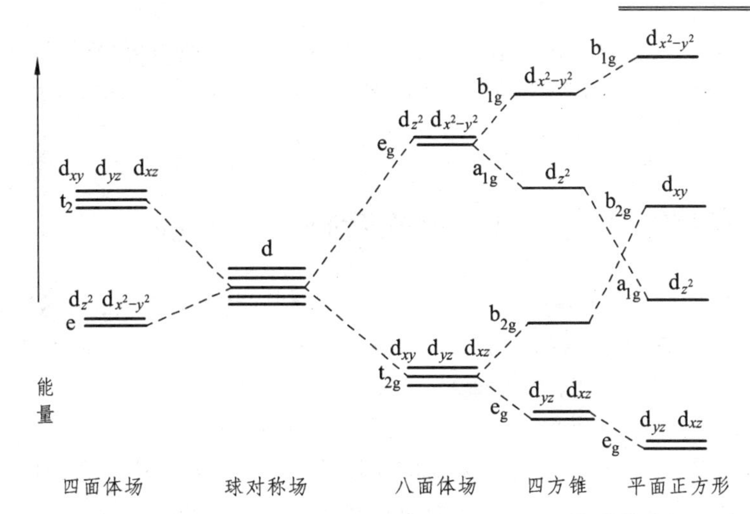

图 3.6　在晶体场中几种常见构型配合物的中心原子 d 轨道的能级分裂图

3.3.2 轨道对称性表示方法

以上讨论了配合物中中心金属离子的 d 轨道在不同对称性的配位场中的分裂情况。下面介绍用群论符号表示轨道对称性的方法，如用 A_{1g}、E_{1g}、T_{1g}、T_{2g}、T_{1u} 和 T_{2u} 等表示轨道在配位场点群下的变换性质，大写字母 A 或 B 代表非简并，E 代表二重简并，T 代表三重简并；下标 g 或 u 分别代表波函数对中心原子的对称性，g 表示波函数对中心原子的反演是对称的，u 表示波函数对中心原子的反演是反对称的 ——原子轨道都有确定的反演对称性：将轨道每一点的数值及正负号，通过核延长到反方向等距离处，轨道或者完全不变，或者形状不变而符号改变，前者称为对称，记作 g（偶）；后者称为反对称，记作 u（奇）。这种奇偶性就是宇称（parity），且与轨道角量子数 l 的奇偶性一致。

图 3.7 为 s、p、d、f 轨道反演示意图，由图可知，s、p、d、f 轨道的宇称性分别为 g、u、g、u。宇称对光谱学具有特别重要的意义。下标 1 和 2 是由于其他对称性的不同而附加的。例如，s 轨道是非简并的，在八面体反演操作下其波函数 ψ_s 不改变符号，仍得到原来的波函数，因此中心原子的 s 轨道属于对称类别 A_{1g}；p 轨道是三重简并的，在反演操作下，波函数符号改变了，ψ_p 符号是反对称的，则属对称类别 T_{1u}；d 轨道在反演操作下与 s 轨道有相同的变换性质，但简并度不同，2 组 d 轨道分别以 E_g 和 T_{2g} 表示其对称类别；7 个 f 轨道中 f_{xyz} 的 8 个叶片分别指向八面体的 8 个顶点，对中心原子是反对称的，属对称类别 A_{2u}，$f_{x(y^2-z^2)}$、$f_{y(z^2-x^2)}$ 和 $f_{z(x^2-y^2)}$ 属对称类别 T_{2u}，f_{x^3}、f_{y^3}、f_{z^3} 属对称类别 T_{1u}。四面体配合物因无对称中心，在使用对称类别时不

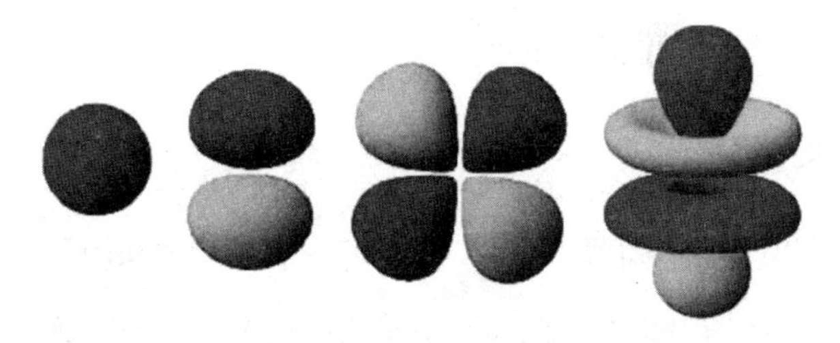

图 3.7　s、p、d、f 轨道反演示意图

用下标 g 或 u。除用大写字母表示轨道（波函数）对称性外，也使用与大写字母相对应的小写字母如 a_{1g}、e_g 等作为轨道（或单电子波函数）的符号，如$(t_{2g})^3$ 表示三重简并的 t_{2g} 轨道上有 3 个电子。

3.3.3 电子成对能和高、低自旋配合物

依据晶体场理论可以解释配合物的高、低自旋态。判别高低自旋态的参数有晶体场分裂能Δ和电子成对能 P。电子成对能是指当 2 个电子在占有同一轨道自旋成对时必须克服电子间的相互作用所需的能量。电子成对能 P 由库仑能（π_C）和交换能（π_{ex}）2 部分组成。我们假想一个分子具有 2 个轨道，其能量差为Δ，现有 2 个电子，可以以 2 种方式占据轨道，一种是按照洪特规则，使电子自旋平行，这 2 个电子所具有的能量是 $2E_0+\Delta$；另一种是使电子成对，但 2 个电子要占据同一轨道，必然会互相排斥，必须加入电子成对能，这时 2 个电子具有的能量为 $2E_0+P$（图 3.8）。这 2 个电子是要成对还是要自旋平行，取决于晶体场分裂能和电子成对能的相对大小。若$\Delta>P$，这 2 个电子必须成对，才能使整个体系最稳定；若$\Delta<P$，这 2 个电子必须采取自旋平行，体系才最稳定。

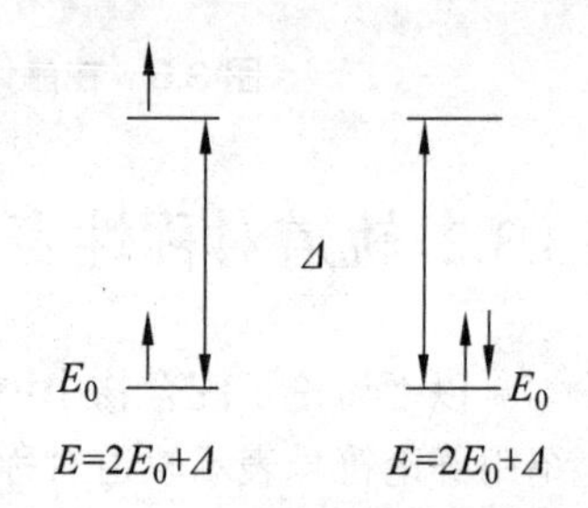

图 3.8 电子的高低自旋态与能量的关系

八面体配合物中，中心金属离子的 d 轨道在配体形成的负电场影响下，分为 2 个高能量的 e_g 轨道及 3 个低能量的 t_{2g} 轨道。1 个轨道能容纳 2 个自旋相反的电子，因此 5 个 d 轨道能容纳 10 个电子，将电子逐个加入直到 10 个。但需要注意的是，当 1 个轨道中已有 1 个电子时，它对第二个电子起排斥作用，因此需要一定的能量（电子成对能），克服这种排斥力，第二个电子才能进去和第一个配对；当 1 个电子离开低能的 t_{2g} 轨道进入高能的 e_g 轨道时，需要克服这两个能级间的能级差（八面体场分裂能Δ_o）。显然 d^3 组态离子的 3 个 d 电子将进入能量较低的 t_{2g} 轨道，且自旋平行。对于 d^4 组态的离子，可能有 2 种占据方式：一种是 4 个电子进入 t_{2g} 轨道，其中一个 t_{2g} 轨道要填充 2 个自旋相反的电子，必须消耗电子成对能；另一种可能是第 4 个电子进入能量较高的 e_g 轨道，这时虽不需要电子成对能，但却需要克服八面体场分离能Δ_o。因此 d^4 组态金属离子的配合物究竟采取何种电子排布方式，要看Δ_o 和 P 的相对大小，若$\Delta_o>P$（强场配体），采取$(t_{2g})^4$ 的排布方式，才能使整个体系最稳定；若$\Delta_o<P$（弱场配体），采取$(t_{2g})^3(e_g)^1$ 的排布方式，体系才最稳定，前者称为低自旋态，后者称为高自旋态。对 d^5、d^6 和 d^7 组态的离子作类似分析，它们的八面体配合物也有高低自旋之分。d^8、d^9 和 d^1、d^2、d^3 组态的八面体配合物只能有一种电子排布，故没有高低自旋之分。

3.3.4 影响晶体场分裂能的因素

3.3.4.1 晶体场类型

晶体场类型不同，Δ值不同，如前已述及，在相同金属离子和相同配体的情况下，$\Delta_t\approx\frac{4}{9}\Delta_o$。这是因为，一方面在八面体场中有 6 个配体对中心金属离子的 d 电子施加影响，而在四面体场中只有 4 个配体参与作用，大约减少了 33%的影响；另一方面，在八面体场中，配体直接指向

e_g组轨道，排斥作用最大，而对t_{2g}的影响相对较小，所以相应的分裂能较大。在四面体场中，配体并不直接指向任何 d 轨道，对t_2轨道的影响只是稍大于 e 组轨道。

3.3.4.2 中心金属离子的性质

（1）属于同一过渡金属系列的相同价态的金属离子，和相同的配体形成配合物，其分裂能Δ值仅在较小的幅度内变化。例如：

$[M(H_2O)_6]^{2+}$　　$\Delta_o = 7\,800\ cm^{-1}$（$M = Mn^{2+}$）~ $13\,900\ cm^{-1}$（$M = Cr^{2+}$）

$[M(H_2O)_6]^{3+}$　　$\Delta_o = 13\,700\ cm^{-1}$（$M = Fe^{3+}$）~ $20\,300\ cm^{-1}$（$M = Ti^{3+}$）

（2）对于同一种配体构成的相同类型的晶体场，中心金属离子的正电荷越高，拉引配体越近，配体对中心金属离子轨道的微扰作用就越强。因此随着中心金属离子氧化数的增加，Δ值增大。氧化数由Ⅱ→Ⅲ，一般Δ值增加 40%~80%。例如：

$[Co(H_2O)_6]^{2+}$　　$\Delta_o = 9\,300\ cm^{-1}$　　　$[Co(NH_3)_6]^{2+}$　$\Delta_o = 10\,100\ cm^{-1}$

$[Co(H_2O)_6]^{3+}$　　$\Delta_o = 18\,600\ cm^{-1}$　　　$[Co(NH_3)_6]^{3+}$　$\Delta_o = 23\,000\ cm^{-1}$

（3）中心离子的半径越大，d 轨道离核越远，越容易在配位场的作用下改变能量，所以分裂能Δ值也越大。在同族元素中，Δ值随着中心离子轨道主量子数的增加而增加。由 3d→4d，Δ_o值增大 40%~50%,；由 4d→5d，Δ_o值增大 20%~25%。例如：

$[Co(NH_3)_6]^{3+}$　　$\Delta_o = 23\,000\ cm^{-1}$

$[Rh(NH_3)_6]^{3+}$　　$\Delta_o = 33\,900\ cm^{-1}$

$[Ir(NH_3)_6]^{3+}$　　$\Delta_o = 40\,000\ cm^{-1}$

因此第二、第三过渡系的金属配合物都是低自旋的；而第一过渡系金属配合物随着配体类型和金属氧化态的不同，高、低自旋态都是常见的。

对于同样的配体，按Δ值从小到大的顺序，可把常见的中心金属离子排列为

$$Mn^{2+} < Co^{2+} \sim Ni^{2+} < V^{2+} < Fe^{3+} < Cr^{3+} < Co^{3+} < Mo^{3+} < Rh^{3+} < Ir^{3+} < Pt^{4+}$$

3.3.4.3 配体的性质和光谱化学序列

配体的性质也是影响分裂能Δ的重要因素。对于同一金属离子，配体不同引起Δ值不同。

（1）对于同一金属离子，不同的配位原子对Δ值的影响按下列顺序增大：

$$I < Br < Cl < S < F < O < N < C$$

这个序列近似地对应于原子半径减小的顺序，而从 F 以后又正比于它们电负性减小的顺序。

（2）光谱化学序列（spectrochemical series）：对于给定的中心离子，不同配体的Δ值可由小到大排成下列序列（下画线表示配位原子）：

$I^- < Br^- < S^{2-} < \underline{S}CN^- < Cl^- < NO_3^- < F^- < (NH_2)_2CO < OH^- \approx CH_3COO^- \approx HCOO^- < C_2O_4^{2-} < H_2O < \underline{N}CS < Gly^- < CH_3CN < edta^{4-} < py < NH_3 < en < NH_2OH < bpy < phen < \underline{N}O_2^- < PPh_3 < \underline{C}N^- < CO < \underline{P}(OR)_3$

光谱化学序列是 Tsuchida 在对相应化合物光谱研究的基础上从实验中总结出来的。排在前面的配体为弱场配体，排在后面的配体为强场配体。如果一个配合物中的配体被序列中后面的配体所取代，吸收带将发生蓝移（向短波方向移动）。配位场强度的大小是电子组态为 $d^4 \sim d^7$ 的第一过渡系金属的正八面体配合物可能具有高自旋态或低自旋态的主要影响因素。这里需要

注意的是，在光谱化学序列中，有些配体的顺序与晶体场理论的假设不符，如果晶体场作用能起因于静电作用，那么就难以说明为什么带负电荷的卤素离子位于序列的前面，而一些中性的π酸配体却位于强场一侧，究其原因，是静电晶体场理论忽视了共价键特别是π键作用。无法解释光谱化学序列是晶体场理论的主要缺陷之一。

3.3.5 晶体场稳定化能

3.3.5.1 CFSE 的定义及影响因素

前面已经看到，由于 d 轨道的空间取向不同，引起它们在配位场中发生分裂。优先把所有电子填入能级较低的轨道与把电子填入同一（平均）能级的轨道相比，会使金属离子在能量上处于较有利的状态，也就是处于较稳定的状态。这个能量差别叫做配位场稳定化能（crystal field stabilization energy，CFSE）。在较高能级轨道上的电子当然会抵消稳定效应。总的配位场稳定化能可用能量间隔Δ表示。八面体场 t_{2g} 能级上的每个电子带来$\frac{2}{5}\Delta_o$的稳定化作用（图 3.6），e_g 上每个电子带来$\frac{3}{5}\Delta_o$的不稳定化作用。八面体场的所有 d^n 组态的 CFSE 分别列于表 3.2。

表 3.2 d^n 组态过渡金属离子在八面体场中电子组态和晶体场稳定化能

d^n	高/低自旋态	构型	未成对电子数	晶体场稳定化能
d^1	—	$(t_{2g})^1$	1	$-4Dq$
d^2	—	$(t_{2g})^2$	2	$-8Dq$
d^3	—	$(t_{2g})^3$	3	$-12Dq$
d^4	高自旋态	$(t_{2g})^3(e_g)^1$	4	$-6Dq$
	低自旋态	$(t_{2g})^4$	2	$-16Dq+P$
d^5	高自旋态	$(t_{2g})^3(e_g)^2$	5	0
	低自旋态	$(t_{2g})^5$	1	$-20Dq+2P$
d^6	高自旋态	$(t_{2g})^4(e_g)^2$	4	$-4Dq$
	低自旋态	$(t_{2g})^6$	0	$-24Dq+2P$
d^7	高自旋态	$(t_{2g})^5(e_g)^2$	3	$-8Dq$
	低自旋态	$(t_{2g})^6(e_g)^1$	1	$-18Dq+P$
d^8	—	$(t_{2g})^6(e_g)^2$	2	$-12Dq$
d^9	—	$(t_{2g})^6(e_g)^3$	1	$-6Dq$
d^{10}	—	$(t_{2g})^6(e_g)^4$	0	0

对于四面体场，e 轨道的每个电子的稳定化作用为$\frac{3}{5}\Delta_t$，而 t_2 能级上的每个电子去稳定化作用为$\frac{2}{5}\Delta_t$。四面体场的所有 d^n 组态的 CFSE 分别列于表 3.3。

表 3.3　d^n组态过渡金属离子在四面体场中电子组态和晶体场稳定化能

d^n	电子组态	未成对电子数	晶体场稳定化能
d^1	e^1	1	$-6Dq$
d^2	e^2	2	$-12Dq$
d^3	e^2t^1	3	$-8Dq$
d^4	e^2t^2	4	$-4Dq$
d^5	e^2t^3	5	0
d^6	e^3t^3	4	$-6Dq$
d^7	e^4t^3	3	$-12Dq$
d^8	e^4t^4	2	$-8Dq$
d^9	e^4t^5	1	$-4Dq$
d^{10}	e^4t^6	0	0

由表 3.2、3.3 可见，似乎在所有场合下（除 d^0、d^5、d^{10} 组态外）八面体构型都比四面体构型稳定（稳定化能大），这可能是八面体（或近似八面体）的配合物远比四面体配合物常见的原因；但是仍然存在相当数量的四面体配合物，甚至相当稳定。这表明 CFSE 并不是决定配合物空间构型的唯一因素。可以估计中心离子和配体的体积以及金属-配体间的距离等因素还有更大的影响。

由于四面体场的晶体场分裂能Δ_t只有八面体场分裂能的 4/9，这样小的分裂能值，不能超过电子成对能 P，因此过渡金属离子的四面体配合物只有高自旋而没有低自旋。

CFSE 的大小与配合物的几何构型、中心原子的 d 电子数和所在周期数、配位场强弱及电子成对能密切相关。

3.3.5.2　CFSE 的计算

（1）对于自旋状态没变化的配位场（弱场）：

$$CFSE = -4Dq \times n_{t_{2g}} + 6Dq \times n_{e_g}$$

【例 1】 对 d^0、d^5（弱场）、d^{10} 组态：CFSE = 0

例如：

$[Fe(H_2O)_6]^{3+}$（d^5）：$CFSE = -4Dq \times 3 + 6Dq \times 2 = 0$

$[Zn(NH_3)_6]^{2+}$（d^{10}）：$CFSE = -4Dq \times 6 + 6Dq \times 4 = 0$

$[Ni(H_2O)_6]^{2+}$（d^8）：$CFSE = -4Dq \times 6 + 6Dq \times 2 = -12Dq$

（2）对自旋状态发生变化的配位场（强场）：

$$CFSE = -4Dq \times n_{t_{2g}} + 6Dq \times n_{e_g} + (n_2 - n_1)P$$

对 d^4 组态（图 3.9），如果中心离子取低自旋构型，则

$$CFSE = -4Dq \times 4 + 6Dq \times 0 + (1-0)P = -16Dq + P$$

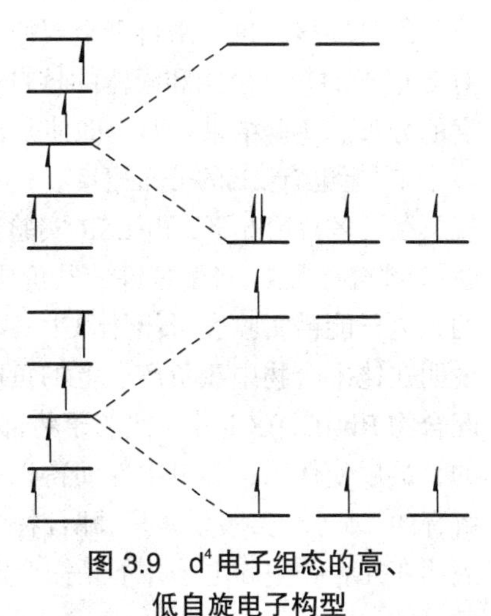

图 3.9　d^4电子组态的高、低自旋电子构型

如果中心离子取高自旋构型，则

$$CFSE = -4Dq \times 3 + 6Dq \times 1 + (0-0)P = -6Dq$$

3.3.5.3 CFSE 用于预言高自旋或低自旋电子构型

【例 1】 Fe^{3+} （d^5）

对$[Fe(H_2O)_6]^{3+}$，高自旋：CFSE = 0；低自旋：CFSE =$-2\Delta_o+2P$。对配体 H_2O，$\Delta_o = 13\ 700\ cm^{-1}$；$P = 26\ 500\ cm^{-1}$。将$\Delta_o$、$P$ 值代入上式，得 CFSE = + 25 600 cm^{-1}，因此 $Fe(H_2O)_6]^{3+}$取高自旋构型。

对$[Fe(CN)_6]^{3-}$，高自旋：CFSE = 0；低自旋：CFSE =$-2\Delta_o+2P$。对配体 CN^-，$\Delta_o = 30\ 000\ cm^{-1}$；$P = 26\ 500\ cm^{-1}$。将$\Delta_o$、$P$ 值代入上式，得 CFSE =$-7\ 000\ cm^{-1}$，因此$[Fe(CN)_6]^{3-}$取低自旋构型。

【例 2】 Co^{3+} （d^6）

$[CoF_6]^{3-}$：高自旋：CFSE =$-4Dq = -0.4\Delta_o$；低自旋，CFSE =$-24Dq + 2P = -2.4\Delta_o + 2P$。对配体 F^-，$\Delta_o = 13\ 000\ cm^{-1}$；$P = 17\ 800\ cm^{-1}$。将$\Delta_o$、$P$ 值代入上述两式，对高自旋，得 CFSE = $-5\ 200\ cm^{-1}$；对低自旋，得 CFSE = 4 400 cm^{-1}，因此$[CoF_6]^{3-}$取高自旋。

$[Co(H_2O)_6]^{3+}$：取高自旋，CFSE =$-0.4\Delta_o$；取低自旋，CFSE = $-24Dq + 2P$。对配体 H_2O，$\Delta_o = 18\ 200\ m^{-1}$；$P = 17\ 800\ cm^{-1}$。将$\Delta_o$、$P$ 值代入上述两式，对高自旋，得 CFSE =$-7\ 440\ cm^{-1}$；对低自旋，得 CFSE =$-8\ 080\ cm^{-1}$，因此$[Co(H_2O)_6]^{3+}$取低自旋构型。

3.3.6 修正的晶体场理论——配位场理论

3.3.6.1 晶体场模型在理论上的缺陷

静电晶体场理论虽然具有模型简单、图像明确、使用的数学方法严谨等优点，但把有体积的配体看作点电荷，即没有按真实情况来描述配体及配体与中心离子的相互作用是该理论的缺陷。因此纯静电理论的观点与某些实验事实相矛盾，对于配位化学中的某些重要实验事实（如前所述的光谱化学序列）不能圆满地加以解释。例如，在许多过渡金属配合物的电子自旋共振（ESR）波谱中，可以观察到主要来自偶极-偶极作用的超精细结构，它们既可来自于配体中配位原子的自旋核，也可来自于金属原子本身的自旋核。其中配体的超精细分裂是由中心金属未成对 d 电子的自旋磁矩和配体的核自旋磁矩相互作用产生的。说明金属 d 电子在配体上有一定程度的分布。实验结果表明，即使是在离子性很强的配合物$[MnF_6]^{4-}$中，Mn^{2+}的未成对 d 电子在每个 F^-上也有 2%的分布概率，这就说明了 d 电子的离域，即存在共价相互作用。实验中还发现，在大多数情况下，由 ESR 实验测定求得的配合物轨-旋耦合参数λ通常小于相应自由离子的轨-旋耦合参数λ，且配位键的共价成分越高，$\lambda_{配合物}/\lambda_{自由离子}$就越小。另外，双核配合物 $Rh_2(CO)_4Cl_2$ 的光电子能谱实验表明：配体 Cl^-中的 2p 电子结合能比 $RhCl_3$ 中 Cl^-的 2p 电子结合能高 0.5 eV，说明在铑配合物中氯负离子上的负电荷部分地转移到了中心金属离子上。实验结果还表明，在配合物 $Rh_2(CO)_4Cl_2$ 中，铑离子将部分电子密度反馈给了羰基，这些授受电子的作用是协同进行的，最后使体系达到电中性而得以稳定。但这种电子离域的实验事实是静电晶体场理论所不能解释的。另一个实验事实是，配合物中 d 电子间的静电排斥能大约只是它们在自由离子中的 70%，表明在配合物中 d 电子并不是完全定域在原先的轨道上。

3.3.6.2 配位场理论

人们已经认识到晶体场理论的主要假定不是严格正确的。那么现在的问题是，把它作某些修改和修正后，是否可以在形式上仍然利用晶体场理论来作预测和计算？如果电子离域的程度不太大，这个问题的答案是肯定的。现有的经验表明，对于大多数正常氧化态的金属配合物，其电子离域的程度是不大的，可用这种方法处理。配位场理论（也称配体场理论）是计算配合物中原子的波函数和能级的一种理论方法，是在静电晶体场理论和过渡金属分子轨道理论的基础上发展起来的。事实上这三者之间是密切相关的。

配位场理论认为：

（1）配体不是无结构的点电荷，而是具有一定电荷分布和结构的原子（或分子）；

（2）成键作用既包括静电作用，也包括共价作用。对于大多数正常氧化态的金属配合物，可以考虑轨道的适度重叠将有关参数加以修正。

适当考虑共价作用就是承认金属和配体轨道重叠导致 d 电子离域，即 d 电子云扩展，这种现象叫做电子云扩展效应（nephelauxetic effect）。电子云扩展效应的直接后果就是降低了中心离子上价电子间的排斥作用。考虑轨道重叠而对静电晶体场理论作的最直截了当的修正，就是把电子间相互作用的所有参数作为待定参数，它们不等于自由离子的参数值。在这些参数中，轨-旋耦合常数λ和电子间的互斥参数（Slater 积分项 F_n 或更常用的拉卡参数 B）是最重要的。

轨-旋耦合常数λ在决定许多配离子的精确磁矩（如某些真实磁矩对只考虑自旋的数值的偏差和某些磁矩固有的温度依赖关系）时起重要作用。时至今日的研究表明，一般配合物中的λ值是自由离子的 70%～85%。当利用这些较小的轨-旋耦合常数时，晶体场理论的预测和实验观测值可以很好地符合。

拉卡（Racah）参数是配合物中中心原子各谱项的能量间隔的量度。一般说来，自旋多重度相同的各态之间的能量差别只是 B 的倍数，而自旋多重度不同的各态之间的差别则用 B 和 C 的倍数之和表示。例如，由 d^2 组态导出的谱项能可用拉卡参数表示为

$$E(^3F) = A - 8B$$
$$E(^3P) = A + 7B$$
$$E(^1G) = A + 4B + 2C$$
$$E(^1D) = A - 3B + 2C$$
$$E(^1S) = A + 14B + 7C$$

不同的过渡元素分别有不同的 A、B 和 C 值，实验中发现 $C \approx 4B$。显然同一组态生成的任何两个光谱项的能量差都和参数 A 无关，自旋多重度最大的 2 个光谱项的能量差仅和 B 有关。理论计算中，B 值可作为衡量电子间相互作用的一个参量，因此可以通过修正 B 值来考虑被静电晶体场理论忽略了的共价作用。配合物中中心离子的 B'值可通过电子吸收光谱的数据计算，自由离子的 B_0 值可由发射光谱求得。表 3.4 列出了一些八面体配合物的 B 值。

表 3.4 某些八面体配合物中中心金属离子的 B 值

M^{n+}	B_0/cm^{-1}	B'/cm^{-1}					
		Br^-	Cl^-	H_2O	NH_3	en	CN^-
Mn^{2+}	960	—	—	790	—	750	—
Co^{2+}	970	—	—	～970	—	—	—

续表 3.4

M^{n+}	B_0/cm^{-1}	B'/cm^{-1}					
		Br^-	Cl^-	H_2O	NH_3	en	CN^-
Ni^{2+}	1 080	760	780	940	890	840	—
Cr^{3+}	1 030	—	510	750	670	620	520
Fe^{3+}	1 100	—	—	770	—	—	—
Co^{3+}	1 065	—	—	720	660	620	440
Rh^{3+}	800	300	400	500	460	460	—
Ir^{3+}	660	250	300	—	—	—	—

Jøgensen 引入一个参数β用以表示 B'相对于 B_0 减小的程度：

$$\beta = B'/B_0$$

式中 β——电子云扩展系数；

B'——配合物中心离子的拉卡参数 B；

B_0——自由离子的拉卡参数 B；

配合物的β值越小，电子云扩展效应越大，金属-配体键的共价性也就越强。

3.3.7 d 轨道在配位场中分裂的结构效应

3.3.7.1 离子半径的变化规律

以高自旋的第一过渡系二价金属离子在八面体配合物中的半径对 d^n 作图，可以得到一条“斜W”曲线（图 3.10）。而通过 Ca^{2+}、Mn^{2+}和 Zn^{2+}等“闭壳层”的离子画出的线基本为一平滑直线，与一般离子半径的变化规律一致。这种现象是配位场稳定化能作用的结果。在弱场情况下，电子要按高自旋的方式进行排布，以获得有利的配位场稳定化能。从 Ti^{2+}开始，d 电子先占据 t_{2g} 轨道，由于 t_{2g} 轨道不直接指向配体，因此配体受到的排斥作用较小，在这种非球形对称结构中，金属离子的有效半径显然要小于相应的等电子分布的假想球形离子。随着 d 电子数的增加，当 d 电子开始占据 e_g 轨道时（如 Cr^{2+}），由于 e_g 轨道提供较大的屏蔽作用，离子半径开始增大，至 Mn^{2+}达到最大值，然后又开始下降，出现一个下降峰，至 Ni^{2+}达到最小值后又继续上升。

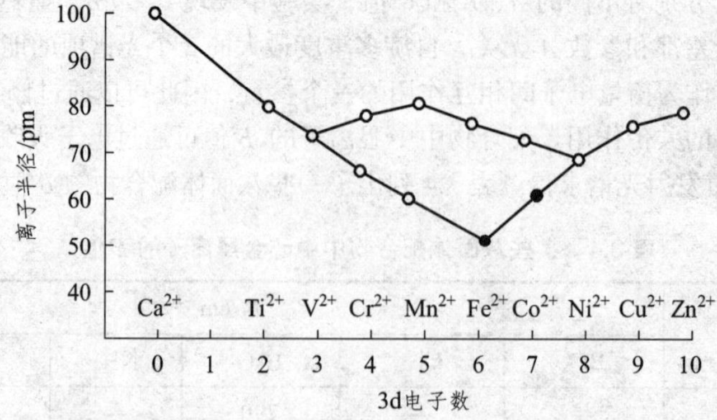

图 3.10 八面体配合物中二价金属离子半径随 3d 电子数的变化

（○表示高自旋；●表示低自旋；？表示半径不确定）

3.3.7.2 姜–泰勒效应（J–T 效应）

1937 年，Jahn 和 Teller 提出了姜-泰勒定理：在对称的非线性分子中，简并轨道的不对称占据必定会导致分子通过某种振动方式使其构型发生畸变，结果降低了分子的对称性和轨道的简并度，使体系的能量降低从而达到某种稳定状态。对于过渡金属配合物而言，姜-泰勒效应主要出现在金属与配体之间有强σ相互作用的简并 d 轨道发生不对称占据时。例如，当 e_g^* 轨道上占有奇数个电子时，这种畸变可能发生在高自旋 $(t_{2g})^3(e_g^*)^1$ 组态或其他类似的 $(t_{2g})^x(e_g^*)^1$ 组态或 $(t_{2g})^x(e_g^*)^3$ 组态的八面体配合物中，如 $(t_{2g})^6(e_g^*)^3$ 组态，e_g^* 轨道上的单个电子可能占据“简并”的 d_{z^2} 轨道或 $d_{x^2-y^2}$ 轨道，由此出现 2 种简并的排布状态。前一种和 d^{10} 构型比较，相当于在 z 轴上少 1 个电子，这样减少了 z 轴上的电子对中心原子的屏蔽作用，同时也引起中心原子对配体的吸引力增加，使 z 轴方向的键长缩短，得到 2 个短键和 4 个长键，形成一种压扁的八面体；后一种情况是在 $d_{x^2-y^2}$ 轨道上比 d^{10} 构型少 1 个电子，因而在 xy 平面上的 4 个配体受到的中心原子的吸引力增加，故得到 4 个短键和 2 个长键，形成拉长的八面体，如 $[Cu(NH_3)_6]^{2+}$，如图 3.11 所示。实验表明，大多数 Cu(Ⅱ)的六配位配合物为拉长的八面体构型。

由于 t_{2g} 一般为非键、弱π反键或弱π成键轨道，在 t_{2g} 轨道上发生不对称占据所引起的简并态的分裂比反键 σ 轨道 e_g^* 上的不对称排布引起的分裂要小得多，即$\delta_1<\delta_2$；此外，与八面体分离能Δ_0及电子成对能 P 相比，δ_1 和δ_2 也要小得多。这是因为与配位场效应和 d 电子相互作用相比，姜-泰勒效应只是一种二级效应。因此可以理解，在 t_{2g} 轨道发生不对称占据引起的姜-泰勒畸变可能会小到无法采用一般实验手段观察。

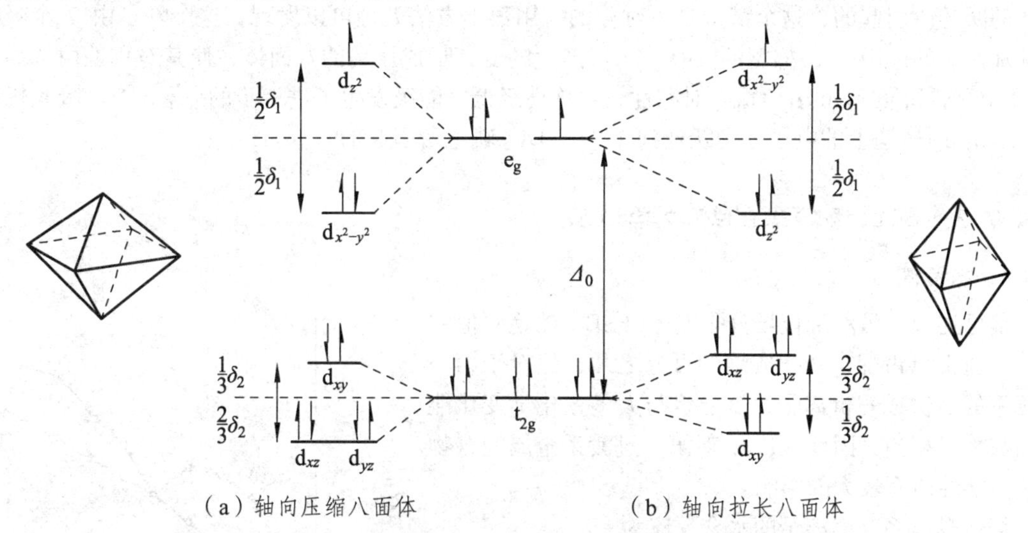

图 3.11 d^9 组态八面体配合物的姜–泰勒变形和电子结构图

由图 3.11 可见，d^9 构型的畸变八面体和正常八面体相比，t_{2g} 轨道在分裂后能量变化为 $4\left(\mp\frac{1}{3}\delta_2\right)+2\left(\pm\frac{2}{3}\delta_2\right)=0$，即畸变八面体和正八面体的 t_{2g} 轨道具有相同的能量；e_g 轨道分裂后的能量为 $2\left(-\frac{1}{2}\delta_1\right)+\left(\frac{1}{2}\delta_1\right)=-\frac{1}{2}\delta_1$，故畸变八面体更为稳定，其能量的下降为畸变提供了推动力。

中心原子具有 d^0、d^5 和 d^{10} 构型的八面体配合物的电子云分布是球形对称的，d^3 构型及强场低自旋 d^8 构型的配合物，其中心原子为 d 电子半满或全满的 t_{2g} 轨道，电子云分布是正八面体对称的，这些构型过渡金属离子的配合物均不产生姜-泰勒变形。当中心原子为d^1、d^2，低自旋d^5和高自旋d^6、d^7组态时，由于t_{2g}轨道分裂程度较小，故八面体变形性也小。表 3.5 列出了八面体配合物发生姜-泰勒变形的一些实例。

表 3.5　姜–泰勒效应引起八面体配合物的变形

分类	d^n及其自旋态	d 壳层结构	变形类别	实例
强 J-T 效应	d^9	$(t_{2g})^6(d_{z^2})^2(d_{x^2-y^2})^1$	z 轴上键长显著加长	$[Cu(NH_3)_4]SO_4 \cdot H_2O$
	d^7（低自旋）	$(t_{2g})^6(d_{z^2})^1$	z 轴上键长显著加长	$NaNiO_2$
	d^4（高自旋）	$(t_{2g})^3(d_{z^2})^1$	z 轴上键长显著加长	$[MnF_6]^-$
弱 J-T 效应	d^1	$(d_{xy})^1$	xy 平面上键长略增	$[Ti(H_2O)_6]^{3+}$
	d^2	$(d_{xy})^1(d_{xz})^1$	xz 平面上键长略增	$[Ti(H_2O)_6]^{2+}$
	d^4（低自旋）	$(d_{xy})^2(d_{yz})^1(d_{xz})^1$	z 轴上键长略增	$[Cr(CN)_6]^{4-}$
	d^5（低自旋）	$(d_{xy})^2(d_{yz})^2(d_{xz})^1$	yz 平面上键长略增	$[Fe(CN)_6]^{3-}$
	d^6（高自旋）	$(d_{xy})^2(d_{yz})^1(d_{xz})^1(e_g)^2$	xy 平面上键长略增	$[Fe(H_2O)_6]^{2+}$
	d^7（高自旋）	$(d_{xy})^2(d_{yz})^2(d_{xz})^1(e_g)^2$	yz 平面上键长略增	$[Co(H_2O)_6]^{2+}$

除用 X 射线直接测定晶体结构的方法来观察姜-泰勒效应外，从电子吸收光谱也能观察到姜-泰勒效应，如在$[Ti(H_2O)_6]^{3+}$的吸收光谱中，20 300 cm^{-1}处有一个吸收带，是 d 电子在$t_{2g} \rightarrow e_g$之间的跃迁所引起的，这个谱带是不对称的，用数学方法处理可以发现，这个峰是由 2 个吸收峰叠加而成的。因为d^1构型的$[Ti(H_2O)_6]^{3+}$产生畸变，形成压扁的八面体，使其对称性由八面体（O_h）对称性降低到四方（D_{4h}）对称性，对称性降低，能级发生了进一步的分裂。2 个吸收峰的产生是由d_{xy}轨道上的电子分别跃迁到$d_{x^2-y^2}$和d_{z^2}轨道所引起的。

3.3.7.3　配位场分裂的热力学效应

1. 水合能

前已述及，虽然配位场分裂能（LFSE）的绝对值并不大，通常只占配合物生成焓的百分之几，但对于第一过渡系的二价或三价离子，该能量与大多数化学变化能量的数量级相当，因此 LFSE 对第一过渡系金属配合物的热力学性质有较大的影响。

第一过渡系金属离子的水合反应为

$$M^{n+}(g) + 6H_2O(l) \longrightarrow [M(H_2O)_6]^{n+}\ (aq)$$

这一反应的焓变称为水合能（$\Delta H_h^\ominus$）。以第一过渡系二价金属离子的$\Delta H_h^\ominus$实验值对d^n作图，也得到一条“斜 W”曲线（图 3.12）。2 个最低点分别出现在V^{2+}和Ni^{2+}处，最高点分别出现在Ca^{2+}、Mn^{2+}和Zn^{2+}处。假设第一过渡系M^{2+}的水合离子都是六配位的八面体构型，且均

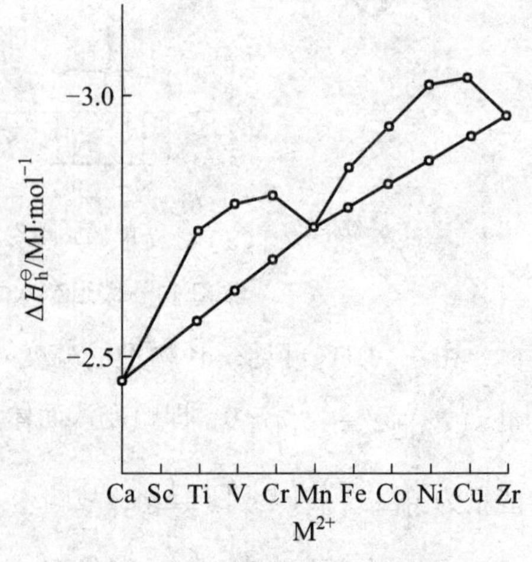

图 3.12　第一过渡系二价金属离子的水合能变化

为高自旋态，对于每一个 M^{2+}的水合离子，如果从$\Delta H_h^\ominus$中扣除 LFSE，再考虑电子云扩展效应等附加因素，可以得到一条近似于 Ca^{2+}、Mn^{2+}和 Zn^{2+}连线的平滑曲线，该曲线代表了 M^{2+}在 6 个水分子形成的球对称场中的水合能。

对于三价金属的水合离子，也可得到类似的曲线。

2. 配合物立体构型的选择

一种配合物究竟采用哪一种空间构型，要同时考虑配体（配体体积、电荷及配体间的空间相互作用等）和中心金属离子的性质（中心金属的电子数、氧化态、所在周期数）等的影响。下面我们主要讨论配位场稳定化能及配体间的相互排斥作用对配合物立体构型的影响。

（1）T_d 或 O_h 的选择

从 LFSE 来看，除了 d^0、d^5 和 d^{10} 构型在弱场中配位场稳定化能为零外，在任何其他情况下，八面体场的稳定化能都大于四面体场的稳定化能，而且八面体场的 6 个键的总键能也大于四面体场的 4 个键的总键能，因此只有 d^0、d^5 和 d^{10} 构型的金属离子在合适的条件下才形成四面体配合物，例如：

d^0　　$TiCl_4$、$ZrCl_4$、$HfCl_4$

d^5　　$[FeCl_4]^-$

d^{10}　　$[Zn(NH_3)_4]^{2+}$、$[Cd(CN)_4]^{2-}$、$[CdCl_4]^{2-}$、$[Hg(SCN)_4]^{2-}$、$[HgI_4]^{2-}$

而在其他情况下多为八面体构型。

从配体间的排斥作用来看，四面体构型比八面体构型更有利，因此对于体积庞大的配体，易于形成四面体配合物。

（2）八面体（O_h）或平面正方形的选择

从 LFSE 来看，平面正方形场的稳定化能大于八面体场的稳定化能，但八面体场可以形成 6 个键，平面正方形配合物只形成 4 个键，总键能对形成八面体构型有利，所以通常易形成八面体配合物。只有在两者的差值较大时才有可能形成平面正方形配合物，如 d^9（弱场）的$[Cu(NH_3)_4]^{2+}$以及 d^8（强场）的$[Ni(CN)_4]^{2-}$。

（3）平面正方形或四面体的选择

① 在弱场中，d^0、d^5 和 d^{10} 构型组态配合物的 LFSE 为零，采取四面体构型时，配体间的排斥力最小。

② 弱场情况下，当两者配位场稳定化能的差值大于 $10Dq$，两种构型都有。若配体体积庞大，则通常取四面体构型。

③ 强场情况下，当两者配位场稳定化能的差值大于 $10Dq$，且配体体积不大，这时配位场稳定化能 LFSE 是决定因素，配合物取平面正方形构型，如 d^8 构型的$[PdCl_4]^{2-}$、$[PtCl_4]^{2-}$和$[Ni(CN)_4]^{2-}$。由于 Ni(Ⅱ)离子的半径不大，当它与电负性高或体积大的配体结合时，由于空间效应和静电排斥等因素的作用，有时也可能采取四面体构型，但 Rh(Ⅰ)、Ir(Ⅰ)、Pd(Ⅱ)、Pt(Ⅱ)和 Au(Ⅲ)等大都形成平面正方形构型。

（4）八面体或三棱柱的选择

迄今为止，在已发现的配合物中以六配位结构居多。谈及六配位结构，自然地想到八面体构型，这是由配位化学的奠基人 Werner 提出并确定的结构。八面体结构在六配位配合物中一统天下的局面一直持续到 1965 年，Eisenberg 和 Ibers 发现了首例具有三棱柱结构的$[Re(S_2C_2Ph_2)_3]$配合物。虽然使三棱柱稳定存在的原因还不是很清楚，但一些研究结果表明，中心金属离子氧化数高、电子构型为 $d^0 \sim d^2$、d 电子能量低、配体体积小、配体之间存在有利的空间相互作用等因素可能使六配位的配合物易形成三棱柱结构。除此之外，一般的六配位配合物中八面体构型比三棱柱结构更稳定。

3.4 配合物的分子轨道理论简介

分子轨道理论的要点：分子轨道理论认为配合物的中心原子与配体间的化学键是共价键。当配体接近中心原子时，中心原子的价轨道与能量相近、对称性匹配的配体轨道（群轨道）可以重叠组成分子轨道。

3.4.1 配合物分子轨道的形成

在讨论含有 d 轨道的过渡金属离子配合物的分子轨道之前，我们先来讨论简单分子 BeH_2 的分子轨道的形成。

$$Be^{2+} + 2H^- \longrightarrow BeH_2$$

Be^{2+}用 2s 和 $2p_z$ 轨道与 2 个 H^-的 1s 轨道成键，2s 轨道属对称类别 A_{1g}，$2p_z$ 轨道属对称类别 A_{2u}，分子轨道的组成是将金属离子的轨道与相同对称类别的配体轨道线性组合起来。不止一个配体时，将配体群轨道与金属离子对称性相同的轨道线性组合起来。如 H^-的两个 1s 轨道，其波函数为 ψ_H 和 ψ'_H，将它们组成 2 个配体群轨道后，其中一个为 a_{1g}，其波函数为 $\psi_{a_{1g}}$，$\psi_{a_{1g}} = \psi_H + \psi'_H$；另一个配体的群轨道为 a_{2u}，其波函数为 $\psi_{a_{2u}}$，$\psi_{a_{2u}} = \psi_H - \psi'_H$。配体的 $\psi_{a_{2u}}$ 与中心金属离子的 $2p_z$ 属同一对称类别，配体的 $\psi_{a_{1g}}$ 与中心金属离子的 2s 轨道对称性相同，对称性相同的金属轨道和配体群轨道组合成 BeH_2 的 2 个成键分子轨道：$\sigma_g = \psi_{2s} + \psi_{a_{1g}}$，$\sigma_u = \psi_{2p_z} + \psi_{a_{2u}}$。另外还组成两个反键轨道：$\sigma_g^* = \psi_{2s} - \psi_{a_{1g}}$，$\sigma_u^* = \psi_{2p_z} - \psi_{a_{2u}}$。此外 Be^{2+}的另外两个 p 轨道不参与成键，是非键轨道，因此 BeH_2 共 6 个分子轨道。

过渡金属离子的八面体配合物形成分子轨道时其步骤与 BeH_2 相同，只不过参加成键的轨道数目较多。如以$[Co(NH_3)_6]^{3+}$为例，由于中心原子的内层轨道不参加化学反应，在组成分子轨道时只考虑价层轨道即 3d、4s 和 4p。其中 s、p_x、p_y、p_z、$d_{x^2-y^2}$ 和 d_{z^2} 轨道直接指向配体，能够与配体的轨道重叠，有可能与配体形成σ配键；d_{xy}、d_{yz}、d_{xz} 的轨道不直接指向配体，而是夹在 3 个坐标轴间，不能与配体形成σ配键，但有可能与配体形成π键。中心原子的轨道按照八面体的对称类别分类如下：

中心原子的 s 轨道属于对称类别 A_{1g}，或者说 s 轨道是 a_{1g} 轨道；$d_{x^2-y^2}$ 和 d_{z^2} 轨道属于对称类别 E_g，或者说 $d_{x^2-y^2}$ 和 d_{z^2} 轨道是 e_g 轨道；中心原子的 p 轨道属于对称类别 T_{1u}，或者称 p 轨道是 t_{1u} 轨道；d_{xy}、d_{yz}、d_{xz} 轨道属于对称类别 T_{1g}，称为 t_{2u} 轨道。

显然一个孤立配体的σ轨道不能像 O_h 群的某一个不可约表示那样变换，但是这些配体轨道可以线性组合为“对称性轨道”，这些“对称性轨道”具有所要求的对称性质。具体步骤如下：

（1）用所有配体轨道作为群表示的一个基，求出可约表示；

（2）将所得的可约表示约化为不可约表示；

（3）建立配体σ型群轨道的线性组合，使这种组合与所得不可约表示的变换性质一样。

为了首先找出可约表示，我们要用 O_h 群的所有对称操作作用于 6 个配体的 6 个σ轨道，以便确立变换矩阵。

图 3.13 示出坐标系中按八面体排列的 6 个配体的σ轨道和 12 个π轨道。金属的核位于坐标原点，6 个配体标出编号次序。取属于 $6C_4$ 类的某一对称操作，比如说绕 z 轴旋转 90°，这个转动使位置 1 的配体进入 2（1→2），2→3，3→4，4→1，而配体 5 和配体 6 保持不动。因此变化矩阵为

$$C_4: \begin{bmatrix} 0 & 1 & 0 & 0 & 0 & 0 \\ 0 & 0 & 1 & 0 & 0 & 0 \\ 0 & 0 & 0 & 1 & 0 & 0 \\ 1 & 0 & 0 & 0 & 0 & 0 \\ 0 & 0 & 0 & 0 & 1 & 0 \\ 0 & 0 & 0 & 0 & 0 & 1 \end{bmatrix} x(C_4) = 2$$

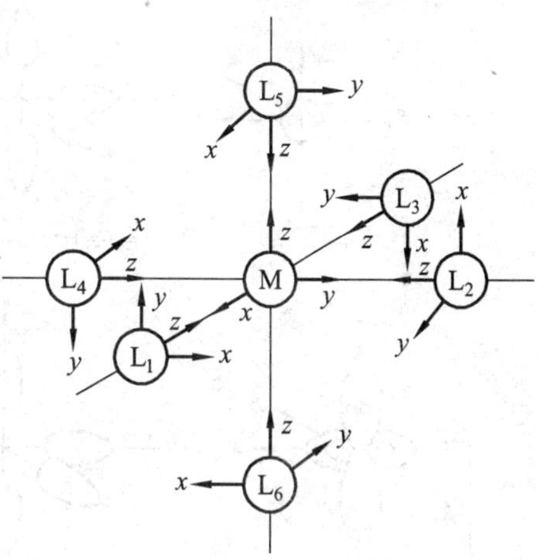

图 3.13　八面体配合物 ML_6 的坐标系

这个矩阵的特征标是 1+1＝2。$6C_4$ 类的其他 5 个对称操作当然也有同样的特征标。只有在主对角线上数值不为零的变换矩阵的行对特征标有贡献，这些行表示在所考虑的对称操作下配体轨道保持不变。这种考察方法的结果得到一种确定可约表示中每个对称操作的特征标的简便办法，即把那些不发生变化的配体σ轨道加和起来，例如：

E	i	σ_h
$\sigma_1 \to \sigma_1$	$\sigma_1 \to \sigma_3$	$\sigma_1 \to \sigma_1$
$\sigma_2 \to \sigma_2$	$\sigma_2 \to \sigma_4$	$\sigma_2 \to \sigma_2$
$\sigma_3 \to \sigma_3$	$\sigma_3 \to \sigma_1$	$\sigma_3 \to \sigma_3$
$\sigma_4 \to \sigma_4$	$\sigma_4 \to \sigma_2$	$\sigma_4 \to \sigma_4$
$\sigma_5 \to \sigma_5$	$\sigma_5 \to \sigma_6$	$\sigma_5 \to \sigma_6$
$\sigma_6 \to \sigma_6$	$\sigma_6 \to \sigma_5$	$\sigma_6 \to \sigma_5$
$\chi(E) = 6$	$\chi(i) = 0$	$\chi(\sigma_h) = 4$

以此类推，6 个配体的σ轨道构成下述表示 $\Gamma(6\sigma)$ 的基，6 个配体的σ型群轨道为基构成的可约表示特征见表 3.6。

表 3.6　八面体场中 6 个配体的σ型群轨道为基的可约表示

O_h	E	$8C_3$	$6C_2$	$6C_4$	$3C'_2$	i	$6S_4$	$8S_6$	$3\sigma_h$	$6\sigma_d$
$\Gamma(6\sigma)$	6	0	0	2	2	0	0	0	4	2

该表示是可约的，可将其约化为 $\Gamma(6\sigma) = a_{1g} + e_g + t_{1u}$。该结果表示，在正八面体的对称性下，6 个配体的σ型轨道可以组合形成 6 个对称性群轨道：1 个 a_{1g} 轨道，1 对简并的 e_g 轨道和 3 个简并的 t_{1u} 轨道。

接下来是寻找 a_{1g}、e_g、t_{1u} 对称性的 6 个配体的σ型群轨道，用视察法，即根据属于某种不可约表示的中心原子价轨道的形状（空间取向）和符号来确定哪些配体σ型群轨道可以与之对称性匹配。例如，中心金属的 s 轨道属于 a_{1g} 对称性，与之相匹配的配体 a_{1g} 对称性σ型群轨道如图

3.14 所示。

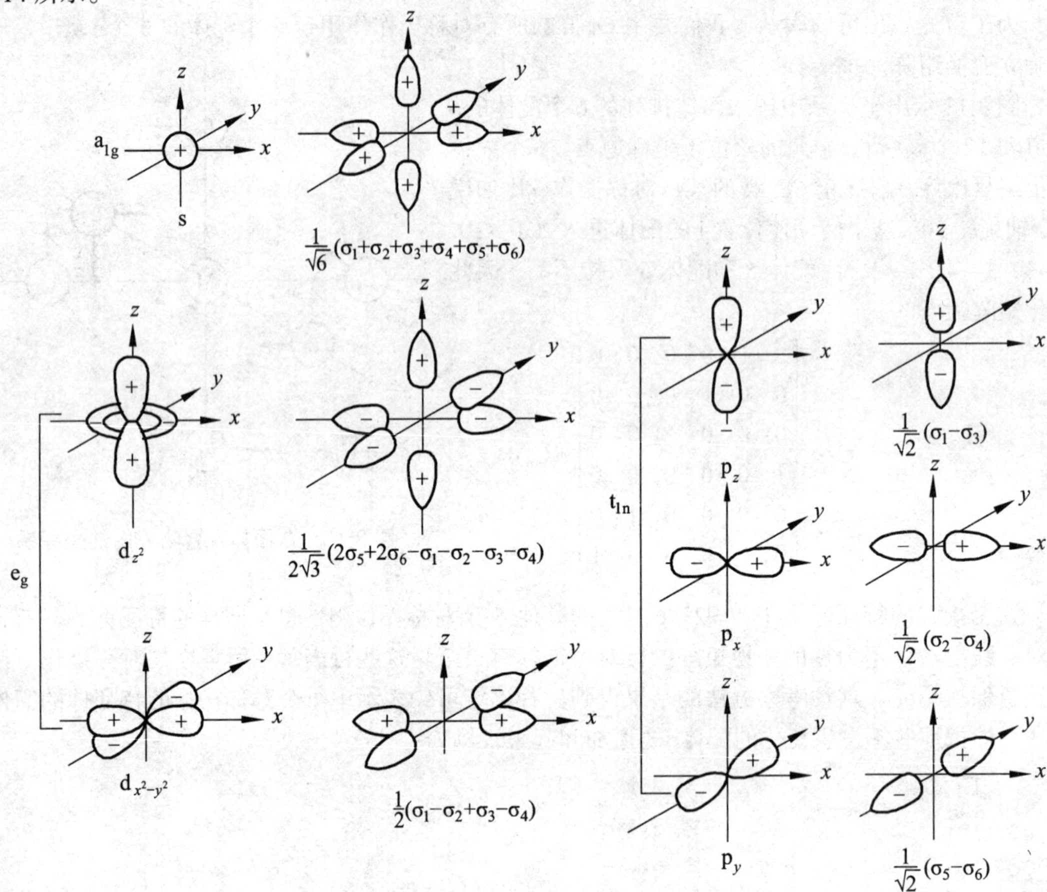

图 3.14 八面体场中 a_{1g}、e_g、t_{1u} 对称性 σ 型群轨道示意图

根据逐一视察和归一化，可以得到表 3.7。

表 3.7 八面体配合物中合适的金属和配体 σ 轨道的组合

对称性	金属轨道	配体的对称性群轨道	分子轨道
a_{1g}	s	$\frac{1}{\sqrt{6}}(\sigma_1+\sigma_2+\sigma_3+\sigma_4+\sigma_5+\sigma_6)$	$1a_{1g}$，$2a_{1g}$
e_g	$d_{x^2-y^2}$	$\frac{1}{2}(\sigma_1-\sigma_2+\sigma_3-\sigma_4)$	$1e_g$，$2e_g$
	d_{z^2}	$\frac{1}{2\sqrt{3}}(2\sigma_5+2\sigma_6-\sigma_1-\sigma_2-\sigma_3-\sigma_4)$	
t_{1u}	p_x	$\frac{1}{\sqrt{2}}(\sigma_1-\sigma_3)$	$1t_{1u}$，$2t_{1u}$
	p_y	$\frac{1}{\sqrt{2}}(\sigma_2-\sigma_4)$	
	p_z	$\frac{1}{\sqrt{2}}(\sigma_5-\sigma_6)$	
t_{2g}	d_{xy}、d_{xy}、d_{xy}	—	$1t_{2g}$

配体不仅能形成 σ 型群轨道，还能形成π型群轨道，如卤素离子的充满电子的 p_x、p_y 轨道可以和中心金属离子形成π键，称为配体 pπ型轨道。以 6 个配体的 12 个 π 型轨道为基，在 O_h 群的对称操作作用下，形成的可约表示$\Gamma(12\pi) = t_{1g} + t_{1u} + t_{2g} + t_{2u}$。这个结果同样告诉我们，在八面体对称性下 6 个配体的 12 个π型轨道可以组合形成 4 套共 12 个三重简并的对称性π群轨道。

如何形成这些配体的不可约表示的配体π群轨道，这里仍然采用试探函数法。已知金属离子的 d_{xy}、d_{yz}、d_{xz} 轨道属于 t_{2g} 不可约表示，从 d_{xy}、d_{yz}、d_{xz} 的形状和符号看，具有 t_{2g} 对称性的配体群轨道如表 3.8 所示。

表 3.8 八面体配合物中合适的金属和配体π轨道的组合

对称性	金属轨道	配体的π群轨道
	p_x	$\frac{1}{2}(\pi_{y_2} + \pi_{x_5} - \pi_{x_4} - \pi_{y_6})$
t_{1u}	p_y	$\frac{1}{2}(\pi_{x_1} + \pi_{y_5} - \pi_{y_3} - \pi_{x_6})$
	p_z	$\frac{1}{2}(\pi_{y_1} + \pi_{x_2} - \pi_{x_3} - \pi_{y_4})$
	d_{xz}	$\frac{1}{2}(\pi_{y_1} + \pi_{x_5} + \pi_{x_3} + \pi_{y_6})$
t_{2g}	d_{yz}	$\frac{1}{2}(\pi_{x_2} + \pi_{y_5} + \pi_{y4} + \pi_{x_6})$
	d_{xy}	$\frac{1}{2}(\pi_{x_1} + \pi_{y_2} + \pi_{y_3} + \pi_{x_4})$
	—	$\frac{1}{2}(\pi_{y_2} - \pi_{x_5} - \pi_{x_4} + \pi_{y_6})$
t_{2u}	—	$\frac{1}{2}(\pi_{x_1} - \pi_{y_5} - \pi_{y_3} + \pi_{x_6})$
	—	$\frac{1}{2}(\pi_{y_1} - \pi_{x_2} - \pi_{x_3} + \pi_{y_4})$
	—	$\frac{1}{2}(\pi_{y_1} - \pi_{x_5} + \pi_{x_3} - \pi_{y_6})$
t_{1g}	—	$\frac{1}{2}(\pi_{x_2} - \pi_{y_5} + \pi_{y_4} - \pi_{x_6})$
	—	$\frac{1}{2}(\pi_{x_1} - \pi_{y_2} + \pi_{y_3} - \pi_{x_4})$

3.4.2 过渡金属配合物分子轨道能级图

建立能级图的一般步骤如下：

（1）将对称性相同（即属于同一不可约表示）的中心原子轨道和配体群轨道组合成分子轨道——成键或反键轨道，对称性不匹配的原子轨道或配体群轨道组成非键轨道。

（2）画出定性的分子轨道能级图，计算分子的价电子总数，根据构造原理将这些价电子填入分子轨道。

（3）由分子轨道能级图确定最低未占有轨道（LUMO）和最高占有轨道（HOMO）以及分子的键级等，进而解释分子的性质。

3.4.2.1 正八面体配合物的分子轨道能级图

1. 配体与中心金属之间不存在π相互作用

以$[Co(NH_3)_6]^{3+}$为例，配体NH_3提供不等性杂化的孤对电子轨道作为σ型轨道，配位原子N的p_x和p_y轨道能级高，配体无能量合适的π型轨道参与形成分子轨道。金属离子的a_{1g}轨道和配体的a_{1g}型群轨道相互作用，得到2个分子轨道，$1a_{1g}$是成键分子轨道，$2a_{1g}^*$是反键分子轨道；金属离子的t_{1u}轨道和配体的t_{1u}型群轨道相互作用，产生成键的$1t_{1u}$和反键的$2t_{1u}^*$分子轨道；同样的道理，金属离子的e_g轨道和配体的e_g型群轨道相互作用，产生成键的$1e_g$和反键的$2e_g^*$分子轨道。金属离子的t_{2g}轨道并不直接指向配体，且配体没有相同对称性的σ型群轨道与之匹配，不能与配体形成σ键，因此如果只考虑σ成键作用，中心原子的t_{2g}轨道是非键轨道。

只有用量子力学计算或通过实验才能确定分子轨道的能级高低顺序。一般说来，配体σ型轨道对成键σ分子轨道贡献较大，而金属离子的价轨道对反键σ分子轨道贡献较大。对于正八面体配合物，成键σ轨道的能级高低顺序可由判断配体σ群轨道的节面数来定性判断（图3.14），通常其能量随节面数的增加而增大，仅有σ相互作用的八面体配合物ML_6的定性分子轨道能级图如图3.15所示。

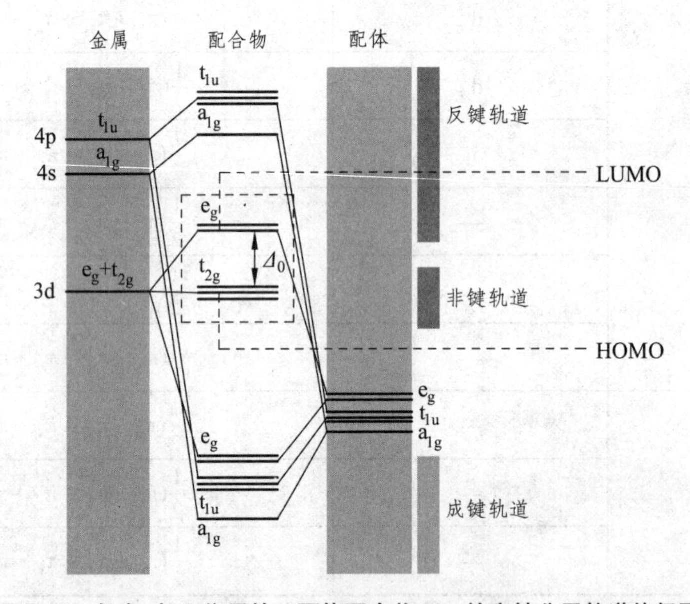

图3.15 仅有σ相互作用的八面体配合物ML_6的定性分子轨道能级图

2. 配体与中心金属之间存在π相互作用

配体与中心金属之间存在π相互作用，有以下两种情形：

（1）配体π群轨道是空的而且比中心金属轨道的能量高，如某些含膦或胂配体的配合物。在这些配合物中，具有t_{2g}对称性的配体π群轨道是由各个配体分子的π^*反键分子轨道线性组合而成的。组成配合物的分子轨道t_{2g}^b和t_{2g}^*后，中心金属的d电子进入能量较低的t_{2g}^b和e_g^*轨道的能量差Δ_o比只考虑配体的σ相互作用时要大，因此这类配体属于强场配体。

（2）配体π群轨道充满电子而且比中心金属轨道的能量低，如F^-和OH^-等配体的配合物，在形成的分子轨道t_{2g}^b和e_g^*中，中心金属的d电子要进入能量较高的t_{2g}^*反键轨道，这样t_{2g}^b和e_g^*

轨道的能量差Δ_o要比只考虑配体的 σ 相互作用时小，故这类配体属于弱场配体。

还有一种情形是配体既含有空的也含有充满的π轨道。在诸如 Cl^-、Br^-和 I^-等配体中，这两类π配体没有直接相互关系，空π轨道为外层 d 轨道，充满的π轨道为价层 p 轨道，在另一些π酸配体（如 CO、CN^-、NO_2^-、bpy 和 phen）中，空的和充满的π轨道分别是反键和成键的 pπ 分子轨道。在这些情形中，究竟是哪一种π相互作用占上风，取决于两种类型的π轨道与金属的 t_{2g} 轨道的相互作用，不易作出简单的预言。从实验总结出的光谱化学序列看，Cl^-等卤素离子应属于上述第二种情况，而 CO 等π酸配体则属于上述第一种情况。

3. 以分子轨道理论解释光谱化学序列

根据以上对形成八面体配合物分子轨道三种情况的讨论及其对Δ_o 的影响，可将光谱化学序列的大致趋势（该趋势也适用于其他构型配合物）归结如下：

$$\xrightarrow[\pi\text{ 给予体配体}<\text{弱 }\pi\text{ 给予体配体}<\text{无 }\pi\text{ 效应的配体}<\pi\text{ 接受体配体}]{\Delta_o\text{增大}}$$

$$I^-<Br^-<Cl^-<F^-<H_2O<NH_3<PR_3<CN^-<CO$$

3.4.2.2 正四面体配合物的分子轨道能级图

正四面体配合物的分子轨道，可用类似于八面体配合物中应用的方法进行处理。四面体配合物 ML_4 的坐标系如图 3.16 所示。

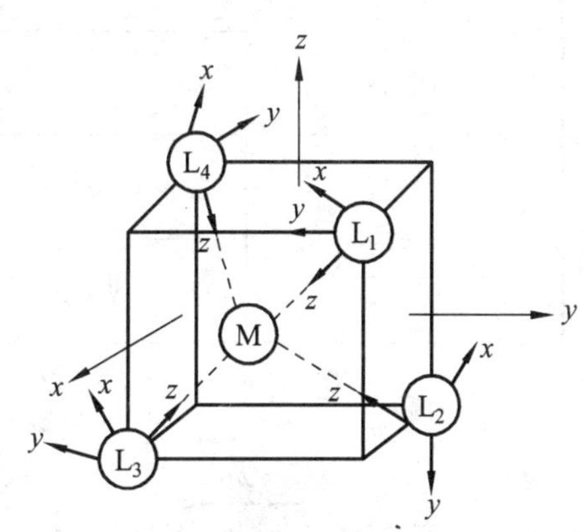

图 3.16 四面体配合物 ML_4的坐标系

中心原子的价轨道可以按正四面体的对称性来分类：s 轨道属于对称类别 a_1，p 轨道属于对称类别 t_2，$d_{x^2-y^2}$、d_{z^2} 轨道属于对称类别 e，d_{xy}、d_{yz}、d_{xz} 轨道属于对称类别 t_2。选择图 3.13 的坐标系，以下列对称操作作为类的代表：绕通过配位原子 1 和由 2、3、4 原子构成的三角形中心的 C_3 轴逆时针旋转，绕通过 1-4 棱和 2-3 棱中点的 C_2 轴旋转，在包含 1-4 棱和 2-3 棱中点的σ_d平面中的反映，绕上面指定的 C_2 轴旋转 90°，可以得到在四面体配合物中配体的σ型群轨道的变换。

	E	$8C_3$	$3C_2$	$6S_4$	$6\sigma_d$
	$\sigma_1\to\sigma_1$	$\sigma_1\to\sigma_1$	$\sigma_1\to\sigma_4$	$\sigma_1\to\sigma_3$	$\sigma_1\to\sigma_1$
	$\sigma_2\to\sigma_2$	$\sigma_2\to\sigma_4$	$\sigma_2\to\sigma_3$	$\sigma_2\to\sigma_1$	$\sigma_2\to\sigma_3$
	$\sigma_3\to\sigma_3$	$\sigma_3\to\sigma_2$	$\sigma_3\to\sigma_2$	$\sigma_3\to\sigma_4$	$\sigma_3\to\sigma_2$
	$\sigma_4\to\sigma_4$	$\sigma_4\to\sigma_3$	$\sigma_4\to\sigma_1$	$\sigma_4\to\sigma_2$	$\sigma_4\to\sigma_1$
$\Gamma(4\sigma)$	4	1	0	0	2

将其所构成的可约表示约化为 $\Gamma(4\sigma) = a_1 + t_2$。

以 4 个配体所含的 8 个π型轨道为基，在 T_d 群对称操作作用下，得到可约表示的特征标。

T_d	E	$8C_3$	$3C_2$	$6S_4$	$6\sigma_d$
$\Gamma(8\pi)$	4	1	0	0	2

所构成的可约表示可约化为$\Gamma(8\pi) = a+ t_1+ t_2$。结果表明，配体的 4 个 σ 群轨道 1 个属于 a_1，3 个属于 t_2；8 个 π 群轨道则分别属于 a、t_1 和 t_2。同样用视察法可以得到与中心离子的价轨道对

称性匹配的配体 σ 型群轨道和π型群轨道的线性组合（表 3.9 和图 3.17）

表 3.9 四面体配位场中与中心离子价轨道对称性匹配的配体σ型群轨道和π型群轨道的线性组合

对称性	金属轨道	配体群轨道
a_1	s	$\frac{1}{2}(\sigma_1+\sigma_2+\sigma_3+\sigma_4)$
t_2	p_x	$\frac{1}{2}(\sigma_1+\sigma_3-\sigma_2-\sigma_4)$
	p_y	$\frac{1}{2}(\sigma_1+\sigma_2-\sigma_3-\sigma_4)$
	p_z	$\frac{1}{2}(\sigma_1+\sigma_4-\sigma_2-\sigma_3)$
	d_{xz}	$\frac{1}{4}(\pi_{x_1}+\pi_{x_2}-\pi_{x_3}-\pi_{x_4})+\sqrt{3}(-\pi_{y_1}-\pi_{y_2}+\pi_{y_3}+\pi_{y_4})$
	d_{yz}	$\frac{1}{4}(\pi_{x_1}-\pi_{x_2}+\pi_{x_3}-\pi_{x_4})+\sqrt{3}(\pi_{y_1}-\pi_{y_2}+\pi_{y_3}-\pi_{y_4})$
	d_{xy}	$-\frac{1}{2}(\pi_{x_1}+\pi_{x_2}+\pi_{x_3}+\pi_{x_4})$
e	d_z^2	$\frac{1}{2}(\pi_{x_1}-\pi_{x_2}-\pi_{x_3}+\pi_{x_4})$
	$d_{x^2-y^2}$	$\frac{1}{2}(\pi_{y_1}-\pi_{y_2}-\pi_{y_3}+\pi_{y_4})$

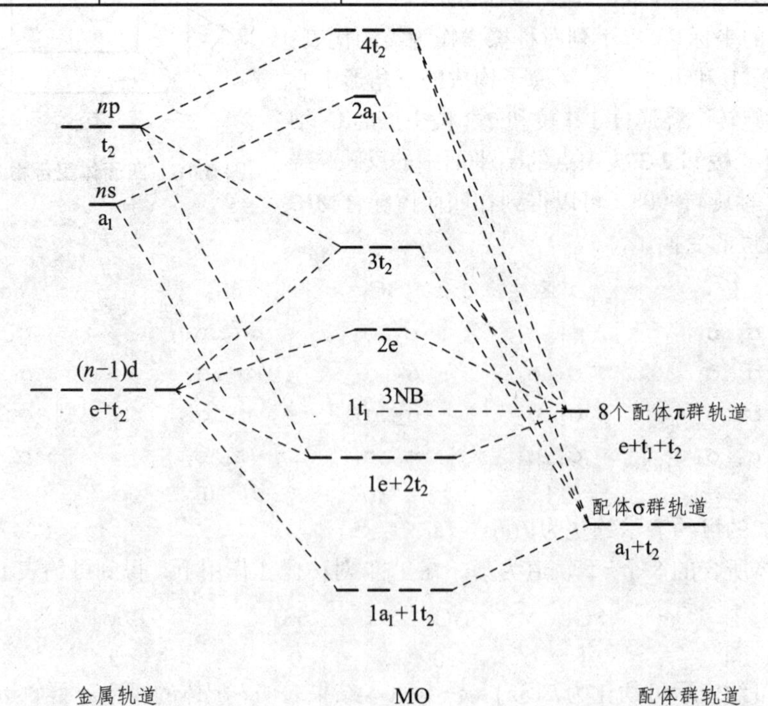

图 3.17 四面体配合物 ML_4（L=卤素离子） 的定性分子轨道能级图

3.4.3 反馈 π 键的形成

中心原子和配体间既可以形成 σ 型又可以形成 π 型分子轨道，即中心原子和配体之间可以形成σ键和π键。当形成 σ 键时，配体的孤对电子进入能量低的成键轨道，即配体给予电子，中心原子接受电子而形成 σ 配位键。在正八面体配合物的情况下，形成前面所提及的第一种情况（配体可提供空的π^*轨道）的π键时，中心原子的电子进入能量低的 t_{2g}^b 成键分子轨道，这反映中心原子给予电子，配体的空轨道接受电子而形成 π 配位键，这种形式的键称为反馈 π 键。例如，$Cr(CO)_6$ 等羰基配合物是特殊价态的（零价）的配合物，如果只形成π键，中心原子接受电子后要带上较大的负电荷，这就会阻止配体进一步向中心原子授予电子，从而导致羰基配合物的稳定性下降，但事实上羰基配合物是稳定存在的，原因就是通过反馈 π 键，中心原子把电子反馈给了配体，从而减轻了中心原子上负电荷的过分集中。σ 键和 π 键的作用互相配合、互相促进，常被称为“协同作用”，其结果比单一的σ键强得多。实验证明，金属羰基化合物中，碳原子和金属间的键长比正常单键键长短，这可以作为金属羰基化合物中双重键存在的证据。在金属羰基化合物中，碳氧键的键长比正常的羰基键长长一些，可作为反馈电子进入 CO 的反键π^*轨道的证据。

3.4.4 分子轨道理论和 18 电子规则

Sadgwick 曾经提出有效原子序数规则（EAN）：金属的价电子数和配体给予的电子数之和应等于金属所在周期中稀有气体元素的原子序数。在研究主族元素的化合物时，常用到八隅律（octer rule），它是指具有 8 个价电子的稀有气体原子的电子组态具有的稳定性，即对于主族金属配合物，金属的价电子数与配体提供的电子数的总和为 8 的分子是稳定的。过渡金属原子价电子层有 9 个轨道，因此稳定的电子组态应为 18 个价电子，这就是适用于过渡金属配合物的 EAN 规则，即著名的 18 电子规则：金属的价电子数与配体提供的所有σ电子数的总和恰好等于金属所在周期中稀有气体元素的原子序数。这个规则反映了过渡金属利用它的 9 个价轨道最大程度成键的特点。18 电子规则虽然有用，但常常并不严格地被遵循。

由正八面体配合物的分子轨道能级图可以对 18 电子规则作出较合理的解释：当金属价电子数等于 6 时，即 $12 + 6 = 18$ 时，八面体配合物中所有能量上最有利的分子轨道都被填满——全部的成键轨道 $1a_{1g}$、$1e_g$、$1t_{1u}$ 和非键轨道 $2t_{2g}$（键级 6），而所有的反键轨道都是空的（参见图 3.15）。在这里需要指出的是，分子轨道理论不会得出这样的结论：能够稳定存在的配合物仅仅是那些中心原子周围有 18 个电子的配合物。实际上完全有可能偏离这条规则。配合物可以有少于 18 个电子的（这时 t_{2g} 轨道被部分占据），也可以有多于 18 个电子的（此时部分电子占据 $2e_g^*$ 轨道）。此外，一些平面正方形配合物（16 电子）能够稳定存在的事实也说明了对这条规则的偏离。例如，对于第二、第三过渡金属 d^8 组态离子，Rh(Ⅰ)、Pd(Ⅱ)、Ir(Ⅰ)和 Pt(Ⅱ)等，它们的 *n*p 轨道能量较高，不能全部参与成键，以致形成平面正方形配合物时，16 电子比 18 电子更稳定。

按照 18 电子规则可将八面体配合物分为 3 类（表 3.10）：① 电子组态完全与 18 电子规则无关；② 具有 18 个或少于 18 个电子；③ 准确地有 18 个电子。根据八面体配合物的分子轨道能级图可说明这 3 类配合物的电子结构。

表 3.10　八面体配合物的 3 种类型与 18 电子规则的关系

①类配合物	价电子数	②类配合物	价电子数	③类配合物	价电子数
$[Cr(NCS)_6]^{3-}$	15	$[WCl_6]^{2-}$	14	$[V(CO)_6]^-$	18
$[Mn(CN)_6]^{3-}$	16	$[WCl_6]^{3-}$	15	$[Mo(CO)_3(PF_3)_3]$	18
$[Fe(C_2O_4)_3]^{3-}$	17	$[TcF_6]^{2-}$	15	$[HMn(CO)_5]$	18
$[Co(NH_3)_6]^{3+}$	18	$[OsCl_6]^{2-}$	16	$[(C_2H_5)Mn(CO)_3]$	18
$[Co(H_2O)_6]^{2+}$	19	$[PtF_6]$	16	$[Cr(CO)_6]$	18
$[Ni(en)_3]^{2+}$	20	$[PtF_6]^-$	17	$[Mo(CO)_6]$	18
$[Cu(NH_3)_6]^{2+}$	21	$[PtF_6]^{2-}$	18	$[W(CO)_6]$	18

对于①类配合物，包括许多第四周期过渡金属配合物，$2t_{2g}$ 轨道实质上是非键或弱成键或反键轨道，八面体场分裂能Δ_o很小，$2e_g$ 略带反键性质，电子占据并不会耗费很多能量，因此对电子数目没有限制或限制很小。

对于②类配合物，包括许多第五、六周期过渡金属配合物，$2t_{2g}$ 轨道依然是非键或弱成键或反键轨道，八面体场分裂能Δ_o较大，$2e_g$ 轨道是强反键轨道，倾向于不被电子占据。占据 $2t_{2g}$ 轨道的电子数目依然不受限制，因此采用 18 或少于 18 个电子。

对于③类配合物，包括一些金属羰基化合物及其衍生物，由于反馈π键的形成，$2t_{2g}$ 轨道是强π成键轨道，倾向于充满电子；而 $2e_g$ 轨道是强π反键轨道，倾向于不被电子占据。如果从完全占据的 $2t_{2g}$ 轨道移走电子会损失键能，导致配合物不稳定。因此这类配合物将较严格地遵守 18 电子规则。

在考虑遵守 18 电子规则的③类配合物的成键作用时，配体电子数的计算十分重要。一般将 CO、NH_3、PPh_3、X^-等都作为 2 电子给予体；对于氢、卤素、甲基既可以作为 1 电子给予体，又可作为 2 电子给予体。按照配位化学的观点，一般将它们作为提供一对电子的配体，只有在σ共价型的金属有机化合物中将它们作为 1 电子给予体，此时金属也提供 1 个电子与之形成共价键。中性有机分子的每个双键或三键也提供 1 对电子（前提是不考虑电子离域），所以乙烯是 2 电子给予体，丁二烯是 4 电子给予体，碳烯（R_2C：）是 2 电子给予体，而碳炔（RC⋮）是 3 电子给予体；烯丙基($C_3H_5^-$)和直线形的亚硝酰基也作为 3 电子给予体。含多个双键的烯烃提供的电子数是可变的，如环庚三烯既可作为 4 电子给予体又可作为 6 电子给予体。

综上，我们讨论了价键理论、晶体场理论和分子轨道理论，它们从各个不同角度揭示了配合物中中心原子和配体之间作用力的本质。以$[Co(NH_3)_6]^{3+}$的分子轨道为例来看，配体电子占据 a_{1g}、t_{1u}、e_g 分子轨道，它是由中心原子的 1 个 s、3 个 p 和 2 个 d 轨道分别与配体群轨道组成的。这与价键理论观点认为配体的电子占据中心原子的 d^2sp^3 杂化轨道的说法一致。中心原子的 d 电子占据 t_{2g}、e_g^* 分子轨道，相当于中心原子的 d 轨道在晶体场中的分裂情况，这是晶体场理论所详尽讨论的部分。

因此 3 种理论相当于从不同角度对配合物中结合力的本质摄取下来的照片，每幅图片各有特点，也各有局限性和片面性。分子轨道理论是从较高角度、较远的距离来取景，把配合物看成中心原子和配体相互联系的整体，在处理问题时看到了矛盾的两个方面及其相互联系，这是分子轨道理论的优点，这一理论原则上可把晶体场理论和价键理论包括进去；其缺点是太笼统，只获得了结合方式的轮廓，且计算复杂，运用不便。价键理论则将镜头放在中心原子与每一个配体之间来取景，只摄取了配体的电子对填入中心原子的杂化轨道形成配位键的情况，所以价键理论概念十分明确，特别容易为化学工作者所接受；其缺点是无法说明配合物的光谱。晶体场理论是把镜头对向中心原子的 d 轨道，特别详尽地描述了在晶体场的影响下，中心金属离子 d 轨道的分裂情况，但忽略了配体与中心原子的共价结合。近年来发展的角重叠模型，既考虑到了中心原子和配体电子云的重叠，又简化了分子轨道的计算，能说明若干实验事实，是一种有发展前途的配合物化学键理论。

3.5 配合物的角重叠模型理论

角重叠模型（AOM）是一种半经验的简单分子轨道模型。采用“角重叠”这一术语是因为 AOM 认为在配合物分子的成键中，除了对称性和 M—L 键距等因素外，金属和配体轨道之间的有效重叠在一定程度上取决于金属轨道的角度取向和配体接近金属轨道的角度。虽然早在 1965 年就由 Schäffer 和 Jørgensen 等人提出 AOM 的基本概念，但是直到 1977 年以后 AOM 才作为分子轨道模型编入国外高等无机教科书，时隔约 20 年（1986 年）国内配位化学教科书也陆续对其作出了介绍。AOM 以 MOT 为基础，借鉴了 CFT 和 LFT 处理问题的某些方法，以可加和的参数化方式，着重处理中心原子与配体成键时轨道相互作用的能量变化。但与 CFT 和 LFT 不同的是，AOM 同时考虑了配合物的弱共价性σ和π相互作用，易于半定量处理各种不同配位数和几何构型配合物的 d 轨道能级分裂，特别适用于预测低对称性甚至无对称性配合物的稳定结构；另外，与通常需要冗长而复杂计算的 MOT 相比，它具有模型直观、概念清楚、计算简捷、应用方便等优点。因此与 CFT 、LFT 和 MOT 一起被用于过渡金属配合物结构与性质的研究。

3.5.1 角重叠模型的基本原理

AOM 的基本假设是，金属 d_i（ $i = xy$、yz、xz、x^2-y^2、z^2 ）轨道同配体σ_j轨道的相互作用可近似地看做 βS_{ij}^2 ，参数 β 是轨道间相互作用强度的量度，也是与 d_i 和σ_j轨道的能量间隔成反比的有关常数；S_{ij} 是金属 d_i 轨道同配体σ_j轨道的重叠积分，成键轨道将比σ_j稳定 βS_{ij}^2 ，而反键轨道将比 d_i 不稳定 βS_{ij}^2 。这个结果是根据量子力学微扰理论的简化形式得出的。为了简要说明角重叠模型的基本原理，以金属和配体形成双原子分子 ML 时金属的 d_{z^2} 轨道与配体的σ轨道相互作用为例，根据 AOM，双原子过渡金属配合物分子的σ相互作用结果如图 3.18 所示。

取 z 轴为分子轴，标准双原子分子重叠积分的定义是，d_{z^2} 轨道与 z 轴上的配体σ轨道的重叠，若假定成键轨道占据 2 个电子，则σ作用的总量是 $\sum(\sigma) = 2\beta S_\sigma^2$ ，这时，因为每个电子可产生 βS_σ^2 的稳定作用，对于比双原子分子 ML 更复杂的 ML_N，则需确定 N 个配位原子对任意一个 d_i 轨道的稳定化能，这时要把 N 个配体的作用加和起来：

$$e_i = \sum_{i=1}^{N} \beta S_{ij}^2 \qquad (3\text{-}1)$$

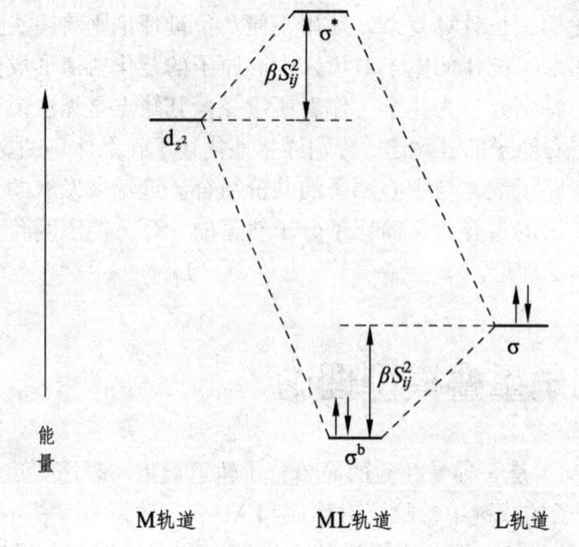

图 3.18　金属 3d_{z^2}轨道与配体 σ 轨道的成键作用示意图

为确定总的 σ 稳定化能，还需考虑每个成键轨道占有的电子数 n_i，并把 5 个 d_i 轨道总稳定化能加和起来：

$$\sum(\sigma)=\sum_{i=1}^{5}n_i e_i=\sum_{i=1}^{5}\sum_{i=1}^{N}n_i\beta S_{ij}^2 \tag{3-2}$$

式（3-2）中的每个重叠积分应当用标准双原子重叠积分 S_σ或 S_π来表示。许多配合物的反键轨道也占有电子，反键轨道占有电子的不稳定作用会抵消相应成键轨道的稳定作用，对于这样的配合物，应对式（3-2）加以修正来体现反键电子对稳定化能的抵消作用，用 m_i 表示反键轨道上的电子数，则可得

$$\sum(\sigma)=\sum_{i=1}^{5}\sum_{i=1}^{N}h_i\beta S_{ij}^2 \tag{3-3}$$

式中　$h_i=n_i-m_i$，相当于反键 i 轨道上的“空穴”数。

容易证明，σ成键轨道的总稳定化能 $N\beta S_\sigma^2$（N 为配体数）。若每个成键轨道含 2 个电子，则总的σ电子稳定化能为 $2N\beta S_\sigma^2$。同理，σ反键轨道的总不稳定化能为 $N\beta S_\sigma^2$，若每个反键轨道上也占有 2 个电子，则σ^*电子总不稳定化能 $2N\beta S_\sigma^2$。

应用 AOM 确定过渡金属配合物 ML_N 的最稳定的几何构型时，需将式（3-3）用于各种可能的几何形状，并选出稳定化能最大的结构。由于给定配合物的 β 为常数，它不影响配合物几何形状的确定。因此要解决的主要问题是如何用 S_σ表示轨道的重叠积分 S_{ij}。此时配体σ轨道同金属 d_{z^2} 轨道的积分 S_{ij} 等于一个三角函数乘以 S_σ。配体σ轨道与任何一个 d 轨道的重叠都比较复杂，其结果如下：

$$S(d_{z^2},\sigma)=[(1+3\cos 2\phi)/4]S_\sigma$$

$$S(d_{yz},\sigma)=[(\sqrt{3}/2)\sin\varphi\sin 2\phi)]S_\sigma$$

$$S(d_{xz},\sigma)=[(\sqrt{3}/2)\cos\varphi\sin 2\phi)]S_\sigma$$

$$S(d_{xy},\sigma)=[(\sqrt{3}/4)\sin 2\varphi(1-\cos 2\phi)]S_\sigma$$

$$S(d_{x^2-y^2},\sigma)=[(\sqrt{3}/4)\cos 2\varphi(1-\cos 2\phi)]S_\sigma$$

由于原子轨道可分为径向函数和角度分布函数，因此金属和配体轨道的重叠也可以分解为径向重叠和角度重叠。若金属与配体间的距离相同，则金属 p_z 轨道或 d_{z^2} 轨道与配体 σ 轨道间的径向重叠积分值应是相同的，所不同的仅是角重叠积分（如图 3.19 所示）。一般来说，金属 d 轨道与配体 σ 或 π 轨道的重叠积分 S_{ij} 可写作

$$S_{ij}=S_\lambda F_\lambda[\mathrm{d},\ \mathrm{L}(\phi,\varphi,\psi)] \tag{3-4}$$

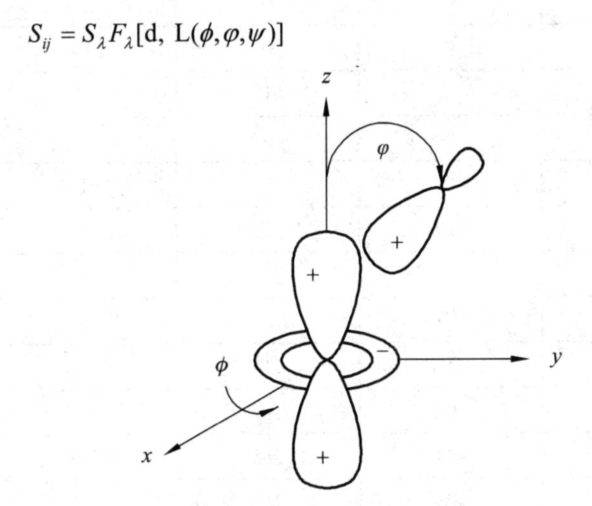

图 3.19　配体 L 移到球坐标（ϕ、φ）新位置与 d_{z^2} 轨道的重叠示意图

式（3-4）中，S_λ 为径向重叠积分，$F_\lambda[\mathrm{d},\ \mathrm{L}(\phi,\varphi,\psi)]$ 称为角重叠因子。F_λ 的值与配合物的对称性、金属 d 轨道的空间取向、配体的位置及键型有关，与金属和配体的本性及其间距无关。换言之，配合物的几何构型不同，配体的σ或π轨道与中心金属的某个 d 轨道的角重叠因子（F_σ 和 F_π）也各不相同。表 3.11 列出了一些常见配体位置和对应的 F_λ^2 的值。为了便于参考，表 3.12 列出配位数为 2 ~ 6 的配合物的常见结构和按表 3.11 所示的配体位置。

表 3.11　含一个σ和两个π轨道的配体在某些位置上与金属 d 轨道的角重叠因子平方（F_λ^2）值（以 e_σ 或 e_π 为单位）

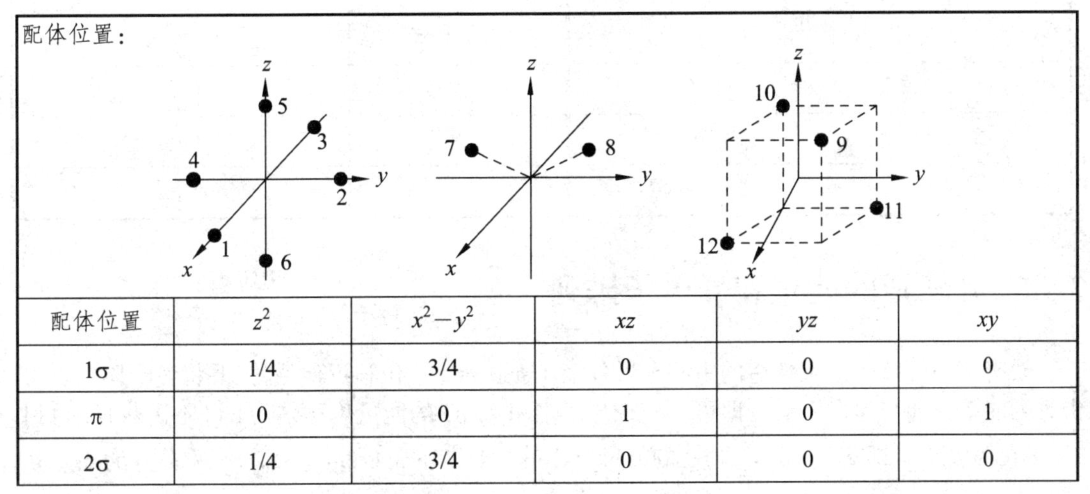

配体位置	z^2	x^2-y^2	xz	yz	xy
1σ	1/4	3/4	0	0	0
π	0	0	1	0	1
2σ	1/4	3/4	0	0	0

续表 3.11

配体位置	z^2	x^2-y^2	xz	yz	xy
π	0	0	0	1	1
3σ	1/4	3/4	0	0	0
π	0	0	1	0	1
4σ	1/4	3/4	0	0	0
π	0	0	0	1	1
5σ	1	0	0	0	0
π	0	0	1	1	0
6σ	1	0	0	0	0
π	0	0	1	1	0
7σ	1/4	3/16	0	0	9/16
π	0	3/4	1/4	3/4	1/4
8σ	1/4	3/16	0	0	9/16
π	0	3/4	1/4	3/4	1/4
9σ	0	0	1/3	1/3	1/3
π	2/3	2/3	2/9	2/9	2/9
10σ	0	0	1/3	1/3	1/3
π	2/3	2/3	2/9	2/9	2/9
11σ	0	0	1/3	1/3	1/3
π	2/3	2/3	2/9	2/9	2/9
12σ	0	0	1/3	1/3	1/3
π	2/3	2/3	2/9	2/9	2/9

表 3.12 常见配体位置和对应的 F_λ^2 值

结构	配体位置	结构	配体位置
直线形	5 和 6	三角双锥	5、1、7、8 和 6
平面三角形	1、7 和 8	四方锥	1 ~ 5
平面正方形	1 ~ 4	八面体	1 ~ 6
四面体	9 ~ 12		

3.5.2 d 轨道的能量和 d 电子排列

要确定与配体轨道重叠后的中心金属各个 d 轨道的能量位移近似值，只要将各配体在表 3.11 中每列的系数加和起来再乘 β 即可。例如，八面体 d_{z^2} MO 的能量位移是 1/4 +1/4+1/4+1/4 +1+1 = 3（单位为 $\beta_\sigma S_\sigma^2$，即 e_σ），$d_{x^2-y^2}$ MO 的能量位移是 3/4 +3/4+3/4+3/4 = 3e_σ，三重简并的 d_{yz}、d_{xz}、

d_{xy}的能量位移均为 $4e_\pi$，所以 e_g^* 同 t_{2g}^* MO 的能量间隔为 $3e_\sigma - 4e_\pi$，这就是八面体场的分裂能Δ_o，若忽略π作用的贡献，则$\Delta_o = 3e_\sigma$。

同理也可求得 D_{4h} 和 T_d 结构的 d 轨道能量位移。为便于参考，将这些数据总结于图 3.20。该图的明显特点是，平面正方形的 $d_{x^2-y^2}^*$ 和 d_{xy}^* 的配位环境与八面体相同，故在 2 种构型中这 2 个轨道间的能量差都为Δ_o（$3e_\sigma - 4e_\pi$）。对于平面正方形构型，$d_{z^2}^*$ MO 相对于 d_{xy}^* 轨道的的位置根据 e_σ和 e_π的相对大小而定。四面体的轨道分裂（e^*和 t_2^*）比八面体要小得多。实际上 AOM 近似法使我们得到了一个重要的结果，即当 M—L 键距相同时，Δ_t约只有 $1/2\Delta_o$：

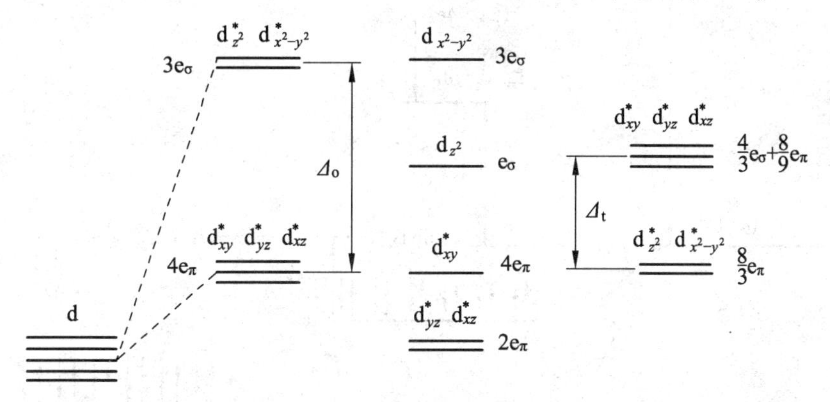

图 3.20　O_h、D_{4h}和 T_d对称性下 d 轨道的 AOM 分裂图

$$\Delta_t = \frac{4}{3}e_\sigma + \frac{8}{9}e_\pi - \frac{8}{3}e_\pi = \frac{4}{3}e_\sigma - \frac{16}{9}e_\pi = \frac{4}{9}(3e_\sigma - 4e_\pi)$$

$$\Delta_o = 3e_\sigma - 4e_\pi$$

$$\Delta_t = \frac{4}{9}\Delta_o$$

综上，AOM 根据某种几何构型中配体的不同空间分布，计算出中心金属 d 轨道的能级，用参数 e_σ和 e_π表示，其能级顺序与晶体场模型的结论基本一致。对高低自旋配合物的讨论则类似于晶体场理论：d 电子为 4 ~ 7 时，当$\Delta_o>P$，取低自旋排列；反之取高自旋排列。一般而言，当中心金属离子相同时，配体的 σ 给予能力越强，其 e_σ值越大；π 配体或 π 酸配体的接受能力越强，其 e_π值越小，这些因素都能使 Δ_o值变大，有利于低自旋配合物的生成。

值得注意的是，当考虑能级分裂的细节时，AOM 比 CFT 更接近于实际情况。在图 3.19 所示的平面正方形配合物中，当忽略配体与中心金属的π相互作用时（如当配体为 σ 给体 NH_3时，e_π= 0），AOM 认为在平面正方形配合物中 5 个 d 轨道退化为一组三重简并的非键轨道和 2 个非简并的σ^*反键轨道（图 3.21），排布在非键轨道上的电子对体系的稳定化能没有贡献。而采用 CFT 处理该构型时，不管配体的性质如何，都将 d_{yz}、d_{xz}、d_{xy} 视为非简并的轨道，在这些非简并轨道上排布的电子数将影响 CFSE 的计

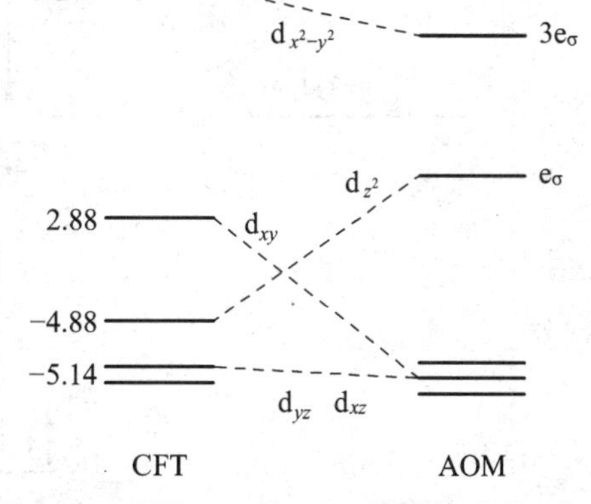

图 3.21　采用 AOM 和 CFT 得到的平面正方形配合物的 d 轨道能级分裂比较（e_π=0）

算，因此将 CFSE 用于解释配合物的某些性质时可能造成一定偏差。

采用角重叠模型理论，能够很好地解释光谱化学序列。如前所述，如果配体为π给予配体，则 e_π 值为正，$\Delta_o' = 3e_\sigma - 4e_\pi < \Delta_o$（图 3.22）；如果配体为π接受配体，则 e_π 值为负，$\Delta_o'' = 3e_\sigma - 4e_\pi > \Delta_o$，（图 3.23）。因此，$\Delta_o' < \Delta_o < \Delta_o''$，与实验所得光谱化学序列给出的顺序：π给予配体<弱π给予配体<无π效应的配体<π接受配体，基本一致。

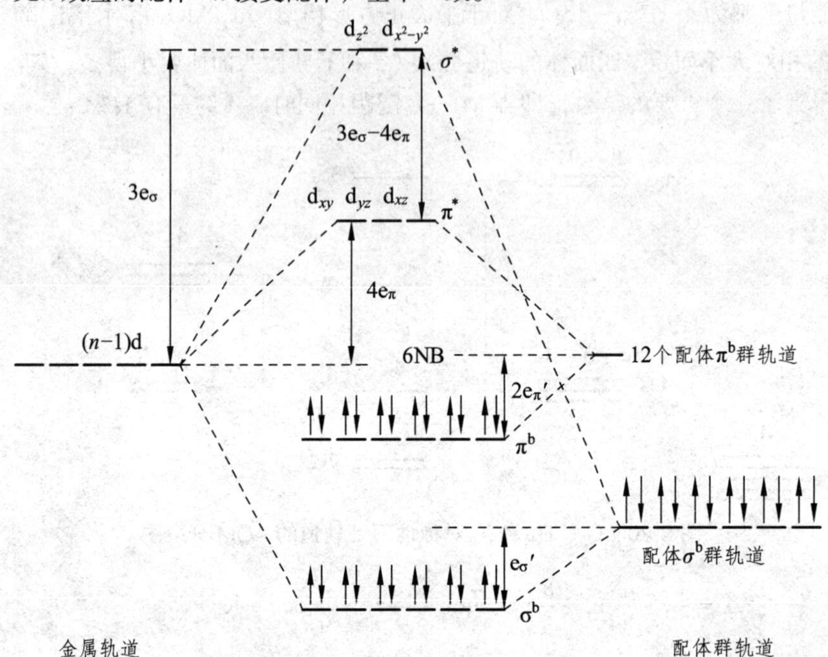

图 3.22 八面体配合物中的分子轨道能级示意图（$e_\pi>0$）（金属的 ns、np 轨道对σ^b和π^b有贡献）

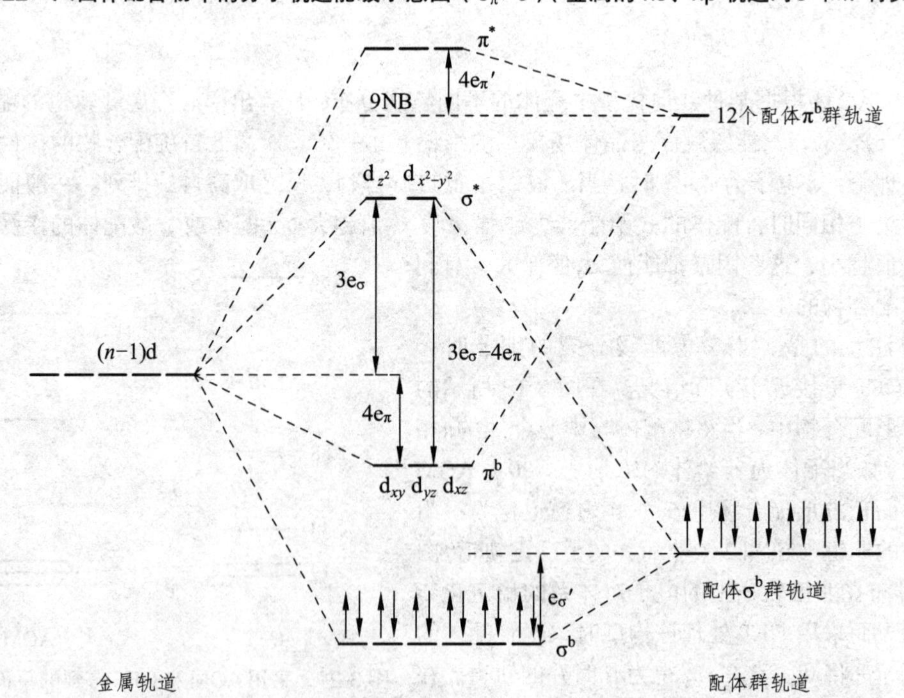

图 3.23 八面体配合物中的分子轨道能级示意图（$e_\pi<0$）（金属的 ns、np 轨道对σ^b有贡献）

3.5.3 角重叠模型稳定化能（AOMSE）的计算

在晶体场理论中，提出了晶体场稳定化能的概念，应用 AOM，也提出角重叠模型稳定化能的概念（anglar overlap model stabilization energy，AOMSE）。根据 AOM 的假设，配体的价电子都排布在成键的分子轨道上，金属的 d 电子一般排布在反键的分子轨道上，成键 MO 轨道上占有的电子数越多，对分子稳定性的贡献越大；而反键 MO 上所占有的电子数越多，则越会削弱成键电子对分子稳定性的贡献。若不考虑轨道间的排斥作用，配合物的总能量等于成键 MO 中电子的能量减去所有反键 MO 中电子的能量，该能量与配合物的结构密切相关，又被称为结构稳定化能。

3.5.3.1 成键电子对总能量的贡献

如前所述，通常将能量改变值 e_σ和 e'_σ 视为近似相等（实际上 $e_\sigma > e'_\sigma$）。对于八面体配合物，如果不考虑π相互作用，成键分子轨道 e_g 将由配体的 4 个电子填入，因而降低 $4\times(-3e_\sigma) = -12e_\sigma$ 的能量，即 σ 成键电子所贡献的能量总和等于配体数目的 2 倍。这一结论也普遍适用于其他几何构型。如对于四面体、平面正方形配合物，配位数均为 4，则 σ 成键电子所贡献的能量总和等于$-8e_\sigma$。同理，当考虑π相互作用时，假如每个作为π给予体的配体含有 2 对 π 电子，八面体配合物中成键 π 分子轨道 t_{2g} 将由配体的 6 个电子填入，因而降低了 $6\times4e_\pi = 24e_\pi$的能量，即 π 成键电子所贡献的能量等于配体数目的 4 倍。根据表 3.11 中的数据，可以通过计算说明四配位配合物中π成键电子对总能量的贡献，对于四面体配合物

$$\sum(\pi) = -(4\times8/3 + 6\times8/9)\,e_\pi = -16e_\pi$$

对于平面正方形配合物

$$\sum(\pi) = -(2\times4 + 4\times2)\,e_\pi = -16e_\pi$$

因此，四配位配合物的π成键电子所贡献的能量总和均为$-16e_\pi$。

3.5.3.2 AOMSE 的计算

当只考虑σ键合时，t_{2g} 非键轨道上的电子基本上没有改变能量，如果反键 $d\sigma^*$轨道 e_g^* 上有 m 个电子，则八面体的 AOMSE 为

$$\text{AOMSE} = \sum(\sigma) = -12e_\sigma + 3m(e_g^*)e_\sigma \tag{3-5}$$

从式（3-5）可以看出，反键 e_g^* 轨道上最多可占据 4 个电子，$m<4$ 时才有稳定化能。

根据分子轨道理论的观点，电子占据反键轨道时，将抵消对应的成键轨道所产生的稳定化能。所以每个成键轨道只有在它所对应的反键轨道上全空或部分填充电子时，才对稳定化能有贡献。

推而广之，对于任何几何构型的 ML_N 配合物，若不考虑π相互作用，对于配合物中某一个与 $d\sigma^*$反键轨道对应的成键轨道 i 的稳定化能$\varepsilon_{\text{stab}(i)}$，要把 N 个配体对σ成键的贡献加和起来：

$$\varepsilon_{\text{stab}(i)} = -\sum_{j=1}^{N} e_\sigma F_{\sigma j}^2 \tag{3-6}$$

确定总的稳定化能$\sum(\sigma)$（或 AOMSE），还需考虑成键 σ 轨道占有的电子数 n_i（由配体提供），并把所有对 σ 成键有贡献的 x 个 σ 轨道总加和起来。

$$\sum(\sigma)=\sum_{i=1}^{x}n_i\varepsilon_{\text{stab}(i)}=-\sum_{i=1}^{x}\sum_{j=1}^{N}n_i\,\mathrm{e}_\sigma F_{\sigma j}^2 \tag{3-7}$$

再考虑第 i 个σ成键轨道相对应的σ反键轨道上占有的电子数 m_i（由中心金属提供），体系的总稳定化能计算中扣除被σ反键轨道上所占据的电子抵消的σ成键作用。

$$\sum(\sigma)=-\sum_{i=1}^{x}\sum_{j=1}^{N}(n_i-m_i)\,\mathrm{e}_\sigma F_{\sigma j}^2=-\sum_{i=1}^{y}\sum_{j=1}^{N}h_i\mathrm{e}_\sigma F_{\sigma j}^2=\sum_{i=1}^{y}h_i\varepsilon_{\text{stab}(i)} \tag{3-8}$$

式中 n_i ——σ 成键轨道上占有的电子数；

m_i ——相对应于成键 σ 轨道的反键 $\mathrm{d}\sigma^*$轨道上占有的电子数；

h_i ——相对应于第 i 个成键σ轨道的反键 $\mathrm{d}\sigma^*$轨道上的空穴数，$h_i=n_i-m_i$；

$\varepsilon_{\text{stab}(i)}$ ——第 i 个成键σ轨道的能量改变值。

一般而言，σ 成键轨道上都填满电子，显然，反键 $\mathrm{d}\sigma^*$轨道上的空穴数越多，AOMSE 的值（负值）越小，配合物就越稳定。

对于只考虑 σ 键合作用的 d^4 组态高自旋八面体配合物，其 4 个 d 电子在分子轨道上的排布是$(\mathrm{t}_{2g})^3(\mathrm{e}_g^*)^1$，与成键 σ 轨道对应的 2 个 $\mathrm{d}\sigma^*$反键轨道 e_g^* 上的空穴数 h 为 3（此时 y=2），应用式（3-4）和式（3-7）分别计算稳定化能，所得结果完全一致：

$$\text{AOMSE}=\sum(\sigma)=-12\mathrm{e}_\sigma+3m(\mathrm{e}_g^*)\,\mathrm{e}_\sigma=-12\mathrm{e}_\sigma+3\mathrm{e}_\sigma=-9\mathrm{e}_\sigma$$

$$\text{AOMSE}=\sum(\sigma)=-\sum_{i=1}^{x}\sum_{j=1}^{N}(n_i-m_i)\,\mathrm{e}_\sigma F_{\sigma j}^2=-\sum_{i=1}^{y}h_i\varepsilon_{\text{stab}(i)}=-3\times3\mathrm{e}_\sigma=-9\mathrm{e}_\sigma$$

通过类似的计算，可得到 d^n 组态八面体配合物的 AOMSE 值（表 3.13），与 CFSE 比较，发现两者有明显的不同，如 CFSE 的计算结果表明 d^0、d^5（高自旋）和 d^{10} 体系的 CFSE 均为零，而表 3.13 却表明在 d^0 和 d^5（高自旋）体系中都有 AOMSE 的贡献。这是因为 CFT 中的 d 轨道能量是以球对称场下 d 轨道能量为零来计算的相对能量，而 AOM 所获得的 d 轨道能量却是以自由原子或离子中的 d 轨道能量的绝对升高值ΔE 来计算的，两者的出发点不同，因此对稳定化能的计算结果当然不同。

表 3.13 八面体配合物的 CFSE（不考虑成对能，单位：Dq）和 AOMSE

（不考虑成对能和π成键，单位：e_σ）

电子组态 d^n	d^0	d^1	d^2	d^3	d^4	d^5	d^6	d^7	d^8	d^9	d^{10}
高自旋（CFT）	0	−4	−8	−12	−6	0	−4	−8	−12	−6	0
高自旋（AOM）	−12	−12	−12	−12	−9	−6	−6	−6	−6	−3	0
低自旋（CFT）	0	−4	−8	−12	−16	−20	−24	−18	−12	−6	0
低自旋（AOM）	−12	−12	−12	−12	−12	−12	−12	−9	−6	−3	0

3.5.4 角重叠模型在预测配合物结构上的应用

在第 2 章我们讨论过配合物的构象异构现象，指出具有相同配位数的配合物可能存在不同几何构型的现象，一般而言，配合物的几何构型主要由反键 $d\sigma^*$轨道上的电子排布决定，应用 AOM 预测在相同配位数下配合物的优选构型的步骤为

（1）求出每个几何构型下各个 $d\sigma^*$轨道的能量位移值（表 3.11），画出能级图；

（2）以反键 $d\sigma^*$轨道上的空穴分布求出 d^n 组态的 $\sum(\sigma)$；

（3）在相同配位数的几何构型中，$\sum(\sigma)$ 最大者是最可能的结构；

（4）当相同配位数的 2 种构型的 $\sum(\sigma)$ 值相同时，要求进行更精确的二级近似计算。

（5）对于不同构型的选择，引入结构优选能 SPE（structural preference energy）的概念，即被比较的两种构型的 $\sum(\sigma)$ 值之差。

3.5.4.1 AOM 预测四配位配合物的优选结构

对于 ML_4 配合物，一般考虑 3 种构型：四面体、平面正方形和顺双空位八面体。当不考虑 π 相互作用时，AOMSE 的计算公式如下：

四面体　　$\text{AOMSE} = \sum(\sigma) = -8e_\sigma + 1.33m(t_2)\,e_\sigma$

平面正方形　　$\text{AOMSE} = \sum(\sigma) = -8e_\sigma + 1.33m(d_{z^2})\,e_\sigma + 3m(d_{x^2-y^2})\,e_\sigma$

顺双空位八面体　　$\text{AOMSE} = \sum(\sigma) = -8e_\sigma + 2.5m(d_{z^2})\,e_\sigma + 1.5m(d_{x^2-y^2})\,e_\sigma$

当对配合物进行结构预测时，不仅要考虑 AOMSE，还要考虑配体间的排斥作用，即要权衡 M-L 相互作用和配体间相互排斥作用的大小。表 3.14 列出了一些已知结构的四配位配合物 AOMSE 的计算值。

表 3.14 一些四配位配合物的 AOMSE 计算值

单位：e_σ

配合物	点群	电子排布（速记符号）	T_d	D_{4h}	C_{2v}	C_{3v}
$TiCl_4$	T_d	00000	−8	−8	−8	−8
$[FeCl_4]^{2-}$	T_d	11111	−4	−4	−4	−4
$Cr(CO)_4$	C_{2v}	22110	−5.33	−7	−6.5	−5.75
$[CoCl_4]^{2-}$	T_d	22111	−4	−4	−4	−4
$[Ni(CN)_4]^{2-}$	D_{4h}	22220	−2.67	−6	−5	−3.5
$Fe(CO)_4$	T_d, C_{2v}	22211	−2.67	−4	−4	−2.88
$[CuCl_4]^{2-}$	D_{4h}, D_{2d}	22221	−1.33	−3	−2.5	−1.75
$Co(CO)_4$	D_{2d}	22221	−1.33	−3	−2.5	−1.75
$Ni(CO)_4$	T_d	22222	0	0	0	0

在按电子排布规则对图 3.24 所示的分子轨道进行填充时应注意：四面体配合物高低自旋态的电子排布相同；由于平面正方形配合物的 a_{1g} 分子轨道与简并的 e_g 和 b_{2g} 轨道的能量差仅为 e_σ，

一般都比电子成对能 P 小，因此 d^8 低自旋态是指电子在填充 b_{1g} 分子轨道之前，依次先半充满然后再全充满 e_g、b_{2g} 和 a_{1g} 分子轨道，故给出电子组态速记符号 22220，而 d^6 低自旋态则是给出电子组态速记符号 22110；顺双空位八面体的 d^6 低自旋态是指电子先填满简并的 a_2、b_1、b_2 分子轨道后才填入 $1a_1$ 分子轨道（速记符号为 22200）。但是，对同一组态 AOMSE 的比较，必须在相同的电子排布下进行，因此我们对 d^6 低自旋态取速记符号 22200 进行比较，根据表 3.14 的数据，并考虑配体之间相互排斥作用，作如下分析。

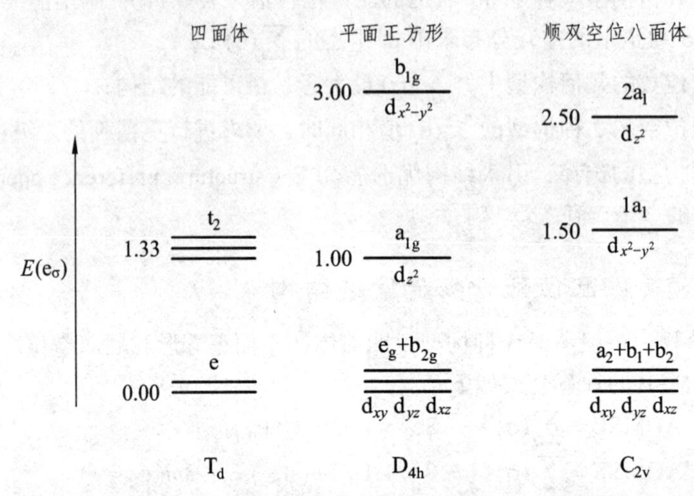

图 3.24　四面体、平面正方形和顺双空位八面体配合物σMO 相对能级示意图（$e_\pi=0$）

（1）对于 $TiCl_4$、$[FeCl_4]^{2-}$、$[CoCl_4]^{2-}$ 和 $Ni(CO)_4$，可能存在的三种构型的 AOMSE 都相同。当采取四面体构型时，配体之间的相互排斥作用最小。因此对于三种构型的 AOMSE 都相同的四配位配合物，存在着两种情况：无高低自旋之分的 d^0、d^1、d^2 和 d^{10} 组态配合物以及 e_σ 值较小的高自旋 d^5、d^6 和 d^7 组态配合物，这两种情况下配合物采取四面体构型较为有利。推而广之，对于 AOMSE 相同的不同配位数的配合物，配体间的相互排斥是决定配合物构型的主要影响因素，故它们主要采取的都是根据价层电子对互斥理论（VSEPR）预测的构型，如直线形、正三角形、四面体、三角双锥、八面体等。

（2）当 e_σ 值足够大，即为低自旋态时，其他两种四配位构型的 AOMSE 都比四面体的 AOMSE 大，如低自旋 d^7 和 d^8 组态的四配位配合物几乎都是平面正方形结构，对于低自旋 d^6 组态（速记符号为 22200），当考虑一级近似时，C_{2v} 和 D_{4h} 构型的 AOMSE 相同，这时需要进行更精确处理的二级近似计算。

（3）对于 d^3、d^4、d^8 和 d^9 组态的配合物，当 e_σ 值较小时，所观察到的构型可能是平面正方形和四面体的中间结构 D_{2d}（略为变形的四面体）。

（4）从表 3.14 所列出的数据可看出，没有哪一种电子组态的配合物在三角锥（C_{3v}）下有最大的 AOMSE，因此 ML_4 配合物一般不采取三角锥构型。

综上所述，我们可以得到如下结论：当中心金属的 d 电子数分别为 0、5（高自旋）和 10 时，电荷呈球形分布，符合 VSEPR 模型的假定，这时只考虑配体电子对之间的排斥作用，配合物的分子或离子总是采取四面体构型。当 d 电子数较少时（$d^0\sim d^2$），没有电子填入反键分子轨道，3 种构型的 AOMSE 相同，这些组态的四配位配合物大部分具有四面体构型。当 d 电子数大于 2 时，就不能单纯考虑配体间的相互排斥作用，还必须考虑配体与金属的相互作用及反键 MO

的电子占据对 AOMSE 的影响：若配体与金属的相互作用较弱（即 e_σ较小，高自旋）或配体位阻大，则形成四面体或变形四面体（D_{2d}）结构，其中 d^3、d^4、d^8 和 d^9 组态趋向形成 D_{2d} 结构，d^5、d^6 和 d^7 组态趋向形成 T_d 结构；若配体与金属的相互作用较强（即 e_σ较大，低自旋），且配体的碱性较小、位阻不大，则容易形成平面正方形（D_{4h}）结构。

3.5.4.2 AOM 预测八面体、四面体和平面正方形优选结构

表 3.15 列出了八面体、四面体和平面正方形构型的配合物 AOMSE 的计算值。

1. 八面体和四面体构型

对于 d^{10} 组态的离子，两种构型具有相同的 AOMSE。当配体间的排斥作用较小时，采取四面体构型较为有利；对于其余组态，八面体的 AOMSE 都比四面体的大，所以八面体配合物比四面体配合物更为普遍。但是从配体间相互排斥的角度考虑，四面体是能量上较有利的构型，对于高自旋的 d^5、d^6 和 d^7 组态，两者的 AOMSE 相差较小，因此常采取四面体构型，如 $[FeCl_4]^{2-}$（d^5）和 $[CoCl_4]^{2-}$（d^7）都采取四面体构型。

2. 八面体和平面正方形构型

从表 3.14 的数据可以看出，除 d^8（低自旋）、d^9 和 d^{10} 组态时两种构型有相同的 AOMSE 外，其余组态都是八面体具有较大的 AOMSE。因此对于 d^8（低自旋）组态，常常采取平面正方形构型。其余组态，除非有空间效应的影响（配体互斥和空间位阻因素有利于平面正方形），否则一般有利于采取八面体构型。

表 3.15 八面体、四面体和平面正方形构型的配合物 AOMSE 的计算值

单位：e_σ

电子组态	四面体		平面正方形（D_{4h}）		八面体（C_{3v}）	
	高自旋	低自旋	高自旋	低自旋	高自旋	低自旋
$d^0 \sim d^2$	−8	−8	−8	−8	−12	−12
d^3	−6.67	−8	−8	−8	−12	−12
d^4	−5.33	−8	−7	−8	−9	−12
d^5	−4	−6.67	−4	−8	−6	−12
d^6	−4	−5.33	−4	−7	−6	−12
d^7	−4	−4	−4	−7	−6	−9
d^8	−2.67	−2.67	−4	−6	−6	−6
d^9	−1.33	−1.33	−3	−3	−3	−3
d^{10}	0	0	0	0	0	0

3.5.4.3 AOM 预测 ML_5 优选结构

当中心原子为主族元素时，5 配位的配合物大部分为三角双锥构型，只有极少数是四方锥构型，这与 VSEPR 是相符合的。当中心原子为过渡金属（尤其是第一过渡系金属）时，三角双

锥和四方锥结构都较常见，对此 AOM 也能作出令人满意的解释。当不考虑π相互作用时，AOMSE 的计算公式如下：

三角双锥　　$\text{AOMSE}=\sum(\sigma)=-10e_{\sigma}+1.125m(d_{x^2-y^2},d_{xy})e_{\sigma}+2.75m(d_{x^2-y^2})e_{\sigma}$

四方锥　　$\text{AOMSE}=\sum(\sigma)=-10e_{\sigma}+2m(d_{z^2})e_{\sigma}+3m(d_{x^2-y^2})e_{\sigma}$

表 3.16 列出了几种常见 ML_3 和 ML_5 配合物的 AOMSE，表 3.17 给出了按图 3.25 所示的分子轨道排布电子的几种四方锥和三角双锥配合物的 AOMSE 以及这 2 种构型的差值。

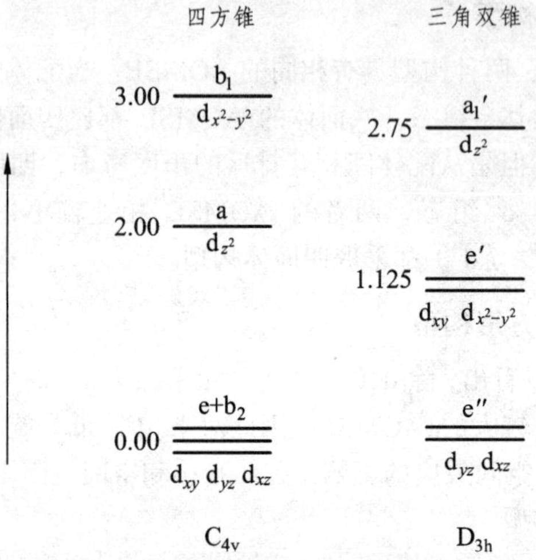

四方锥　三角双锥

3.00 b_1 $d_{x^2-y^2}$　2.75 a_1' d_{z^2}

2.00 a d_{z^2}　1.125 e' d_{xy} $d_{x^2-y^2}$

$E(e_{\sigma})$

0.00 $e+b_2$ d_{xy} d_{yz} d_{xz}　e'' d_{yz} d_{xz}

C_{4v}　D_{3h}

图 3.25　四方锥和三角双锥配合物的σMO 相对能级示意图（$e_{\pi}=0$）

表 3.16　ML_3 和 ML_5 配合物的 AOMSE 值

单位：e_{σ}

电子组态	T 形		平面三角形		三角锥形		三角双锥形		四方锥形	
	高自旋	低自旋	高自旋	低自旋	高自旋	低自旋	高自旋	低自旋	高自旋	低自旋
$d^0\sim d^2$	−6	−6	−6	−6	−6	−6	−10	−10	−10	−10
d^3	−6	−6	−5.25	−6	−6	−6	−8.875	−10	−10	−10
d^4	−5.336	−5.336	−4.125	−6	−4.5	−6	−7.75	−10	−8	−10
d^5	−3	−5.336	−3	−5.25	−3	−6	−5	−8.875	−5	−10
d^6	−3	−5.336	−3	−4.50	−3	−6	−5	−7.75	−5	−10
d^7	−3	−5.336	−3	−3.375	−3	−4.5	−5	−6.625	−5	−8
d^8	−3	−4.732	−2.25	−2.25	−3	−3	−3.875	−5.50	−5	−6
d^9	−2.366	−2366	−1.125	−1.125	−1.5	−1.5	−2.75	−2.75	−3	−3
d^{10}	0	0	0	0	0	0	0	0	0	0

由表 3.16 可见，处于 d^6 低自旋组态时，四方锥和三角双锥构型的差值 $|E(C_{4v})-E(D_{3h})|$ 最大，最容易形成四方锥结构，实验证明 $Cr(CO)_5$、$Mo(CO)_5$、$W(CO)_5$ 具有 C_{4v} 对称性。d^7 低

自旋组态的 AOMSE 差值也说明采取四方锥结构较为有利，已报道的 $Mn(CO)_5$、$Re(CO)_5$ 配合物具有这种结构。d^8 低自旋组态的 AOMSE 差值较小，预计两种构型都可能存在，如在复杂配合物$[Cr(en)_3][Ni(CN)_5]\cdot 1.5H_2O$ 的晶体结构单元中同时存在三角双锥和四方锥两种构型，这是因为 d^8 低自旋组态 ML_5 配合物两种构型的 AOMSE 差值只有 $0.5e_\sigma$，两种构型的互变位垒较小，该负离子的构型主要由晶格力决定。当对晶体施加一定压力时，$[Ni(CN)_5]^{3-}$ 全部转化为四方锥构型。

表 3.17　几种电子组态的五配位配合物的 AOMSE 及其差值（单位：e_σ）

组态	电子组态（速记符号）	四方锥形（C_{4v}）	三角双锥形（D_{3h}）	$\|E(C_{4v})-E(D_{3h})\|$
d^9	22221	−3	−2.75	0.25
d^8（低自旋）	22220	−6	−5.50	0.50
d^7（低自旋）	22210	−8	−6.625	1.375
d^6（低自旋）	22220（C_{4v}），22110（D_{3h}）	−10	−7.75	2.25
d^6（高自旋）	21111	−5	−5	0

3.5.4.4　用 AOM 预测配合物几何构型的一般原则

综上所述，过渡金属配合物的立体化学一般由以下几个因素决定：① 在反键σ^*分子轨道中的空穴数；② 配体电子对之间的相互排斥及配体的空间位阻。

由 AOMSE 的计算可以预测和解释配合物的结构：当相同配位数可能具有几种不同结构时，对反键σ^*分子轨道的贡献最小，即反键轨道上的空穴数最多，或者说 AOMSE 值最大的结构是最合理的；如果几种构型的稳定化能没有大的差别，则中心金属离子周围的配体电子对之间的相互排斥及配体空间位阻最小的结构是最合理的。AOM 在预测基态配合物几何构型上应用的一般规则如下：

（1）不考虑 π 成键作用，分子的几何构型主要由 $d\sigma^*$反键轨道上的电子填充所决定。

（2）若简并的 $d\sigma^*$反键轨道上的电子填充是对称或全空的，则应用 AOM 和 VSEPR 可预见到相同的构型。

（3）若在最高能量 $d\sigma^*$反键轨道上至少有 1 个空穴（22220、22221、22210、22100），则其稳定结构是配体与 $d_{x^2-y^2}$ 轨道有最大重叠者（平面正方形、八面体或四方锥等）。对于 22221 排布，则可能观察到介于这些构型与 VSEPR 预测构型的中间构型。如配合物$[CuCl_4]^{2-}$的实际构型介于平面正方形和四面体构型之间，为变形四面体。

（4）若在能量最高和次高 $d\sigma^*$反键轨道上对称地存在 2 个空穴（22200、22211、22100），则其稳定结构是含最多顺位配体的以八面体为基础的结构，如顺双空位八面体、锥形（面式三空位八面体、四方锥或八面体等）。对于 22211 排布，则可能观察到介于这些构型与 VSEPR 预测构型的中间构型，如 $Fe(CO)_4$ 的实际构型介于顺双空位八面体和四面体之间，为变形四面体。

这里需要指出的是，以上规则只能用于预测处于最低能态的所谓基态配合物的最稳定几何构型。当配合物处于激发态时，相应的电子排布或配位数会发生变化，其 AOMSE 的计算也随之发生变化，某些在基态为不稳定的构型可能会成为激发态或过渡态的稳定构型。

本章小结

1. 价键理论的重点放在中心原子接受电子对的空轨道和配体的成键电子，它能令人满意地解释配合物的构型、磁性等，但不能说明中心原子的 d 电子数和配合物稳定性的关系，既配合物的电子光谱。反馈 π 键首先根据价键理论提出，后用分子轨道理论进行了深化，反馈 π 键包含 d-d、d-p、d-π^*键。

2. 经典的 CFT 把配体仅仅当做对中心金属 d 轨道施以静电场的点电荷或偶极子，并且注意到了配合物中的重要结构特征——配合物的对称性对 d 轨道分裂的影响，虽然 CFT 能成功地说明配合物的 d-d 跃迁光谱和磁学性质；但它难以反映金属与配体成键的共价性质和区分σ、π 键。随后发展的 LFT 理论承认 d 轨道的分裂与金属和配体的弱共价相互作用有关，而不是纯粹的静电作用，用修正晶体场参数的方法来反映和改良金属与配体间的共价作用；但它对共价键的表达并不直观，同时难以应用于处理对称性较低的配合物以及解释光谱化学序列和荷移光谱。

3. 应用 MOT 处理配合物原则上是最优越的，但是为了得到每个分子轨道的组成、能量和分子的完整图像，需要进行完整冗长的计算，而且从一个配合物得到的结果一般不适用于别的配合物，同时，也缺乏易于直观理解的模型。

4. AOM 基于 MOT 的基本原理，从金属和配体轨道的角重叠积分着手，说明金属与配体间的σ和π共价相互作用，可用于处理各种不同配位数和几何构型的配合物，其定义的角重叠模型参数主要取决于两个因素：金属和配体轨道的重叠积分以及金属与配体价轨道的能级差。利用角重叠因子的可加和性，可方便地根据某个配合物的对称性对该配合物的所有配体和 5 个 d 轨道所涉及的 AOM 参数进行加和，从而得到 d 轨道能级分裂的清晰图像，然后再进行角重叠模型稳定化能的加和计算和推论，这一点与 CFT 有异曲同工之妙；但是 AOM 涉及的计算更为方便简捷，也更合理，这是因为 AOM 在主要考虑 σ 成键的同时，也考虑了金属与配体之间的 π 成键对 d 轨道能级的影响，从而成功地解释了光谱化学序列，利用 AOMSE 的数据圆满地解释了配合物的几何构型。

参考文献

[1] 麦松威，周公度，李伟基. 高等无机结构化学. 北京：北京大学出版社，2001.
[2] 罗勤慧，沈孟长. 配位化学. 南京：江苏科学技术出版社，1987.
[3] 章慧，陈耐生，等. 配位化学：原理与应用. 北京：化学工业出版社，2010.
[4] 徐志固. 现代配位化学. 北京：化学工业出版社，1987.
[5] 唐宗薰. 中级无机化学. 北京：高等教育出版社，2003.
[6] 陈慧兰. 高等无机化学. 北京：高等教育出版社，2005.
[7] 游效曾. 配位化合物的结构与性质. 北京：科学出版社，1992.

习 题

1. 举例说明下列术语：
（1）配位场分裂能 （2）配位场稳定化能 （3）电子成对能 （4）能量重心守恒原理
（5）电子云扩展效应 （6）姜-泰勒效应 （7）配体的对称性群轨道 （8）π-接受体配体
（9）反馈π键 （10）角重叠模型稳定化能

2. 配合物$[Ni(CN)_4]^{2-}$是反磁性的，而$[Ni(Cl)_4]^{2-}$是顺磁性的，有 2 个不成对电子；同样配合物$[Fe(CN)_6]^{4-}$也是反磁性的，而$[Fe(H_2O)_6]^{3+}$有 5 个不成对电子。试用价键理论和晶体场理论加以解释。

3. 说明下列构型的配合物其中心原子的 d 轨道是如何分裂的？并给出分裂后轨道能级高低顺序。

（1）ML_2 直线形，配体在 z 轴上；（2）ML_3 平面三角形，∠LML =120°，配体在 xy 平面；

（3）ML_5 三角双锥，三角形在 xy 平面；（4）ML_5 四方锥，四边形在 xy 平面。

4. 第二、第三过渡系的 $d^4 \sim d^7$ 构型金属离子比相应组态的第一过渡系金属离子较易形成低自旋的八面体配合物，试应用所学理论解释之。

5. 已知金属羰基配合物等金属有机化合物中的成键电子数能较严格地遵守 18 电子规则，试给出合理的解释。

6. 光谱化学序列的大致趋势如下：

$$\xrightarrow[\pi\text{给予体配体<弱}\pi\text{给予体配体<无}\pi\text{效应的配体<}\pi\text{接受体配体}]{\Delta_o\text{增大}}$$

$$I^- < Br^- < Cl^- < F^- < H_2O < NH_3 < PR_3 < CN^- < CO$$

试回答下列问题：

（1）Δ_o 增大的趋势可否用简单晶体场理论解释？为什么？

（2）从光谱化学序列看，H_2O 在 Cl^-之后，是中等强度的配体，然而$[RuCl_6]^{3-}$和$[Ru(H_2O)_6]^{2+}$的Δ_o几乎相等，试解释之。

7. 根据角重叠模型计算中心原子 d 电子数为 0 ~ 10 的下列配合物的结构优选能：

（1）八面体-平面正方形；　　　（2）八面体-四面体。

8. 写出配位数为 5 的三角双锥和四方锥 2 种构型的 AOMSE 公式，画出忽略 π 轨道贡献时的近似能级图，并求出 d^6 组态的 AOMSE 值和讨论配合物的相关构型。

4 配合物的电子光谱和磁学性质

4.1 过渡金属配合物的电子光谱

过渡金属配合物大都有鲜艳的颜色，表示它们能吸收可见光区的能量。过渡金属配合物的电子光谱在配位化学的发展中占有极其重要的地位。研究涉及激发态性质的配合物的电子光谱，曾经促进了晶体场理论的发展，如今也还在继续推动配位场理论和分子轨道理论的发展。

4.1.1 配合物的颜色及其吸收强度的基本概念

物质的颜色基于它们在可见光区吸收电磁波的能力。物质能够选择性地吸收不同波长的光主要和与其本身结构有关的不同生色团所引起的电子跃迁有关。对于单电子配合物体系，其吸收光谱可解释为单个电子在不同能级分子轨道间的跃迁。多电子体系则牵涉较复杂的谱项间的跃迁，由于 d→d 跃迁（或荷移跃迁）能的不同，配合物所呈现的颜色是日光经过不同选择吸收后的相应互补色，配合物在可见光区最大吸收峰（λ_{max}）的位置决定着它的颜色。对于多电子体系，一般会出现数个吸收峰λ_{max}、λ'_{max}，均落在可见光区的范围，则配合物的颜色就是配合物中混合光带的互补色。

配合物的吸收强度是指在某个特定波长和一定条件下，配合物摩尔消光系数ε（$L \cdot mol^{-1} \cdot cm^{-1}$）的大小，反映了该配合物中 d→d 跃迁（或荷移跃迁）概率的大小。

4.1.2 配合物的电子光谱

4.1.2.1 配合物电子光谱的一般形式

配合物的电子光谱研究的是分子中有关基态和激发态之间能级的差别。配合物的电子光谱通常在 10 000 ~ 30 000 cm^{-1}范围内，在这个光谱范围内通常可以见到一条或几条相对低强度的光谱带，而在紫外区一般具有几条非常强的光谱带，这些光谱带是由不同原因引起的。配合物吸收光谱的一般形式如图 4.1 所示。一般说来，配合物的紫外-可见光谱显示出两大类型的跃迁谱带，这两类谱带大体上以 350 ~ 400 nm 为界，在低能一

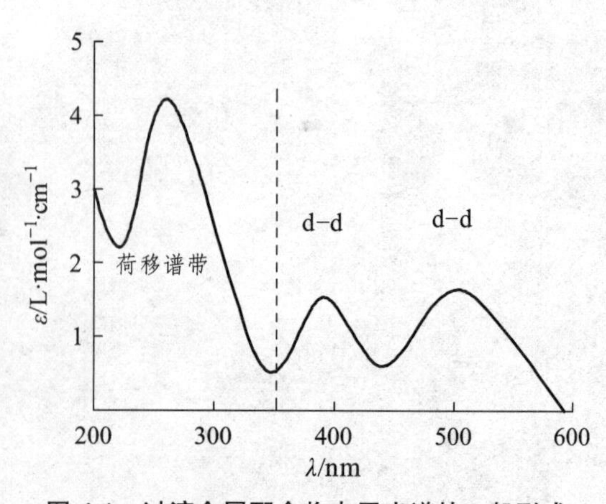

图 4.1 过渡金属配合物电子光谱的一般形式

侧一般是 d→d 跃迁谱带，也称中心离子谱带或 MC（metal-centered）跃迁，高能一侧主要是电荷转移（charge transfer，CT）谱带。

（1）d→d 跃迁光谱：这类光谱主要出现在可见光区，是由于配合物内金属离子的 d 轨道在配位场的影响下产生能级分裂而产生的，一般包含一个或多个吸收带。d→d 跃迁谱带的特点是：谱带或窄或宽，大多较弱，摩尔消光系数 ε 在 1 ~ 1 000 $L\cdot mol^{-1}\cdot cm^{-1}$ 之间，吸收范围在 10 000 ~ 30 000 cm^{-1}，这类谱带一般是自旋允许、宇称禁阻或弱允许的，它们包含中心离子的电子间相互作用、晶体场作用和轨-旋耦合的信息。$\varepsilon < 1\ L\cdot mol^{-1}\cdot cm^{-1}$ 的跃迁为自旋和宇称双重禁阻的跃迁。

（2）电荷转移跃迁及配体谱带：电荷跃迁谱带及配体谱带的特点是宽而强，摩尔消光系数 ε 很大，其数量级通常在 10^4 左右，一般出现在紫外区；但如果配合物中电荷转移的能级差很小，也可能出现在可见区，有时会掩盖 d→d 跃迁。主要有金属-配体间的电荷转移带（发生在主要为配体性质的分子轨道和主要为中心离子成分的分子轨道之间）、混合价配合物内不同氧化态金属之间的电荷转移和配体内的电荷跃迁。研究电荷跃迁对于了解光化学氧化-还原反应的本性有重要的意义。d→d 跃迁谱带一般可由配位场理论解释，而荷移光谱则需用配合物的分子轨道理论解释。

4.1.2.2 谱带强度和选律

电子在不同能级间的跃迁能否发生，是由光谱选律所决定的。根据量子力学理论，电子从一个状态跃迁到另一个状态遵守以下规则。

1. 自旋选律

电子在跃迁过程中自旋方向不能改变，也就是说电子必须在自旋相同的状态间跃迁，在自旋多重度不同的状态之间的跃迁是禁阻的。

2. 宇称选律

根据量子力学选律，如果体系存在反演中心，宇称性相同的状态之间的跃迁是禁阻的。已知凡角量子数为偶数的原子轨道（如 s、d 等）都是中心对称的，而角量子数为奇数的原子轨道（如 p、f 等）都是反对称的，这些轨道所固有的 g 或 u 特征称为宇称性。在具有对称中心的配合物中，宇称选律为：g↔u，p↔d，d↔f。因此，在具有对称中心的配合物中，其 d→d 跃迁是宇称禁阻的，故含对称中心的第一过渡系金属配合物的 d→d 跃迁的 ε 值通常小于 $10^2\ L\cdot mol^{-1}\cdot cm^{-1}$。

3. 选律的松弛

根据宇称选律，含有对称中心的配合物的 d→d 跃迁是宇称禁阻的，但大多数正八面体配合物仍然有着丰富多彩的美丽颜色，这说明选律只是严格适用于选律所依据的理想化模型。实验事实证明，过渡金属配合物还是有吸收强度比较弱的吸收光谱，究其原因是跃迁禁阻往往由于某些条件的存在而解除，从而产生了部分允许的跃迁，这就是所谓的选律松弛。以下对几种比较重要的选律松弛机理进行详细讨论。

（1）d-p 轨道的混合

缺乏对称中心的配合物的 d→d 跃迁可以在某种程度上不受宇称选律的限制，如在无对称中心的四面体分子中，当分子进行振动时，有时会离开平衡位置。由于中心原子不是处于对称中心，可引起 d 轨道和 p 轨道的混合，这就使得在自由离子时只能在 d 轨道之间的跃迁，在形成

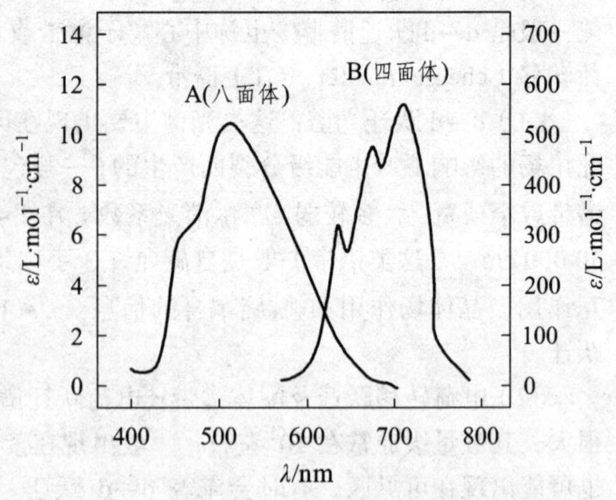

图 4.2 $[Co(H_2O)_6]^{2+}$（曲线 A）和$[CoCl_4]^{2-}$（曲线 B）的电子光谱

配合物的情形下，跃迁还包含了 p 轨道的成分，故四面体配合物的 d→d 跃迁峰比八面体配合物更强，因此正四面体配合物的颜色往往比相应的正八面体配合物的颜色深（摩尔消光系数要大 100 倍左右）。如图 4.2 所示为$[Co(H_2O)_6]^{2+}$和$[CoCl_4]^{2-}$的电子光谱。由图可知 Co(Ⅱ)的四面体配合物的摩尔消光系数远大于其八面体配合物。定性地说，这是由“d-p 混合”造成的。因为$[CoCl_4]^{2-}$四面体配合物不存在对称中心，在它的分子轨道中可以同时含有 d 和 p 成分，在 d→d 跃迁中，当电子从 2e 轨道跃迁到 $3t_2$ 轨道（图 4.3）时就可能包含从 d_{z^2} 或 $d_{x^2-y^2}$ 轨道跃迁到 p_x、p_y、p_z 轨道的成分，即呈现部分 p↔d 宇称允许跃迁的特征，其跃迁强度正比于 d、p 轨道混杂的程度。四面体配合物对称性允许跃迁的ε_{max}通常为 $10^2 \sim 10^3\ L \cdot mol^{-1} \cdot cm^{-1}$，这是由于跃迁所涉及的 2 个轨道本质上都还是 d 轨道，宇称选律仍在一定程度上起作用，因此与宇称允许的荷移跃迁相比还是要弱得多。

这里需要指出的是，并非所有的四面体配合物的 d→d 跃迁都因 d-p 混杂而允许。

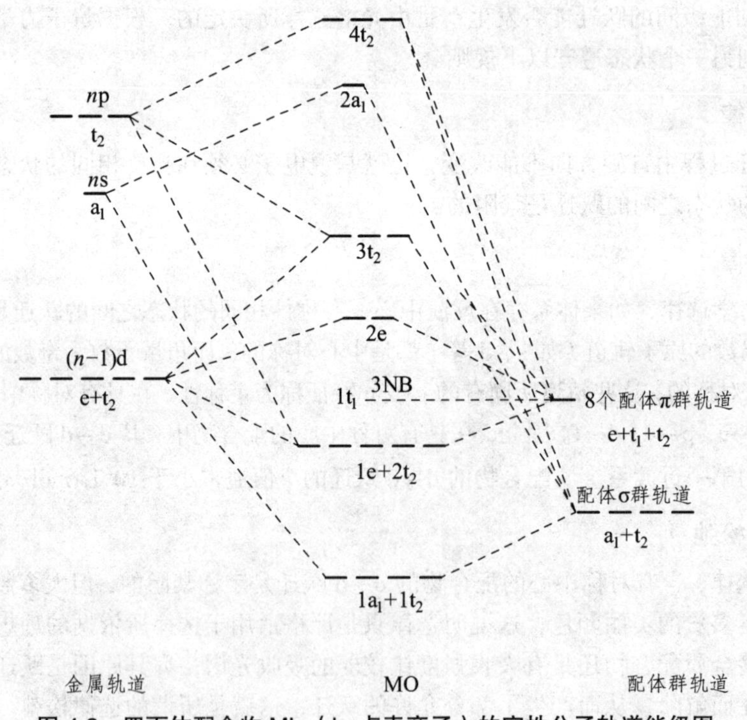

图 4.3 四面体配合物 ML_4（L=卤素离子）的定性分子轨道能级图

（2）振动-电子耦合

分子是在不停振动着的，在配合物中存在电子运动与振动的耦合，某些振动方式会使配合物暂时失去反演中心，图 4.4 给出了正八面体配合物的 6 种简正振动模式。例如，从 $O_h \to C_{4v}$，具有按 T_{1u} 对称性振动的瞬间畸变，这时 s、p_z 和 d_{z^2} 的对称性相同（a_1），p_x、p_y 与 d_{xz}、d_{yz} 也具有相同的对称性（e），这就有可能发生 d-p 混杂。由于电子的跃迁要比分子的振动快得多，在这些瞬间某些 d→d 跃迁就变得宇称允许了，d→d 跃迁由此获得了一定的强度。但这种偏离中心对称的状态只能维持于瞬间，对选律的松弛贡献不大，所获得的 d→d 跃迁强度仍然较弱，摩尔消光系数系数 ε 为 $1\sim50\ L\cdot mol^{-1}\cdot cm^{-1}$。

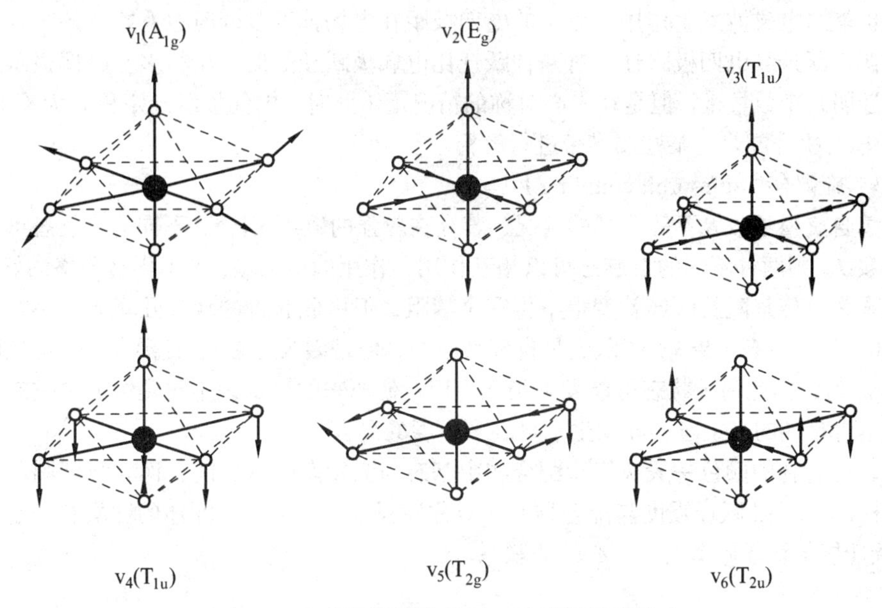

图 4.4 正八面体配合物的六种简正振动模式

这里需要指出的是：不论是中心对称还是非中心对称的配合物，振动-电子耦合都是普遍存在的。如在 CoN_6 系列配合物中，$[Co(NH_3)_6]^{3+}$ 是正八面体构型，只能通过振动-电子耦合获得很弱的跃迁强度；而 $[Co(en)_3]^{3+}$、$[Co(phen)_3]^{3+}$ 属于 D_3 对称性，缺乏对称性，可能会产生部分对称性允许的 d→d 跃迁，但差别并不是太大，说明八面体仍是这些配合物有效的对称性。

（3）"强度潜移"（intensity stealing）

该机理实质上也是一种振动-电子耦合机理，它认为宇称禁阻的 d→d 跃迁可能与宇称允许的荷移跃迁通过奇宇称的振动耦合，从而使跃迁距具有非零值。由于宇称允许的跃迁发生在较高能处，当 d→d 跃迁谱带蓝移（hypsochromic shift，表示吸收峰向短波区移动的现象）至接近荷移谱带时，能量差越小，两者的耦合程度越大。在配合物中，当 d→d 跃迁能较高、荷移跃迁能较低时，有可能发生这种耦合。

（4）M—L 共价相互作用

按照配合物的分子轨道理论，在配合物中如果金属与配体之间存在较大的共价作用，则基态与激发态都有可能发生对称性相同的金属 d 轨道与配体 p 轨道的混杂。例如，在卤素的四面体配合物的 $3t_2$ 和 2e 轨道上都有一定的配体 p 轨道的成分，类似于对缺乏对称中心配合物的讨论，这也是 d→d 跃迁强度增加的一个重要因素。此时所观察到的 d→d 跃迁甚至可以成为同类配合物 M—L 键共价成分的定性量度。对于不存在对称中心的配合物，上述混杂的可能性较大，且与对称性允许跃迁一起对强度作出贡献，尤其是当配体为"软"配体时，ε 可达 $10^2\sim10^3\ L\cdot mol^{-1}\cdot cm^{-1}$。具有"软"金属离子或"软"碱配体的中心对称配合物，其强度也比相应的"硬"配合物高，如含 CN^-、SCN^-、N_3^-、OCN^- 等阴离子及有机配体的正八面体配合物和平面正方形的 $[PtCl_4]^-$ 都有较高的摩尔消光系数。

（5）磁偶极矩跃迁的贡献

有时某个跃迁按照上述选律判断应该是禁阻的，但实际上仍能观察到很小的跃迁概率，这可能是由于磁偶极矩跃迁的贡献。这是因为除了分子的电偶极矩与电磁波发生作用外，分子的磁偶极矩也能与电磁波发生作用，分子的电四极距在电场梯度改变时也有能量的吸收，它们分别称为磁偶极跃迁和电四极跃迁，这两种跃迁比电偶极跃迁的概率小得多。磁偶极跃迁虽然比电偶极跃迁弱几个数量级，但是在中心对称的情况下（此时，电偶极跃迁矩积分为零），它可与振动-电子耦合机理配合对某些弱谱带进行解释。

（6）轨-旋耦合（spin-orbit coupling）

考虑总自旋量子数 S 不等于零的情况，若存在较强的轨-旋耦合，不同的自旋态可以具有相同总量子数 J，则两种不同的自旋态可以相互作用，作用的结果是，S 不再是严格的好量子数，即此时原本为自旋禁阻的跃迁就变得不再完全禁阻，但由此获得的跃迁几率非常小。例如，单重态（S=0）到三重态（S=3）的跃迁是自旋禁阻的，但是因为存在轨-旋耦合，使得这两种状态有了相同 J 值，因此两种状态可能发生相互作用，使原来的单重态不再是纯的单重态，原来的三重态也不再是纯的三重态，即发生了自旋多重度的混合。

总之，配合物的颜色一般决定于配合物中基态与激发态的跃迁能，而其强度则取决于能级间跃迁的概率，d→d 跃迁强度与配合物的非对称性程度，即金属与配体的性质有一定的关系，但 d→d 跃迁能与跃迁概率之间无必然的联系。

4.1.2.3 光谱带宽度的分析

配合物分子内部若基态和激发态之间有确定的能量差，则在电子光谱图中应观察到较窄的吸收峰，表示配合物吸收了一定波长的光，使电子从基态跃迁到了激发态。但实际上观察到的配合物电子光谱通常较宽（1 000 ~ 3 000 cm^{-1}），吸收峰加宽通常有以下 3 方面的原因：

（1）由配合物分子内振动引起：配合物分子内的振动会调节配位场强度，在第 3 章的配合物晶体场理论中已述及，配位场分裂能Δ值的大小是随着 M—L 之间配位键距离的变化而变化的。在键的振动过程中，键距是在不断变化着的，所以光谱项之间的分裂能就可以在一个很宽的范围内变化，这样就使吸收谱带加宽。

这里需要指出的是，配合物电子光谱的加宽是可以利用低温光谱的测定加以消除的，因为在低温下，电子占据较低振动能级，这样跃迁的概率就会减少。

（2）姜-泰勒效应的影响：当金属离子周围配体非等同时，配位场的强度会随方向而发生变化，并使对称性比在金属离子周围配体等同时低，这些都会使能级发生微小的分裂，引起吸收峰谱带加宽。例如，在多数 Ti^{3+}的八面体配合物的电子光谱吸收峰上可以观察到平肩，有的甚至会发生分裂。在$[Ti(H_2O)_6]^{3+}$的电子光谱（图 4.5）中，就可以观察到一个平肩，这就是激发态的姜-泰勒效应所引起的能级分裂造成的。$[Ti(H_2O)_6]^{3+}$变形为轴向压扁的八面体（图 4.6），由谱带的形状可以推断$[Ti(H_2O)_6]^{3+}$的激发态 e_g 轨道的分裂能 δ_1 较小，$b_{2g}\to b_{1g}$ 和 $b_{2g}\to a_{1g}$ 的轨道跃迁能虽有所不同，但并不引起谱项的分裂，而只是对谱带宽度有贡献。

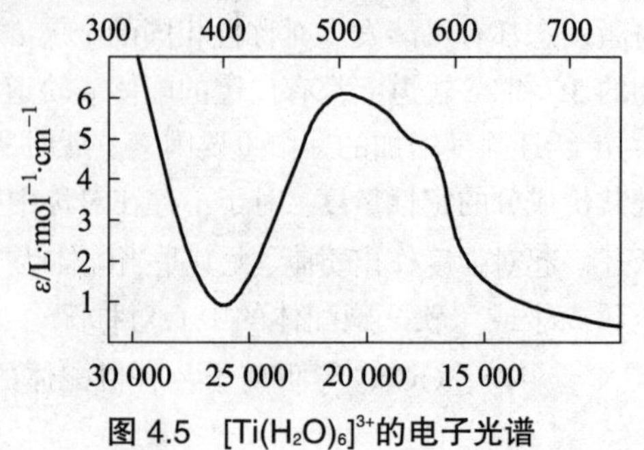

图 4.5 $[Ti(H_2O)_6]^{3+}$的电子光谱

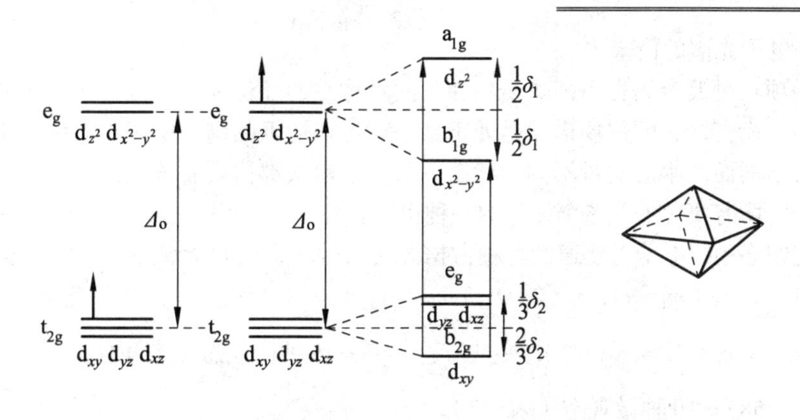

图 4.6 d^1组态八面体配合物的激发态姜–泰勒变形

（3）轨-旋耦合作用引起光谱项的分裂：光谱项之间的分裂值是轨-旋耦合作用（即内量子数 J）的倍数，当轨-旋耦合作用比较大时，可以预见这种耦合作用会引起电子光谱谱带上出现一系列精细结构。在第二和第三系列过渡金属的配合物中，这种精细结构通常会被振动带所掩盖。

4.1.3 配合物的 d→d 跃迁光谱

大多数过渡金属配合物都有颜色，表明它们能够吸收可见光区的能量，使基态电子进入激发态。事实上过渡金属配合物中 d 电子的跃迁是比较复杂的，这是因为中心金属离子是多电子体系，各个 d 电子之间的相互排斥引起能级发生分裂，而分裂后的能级在配位场中受到配体的作用又会进一步发生分裂，然后 d 电子在分裂的能级间跃迁，从而产生配合物的电子光谱。以下我们将分别加以讨论。

4.1.3.1 自由离子的谱项

在这里我们首先对本节所涉及的术语归纳如下：

轨道：量子力学中，轨道是对经典物理学中“轨道”概念的扬弃，代表单电子体系的某种运动状态，是单电子波函数 ψ_i。对于多电子分子（或离子）体系，当把其他电子和核形成的势场当做平均场来处理时，轨道也用来近似表示体系中某个单电子的运动状态。

能级：由体系（分子或离子）总能量所决定的排布电子的能量高低顺序。

简并态：原子（分子或离子）中能级相同的状态。

电子组态：原子（或离子）的电子组态可定义为原子（或离子）的电子在其原子轨道上按一定规则所作的排布，即用各个电子的主量子数 n 和 l 表示无磁场作用下的原子（或离子）状态。配合物（分子或离子）的电子组态可定义为配合物中的电子在其分子轨道上按一定规则所作的排布，如$[Mn(H_2O)_6]^{2+}$和$[Fe(CN)_6]^{3-}$的基态价层电子组态可分别简写为$(t_{2g})^3(e_g)^2$和$(t_{2g})^5(e_g)^0$。

谱项：对于多电子原子（或离子），在同一电子组态中，因电子间相互作用可以有所不同而产生的能量不同的状态叫谱项，这些状态的总自旋角动量和总轨道角动量有所不同。每个谱项都代表着该组态的所有电子的一种排布方式，也可以说谱项代表着整个原子（或离子）体系的一种运动状态。按照选择定则，体系从一种状态变化到另一种状态，就引起不同能量的谱项间跃迁，这就是电子光谱的由来。

配位场谱项：过渡金属自由离子谱项在不同对称性的配位环境中分裂所产生的分量谱项称为配位场谱项。换言之，配位场谱项是处于某一对称环境下的同一电子组态中由于电子间互斥作用可以有所不同而产生的能量不同的状态。每一个谱项都代表着该组态中所有电子的一种排布方式，即配位场谱项代表着整个体系的一种运动状态。

某一给定组态中，电子对轨道的各种占据方式叫做该组态的微观态。例如，$2p^2$ 组态的一种微观态就是$(1^+, 1^-)$，（$m_l = +1, m_s = +1/2$ 和 $m_l = +1, m_s = -1/2$）；另一种微观态是$(-1^+, 0^+)$，（$m_l = -1$，$m_s = +1/2$ 和 $m_l = 0, m_s = +1/2$），一共有：$\dfrac{6\times5}{2} = 15$ 种微观态（表 4.1）。对于 d^1（如 Ti^{3+}）组态，一共有：$5\times2 = 10$ 种微观态（表 4.2）。

表 4.1　$2p^2$ 组态的 15 种微观态

1	↑↓	↑	↑	↓	↑	↑	↓		↓	↓					
0		↑	↓	↑				↑↓	↓		↑	↑	↓	↓	
−1					↑	↓	↑			↓	↑	↓	↑	↓	↑↓

表 4.2　$3d^1$ 组态的 10 种微观态

2	↑	↓								
1			↑	↓						
0					↑	↓				
−1							↑	↓		
−2									↑	↓

这样若同一组轨道上有ν个电子，且每个电子可能存在的状态数为μ，则其微观数可按组合：$C_\mu^\nu = \dfrac{\mu!}{\nu!(\mu-\nu)!}$来计算。由此可计算出 $3d^2$ 组态的微观数为 $C_\mu^\nu = \dfrac{15!}{2!(15-2)!} = 45$(种)，当考虑电子间的排斥作用时，各种微观态的能量不尽相同，但我们可以将能量相同的微观态归并为一组（能级），这种能量上互不相同的能级组在光谱学上叫做光谱项，或简称为谱项。例如，对于 d^1 组态，只有一个谱项，即 ^2D。对 d^n 组态，可利用 Russell-Saunders（对原子序数 $Z\leqslant30$）耦合法推导其谱项：

$$S = \sum s_i\,,\quad L = \sum l_i$$

对于 d^1 组态 $L = 2$，$S = 1/2$。

对于 d^2 组态 $S = s_1 + s_2$，$s_1 + s_2 - 1$，…，$|s_1 - s_2| = 1$，0

$$L = l_1 + l_2,\ l_1 + l_2 - 1,\ l_1 + l_2 - 2,\ \cdots,\ |l_1 - l_2| = 4,\ 3,\ 2,\ 1,\ 0$$

谱项符号用总角量子数 L 和总自旋量子数 S 表示，自旋状态总数通常表示为 $2S+1$，$2S+1$ 又被称为谱项的自旋多重度。这时，谱项符号则表为 ^{2S+1}L。^{2S+1}L 称为 Russell-Saunders 谱项符号。谱项符号类似于单电子轨道，但用大写字母来定义 L 值，当 L 为 0，1，2，3，4，5…时，相应的谱项符号分别为 S，P，D，F，G，H，…。对于 d^1 组态，可得谱项 ^2D；对于 d^2 组态，可得

谱项 ^3F、^3P、^1G、^1D 和 ^1S。表 4.3 给出了 d^n 组态产生的谱项。

表 4.3 d^n组态产生的谱项

组态	谱项										
d^1、d^9	^2D										
d^2、d^8	^3F	^3P	^1G	^1D	^1S						
d^3、d^7	^4F	^4P	^2H	^2G	^2F	^2D	^3P				
d^4、d^6	^5D	^3H	^3G	^3F	^3D	^3P	^1I	^1G	^1F	^1D	^1S
d^5	^6S	^4G	^4F	^4D	^4P	^2I	^2H	^2G	^2F	^2D	^2P	^2S
d^{10}	^1S										

从表 4.3 中我们可以看到，d^n 与 d^{10-n} 组态有相同的光谱项，简单解释如下：按照空穴理论，d 层中的 n 个空穴可以作为 n 个正电子处理，而正电子间的相互排斥作用与电子间的相互排斥作用完全相同，所以 d^n 与 d^{10-n} 组态有相同的光谱项。从表 4.3 中我们还可以看出，同一电子组态有很多光谱项，但这些光谱项能级高低如何呢？特别是在这些光谱项中哪个光谱项具有最低能级，即最稳定的能级（或称为基谱项）？光谱学就是研究基态和激发态之间能量差问题的。

在判断由光谱项标记的原子能态的高低时，可以根据下述洪特（Hund）规则推求同一组态最稳定能态即基态光谱项。

（1）同一组态中，S 值最大者能量最低；

（2）S 值相同时，L 值最大者最稳定。

综上，可方便地推算出 d^n 组态的基态光谱项（表 4.4），注意在填充至半满之后用“空穴规则”，即从右边（$m_l = -2$）填入电子，它们可被看成满壳层加上 $10-n$ 个“空穴”形成的状态。因为在半满之后，“空穴”应处于能量最低的状态。从表 4.4 中可以看出，由于“空穴规则”的缘故，表中最后一列的基态谱项以 d^5 组态为界，呈现出一种对称的分布形式。

表 4.4 d^n组态的基态谱项的推求

组态	d 轨道的磁量子数 m_l					L	S	基态谱项 ^{2S+1}L
	2	1	0	−1	−2			
d^1	↑					2	1/2	^2D
d^2	↑	↑				3	1	^3F
d^3	↑	↑	↑			3	3/2	^4F
d^4	↑	↑	↑	↑		2	2	^5D
d^5	↑	↑	↑	↑	↑	0	5/2	^6S
d^6	↑	↑	↑	↑	↑↓	2	2	^5D
d^7	↑	↑	↑	↑↓	↑↓	3	3/2	^4F
d^8	↑	↑	↑↓	↑↓	↑↓	3	1	^3F
d^9	↑	↑↓	↑↓	↑↓	↑↓	2	1/2	^2D

4.1.3.2 基态光谱支项

若进一步考虑电子的轨道与自旋相互作用，即轨-旋耦合作用，则每个光谱项还可能分裂成若干光谱支项。根据洪特第二规则：当谱项由少于半充满的组态产生时，J 值最小的支谱项能量最低；多于半充满，J 值最大的支谱项能量最低；恰好半充满时，只产生 $L=0$ 的 S 谱项，故 S 项不分裂为光谱支项。

当 $L \geqslant S$ 时，光谱项分裂为 $2S+1$ 个光谱支项；当 $L<S$ 时，光谱项分裂为 $2L+1$ 个光谱支项。根据上述规则，可以简便地求出原子（或离子）的基态光谱支项。例如：

Ti：$[Ar]4s^2 3d^2$　　$S=1$，$L=3$

电子组态小于半满，J 小，能级低，$J=4$，3，2，1，$J_{min}=L-S=2$

所以，基态光谱支项为 $^3F_2$。

Mn：$[Ar]\ 3d^5$　　$S=5/2$，$L=0$

电子组态等于半满，谱项不分裂，$J=L+S=L-S=5/2$

所以，基态光谱支项为 $^6S_{5/2}$。

Br：$[Ar]\ 3d^{10}4s^2 4p^5$　　$S=1/2$，$L=1$

电子组态大于半满，J 大，能级低，$J=3/2$，1/2，$J_{max}=L+S=3/2$

所以，基态光谱支项为 $^2P_{3/2}$。

根据基态光谱支项的推求规则，采用表 4.4 中 d^n 体系基态光谱项的推求法，可以推求出镧系离子 Ln^{3+} 的基态光谱支项（表 4.5）。

表 4.5　镧系离子 Ln^{3+} 基态光谱支项的推求

Ln^{3+}　$4f^n$	4f 轨道的磁量子数 m_l							L	S	$J=L\pm S$	基态光谱支项 $^{2S+1}L_J$
	3	2	1	0	−1	−2	−3				
$J=L-S$											
La^{3+}　$4f^0$								0	0	0	$^1S_0$
Ce^{3+}　$4f^1$	↑							3	1/2	5/2	$^2F_{5/2}$
Pr^{3+}　$4f^2$	↑	↑						5	1	4	$^3H_4$
Nd^{3+}　$4f^3$	↑	↑	↑					6	3/2	9/2	$^4I_{9/2}$
Pm^{3+}　$4f^4$	↑	↑	↑	↑				6	2	4	$^5I_4$
Sm^{3+}　$4f^5$	↑	↑	↑	↑	↑			5	5/2	5/2	$^6H_{5/2}$
Eu^{3+}　$4f^6$	↑	↑	↑	↑	↑	↑		3	3	0	$^7F_0$
$J=L+S$											
Gd^{3+}　$4f^7$	↑	↑	↑	↑	↑	↑	↑	0	7/2	7/2	$^8S_{7/2}$
Tb^{3+}　$4f^8$	↑	↑	↑	↑	↑	↑	↑↓	3	3	6	$^7F_6$
Dy^{3+}　$4f^9$	↑	↑	↑	↑	↑	↑↓	↑↓	5	5/2	15/2	$^6H_{15/2}$
Ho^{3+} $4f^{10}$	↑	↑	↑	↑	↑↓	↑↓	↑↓	6	2	8	$^5I_8$
Er^{3+}　$4f^{11}$	↑	↑	↑	↑↓	↑↓	↑↓	↑↓	6	3/2	15/2	$^4I_{15/2}$
Tm^{3+} $4f^{12}$	↑	↑	↑↓	↑↓	↑↓	↑↓	↑↓	5	1	6	$^3H_6$
Yb^{3+} $4f^{13}$	↑	↑↓	↑↓	↑↓	↑↓	↑↓	↑↓	3	1/2	7/2	$^2F_{7/2}$
Lu^{3+} $4f^{14}$	↑↓	↑↓	↑↓	↑↓	↑↓	↑↓	↑↓	0	0	0	$^1S_0$

4.1.3.3 自由离子谱项在配位场中的分裂

如前所述，可预见在 d^1 体系中只出现 1 个吸收峰，并且已被实验证实。对于多电子体系，情况则要复杂得多。当考虑电子互斥作用和配位场作用能 V 的影响时，配合物中心离子的哈密顿算符将包含以下 2 项：

$$\hat{H} = \hat{H}_F + V \tag{4-1}$$

式中 $\hat{H}_F$——自由离子的哈密顿算符；

V——配位场势能项，可以看作配位场对自由离子的微扰项。

一般说来，对于原子序数 Z 较小的轻原子（$Z \leqslant 30$），在书写哈密顿算符时，先考虑每个电子与核的库仑引力，其次是电子互斥，再次是轨-旋耦合[式（4-2）]。LFT 考虑中心离子的哈密顿算符时，只不过是在一个合适的地方加上一个微扰项。

$$\hat{H} = \underbrace{-\frac{1}{2}\sum_{i=1}^{n}\nabla_i^2}_{\text{电子动能}} \underbrace{-\sum_{i=1}^{n}\frac{Z}{r_i}}_{\text{电子与核作用能}} + \underbrace{\frac{1}{2}\sum_{i \neq j}^{n}\frac{1}{r_{ij}}}_{\text{电子间相互排斥能}} + \underbrace{\sum_{i=1}^{n}\xi_i(r)L_i S_i}_{\text{轨-旋耦合}} + \underbrace{V}_{\text{配位场作用能}} \tag{4-2}$$

式中 Z——中心离子有效核电荷；

r_i——第 i 个电子离核的距离；

r_{ij}——第 i 个电子与第 j 个电子之间的距离。

式中第 1 个加和项是对所有电子的动能求和；第 2 项是对所有电子与核的吸引能求和；第 3 项是对所有电子的相互排斥能求和；第 4 项是自旋和轨道之间的轨-旋耦合能之和；第 5 项为配位场势能项。根据研究得知有如下 3 种情况：

（1）$V < \sum_{i=1}^{n}\xi_i(r)L_i S_i$，配位场作用小于轨-旋耦合作用，稀土配合物属于这种情况。

（2）$\frac{1}{2}\sum_{i \neq j}^{n}\frac{1}{r_{ij}} > V > \sum_{i=1}^{n}\xi_i(r)L_i S_i$，电子互斥作用大于配位场作用，配位场作用大于轨-旋耦合作用，即分裂能 Δ 与谱项之间的能量间隔是比较小的，这种情况称为弱场，第一系列过渡金属配合物属于这种情况。

（3）$V > \frac{1}{2}\sum_{i \neq j}^{n}\frac{1}{r_{ij}} > \sum_{i=1}^{n}\xi_i(r)L_i S_i$，配位场作用大于电子互斥作用，电子互斥作用大于轨-旋耦合作用，即分裂能 Δ 比谱项之间的能量间隔大，称为强场，第二、三系列过渡金属配合物属于这种情况。

这里需要指出的是，以上 3 种情况之间并无明显的界限，这种划分只是为了使问题处理简单化。事实上第一过渡系金属配合物介于第二、三种情形之间，因此采用两者之一作为出发点来进行讨论，都可以得到相同的结果。

自由离子谱项在配位场中的分裂可以根据式（4-2）中后 3 项微扰作用的不同情形进行相应处理。原则是首先考虑较强的微扰而暂不考虑较弱的微扰，求得近似解；其次，将已求解的微扰体系作为无微扰体系，将次强的相互作用视为对前者的一种微扰，暂时忽略更弱的相互作用，求得精确一些的近似解；最后以刚求得近似解的体系作为无微扰体系，将最弱的相互作用作为一种微扰，求得更精确的近似解。当配位场作用能弱于电子排斥能时，配位场作用相当于对电子间作用的微扰，可以对金属原子（或离子）进行谱项分解，然后计算各个谱项的能级；再将各个谱项对点群的不可约表示进行分解，计算配位场作用能，称为弱场方案。在配位场势能项远大于电子间排斥能项的情况下，则要用强场方案来处理该体系，即认为未受微扰的体系为不考虑电子间相互排斥作用的处于配位场中的原子或离子，而将电子间相互作用看作对配位场作用的微扰。简言之，在轨-旋耦合作用较弱，可忽略不计的前提下，弱场方案：先考虑电子间相互作用（自由离子谱项），然后考虑配位场作用对各个谱项的影响；强场方案：先考虑配位场作用，然后再考虑电子间互斥作用。

（1）在弱场情况下，能级分裂在各谱项内进行，弱场作用对电子自旋没有影响。因此球形场中的自由离子（或原子）谱项转变为配位场分量谱项时，自旋多重度不发生变化。运用弱场方案考虑谱项分裂的步骤如下：

① 找出 d^n 组态产生的自由离子谱项；

② 研究每个谱项在配位场中的分裂情况。

以正八面体场为例，前面我们已经研究过 d^n 组态的基态谱项（表 4.4），显然除了自旋多重度不同之外，d^n 组态的基谱项只有 $L=0$，2，3，即 S、D 和 F 三种形式。而一定的配位场对给定 L 的谱项分裂得到的分量谱项的类型和数目是一样的。角量子数为 L 的谱项在特定对称性下的分裂与角量子数为 l 的单电子能级在该对称环境中的分裂情况是一样的，即 S，P，D，F，G，…谱项的分裂分别与 s，p，d，f，g，…轨道的分裂情况一样。因此，不同单电子轨道在特定对称性下分裂的结果完全适用于谱项的分裂。例如，s 轨道在八面体场中不分裂，具有 a_{1g} 对称性；5 个 d 轨道在八面体场中分裂为两组，为 $t_{2g}+e_g$ 对称性；7 个 f 轨道在八面体场中分裂为 3 组，为 $t_{1g}+t_{2g}+a_{2g}$ 对称性。则 S 谱项在八面体场中也不分裂，具有 A_{1g} 对称性；D 谱项在八面体场分裂为 $T_{2g}+E_g$；F 谱项在八面体场中分裂为 $T_{1g}+T_{2g}+A_{2g}$ 对称性。表 4.6 列出了 S ~ I 谱项在几种常见配位场中的分裂情况，使我们能够比较简便地处理问题。表 4.7 则给出了所有 d^n 组态的基谱项在弱八面体场中的分裂形式。

表 4.6　由 d^n 组态产生的谱项的分裂

谱项类型	对称性环境			
	O_h	T_d	D_{4h}	D_3
S	A_{1g}	A_1	A_{1g}	A_1
P	T_{1g}	T_1	$A_{2g}+E_{2g}$	A_2+E
D	$T_{2g}+E_g$	T_2+E	$A_{1g}+B_{1g}+B_{2g}+E_g$	A_1+2E
F	$A_{2g}+T_{1g}+T_{2g}$	$A_2+T_1+T_2$	$A_{2g}+B_{1g}+B_{2g}+2E_g$	A_1+2A_2+2E
G	$A_{1g}+E_g+T_{1g}+T_{2g}$	$A_1+E+T_1+T_2$	$2A_{1g}+A_{2g}+B_{1g}+B_{2g}+2E_g$	$2A_1+A_2+3E$
H	$E_g+2T_{1g}+T_{2g}$	$E+2T_1+T_2$	$A_{1g}+2A_{2g}+B_{1g}+B_{2g}+3E_g$	A_1+2A_2+4E
I	$A_{1g}+A_{2g}+E_g+T_{1g}+2T_{2g}$	$A_1+A_2+E+T_1+2T_2$	$2A_{1g}+A_{2g}+2B_{1g}+2B_{2g}+3E_g$	$3A_1+2A_2+4E$

表 4.7　d^n组态的基谱项在八面体场中的分裂形式

组态	实例	分裂	分裂	实例	组态
d^1	Ti^{3+}	^2D → ^2E_g, $^2T_{2g}$	^2D → $^2T_{2g}$, ^2E_g	Cu^{2+}	d^9
d^2	V^{3+}	^3F → $^3A_{2g}$, $^3T_{2g}$, $^3T_{1g}$	^3F → $^3T_{1g}$, $^3T_{2g}$, $^3A_{2g}$	Ni^{2+}	d^8
d^3	Cr^{3+}	^4F → $^4T_{1g}$, $^4T_{2g}$, $^4A_{2g}$	^4F → $^4A_{2g}$, $^4T_{2g}$, $^4T_{1g}$	Co^{2+}	d^7
d^4	Mn^{3+}	^5D → $^5T_{2g}$, ^5E_g	^5D → ^5E_g, $^5T_{2g}$	Fe^{2+}	d^6
d^5	Mn^{2+}	^6S → $^6A_{1g}$			

表 4.7 具有以下几个特点：

① d^n 和 d^{10-n} 组态的分裂情况相同，但能级顺序相反；

② d^n 和 d^{5+n} 组态的分裂情况相同，能级顺序相同；

③ d^n 和 d^{5-n} 组态的分裂情况相同，但能级顺序相反。

由于多电子体系的 d→d 跃迁主要涉及基谱项分裂出的分量谱项之间的跃迁，因此认识和掌握表 4.7 中的基谱项分裂形式是研究八面体配合物 d→d 跃迁光谱的基础。该表还可以帮助我们判断哪些配合物容易发生姜-泰勒变形：具有简并的基态分量谱项的配合物易发生姜-泰勒变形，从表中可看出，d^3、d^5、d^8 组态的基态分量谱项都是非简并的，所以这几种类型的高自旋配合物将不发生姜-泰勒变形。

（2）在强场情况下，电子间的相互排斥是对配位场作用的微扰，即要首先考虑在八面体场的作用下 d 轨道发生分裂后的配位场组态，而配位场分量谱项是强场组态电子间相互作用的结果。例如，d^2 组态的$[V(H_2O)_6]^{3+}$，按照能级增加的顺序可能有如下 3 种组态：

$(t_{2g})^2$：2 个电子都在 t_{2g} 轨道上；

$(t_{2g})^1(e_g)^1$：1 个电子在 t_{2g} 轨道上，另 1 个电子在 e_g 轨道上；

(e_g^2)：2 个电子都在 e_g 轨道上。

接着考虑电子间的相互作用，对于$(t_{2g})^2$ 组态，它可进一步分裂为 $^3T_{1g}+{}^1T_{2g}+{}^1A_{1g}+{}^1E_g$；$(t_{2g})^1(e_g)^1$ 组态进一步分裂为 $^3T_{1g}+{}^1T_{1g}+{}^3T_{2g}+{}^1T_{2g}$；$(e_g^2)$ 分裂为 $^3A_{2g}+{}^1E_g+{}^1A_{1g}$。

表 4.8 和表 4.9 分别列出了 d^2 组态体系在弱八面体场和强八面体场条件下分裂所得的配位场分量谱项。从这两个表中可以看出，虽然考虑问题的出发点不同，但不论在强场还是在弱场

条件下推出的配位场分量谱项的形式和数目都是相同的。

表 4.8　d^2组态在弱八面体场条件下分裂所得的配位场分量谱项

自由离子谱项	八面体场分量谱项	微能态数目
^{3}F	$^{3}A_{2g}+{}^{3}T_{1g}+{}^{3}T_{2g}$	21
^{3}P	$^{3}T_{1g}$	9
^{1}G	$^{1}A_{1g}+{}^{1}E_{g}+{}^{1}T_{1g}+{}^{1}T_{2g}$	9
^{1}D	$^{1}T_{2g}+{}^{1}E_{g}$	5
^{1}S	$^{1}A_{1g}$	1
合计	11 个光谱项	45 个微能态

表 4.9　d^2组态在强八面体场条件下分裂所得的配位场分量谱项

强场组态	八面体场分量谱项	微能态数目
$(t_{2g})^2$	$^{3}T_{1g}+{}^{1}T_{2g}+{}^{1}E_{g}+{}^{1}A_{1g}$	15
$(t_{2g})^1(e_g)^1$	$^{3}T_{1g}+{}^{1}T_{1g}+{}^{3}T_{2g}+{}^{1}T_{2g}$	24
(e_g^2)	$^{3}A_{2g}+{}^{1}E_{g}+{}^{1}A_{1g}$	6
合计	11 个光谱项	45 个微能态

4.1.3.4　八面体配合物的 d→d 跃迁数目

综上，我们得到了d^2组态在八面体场中的分量谱项，采用类似的方法，可以得到d^n组态在弱八面体场中的基态电子构型、跃迁数和第一、第二激发态配位场分量谱项（表 4.10）。

表 4.10　d^n组态在弱八面体场中的基态电子构型、跃迁数和第一、第二激发态配位场分量谱项

组态	d^1	d^2	d^3	d^4	d^5	d^6	d^7	d^8	d^9
跃迁数	0	1	3	3	1	1	3	3	1
第二激发态		$^{3}A_{2g}$	$^{4}T_{1g}$				$^{4}A_{2g}$	$^{3}T_{1g}$	
第一激发态	$^{2}E_{g}$	$^{3}T_{1g}$	$^{4}T_{1g}$				$^{4}T_{2g}$	$^{3}T_{1g}$	
		$^{3}T_{2g}$	$^{4}T_{2g}$	$^{5}T_{2g}$		$^{5}E_{g}$	$^{4}T_{1g}$	$^{3}T_{2g}$	$^{2}T_{2g}$
基态	$^{2}T_{2g}$	$^{3}T_{1g}$	$^{4}A_{2g}$	$^{5}E_{g}$	$^{6}A_{1g}$	$^{5}T_{2g}$	$^{4}T_{1g}$	$^{3}A_{2g}$	$^{2}E_{g}$

由表 4.10 可见，不同数目的 d 电子的谱项间有一定关系，由 $d^1 \sim d^5$ 的谱项和 $d^6 \sim d^9$ 的谱项比较，除多重度不同外有相同的简并态，即 d^n 和 d^{n+5} 的简并态（$n < 5$）相同。此外 d^1 和 d^9、d^2 和 d^8，即 d^{10-n} 和 d^n（$n < 10$）有相同的谱项，但两者的基态和激发态相互颠倒呈倒置关系。以 d^1 和 d^9 为例，d^9 组态比球形对称的 d^{10} 少 1 个电子，即 d^9 组态离子的 5 个 d 轨道只留下 1 个空穴，这个空穴可以当做 1 个正电子来处理，1 个正电子在电场中的作用，除符号和电子相反外，其作用完全相当，所以 d^1 和 d^9 组态的离子除能量符号相反外，在晶体场中的行为完全相同，故 d^9 组态离子的电子从充满的 t_2 轨道跃迁到 e 轨道，相当于空穴从 e 跃迁到 t_2，即 $^2E \rightarrow {}^2T_2$，故 d^9 组态离子的基态谱项为 ^2E，激发态谱项为 $^2T_2$。d^8 组态离子有类似的情况，考虑到电子互斥作用，第一激发态同样分裂为 $^3T_2$ 和 $^3T_1$ 两个微态。d^8 组态离子各能量状态的顺序为 $^3A_2 <$（$^3T_2 \leftarrow {}^3T_1$）$< {}^3T_1$，与 d^2 组态离子的能量顺序 $^3T_1 <$（$^3T_2 \leftarrow {}^3T_1$）$< A_2$ 有倒置关系，其电子在不同状态间可能产生如图 4.7 所示跃迁。d^3 和 d^7 组态与 d^2 和 d^8 组态有完全类似的情形。d^3 的基态谱项为 $^4A_2$，第一激发态 $^4T_1$ 同样分为 $^4T_2$ 和 $^4T_1$，其能量顺序为 $^4A_2 <$（$^4T_2 \leftarrow {}^4T_1$）$< {}^4T_1$，顺序和 d^7 组态刚好相反。d^4 比半满壳层少 1 个电子，与 d^9 有相同的简并态（E 和 T_2）；d^6 又比半满壳层多 1 个电子，与 d^1 有相同的简并态（T_2 和 E），d^4 和 d^6 组态能级顺序呈倒置关系。此外，d^5 组态为半满壳层，不产生相同多重度的激发态，它只有基态谱项。

d^2	d^8
$^3T_2 \longleftarrow {}^3T_1$	$^3T_2 \longleftarrow {}^3A_2$
$^3T_1 \longleftarrow$	$^3T_1 \longleftarrow$
$^3A_2 \longleftarrow$	$^3T_1 \longleftarrow$

图 4.7　d^2 和 d^8 组态的电子跃迁

以上所述八面体配合物的谱项关系如图 4.8 所示。此图表明，d^1、d^4、d^6、d^9 的八面体配合物只有 1 种跃迁；d^2、d^3、d^7、d^8 的八面体配合物有 3 种跃迁。实验证明 d^1、d^4、d^6、d^9 的 $[Ti(H_2O)_6]^{3+}$、$[Cr(H_2O)_6]^{2+}$、$[Fe(H_2O)_6]^{2+}$、$[Cu(H_2O)_6]^{2+}$ 等离子在可见光区只有 1 个吸收带；而 d^2、d^3、d^7、d^8 的 $[V(H_2O)_6]^{3+}$、$[Cr(H_2O)_6]^{3+}$、$[Ni(H_2O)_6]^{2+}$ 等离子在可见光区有 2 ~ 3 个吸收带，$[V(H_2O)_6]^{3+}$、$[Cr(H_2O)_6]^{3+}$ 的第 3 个吸收带为荷移跃迁峰所掩盖。高自旋的 d^5 配合物一般在可见光区无强烈的吸收，它们的配合物的颜色近似于无色，这也与它们没有相同多重度的激发态一致，但有些离子如 $[Mn(H_2O)_6]^{2+}$，在可见光区也会有微弱的吸收，它的摩尔消光系数比其他离子要小 2 个数量级，这样小的 ε 值乃是由不同多重度的跃迁所引起的。第一过渡系水合离子的电子光谱如图 4.9 所示。

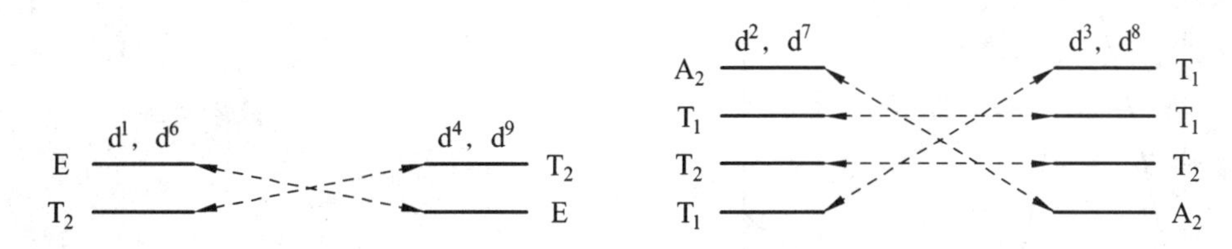

图 4.8　$d^1 \sim d^9$ 组态八面体配合物的谱项关系

四面体轨道分裂顺序与八面体相反，故谱项顺序与八面体倒置。

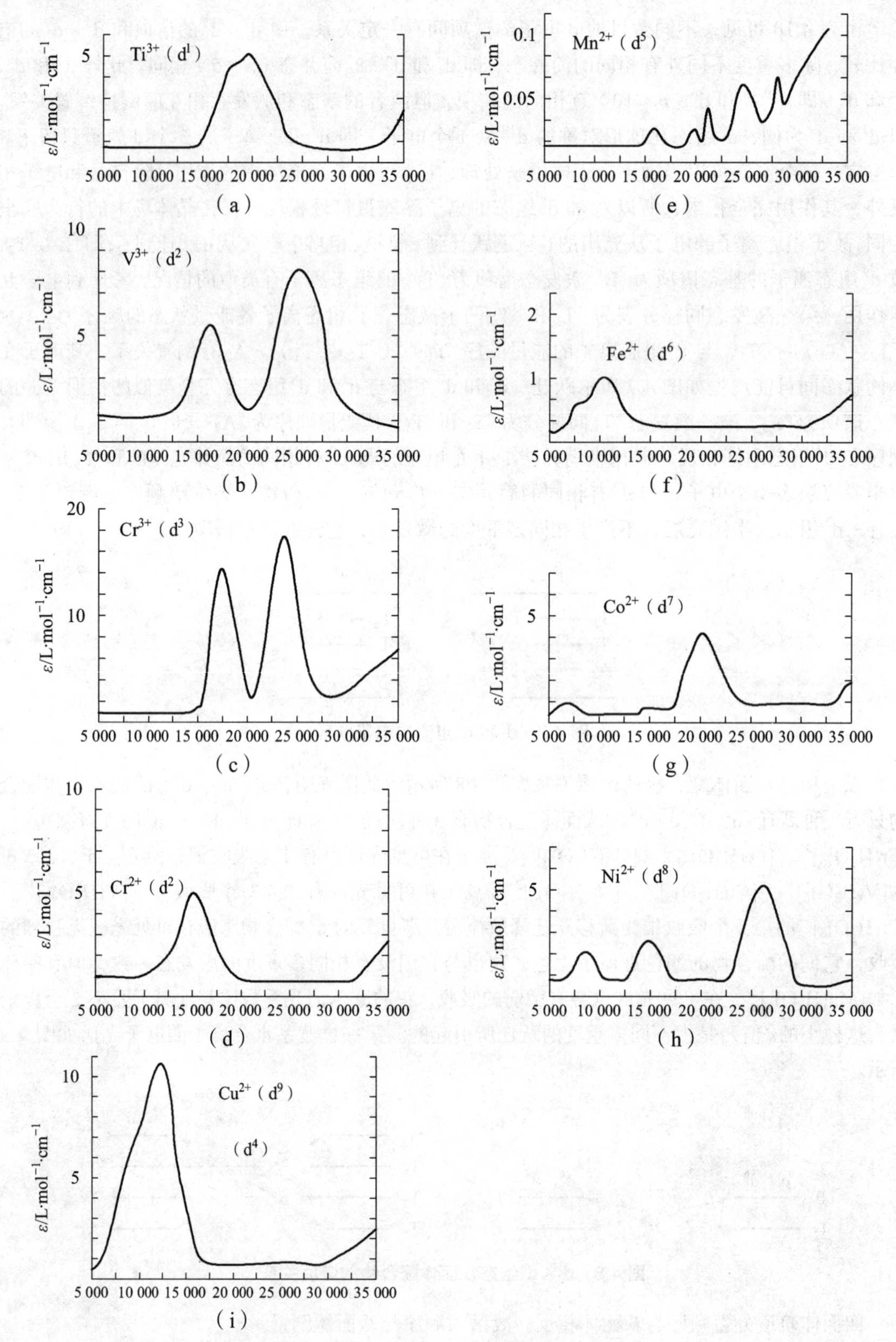

图 4.9　第一过渡系水合离子的电子光谱

4.1.3.5 电子跃迁能

上一部分我们讨论了 d→d 跃迁谱带的数目与中心原子 d 电子结构的关系，下面我们将讨论如何由谱带位置获得电子跃迁能量，从而计算 d 电子数目大于 1 的体系的分裂能。

（1）d^1、d^4、d^6、d^9 组态的八面体或四面体配合物，在可见光区仅出现一个单峰，从单峰位置即可求得Δ_o或Δ_t。

（2）d^2、d^3、d^7、d^8 组态的配合物在可见区有三个吸收峰，对于 d^3、d^8（O_h）与 d^2、d^7（T_d），从最低一个峰的波数可得到 Δ_o 或 Δ_t。对于 d^2、d^7（O_h）与 d^3、d^8（T_d），计算第 1 个和第 3 个峰的波数差可算出Δ_o或Δ_t，如图 4.10 所示。

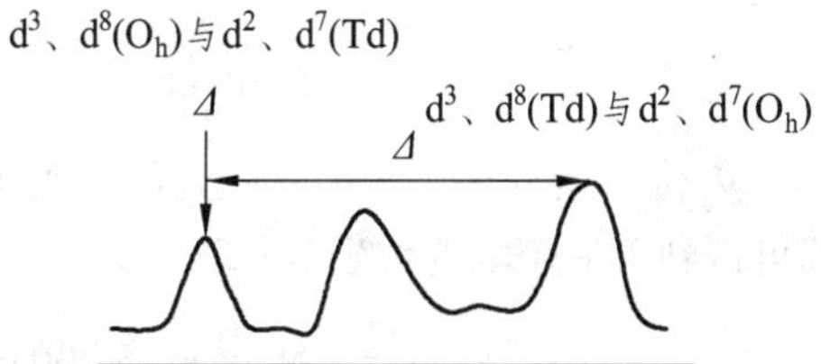

图 4.10 根据谱带位置求电子跃迁能示意图

如前所述，如果第 3 个峰被荷移跃迁峰所覆盖而观察不到时，不能直接求出配位场分裂能，但可采用间接方法求得。现以 d^2 组态的$[V(H_2O)_6]^{3+}$为例来计算分裂能。$[V(H_2O)_6]^{3+}$有 3 个峰，根据理论计算，d^2 组态金属离子的配合物其吸收峰的频率与八面体场分裂能Δ_o和拉卡参数 B 有如下关系：

$^3A_2 \leftarrow {}^3T_1$（F） $$\nu_3' = \frac{3}{2}\Delta' - \frac{15}{2} + \frac{1}{2}(15^2 + 18\Delta' + \Delta_o'^2)^{1/2} \qquad (4\text{-}3)$$

$^3T_1$（P）$\leftarrow {}^3T_1$（F） $$\nu_2' = (15^2 + 18\Delta_o' + \Delta_o'^2)^{\frac{1}{2}} \qquad (4\text{-}4)$$

$^3T_1$（P）$\leftarrow {}^3T_1$（F） $$\nu_1' = \frac{1}{2}\Delta_o' - \frac{15}{2} + \frac{1}{2}(15^2 + 18\Delta_o' + \Delta_o'^2)^{1/2} \qquad (4\text{-}5)$$

$$\nu' = \tilde{\nu}/B \qquad \Delta_o' = \Delta_o/B$$

上式中 $\tilde{\nu}$ 为波数，括号中 F 和 P 用以区别两个不同的 $^3T_1$ 谱项。由式（4-3）~（4-5）可见三个吸收峰的波数均为分裂能Δ_o和拉卡参数 B 的函数。由式（4-3）和（4-5）式可得 $\tilde{\nu}_3 - \tilde{\nu}_1 = \Delta_o$，但由于 $\tilde{\nu}_3$ 不能直接从电子光谱中读出，因此不能直接从 $\tilde{\nu}_3$ 和 $\tilde{\nu}_1$ 之差得到，而只能从 $\tilde{\nu}_1$ 和 $\tilde{\nu}_2$ 能值来考虑。由式（4-3）和（4-5）可得

$$\nu_1'/\nu_2' = \frac{1}{2} + \frac{\Delta_o' - 15}{2(15^2 + 18\Delta_o' + \Delta_o'^2)^{1/2}} \qquad (4\text{-}6)$$

$$\nu_1'/\nu_2' = \tilde{\nu}_1/\tilde{\nu}_2$$

由式（4-6）可得，ν_1'/ν_2' 仅是 Δ_o' 的函数，根据式（4-6），以 ν_1'/ν_2' 对 Δ_o' 作图，得到图 4.11，即可由内插法求得 Δ_o'。如图 4.9 所示，$[V(H_2O)_6]^{3+}$在 $\tilde{\nu}_1$ = 17 200 cm^{-1} 和 $\tilde{\nu}_2$ = 25 600 cm^{-1} 处有两个峰，所以 ν_1'/ν_2' = 0.672，由图 4.11 可得出 Δ_o' = 28 600 cm^{-1}，接着由式（4-4）可得

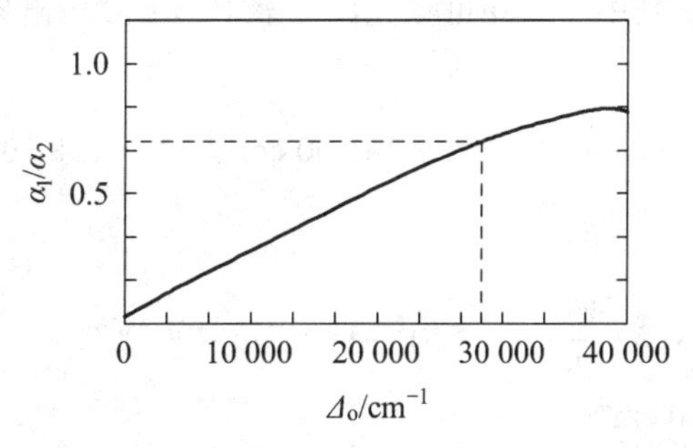

图 4.11 d^2 组态八面体配合物的 ν_1'/ν_2' 与 Δ_o' 的函数关系

$$\nu_2'B = \tilde{\nu}_2 = (15^2 + 18\Delta_o' + \Delta_o'^2)^{1/2}B$$

将 $\tilde{\nu}_2 = 25\ 600\ \text{cm}^{-1}$ 和 $\Delta_o' = 28\ 600\ \text{cm}^{-1}$ 代入上式得

$$25.6 = 39.5B,\ B = 6\ 500$$

由 $\Delta_o' = \Delta_o / B$，得

$$\Delta_o = 18\ 500\ \text{cm}^{-1}$$

$\tilde{\nu}_3$ 位于紫外区，为荷移跃迁峰所覆盖，在 $[V(H_2O)_6]^{3+}$ 的电子光谱中不能观察到，但由此计算可得到第三个峰的位置。

$$\tilde{\nu}_3 = \tilde{\nu}_1 + \Delta_o = 35\ 700\ \text{cm}^{-1}$$

对任何 d^2 组态的八面体配合物，只要能从光谱得到 ν_1'/ν_2' 的值，就可进行与上述计算类似的计算。

对于 d^8 组态的八面体配合物，可将 d^2 组态能量方程稍加修改而得，d^8 与 d^2 组态的谱项顺序互为倒置，在 d^8 组态中 $^3T_1$ 不再是基态而是激发态，电子跃迁如下：

$^3T_1 \leftarrow {}^3A_2$ $\qquad -\nu_3' = -\dfrac{3}{2}\Delta_o' + \dfrac{15}{2} - \dfrac{1}{2}(15^2 + 18\Delta_o' + \Delta_o'^2)^{1/2}$ （4-7）

$^3T_2 \leftarrow {}^3A_2$ $\qquad -\nu_3' + \nu_1' = -\Delta_o'$ （4-8）

$^3T_1 \leftarrow {}^3A_2$ $\qquad -\nu_3' + \nu_2' = -\dfrac{3}{2}\Delta_o' + \dfrac{15}{2} + \dfrac{1}{2}(15^2 + 18\Delta_o' + \Delta_o'^2)^{1/2}$ （4-9）

以上各式中，$-\nu_3'$ 代表最低能量，如果以 Δ_o' 代替 $-\Delta_o'$，则 ν_3' 不再代表最低能量，恰好反过来，以上 3 式变为：

$^3T_1 \leftarrow {}^3A_2$ $\qquad \nu_3' = \dfrac{3}{2}\Delta_o' + \dfrac{15}{2} + \dfrac{1}{2}(15^2 + 18\Delta_o' + \Delta_o'^2)^{1/2}$ （4-10）

$^3T_2 \leftarrow {}^3A_2$ $\qquad \nu_2' = \dfrac{3}{2}\Delta_o' + \dfrac{15}{2} - \dfrac{1}{2}(15^2 + 18\Delta_o' + \Delta_o'^2)^{1/2}$ （4-11）

$^3T_1 \leftarrow {}^3A_2$ $\qquad \nu_1' = \Delta_o' \qquad \tilde{\nu}_1 = \Delta_o$ （4-12）

由式（4-9）可见，d^8 组态的八面体配合物的分裂能可由第一个峰的位置得到。由 $\nu_2'B = \tilde{\nu}_2 = \dfrac{3}{2}\Delta_o + \dfrac{15}{2}B - [(15B)^2 - 18\Delta_o B + \Delta_o^2]^{1/2}$，可求出拉卡参数 B，同样在 B 求得后可找出电子光谱中观察不到的第 3 个吸收峰的位置。例如，以 $[Ni(H_2O)_6]^{2+}$ 为例，由图 4.9，$[Ni(H_2O)_6]^{2+}$ 的电子光谱有 3 个吸收峰，其中 2 个在可见光区，第 1 个吸收峰出现在红外光区，3 个峰的波数分别为

$$\tilde{\nu}_3 = 25\ 300\ \text{cm}^{-1},\quad \tilde{\nu}_2 = 14\ 500\ \text{cm}^{-1},\quad \tilde{\nu}_3 = 8\ 700\ \text{cm}^{-1}$$

其 $\Delta_o = 8\ 700\ \text{cm}^{-1}$，由 Δ_o 可求出 B：

$$\tilde{\nu}_2 = \frac{3}{2}(8.7) + \frac{15}{2}B - [(15B)^2 - 18(8.7)B + (8.7)^2]^{1/2}$$

解出 $\qquad B = 9\ 700\ \text{cm}^{-1}$

用 B 与 Δ_o 之值求出第 3 个吸收峰的位置在 $\tilde{\nu}_3 = 25\ 600\ cm^{-1}$ 处，与实验值相比较，误差约为 1%。

这里需要说明的是，高自旋八面体配合物与四面体配合物的谱项间存在倒置关系，适用于八面体 d^2、d^7 的电子跃迁方式也适用于四面体的 d^3、d^8 组态，只需将式中的 Δ_o' 用 Δ_t' 替代即可。以此类推，用于八面体 d^3、d^8 组态的电子跃迁方程也适用于四面体 d^2、d^7 组态。

4.1.3.6　能级相关图

除四面体配合物、重过渡元素和稀土配合物外，电子互斥、配位场和轨-旋耦合 3 种微扰作用中，电子互斥、配位场的作用是主要的，下面的讨论将主要涉及电子互斥和配位场作用。

如前所述，作为一种极限状态，当配位场分裂能 $\Delta \approx 0$ 时，中心原子或离子处于“自由”状态，可以用自由原子或离子的谱项来描述。例如，d^2 体系的谱项为 ^3F、^3P、^1G、^1D 和 ^1S，代表着由于电子之间的相互排斥作用可以有所不同所产生的 5 个不同能态。在强场方案的极限情况下，处于正八面体的 2 个 d 电子有 3 种可能的排布方式 $(t_{2g})^2$、$(t_{2g})^1(e_g)^1$ 和 (e_g^2)，前者为基态，后两者分别为第一、第二激发态。实际上大多数配合物是介于上述两种极限状态之间的。弱场和强场方案处理的结果表明，在其二级微扰中分别考虑配位场作用和 d 电子相互作用，所推出的配位场分量谱项的形式和数目都是相同的。这样我们就可以用直线将两种极限状态产生的相同谱项一一连接起来，这种将强场方案和弱场方案联系起来的图形叫做谱项能级相关图（简称能级相关图）。实际上，能级相关图反映了多电子体系的电子互斥和配位场两种相互作用的关系。图 4.12 示出了正八面体场中 d^2 组态的能级相关图。

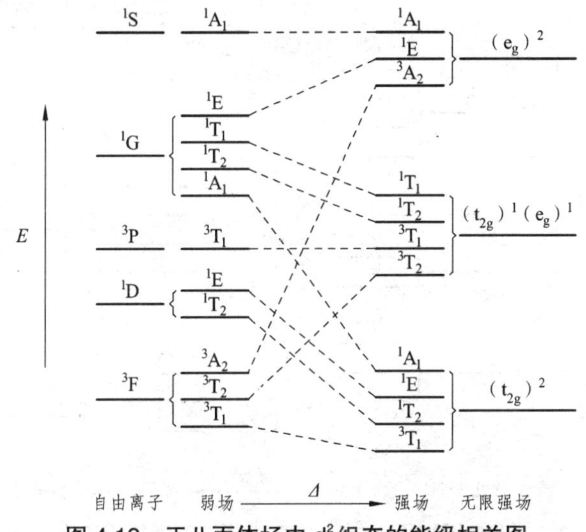

图 4.12　正八面体场中 d^2 组态的能级相关图

能级相关图可很好地表示出由不存在配位场作用变为弱场再逐渐过渡至强场乃至无限强场的谱项能级变化。两种谱项序列的关联遵守的规则是：对称性相同的谱项由下至上相连，且同类谱项连线不能相交（又称为“不相交原理”）。在图 4.12 中，其左端为自由离子及弱配位场分量谱项，右端为强场组态及其按群论等方法得到的配位场分量谱项。左端自由离子的能量只由拉卡参数确定，与 Dq 无关；右端无限强场处的电子间排斥作用被忽略，3 种强场组态的能量只决定于 Dq 值。由左至右代表配位场强度增大时，谱项能量序列的变化。由该图可以看出，除了保持基态为 $^3T_{1g}$ 外，激发态谱项能级的相对高低与分裂能 Δ 有关，同时观察到具有相同自旋多重度的激发态谱项之间发生了能级交错，这说明对含有场强不同配体的 d^2 组态正八面体配合物，不可能按同一模式来指认其光谱吸收峰。

同理可以得到 d^3、d^4 和 d^5 组态在八面体场中的能级相关图。这里需要指出的是，配位场谱项及其微能态数目会随着 d 电子数的增加而增加，从而使构建相应能级相关图的工作量和难度增大。所幸的是，采用空穴规则，可以获得与 d^2、d^3 和 d^4 组态相对应的 d^8、d^7 和 d^6 组态在八面体场中的能级相关图。例如，对于 d^2 和 d^8 的强八面体场体系，存在如下对应关系：

$$(t_{2g})^2—(t_{2g})^4(e_g)^4,\quad (t_{2g})^1(e_g)^1—(t_{2g})^5(e_g)^3,\quad (e_g^2)—(t_{2g})^6(e_g)^2$$

因此，对比 d^2 体系，d^8 体系在强场极限一端派生出的几组配位场分量谱项的能级顺序恰好与之相反：

$$[^3A_{2g},\ ^1E_g,\ ^1A_{1g}] < [^3T_{2g},\ ^3T_{1g},\ ^1T_{2g},\ ^1T_{1g}] < [^3T_{2g},\ ^1T_{2g},\ ^1E_g,\ ^1A_{1g}]$$

相应的，从弱场极限出发，由 d^8 体系的每个自由离子谱项所派生出来的配位场分量谱项的能级顺序与 d^2 体系所示的顺序也是颠倒的。类似于 d^2 体系能级相关图的构建，可得到 d^8 体系的八面体场能级相关图（图 4.13）。比较这 2 个体系的能级相关图，可以发现，由于 d^8 体系的强场组态的能级顺序发生了较大的变化，强、弱场两种谱项序列的关联关系也随之发生变化，但是并没有出现像 d^8 体系那样的相同自旋多重性的激发态谱项之间的能级交错现象。

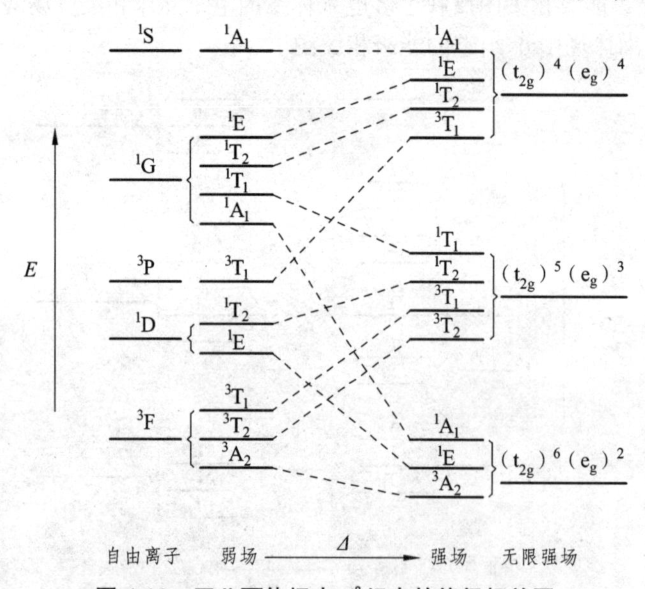

图 4.13　正八面体场中 d^8 组态的能级相关图

应用空穴规则将 d^8 与 d^2 体系关联从而构建 d^8 体系能级相关图的方法也适用于四面体配合物。这是因为从八面体环境变化到四面体环境时，e 组和 t_2 组 d 轨道的能量完全颠倒，而在保持对称性环境不变的情况下，把 n 个电子变成了 n 个空穴，也同样倒置了 e 组和 t_2 组 d 轨道的能量。因此对于八面体和四面体配合物，有如下普适性规则：

$$d^n（八面体）\equiv d^{10-n}（四面体）\quad d^n（四面体）\equiv d^{10-n}（八面体）$$

根据以上规则，可直接从正八面体环境下 d^8 体系能级相关图得到正四面体环境下 d^2 体系能级相关图（图 4.14）。

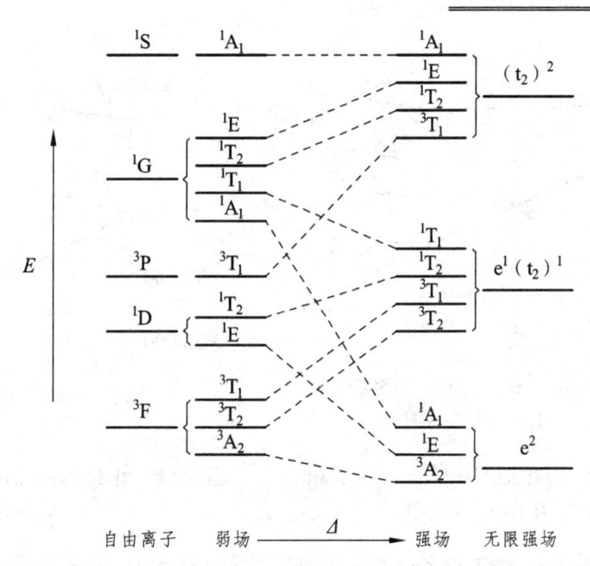

图 4.14 正四面体场中 d^2 组态的能级相关图

4.1.3.7 光谱项图

能级相关图仅仅说明了不同 d^n 体系在八面体和四面体场中由于电子互斥和配位场作用产生的分裂，以及从定性意义上给出谱项能量序列随配位场强度增大的变化。在实际应用上谱项能量随配位场大小变化的关系，化学家习惯用图形表示，称为谱项图。

通过上一章的学习，我们知道配位场作用具有简单的加和性，而电子间相互作用可以用拉卡参数 B 来表示。作为配位场和电子间相互作用的总结果，配位场光谱项的能量应该与配位场分裂能以及拉卡参数有关。欧格尔（Orgel）将一系列配离子的谱项能级作为 Dq 的函数进行计算并绘制出了 Orgel 谱项图,Tanabe 和 Sugano 采用强场方案计算了配位场谱项能随 Dq 的变化，绘制了 d^2 ~ d^8 组态的 Tanabe-Sugano 图。Orgel 图表示出了弱场中与基态的自旋多重度相同的各状态在配位场中的分裂情况，可用于解释高自旋配合物的 d→d 跃迁光谱；而 Tanabe -Sugano 图可以定量地表示不同的 d^n 组态八面体配合物的谱项在弱场或强场中能量状态的变化，具有普适性，是目前应用最多和具有重要参考价值的光谱项图。下面我们分别加以介绍。

1. 欧格尔（Orgel）图

Orgel 计算了自由离子的高自旋态受配位场微扰后的变化，首先作出了谱项能量随配位场分裂能的变化，称为欧格尔谱项图，也称为欧格尔能级图。图 4.15 和图 4.16 分别示出了 d^7 组态的 Co(Ⅱ)在正四面体场（左）和八面体场（右）中的光谱项图及 d^3 组态的 Cr(Ⅲ)在八面体场中的光谱项图。

图 4.15 中实线呈抛物线形，是由相同对称性的谱项相互作用引起的，谱项相互作用越强，曲线越偏离直线（图中虚线），虚线表示没有相互作用前的谱项。由图 4.15 和 4.16 可以看出四面体谱项相互作用比八面体强，且有相同对称性及自旋多重度的谱项永不相交，如 2 个 $^4T_{1g}$ 或 $^4T_1$。这是因为谱项间的相互作用使高能的能级升高，低能的能级降低。所以在 Orgel 图中只出现一次的谱项，其能量与配位场的大小呈直线关系。

图 4.16 是一个简化了的 Orgel 图，它仅仅给出了 Cr(Ⅲ)配合物的一些与基态分量谱项自旋多重度相同的激发态谱项。从中可以观察到相同对称类别谱项的“不相交原理”。

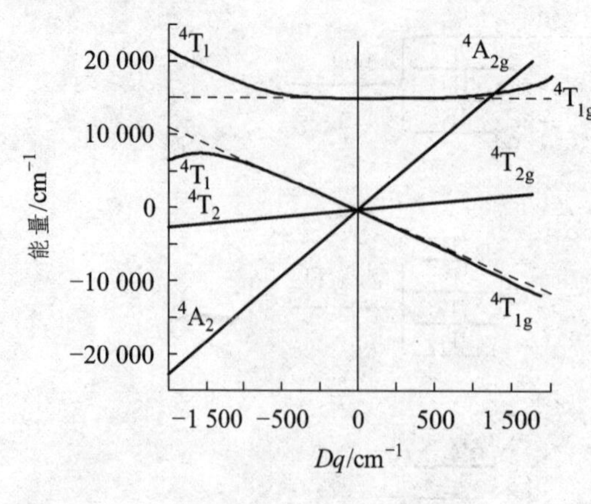

图 4.15 d^7 组态的 Co(Ⅱ)在正四面体场（左）和八面体场（右）中的光谱项图

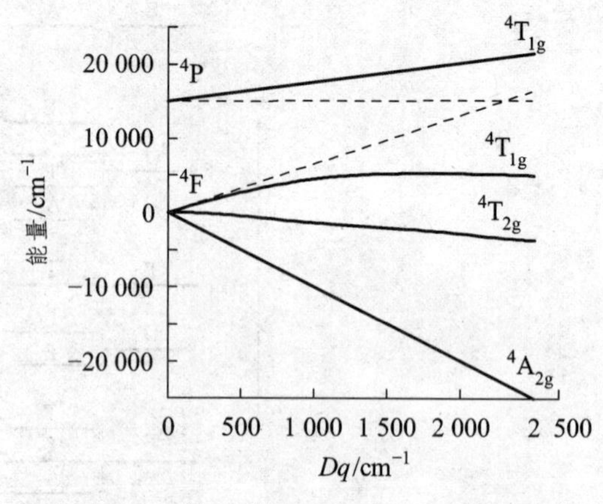

图 4.16 d^3 组态的 Cr(Ⅲ)在八面体场中的光谱项图

如何利用 Orgel 图进行配合物 d→d 跃迁的指认是 Orgel 图的重要应用。例如，Ni(Ⅱ)的八面体配合物的电子光谱主要由 3 个较明确的谱带组成，从 Ni(Ⅱ)的 Orgel 图（图 4.17）中可以看到，这些配合物的基态谱项都是 $^3A_{2g}$，结合跃迁选律（自旋多重度相同的跃迁是允许的），则这些谱带可分别指认为 $^3A_{2g}\rightarrow{}^3T_{2g}$、$^3A_{2g}\rightarrow{}^3T_{1g}$（F）、$^3A_{2g}\rightarrow{}^3T_{2g}$（P）。

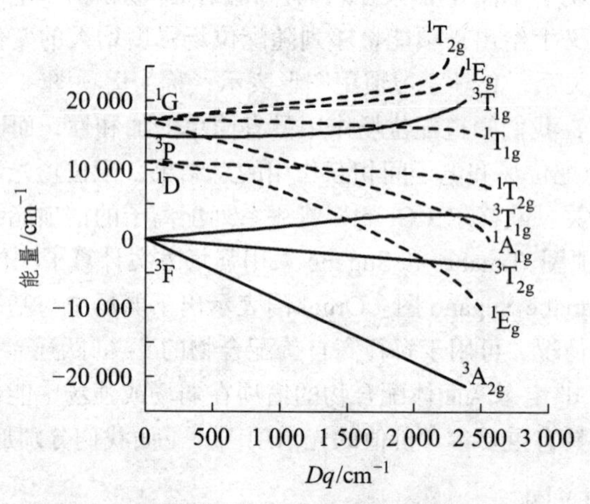

图 4.17 正八面体场中 Ni(Ⅱ)离子的 Orgel 图

尽管 Orgel 图能够方便地用于指认某个特定中心离子的 d→d 跃迁带，但它存在以下两个缺点：

（1）参考态或基态的能量随着场强的增加而减少，而且由于状态能量 E 值和 Dq 都是以绝对单位表示的，这样 Orgel 图就不能通用于同一电子组态的不同离子和不同配体构成的体系。

（2）不适用于低自旋的强场情况。

2. 田边–管野（Tanabe–Sugano）图

几乎与 Orgel 同时，Tanabe 和 Sugano 采用强场方法计算了配位场谱项随分裂能 $\Delta_o(10Dq)$ 的变化，将状态能量 E 和 Δ_o 表示成以拉卡参数 B 为单位，画出了 $d^2\sim d^4$ 组态的 Tanabe-Sugano 图，简称 T-S 图（图 4.18）。T-S 图包含了强场或低自旋的情况，以克服上述 Orgel 图的 2 个缺点。它与 Orgel 图的不同主要体现在以下 3 方面：

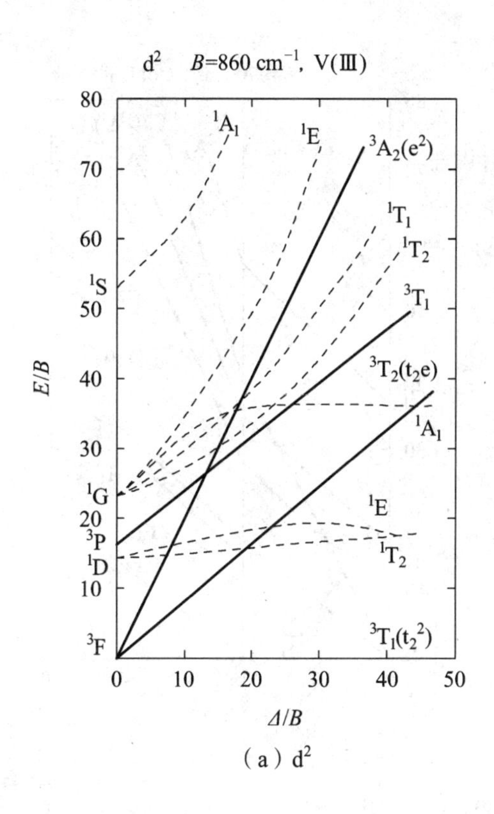

（a）d^2

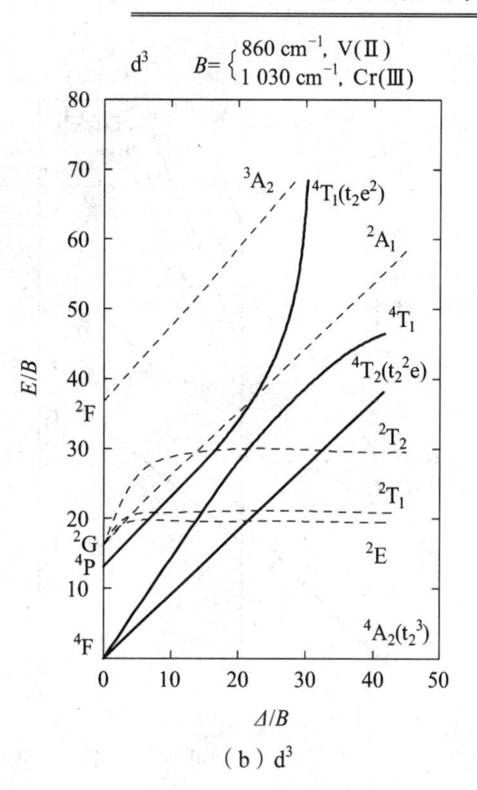

（b）d^3

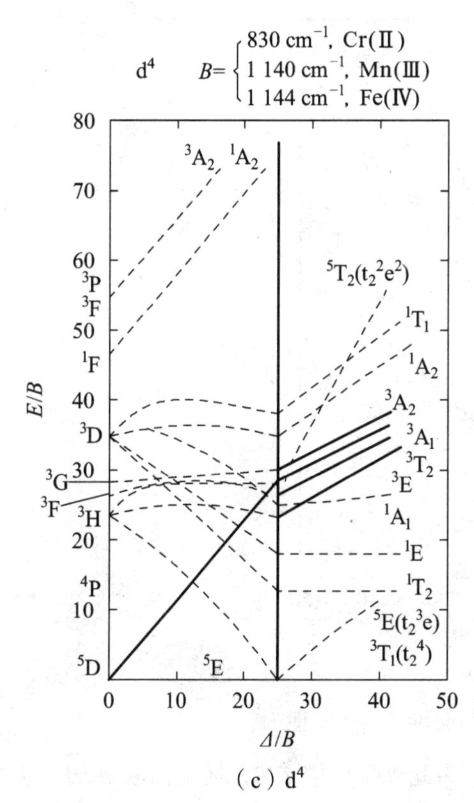

（c）d^4

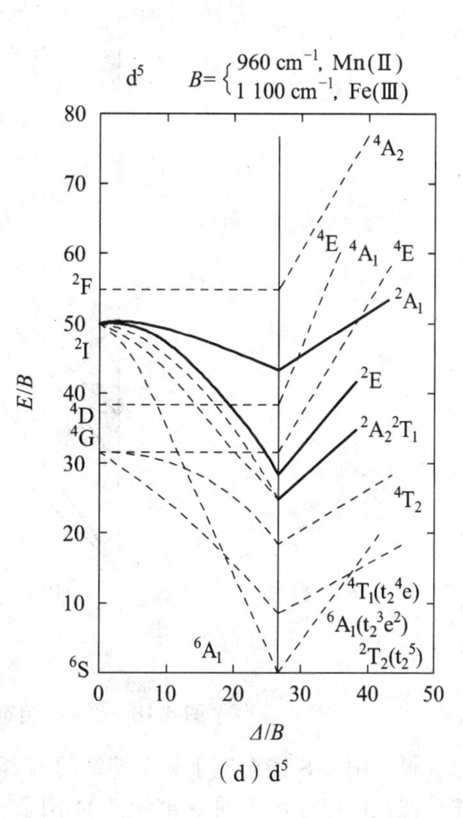

（d）d^5

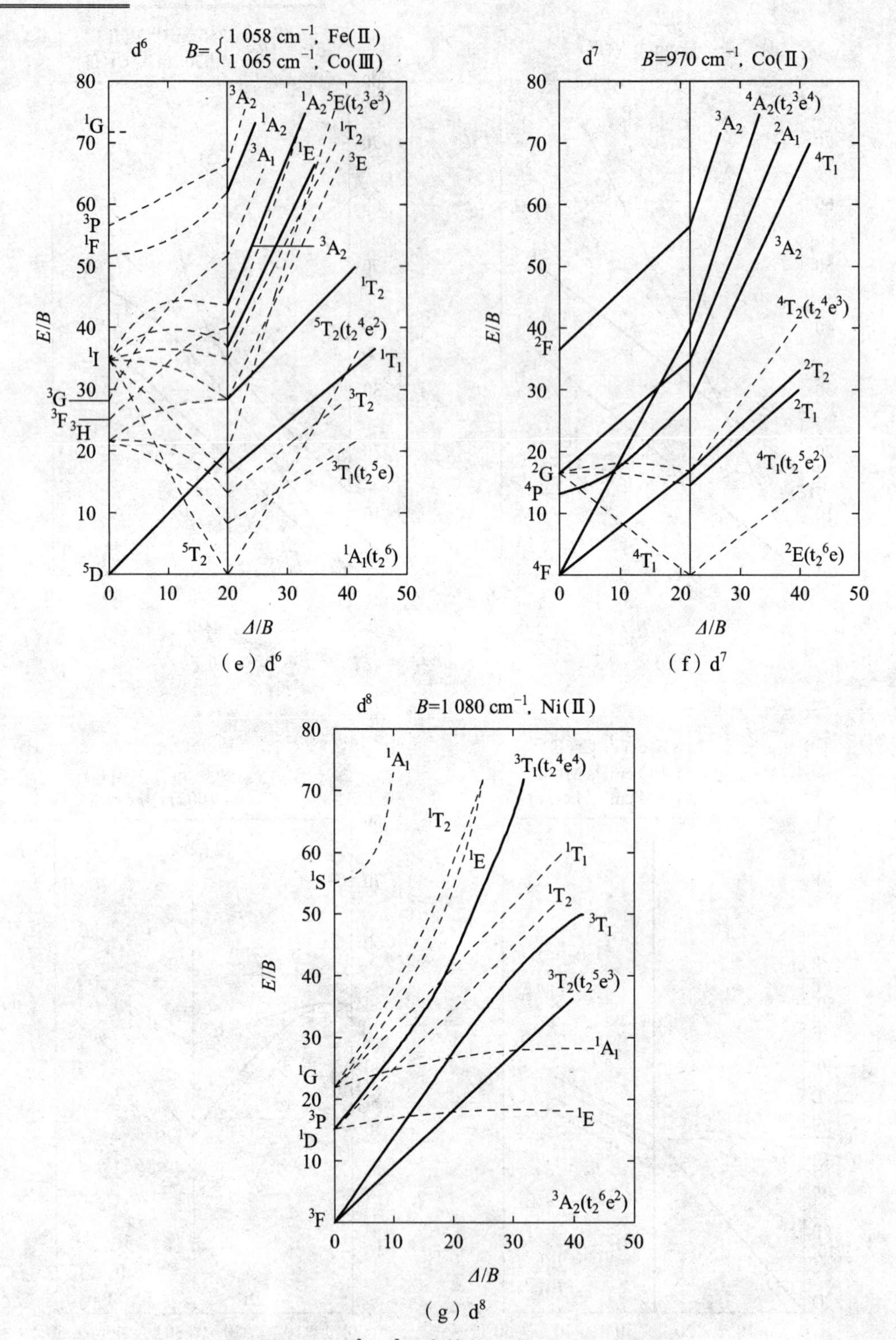

图 4.18 $d^2 \sim d^8$ 组态的 Tanabe-Sugano 图

（1）每一幅 T-S 图对应于一个特定的 d^n 组态，为此纵坐标取 E/B，横坐标取 Δ_o/B。这样每一幅 T-S 图就可以通用于同一 d^n 组态的不同金属离子和不同配体构成的体系，因为配体和中心金属离子的改变可以通过 B 值的改变来体现。并且为了说明在什么情况下 T-S 图的应用有最高的精确度，每幅 T-S 图还表明拉卡参数的相对值 C/B。某个金属离子的 C/B 值越接近 T-S 图上标明的数值，T-S 图对这个离子所形成配合物的 d→d 跃迁的指认也就越精确。

（2）对于 $d^4 \sim d^7$ 组态，T-S 图被一条垂线划分为左右两部分，左边适用于高自旋构型，右边适用于低自旋构型；垂线两边所包括的能量状态（配位场谱项）相同，但能级高低次序不同。

（3）以基谱项作为横坐标，并取为能量零点，其他各个激发态相对于横坐标的斜率表示它们的配位场分裂能 Δ 随场强的变化率。

在解释配合物的 d→d 跃迁光谱时，T-S 图是特别有用的。不过在具体应用时，要适当作一些计算。

3. 光谱实例分析

【例 1】 $[Ti(H_2O)_6]^{3+}$的光谱图。

图 4.5 表示的$[Ti(H_2O)_6]^{3+}$光谱图中只有一条谱带在 20 300 cm^{-1} 处，但其谱带很宽且有一个肩峰（在 17 300 cm^{-1} 附近），这主要是由于 Ti^{3+}仅有 1 个电子，姜-泰勒效应较大，使八面体发生畸变降低了对称性，引起了能级的进一步分裂（图 4.19）。姜-泰勒效应畸变的结果使原来只有 1 个能级差的 $^2T_{2g} \to {}^2E_g$ 的电子跃迁，变为两个跃迁：$^2B_{2g} \to {}^2B_{1g}$ 和 $^2B_{2g} \to {}^2A_{1g}$，所以在光谱图中出现了肩峰。这里需要指出的是，$[Ti(H_2O)_6]^{3+}$ 谱带很宽，原因是还存在配离子本身的振动，使中心离子和配体间的距离改变，所以基态和激发态的能级都会发生微小的变化，所以会在 20 300 cm^{-1} 附近出现多种能级差间电子的跃迁，因而使谱带加宽。

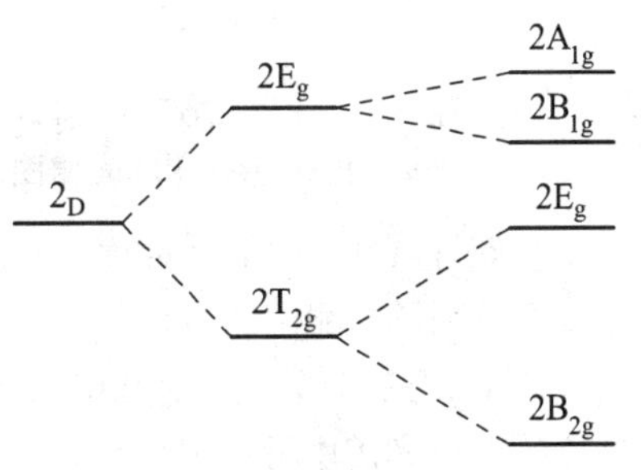

图 4.19　d^1 组态配离子的姜-泰勒变形

【例 2】 $[Mn(H_2O)_6]^{2+}$的光谱图。

Mn^{2+}是 d^5 组态，比较特殊，与它的基谱项（^6S）相同多重度的光谱项是不存在的，该基谱项在八面体场的作用下转化为 $^6A_{1g}$ 不发生分裂，因此 Mn^{2+}在八面体场中的跃迁是自旋和宇称双重禁阻的，但由于电子的自旋角动量和轨道角动量的耦合作用而获得部分允许，因此跃迁的概率很小，所以 d^5 组态八面体配合物的吸收光谱强度很弱，ε 在 0.03 左右。但图 4.9 中$[Mn(H_2O)_6]^{2+}$光谱图中有 5 条谱带，这 5 条谱带的产生可由 Mn^{2+}的 Orgel 图（图 4.20）加以指认。

由图 4.20 可见，基态 $^6A_{1g}$ 与横坐标一致，由于二重态的跃迁很难观察到，图中只画出了四重态的光谱项分裂。借助于 Mn^{2+} 的 Orgel 图，$[Mn(H_2O)_6]^{2+}$光谱图中的 5 条谱带对应的跃迁如下：

$^6A_{1g} \to {}^4T_{1g}$　　18 900 cm^{-1}

$^6A_{1g} \to {}^4T_{2g}$　　23 100 cm^{-1}

$^6A_{1g} \to {}^4E_g$、$^4A_{1g}$　　24 970 cm^{-1}、25 300 cm^{-1}

$^6A_{1g} \to {}^4T_{2g}$ （D）　　28 000 cm^{-1}

$^6A_{1g} \to {}^4E_g$ （D）　　29 700 cm^{-1}

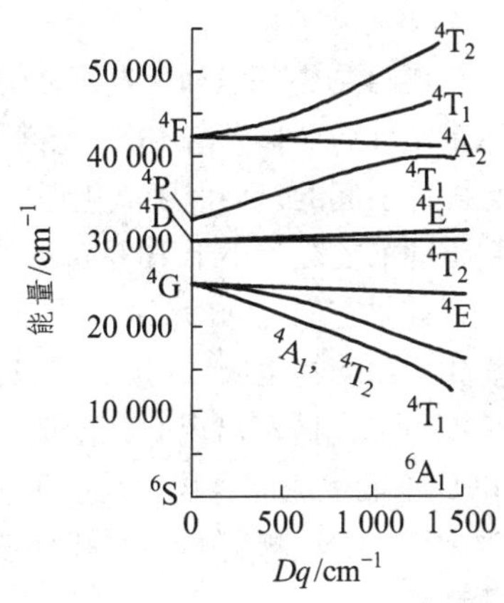

图 4.20　d^5 组态 Mn^{2+}的 Orgel 图

【例 3】 *cis*-$[CoF_2(en)_2]^+$和 *trans*-$[CoF_2(en)_2]^+$光谱图的解释。

cis-$[CoF_2(en)_2]^+$ 和 *trans*-$[CoF_2(en)_2]^+$的光谱图如图 4.21

所示。正八面体或准八面体对称性的$[Co(N)_6]^{3+}$存在两个自旋允许、宇称禁阻的 d→d 跃迁：${}^1A_{1g}\rightarrow{}^1T_{1g}$和${}^1A_{1g}\rightarrow{}^1T_{2g}$。当形成 *cis*-$[CoF_2(en)_2]^+$和 *trans*-$[CoF_2(en)_2]^+$时，配位场由 O_h 对称性分别降低为 C_{2v} 和 D_{4h} 对称性。${}^1T_{1g}$ 和 ${}^1T_{2g}$ 谱项在 D_{4h} 对称性下分别分裂为 ${}^1A_{2g}+{}^1E_g$ 和 ${}^1B_{2g}+{}^1E_g$；在 C_{2v} 对称性下将分裂为 ${}^1A_2+{}^1B_1+{}^1B_2$ 和 ${}^1A_1+{}^1B_1+{}^1B_2$，如图 4.22 所示。

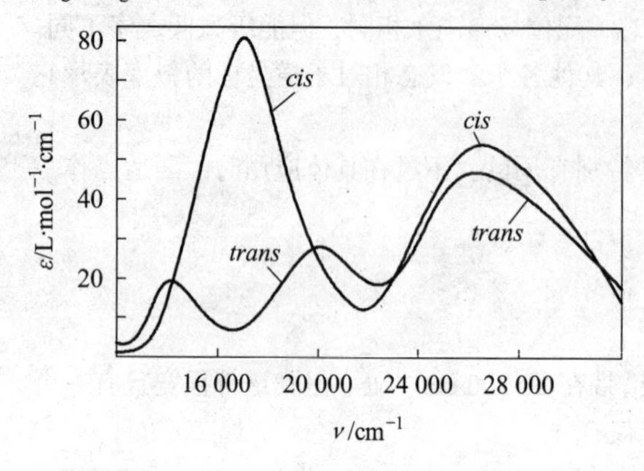

图 4.21　*cis*–$[CoF_2(en)_2]^+$和 *trans*–$[CoF_2(en)_2]^+$的光谱图

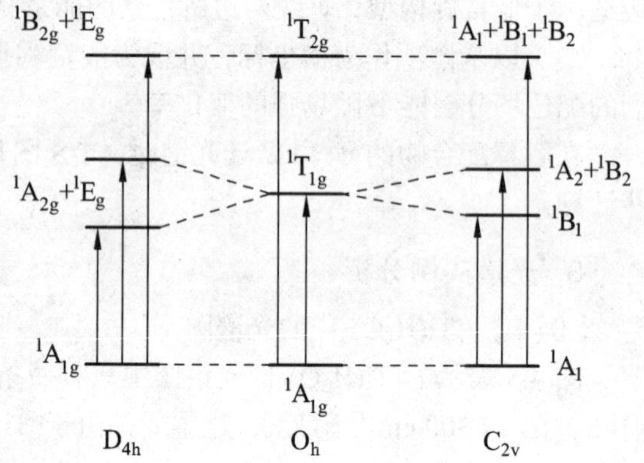

图 4.22　*cis*–$[CoF_2(en)_2]^+$和 *trans*–$[CoF_2(en)_2]^+$的能级相关图

根据跃迁选律，在不含对称中心的 *cis*-$[CoF_2(en)_2]^+$的 C_{2v} 对称性下可能发生对称性允许的跃迁。当配位原子的配位能力相差较大时，${}^1T_{1g}$的分裂较显著，特别是对反式结构的分裂更大；相比之下，${}^1T_{2g}$ 态的分裂较小，在吸收光谱中基本观察不到。由此可较合理地解释图 4.21：在反式异构体的电子光谱中可以观察到 3 个吸收带，依跃迁能逐渐增大的顺序，可将其分别指认为 ${}^1A_{1g}\rightarrow{}^1A_{2g}$、${}^1A_{1g}\rightarrow{}^1E_g$ 和 ${}^1A_{1g}\rightarrow{}^1B_{2g}+{}^1E_g$。而在顺式异构体中，${}^1T_{1g}$ 谱项的分裂较小，只能观察到第 1 个峰的稍许不对称，对应于 ${}^1A_1\rightarrow{}^1B_1$ 和 ${}^1A_1\rightarrow{}^1B_2$ 跃迁的叠加；而 ${}^1A_1\rightarrow{}^1A_2$ 为对称性禁阻的跃迁，吸光强度较弱，不易被观察到。第 2 个吸收峰可指认为 ${}^1A_1\rightarrow{}^1A_1+{}^1B_1+{}^1B_2$ 的不可分辨支能级谱带。必须注意到，由于顺式异构体缺乏对称中心，其 d→d 跃迁是对称性允许的，所以谱带强度较大。因此，可以利用跃迁强度的特征来区分顺反异构体。

4.1.4　配合物的荷移光谱

配合物中基态和激发态之间的跃迁在较短波长（λ<350 ~ 400 cm^{-1}）包含电荷迁移所产生的谱带，称为荷移光谱（CT 光谱）。它的产生是电荷由配体跃迁至中心原子或电荷由中心原子跃迁至配体引起的，类似于氧化还原过程。如果形成配合物时金属离子的最高占有轨道和配体最低空轨道间的能级差小于 10 000 cm^{-1}，在配体和中心原子间发生电子转移，使金属被氧化、配体被还原；如果它们之间的能级差足够大，大到足够生成配合物的程度，则可观察到电荷的跃迁，而无氧化还原产物生成。例如，$[FeF_6]^{3-}$是无色的，在可见光区无 CT 谱带；而$[FeCl_6]^{3-}$、$[FeBr_6]^{3-}$在长波可见光区却出现 CT 谱带，分别呈黄色和褐色，这是因为它们的跃迁能比$[FeF_6]^{3-}$的低。Fe^{3+}和 I^-不能生成配合物，是由于 Fe^{3+}能够自发地被 I^-还原，它们之间电荷跃迁能较小。在分析化学中用 SCN^-测定 Fe^{3+}、用 H_2O_2 测定 Ti^{3+}、用 bpy 测定 Fe^{2+}就是基于它们在可见光区有强的电荷迁移带。

荷移跃迁是一种电偶极跃迁，大多数能观察到的荷移跃迁都是宇称和自旋双重允许的（即它们都是$\Delta S=0$的g→u或u→g跃迁)。其吸收强度比d→d跃迁大100～1 000倍,ε值常达10^3～$10^4\ L\cdot mol^{-1}\cdot cm^{-1}$或者更大。荷移跃迁只能用描述配合物分子整体结构的分子轨道理论加以解释。

4.1.4.1 荷移跃迁的类型和特点

过渡金属配合物的荷移跃迁可以有多种类型,常见的发生在金属-配体间或不同配体间,也可以发生在离子对之间,已提及的混合价配合物内不同氧化态金属之间的跃迁也是一种荷移跃迁。在生物探针、非线性光学分子等光电功能材料中,许多金属配合物的特异功能与荷移跃迁密切相关。

(1)金属还原谱带(L→M,简称LMCT),相应的跃迁可以表示为

$$M^{n+}—L^{-}\rightarrow M^{(n-1)+}—L$$

对于ML_6型的八面体配合物,如果每个配体L都有1对孤对电子,有形成σ键的能力,成键后这6对电子占有仍保持配体特征的6个σ型分子轨道,结果可能产生$L_\sigma\rightarrow t_{2g}$和$L_\sigma\rightarrow e_g^*$型的LMCT谱带。属于这种类型的配体常见的有$NH_3$、$SO_3^{2-}$、$CH_3^-$等,这类谱带常出现在高能区;如果每个配体L除了提供σ型孤对电子外,还能提供2对π型孤对电子,成键后仍保持配体特征的L_σ和L_π分子轨道由这18对电子占有,结果除了可能发生$L_\sigma\rightarrow t_{2g}$和$L_\sigma\rightarrow e_g^*$型的LMCT外,还可能发生$L_\pi\rightarrow t_{2g}^*$和$L_\pi\rightarrow e_g^*$型的LMCT。属于这种类型的配体有$F^-$、$Cl^-$、$Br^-$、$O_2$等。一般而言,这类$L_\pi$→MCT与上述$L_\sigma$→MCT谱带相比会发生红移(向长波方向移动)。

(2)金属氧化谱带(M→L,简称MLCT),相应的跃迁可以表示为

$$M^{n+}—L\longrightarrow M^{(n+1)+}—L^{-}$$

对于八面体配合物,如果L有空的π^*轨道,金属离子具有充满或接近充满的t_{2g}^b轨道,有可能发生M→L的反馈作用。这样的配合物除有可能发生$L_\sigma\rightarrow t_{2g}$和$L_\sigma\rightarrow e_g^*$型的LMCT外,还有可能发生$t_{2g}^b\rightarrow L_\pi^*$和$e_g^*\rightarrow L_\pi^*$型的MLCT。属于这种类型的配体有π酸配体CO、$CN^-$、NO、$R_3P$、$R_3As$、bpy、py、phen、$acac^-$等。$[Fe(bpy)_3]^{2+}$很深的红色就是由于在可见光区MLCT引起的,即电子从Fe^{2+}部分地转移到了bpy的π^*轨道上。表4.11列出了一些配合物的荷移光谱数据。

表4.11 一些配合物的荷移光谱数据

配合物	能量/cm^{-1}	谱带归属	配合物	能量/cm^{-1}	谱带归属
配体的影响					
$[FeCl_4]^{2-}$	45 500	πL→M(e)	$[NiCl_4]^{2-}$	35 500	πL→M(t_2)
$[FeBr_4]^{2-}$	40 900	πL→M(e)	$[NiBr_4]^{2-}$	28 300	πL→M(t_2)
$[Fe(NCS)_4]^{2-}$	34 200	πL→M(e)	$[NiI_4]^{2-}$	19 650	πL→M(t_2)
$[Fe(NCSe)_4]^{2-}$	31 400	πL→M(e)			
中心金属的影响					
$Cr(CO)_6$	35 800	M(t_{2g})→L_π^*	$[Co(CN)_6]^{3-}$	49 500	M(t_{2g})→L_π^*
$Mo(CO)_6$	34 900	M(t_{2g})→L_π^*	$[Rh(CN)_6]^{3-}$	42 000	M(t_{2g})→L_π^*
$W(CO)_6$	34 700	M(t_{2g})→L_π^*	$[Ir(CN)_6]^{3-}$	>52 000	M(t_{2g})→L_π^*

续表 4.11

配合物	能量/cm^{-1}	谱带归属	配合物	能量/cm^{-1}	谱带归属
金属氧化态的影响					
$[OsCl_6]^{3-}$	35 450	$\pi L\rightarrow M(t_{2g})$	$[FeCl_4]^{-}$	27 450	$\pi L\rightarrow M(e_2)$
$[OsCl_6]^{2-}$	27 000	$\pi L\rightarrow M(t_{2g})$	$[FeCl_4]^{2-}$	45 500	$\pi L\rightarrow M(e_2)$
$[OsI_6]^{3-}$	19 100	$\pi L\rightarrow M(t_{2g})$	$[OsBr_3(PR_3)_3]$	~18 000	$\pi Br\rightarrow M(t_{2g})$
$[OsI_6]^{2-}$	12 300	$\pi L\rightarrow M(t_{2g})$	$[OsBr_4(PR_3)_2]$	~13 000	$\pi Br\rightarrow M(t_{2g})$

（3）混合价配合物也可以产生荷移光谱，在这类配合物中，电子在同种元素或不同元素的两个不同氧化态金属之间迁移，通常呈现跃迁强度大、谱峰宽的特性，常被用来研究 2 个金属离子之间的电子耦合作用。典型的例子是普鲁士蓝 $KFe^{III}[Fe^{II}(CN)_6]$，其深蓝色（$\lambda_{max}=680\ cm^{-1}$）来自于 Fe^{II} 和 Fe^{III} 之间的电荷迁移。

综上，荷移跃迁的特点是：① 电子从主要定域在配体上的分子轨道跃迁至主要定域在金属离子上的分子轨道，或相反的过程，因此基态和激发态的电荷分布不同；② 基态和激发态的能量差大，吸收谱带常落在近紫外区或紫外区；③ 能观察到的荷移跃迁多为宇称和自旋双重允许的跃迁，其跃迁强度大。

4.1.4.2 八面体配合物 L→M 荷移跃迁带的数目

在配合物中，LMCT 是一种常见的荷移跃迁。研究荷移光谱，仍可根据解释电子光谱的 3 个方面，即谱带的指认、谱带强度和谱带宽度来考虑中心金属、配体、配位数和立体化学等因素的影响。

在八面体配合物中，由于"接受"电子的分子轨道（主要为中心金属 d 轨道性质）为偶宇称，保持配体特征的"授予"电子的分子轨道为奇宇称，因此荷移跃迁是宇称允许的。从八面体配合物的 MO 能级图来看，当配体 L 只提供 σ 型孤对电子时，满足对称性要求的是 σ 型成键分子轨道 $a_{1g}+e_g+t_{1u}$ 中的 t_{1u} 组轨道；当配体 L 还能再提供两对π型孤对电子时，满足宇称允许跃迁的是π型成键分子轨道 $t_{1g}+t_{2g}+t_{1u}+t_{2u}$ 中的 $t_{1u}+t_{2u}$ 两组轨道；"接受"电子的分子轨道是主要为中心金属 d 轨道性质的 t_{2g}^* 和 e_g^* 轨道，因此通常有 4 种可能的 L→M 型荷移跃迁（图 4.23）。

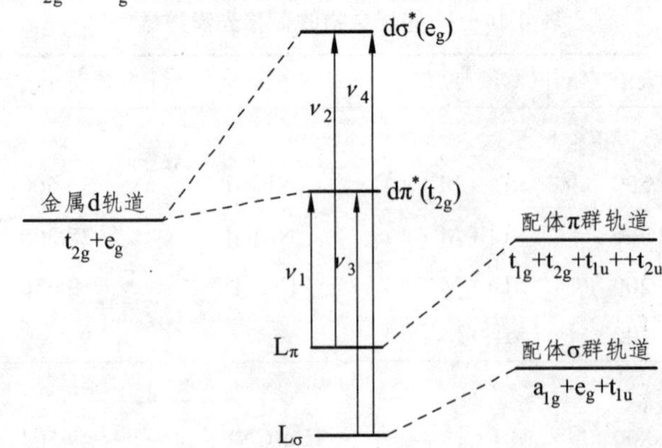

图 4.23　八面体配合物 MX_6（X=卤素离子）发生 LMCT 的简化 MO 的能级示意图

（1）ν_1 型跃迁 $L_{\pi u}\rightarrow d\pi_g$，有效跃迁 t_{1u}，$t_{2u}\rightarrow t_{2g}^*$，显然，$\nu_1$ 型跃迁所需能量最小，而且由

于 L_π 和 d_π^* 基本上是反键、弱成键或弱反键轨道，M-L 振动对跃迁能的影响很小，这类跃迁的谱带一般很窄。

② ν_2 型跃迁 $L_{\pi u} \to d\sigma_g^*$，有效跃迁 t_{1u}，$t_{2u} \to e_g^*$。一般来说，ν_2 型跃迁所需能量大于 ν_1 型跃迁，但是跃迁至 t_{2g}^* 的能量并非总是低于跃迁至 e_g^* 的能量。在 ν_2 型跃迁中，"接受"电子的分子轨道 e_g^* 是强反键分子轨道，因此 M-L 振动对跃迁能的影响很大，这类跃迁的谱带一般较宽，吸收强度较 ν_1 型跃迁略强。

③ ν_3 型跃迁 $L_{\sigma u} \to d\pi_g^*$，有效跃迁 $t_{1u} \to t_{2g}^*$，这类谱带因重叠较弱，是弱谱带，从而被其他强带所掩盖，不易被观察到。

④ ν_4 型跃迁 $L_{\sigma u} \to d\sigma_g^*$，有效跃迁 $t_{1u} \to e_g^*$，ν_4 型跃迁的跃迁能很高，常出现在实验观测范围之外，同样不易被观察到。

4.1.4.3 金属氧化态和配体性质对跃迁能的影响

（1）当配体相同时，中心金属氧化数越高或中心金属越容易被还原，L→M 跃迁能就越低。例如：

$[FeCl_4]^-$　ν_1 型跃迁　27 450 cm^{-1}

$[FeCl_4]^{2-}$　ν_1 型跃迁　45 500 cm^{-1}

（2）当中心金属及其氧化态相同时，配体越容易被氧化，L→M 跃迁能就越低。例如：

$[OsCl_6]^{2-}$　ν_1 型跃迁　27 000 cm^{-1}　　OsI_6^{3-}　ν_1 型跃迁　19 100 cm^{-1}

$[OsI_6]^{2-}$　ν_1 型跃迁　12 300 cm^{-1}　　$OsCl_6^{3-}$　ν_1 型跃迁　35 450 cm^{-1}

（3）当 M—L 键的共价键增加时，中心金属氧化态对 L→M 跃迁能的影响不大。

4.1.4.4 M→L 荷移谱带

MLCT 谱带主要是指电子从定域在金属上的已占据分子轨道到主要定域在配体上的空 π^* 轨道的跃迁。某些 π 配体或 π 酸配体（如吡啶、联吡啶、邻菲啰啉等）与低氧化态的金属[如 Re(Ⅰ)、Fe(Ⅱ)、Ti(Ⅲ)、Ru(Ⅱ)等]形成配合物时，经常会产生跃迁能很低的 MLCT 吸收带，这类谱带常常位于 d→d 跃迁带和 LC 谱带的π→π*跃迁之间，跃迁能通常低于 LMCT 跃迁，摩尔消光系数 ε 很少超过 10^4，较不容易观察到。这类跃迁简化能级图如图 4.24 所示。

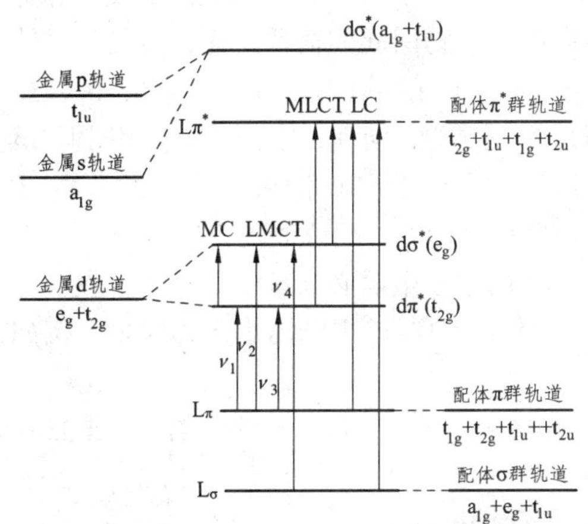

图 4.24　含 π 配体或 π 酸配体的八面体配合物荷移跃迁示意图

符合 M→L 荷移跃迁的体系不多，所得到的光谱数据也偏少，但可以作如下推测：

（1）当配体相同时，中心金属氧化态越低，或中心金属越容易被氧化，即 HOMO 能量越高，M→L 荷移跃迁能就越低。

（2）当 M—L 键的共价性增强时，中心金属氧化态对 M→L 跃迁能的影响不大。当 M—L 键的离子性较强时，金属氧化态的变化对跃迁能的影响具有一定的规律性。

（3）当中心金属相同时，配体的电负性越大，越容易接受电子，即 LUMO 能量越低，M→L 跃迁能就越低。荷移跃迁究竟是 MLCT 还是 LMCT，可通过考察金属或配体的氧化还原性质而得到。

（4）M 和 L 相同时，配位数减少，使金属轨道趋于稳定，HOMO 能量降低，M→L 跃迁能增大。

$[Fe(CN)_6]^{3-}$配合物的荷移光谱比较复杂，既有 LMCT，又有 MLCT，在$[Fe(CN)_6]^{3-}$中，能量最低的 LMCT 跃迁是 $L\sigma t_{1u}\rightarrow Mt_{2g}$，而不是 $L\pi t_{2u}\rightarrow Mt_{2g}$，图 4.25 所示的$[Fe(CN)_6]^{3-}$的前三个吸收峰按跃迁能依次增大的顺序可依次归属为 $L\sigma t_{1u}\rightarrow Mt_{2g}$、$L\pi t_{2u}\rightarrow Mt_{2g}$ 和 $L\pi t_{1u}\rightarrow Mt_{2g}$，第四个吸收峰被指认为 $Mt_{2g}\rightarrow L\pi^* t_{1u}$ 的 MLCT。

这里需要指出的是，M→L 荷移跃迁不仅可以发生在某些八面体配合物中，而且可以发生于其他构型的配合物中。

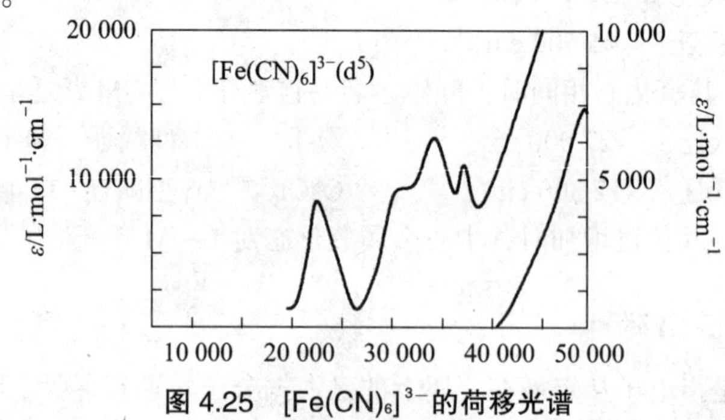

图 4.25 $[Fe(CN)_6]^{3-}$的荷移光谱

4.1.4.5 配位数和立体化学对荷移跃迁的影响

在一般情况下，当 M—L 键主要为离子键型时，配位数增大会使金属轨道不稳定，即使金属轨道的能量上升，因此当配位数减少时，L→M 跃迁能将降低，谱带发生红移，而 M→L 与之相反，发生蓝移。但构型不同的配合物引起的荷移跃迁，授受分子轨道的类型不同，比较起来要困难些。例如，对于$[MX_4]^{n-}$（T_d），L→M 跃迁为 $L_\pi\rightarrow 2e$、$L_\pi\rightarrow 3t_2$、$L_\sigma\rightarrow 2e$、$L_\sigma\rightarrow 3t_2$，显然不同于八面体配合物的 LMCT 跃迁类型。同理，对于配位数相同但几何构型不同的配位异构体，两者的荷移光谱也不易加以比较。对于主要由离子键形成的配合物，随着配位数的减少，MLCT 跃迁将出现红移；但是从另一个角度考虑，配位数减少将使 M—L 键共价性增强，这是由于为了达到电中性，低配位数配合物的中心金属必须接受更多来自较少配体的负电荷，即成键电子对更趋于共用而不是偏移，这时 LMCT 就可能出现蓝移现象。例如，d^0 系列的 X→Ti(Ⅳ)的跃迁：

$[TiCl_6]^{2-}$ （25 000 cm^{-1}） < $TiCl_4$ （35 600 cm^{-1}）

$[TiBr_6]^{2-}$ （21 000 cm^{-1}） < $TiBr_4$ （29 500 cm^{-1}）

$[TiI_6]^{2-}$ （12 100 cm^{-1}，14 300 cm^{-1}） < TiI_4 （19 100 cm^{-1}）

这是由于 $TiCl_4$ 中的 Ti—Cl 键比在 $[TiCl_6]^{2-}$ 中的 Ti—Cl 键共价性更强，$TiCl_4$ 呈液态，为共价化合物。因而在上述横向系列中，金属离子趋向于所带正电荷降低，而卤素离子则变得更“正”，因此卤素离子的 HOMO 将变得更稳定，中心金属离子的 LUMO 将变得较不稳定。故可观察到上述 LMCT 蓝移的现象。

4.1.4.6 荷移光谱的应用

综上所述，荷移光谱提供了一种描绘金属和配体 MO 相对能级的有效实验方法。从表征有关配合物、阐明配合物中电子转移的角度看，荷移光谱所提供的确定金属和配体分子轨道相对能级的方法是很有用的。例如，对电荷转移态的说明能够提供配合物配位数、立体化学和中心金属所带有效电荷的相关信息。具体说明如下：

（1）通过对荷移谱带的指认可确定金属和配体分子轨道的相对能级。

四面体配离子 $[MnO_4]^-$ 呈紫色是由于发生了 $O^{2-}\rightarrow Mn(Ⅶ)$ 荷移跃迁，在 18 500 cm^{-1}、32 200 cm^{-1}、44 400 cm^{-1} 处呈现的荷移带分别对应于四面体分子轨道能级图（图 3.17）中的 $1t_1(\pi)\rightarrow 2e(\pi^*)$、$2t_2(\pi)\rightarrow 2e(\pi^*)$ 和 $1t_1(\pi)\rightarrow 3t_2(\sigma^*, \pi^*)$ 跃迁，其四面体场分裂能 Δ_t 可由荷移光谱计算为 25 900 cm^{-1}。

（2）用于表征有关配合物，间接推测中心金属氧化态或配合物的高低自旋态。

Taube 和 Creutz 对吡嗪（pyr）桥联的双核钌配合物荷移光谱的研究为将荷移光谱用于阐明配合物结构提供了有价值的例子。$[(NH_3)_5Ru(pyr)]^{2+}$ 配合物在 15 900 cm^{-1} 处出现 M→L（pyr）的荷移谱带，它与 $[(NH_3)_5Ru(H_2O)]^{2+}$ 反应，接着被氧化，得到一系列总电荷不同的双核配合物：$[(NH_3)_5Ru(pyr)Ru(NH_3)_5]^{4+}$(Ⅰ)、$[(NH_3)_5Ru(pyr)Ru(NH_3)_5]^{5+}$(Ⅱ)、$[(NH_3)_5Ru(pyr)Ru(NH_3)_5]^{6+}$(Ⅲ)，前 2 个配合物在 17 700 cm^{-1} 附近都有 1 个 Ru→pyr 荷移谱带，另外配合物(Ⅱ)在 6 370 cm^{-1} 处还有 1 个 Ru(Ⅱ)→Ru(Ⅲ)间的荷移跃迁引起的附加低能谱带。当用其他配体取代 NH_3 时，上述低能谱带发生位移，而位移的情况与所用取代配体的电子授受能力是一致的。研究数据明确表明：配合物(Ⅱ)中 Ru(Ⅱ)和 Ru(Ⅲ)是独立存在的，不是以两个平均氧化数为+2.5 的 Ru 存在。如前所述，中心金属为 nd^6 的低自旋组态八面体配合物电子光谱中将不出现 ν_1 和 ν_3 型 LMCT 跃迁，可用于辨别中心金属的氧化态。

一些大环配合物（如金属卟啉和金属酞菁）中的 L→M 荷移跃迁带是鉴别此类配合物的光谱特征之一。金属卟啉配合物在生物体中一般作为金属酶或金属蛋白的辅基，它们在新陈代谢过程中起着重要的作用。例如，高等动物呼吸作用中起载氧和储氧作用的血红蛋白和肌红蛋白，在生物氧化作用中作为电子载体的细胞色素，起催化过氧化物或过氧化物分解作用的过氧化物酶和过氧化氢酶等，它们的辅基都是铁卟啉。生物体中金属卟啉随蛋白质组成、结构、中心金属氧化态以及卟啉环上取代基不同而表现出不同的生物功能。

一般而言，过渡金属卟啉或酞菁配合物的电子光谱主要由 3 部分组成，即配体的 LC 谱带（$\pi\rightarrow\pi^*$）、配体与金属之间的荷移谱带（LMCT 或 MLCT）和中心金属的 d→d 跃迁谱带（MC）。其中，中心金属的 d→d 跃迁谱带较弱，往往被配体谱带或荷移跃迁谱带所掩盖。在自由卟啉的前线轨道中，最高的两个全充满轨道是 $a_{1u}(\pi)$ 和 $a_{2u}(\pi)$，最低空轨道是 $e_g(\pi^*)$，起因于 $a_{1u}(\pi)\rightarrow e_g(\pi^*)$ 和 $a_{2u}(\pi)\rightarrow e_g(\pi^*)$ 跃迁的两个激发态，皆为 E_u 对称性，而且几乎是简并的。但由于组态相互作用，产生了两个分离的状态，具有较高能量的相当于γ（也称为 B 带）谱带，其强度较大（$\varepsilon\approx 10^5$ $L\cdot mol^{-1}\cdot cm^{-1}$）；而较低能量的状态表现为较弱的（α+β）谱带（$\varepsilon\approx 10^4$

$L\cdot mol^{-1}\cdot cm^{-1}$)。对于过渡金属卟啉配合物，则会涉及金属 d 轨道的参与，因此一些金属卟啉，特别是铁卟啉的光谱比较复杂。

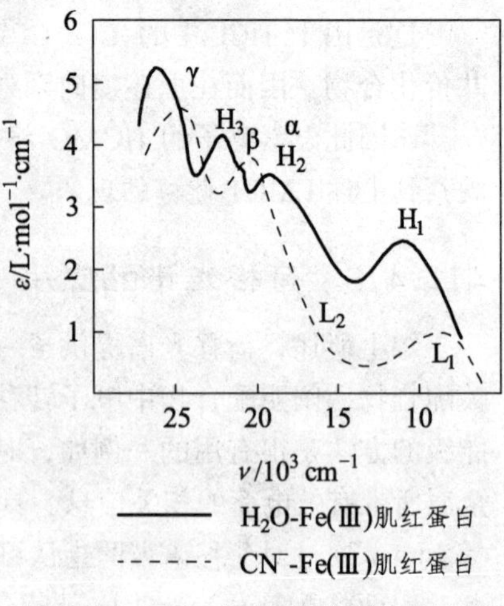

图 4.26　Fe(Ⅲ)肌红蛋白的电子光谱

图 4.26 为 Fe(Ⅲ)肌红蛋白的电子光谱，在该光谱中，除了卟啉配体内的$\pi\to\pi^*$跃迁形成 α、β 和 γ 谱带外，高自旋配合物还出现 3 个新谱带 ——H_1、H_2 和 H_3；低自旋配合物则出现 2 个新谱带 ——L_1 和 L_2（L_2 较罕见）。这些 L 和 H 谱带都与 LMCT 跃迁有关，成为识别 Fe(Ⅲ)配合物高低自旋态的“指纹”。

五配位的 Fe(Ⅲ)卟啉的简化前线分子轨道如图 4.27 所示，因此 H_1、H_2 谱带可以指认为 a_{2u}（L_π）、a_{1u}（L_π）$\to e_g$（d_{yz}、d_{xz}）的允许荷移跃迁和卟啉配体自身$\pi\to\pi^*$跃迁（α+β 谱带）的混合。这一混合使得前者向后者“借”来跃迁强度。一般认为 H_2 谱带具有更显著的$\pi\to\pi^*$跃迁特征，而 H_3 则以荷移跃迁为主，后者可以从不同的轴向阴离子配位引起跃迁强度变化而得到验证。但是在 H_2 或 H_3 中究竟是以 LC 还是以 LMCT 特征为主，则主要取决于轴向配体和部分充满的 e_g（d_{yz}、d_{xz}）轨道中电子的成对能。

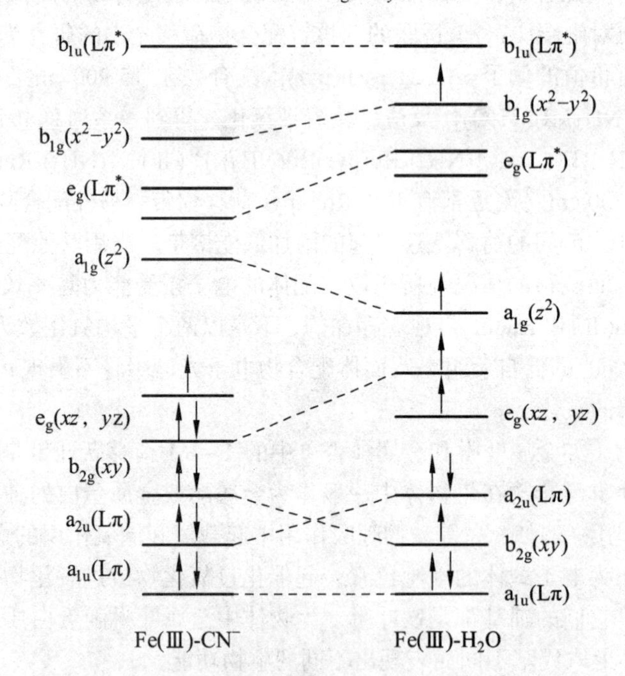

图 4.27　Fe(Ⅲ)肌红蛋白的前线分子轨道能级示意图

L_1、L_2 和 H_1 谱带也属于 LMCT 跃迁，可能被指认为 H_1：$a_{1u}(L_\pi)\to b_{2g}(d_{xy})$；$L_1$：$a_{2u}(L_\pi)\to e_g(d_{yz}, d_{xz})$；$L_2$：$a_{1u}(L_\pi)\to e_g(d_{yz}, d_{xz})$。在低自旋铁卟啉配合物中，这类 LMCT 跃迁谱带一般与相应高自旋物种的谱带相比发生红移。此外，卟啉环上的取代基对 LMCT 有很大的影响，因此含不同取代基的电子光谱变化成为天然血红素 a、b、c 分类的依据。

（3）荷移光谱可用于预测某些配合物的化学和光化学反应性能。

当荷移态同分子基态的能量差别相当小时，这种配合物的化学和光化学反应性是可以预测的。在 $IrCl_4L_2$（L=AsR_3、PR_3、AsR_3、SEt_2和 py） 系列配合物中，可观测到配体到金属的荷移跃迁，L→M 跃迁能从 AsR_3到 py 依次递增，As→M、P→M 的跃迁能低至 9 000 ~ 10 000 cm^{-1}。如此低的跃迁能意味着 P 和 As 的全充满 MO 轨道的能量非常高，所以 AsR_3和 PR_3是很“软”的配体。此外，实验还证明配位膦比游离膦更容易被氧化，配位硫化物较难被氧化，而配位胺甚至没有被氧化的倾向，因而含膦、胂的配合物常常是光化学敏感的，而硫化物和胺的配合物一般对光是比较稳定的。所有这些现象都与分子能级的相对高低有密切关系。

对$[Ru(bpy)]^{3+}$配合物荷移光谱的研究为荷移跃迁用于阐明配合物结构提供了很有价值的例子。$[Ru(bpy)]^{3+}$及其衍生物作为光敏剂在光氧化-还原过程及光解水中被誉为“试管中光合成的叶绿素α的无机对应物”，就是利用了它的 MLCT 的性质。

（4）荷移态的研究在化学上有重要应用，它为分析化学探索高灵敏度的比色试剂提供了理论指导。

有不少配合物的荷移跃迁谱带出现在可见光区，因而可广泛应用于金属离子的比色测定。例如，分析化学中采用灵敏显色的方法以 SCN^-测定 Fe^{3+}以及用 H_2O_2测定 Ti^{4+}就是利用配合物的荷移跃迁性质。

（5）双核混合价配合物价间跃迁光谱可用来研究两个金属离子间的电子耦合作用。

混合价配合物是指含有不同氧化态的同种金属元素组成的配合物。许多混合价配合物呈现较深的颜色是因为电子在不同氧化态离子之间的迁移，使其在可见光区产生很强的吸收。例如，$[Fe(CN)_6]^{3-}$在水溶液中是淡黄色的，$[Fe(H_2O)_6]^{3+}$几乎无色，而 $KFe[Fe(CN)_6]$是深蓝色的。混合价光谱的普遍特征是其吸收峰宽而强，典型的峰宽约为 5 000 cm^{-1}。

由于双核混合价配合物可被用来研究两个金属离子之间的电子耦合作用，而且有些双核配合物可作为内界电子转移反应中的稳定中间体，配位化学家对双核混合价配合物表现出了极大的兴趣。Taube 和 Creutz 对吡嗪（pyr）桥联的双核钌配合物的研究对推动混合价配合物的发展起了重要作用。这里需要指出的是，除了同核混合价配合物外，还存在相当数量的异核混合价配合物，如细胞色素氧化酶中的活性部位含有 Cu(Ⅱ)-Fe(Ⅱ)异双核金属单元，一些在生命过程中起重要作用的金属蛋白和金属酶中也存在异双核结构，自然界之所以采取这种双核结构，可能是由于在这些体系中不同金属中心之间通过电子传递的相互作用，对生物体的特殊生理功能和生物催化能力起着微妙的协同作用，从而使它们呈现出许多不同于单核配合物的生物、化学活性。

4.2　配合物的磁学性质

4.2.1　物质磁性的发展简史

磁性是一门古老而又极具发展前景的学科，并且随着现代科学技术的发展及电子器件要求的提高，当前已经成为物理学家、化学家和材料学家共同关注的研究领域。早在公元前 4 世纪左右，人们便发现天然的磁石（Fe_3O_4）具有吸引其他物质的性质；我国古代的人们也用磁石和钢针做成指南针，并用在古代的军事和航海上，磁石为我国航海事业的发展作出过不可磨灭的贡献，因此，指南针被称为我国古代四大发明之一。但从磁石的发现到 19 世纪末期，人们对其研究的还较少，该领域的理论研究首推居里（Curie）的工作，他不仅发现了磁性的居里点，还提出了顺磁磁化率与温度之间关系的规律（又称居里定律）。他的研究后来被郎之万（Langevin，1905）用经典统计力学从理论上推导出来。郎之万在经典统计力学的基础上提出了自由磁矩的顺磁理论，该理论的基础是：在不考虑原子磁矩的相互作用基础上，自由磁矩在外场作用下，发生重新分布，沿着接近于外场的方向做择优分布，从而引起顺磁磁化强度。随后，外斯（Weiss，1907）假定磁性分子中存在分子场，并用分子场理论推导出居里-外斯定律，该理论的一个重要意义是从唯象上可以说明铁磁性与顺磁性的区别及其来源。

然而，上述的居里-外斯定律并不能说明分子中磁矩的来源，这要使用量子力学的成果来解释。通过研究发现，物质中的磁矩主要来源于物质中未充满的 d 与 f 轨道的电子自旋磁矩和轨道磁矩。另外，海脱勒（Heitler）与伦敦（London，1927）在用量子力学研究氢原子和氢分子时发现，由于泡里不相容原理和电子交换不变性的存在，当电子波函数发生交换时，会出现一个新的静电作用项，该能量项导致电子自旋相对取向不同时能量会有差别，正是这一能量项的存在导致了电子自旋取向的有序，人们把这一能量项称为交换作用能。弗兰克尔（Fraenkel）和海森堡（Heiseneberg，1928）先后以上面提到的交换作用能为出发点，建立了局域电子自发磁化的理论模型，该模型又称为海森堡交换作用模型，并在当前磁性拟合中被广泛使用。该模型认为，若用 S_i、S_j 表示化合物中第 i 和第 j 个顺磁性离子的电子自旋算符，并且仅考虑近邻顺磁性离子的电子自旋交换，则交换作用哈密顿算符可写成：

$$H=-\sum 2J_{ij}S_iS_j$$

当交换积分（J_{ij}，在化学上又称为磁耦合常数）为正时，表示电子自旋趋向于自旋平行排列而呈现铁磁性；当交换积分为负时，表示电子自旋趋向于反平行排列而呈现反铁磁性或亚铁磁性；若交换积分符号和大小都是变化的，则化合物呈现螺磁性或其他自旋结构。因此，海森堡自旋交换模型可唯象地解释自发磁化的原因。海森堡交换作用模型的铁磁性条件可归纳为：

（1）物质具有铁磁性的必要条件是原子中具有未充满的电子壳层，即有原子磁矩。

（2）广义的或等效的交换积分为正值，并满足贝特-斯莱特条件，即原子波函数在核附近的数值很小，原子间距适当地大于磁性壳层电子轨道半径。

过渡金属和稀土金属未满壳层是 3d 或 4f，角量子数 l 较大，满足条件（1），其原子间距主要取决于 s、p 价电子，所以间距要大于对磁性做贡献的壳层间距；满足条件（2），易出现铁磁性。

图 4.28 比较直观地反映了有关顺磁性、铁磁性、反铁磁性、亚铁磁性的含义。

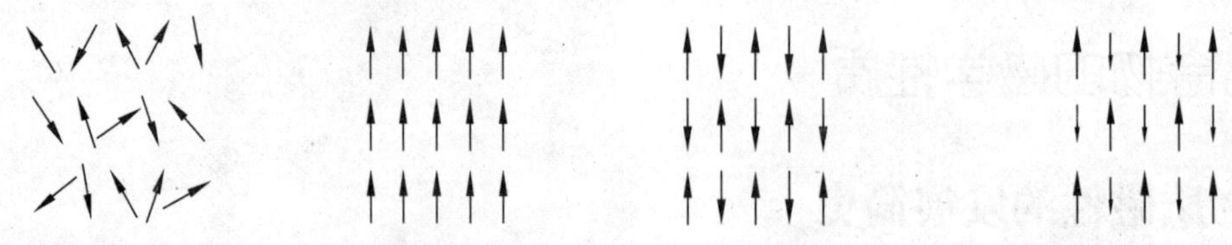

（a）顺磁性，离子之间电子自旋没有耦合作用　（b）铁磁性，离子之间电子自旋完全向相同方向排列　（c）反铁磁性，离子之间电子自旋完全向相反方向排列　（d）亚铁磁性，离子之间电子自旋完全向相反方向排列，但自旋没有完全抵消，磁化时分子有磁矩

图 4.28　磁相互作用示意图

由于交换积分（或磁耦合常数）只有当电子波函数有所交叠时才不为零，因此，我们一般考虑的磁耦合作用都是近距离作用。所以，人们在海森堡模型的基础上，对于不同的物质结构提出了不同的磁耦合理论：

（1）对于铁氧体化合物、高核簇合物及氰基体系化合物，磁性离子之间的电子波函数并不能直接发生交叠，因为它们被非磁性的阴离子或基团（如铁氧体中桥联的氧原子、高核簇合物中桥联的配位原子或氰基体系中的氰基）隔开，并且这些阴离子或基团不存在自由电子。为了解释这类化合物中的磁作用，克喇末（Kyamers，1934）和安德森（Anderson，1950）等人提出了超交换理论（又称间接交换作用）。该理论认为，磁性离子通过交换作用引起非磁性阴离子或基团的极化，这种极化又通过交换作用影响到另一个磁性离子，从而使两个并不相邻的磁性离子通过中间连接的非磁性阴离子或基团的极化关联起来，从而产生磁相互作用及磁有序。

（2）对于稀土金属或其合金，由于4f电子壳层深埋在原子内部，电子波函数是相当局域的，相邻磁性离子电子壳层之间也几乎不发生交叠。为了解释这个问题，Ruderman、Kittel、Kasuya、Yosida等人提出了RKKY模型，该模型认为，稀土之间的磁耦合作用是通过传导电子为媒介而产生的。并且进一步研究发现，磁耦合常数的符号和大小随位置而异，从而解释了稀土金属中磁性的多样性，如我们前面提到的螺磁性。

（3）除了上述提到的模型之外，有关磁耦合的其他理论也被发展起来。例如，巡游电子模型认为过渡金属合金中的d电子不像s电子那样自由，也不像f电子那样局域，而是在各个原子的d轨道上依次巡游，形成了窄能带，从而很好地解释了过渡金属或过渡金属合金的磁性。其他的还有布洛赫提出的自旋波理论和电子气模型、赫令等人提出的自旋涨落理论等。

4.2.2 磁性基础知识

磁性是物质的一种基本属性。磁场中物质内部磁感应强度可以表示为

$$B=H+4\pi M \tag{4-13}$$

式中 B——磁感应强度，表示物质内的磁通量分布；

H——外加磁场强度；

M——磁化强度，即单位体积内磁矩的矢量和，反映物质对外磁场的响应。

式（4-13）表示物质内部的磁通量密度是外磁场强度与物质感应强度的和，物质的磁化强度可以表示为

$$M=\chi H \tag{4-14}$$

式中 χ——单位体积物质的磁化率。

将式（4-14）代入式（4-13），则磁感应强度又可以表示为

$$B=(1+4\pi\chi)H=\mu H \tag{4-15}$$

式中 μ——物质的磁导率，也称为相对磁导率。

磁学研究常采用国际单位制（SI）和高斯单位制（CGS），主要磁性参数换算见表4.12。

表4.12 SI单位制与CGS单位制之间的主要磁性参数的换算

参数	表示符号	SI单位	CGS单位	换算公式
磁感应强度	B	Tesla（T）	Gauss（Gs）	$1\ T=10^4\ Gs$
磁场强度	H	A/m	Oersted（Oe）	$1\ A/m=4\pi/10^3\ Oe$
磁化强度	M	A/m	emu/cm^3	$1\ A/m=10^{-3}\ emu/cm^3$
磁矩	μ	$A\cdot m^2$	emu	$1\ A\cdot m^2=10^3\ emu$

将物质放入磁场中，会产生一种附加磁场，使原有磁场发生变化，这种现象称为介质的磁化。凡能被磁场磁化的物质或能够对磁场发生影响的物质称为磁介质。磁介质分为以下 3 种类型：

1. 抗磁性

抗磁性是所有物质的一个根本属性，它起源于成对电子与磁场的相互作用。对于电子壳层完全充满的物质，其抗磁性是非常重要的；对于电子壳层未完全充满的物质，由于内部仍然有许多填满的内壳层，其磁化率也有已填满壳层的抗磁性成分，因此抗磁性是所有磁介质所共有的性质。抗磁性的另一个重要特征是它的大小不随温度和场强而变化。这是因为诱导磁矩只依赖于闭壳层中轨道的大小和形状，而与温度无关。此外抗磁磁化率还具有加和性，即分子的抗磁磁化率等于组成该分子的原子与化学键抗磁磁化率之和。抗磁性比顺磁性低几个数量级，因此，通常情况下，抗磁性容易被顺磁性所掩盖。

2. 顺磁性

顺磁性是具有未成对电子的物质的一种共同属性。顺磁性物质的磁化率通常与场强无关，而与温度有关。按照一级近似，磁化率χ与温度 T 成反比关系，这就是著名的居里（Curie）定律：

$$\chi = \frac{C}{T}$$

式中 χ——磁化率；

C——居里常数；

T——热力学温度。

居里定律仅适用于顺磁性离子之间没有磁耦合作用的自由离子。

磁化率是物质的宏观性质，磁矩是物质的微观性质。由于原子核的质量远大于电子的质量，而运动速度远比电子小，因此可以忽略核运动产生的磁矩，只考虑电子运动产生的磁矩。配合物的磁性与电子的轨道运动和自旋运动有关。电子的轨道运动产生轨道角动量和轨道磁矩，电子的自旋运动产生自旋角动量和自旋磁矩。若总角动量量子数为 J，则磁矩 μ 可由下式计算：

$$\mu = g\sqrt{J(J+1)} \tag{4-16}$$

若忽略轨道角动量的贡献，则有效磁矩μ_{eff}可由下式计算：

$$\mu_{\text{eff}} = \sqrt{3k\chi T/N} = g\sqrt{S(S+1)} = \sqrt{n(n+2)} \tag{4-17}$$

式中 g——朗德因子，$g = 1 + \dfrac{J(J+1) + S(S+1) - L(L+1)}{2J(J+1)}$

当总轨道角动量量子数 $L=0$ 时，$J=S$，$g=2$；

k——玻尔兹曼常数，$k = 1.38\times10^{-23}\ \text{J}\cdot\text{K}^{-1}$；

N——阿伏伽德罗常数，$N = 6.022\times10^{23}\ \text{mol}^{-1}$；

S——总自旋角动量量子数；

n——未成对电子数。

当 $L=0$，$S=0$ 时，$J=0$，则原子不具有磁矩，如惰性气体；当 $L\neq0$，$S=0$ 时，$J=L$，$g=1$，即得轨道磁矩：$\mu_L = \mu_B[L(L+1)]^{1/2}$；当 $L=0$，$S\neq0$ 时，$J=0$，$g=2$，可得纯自旋磁矩：$\mu_S = \mu_B[S(S+1)]^{1/2}$；当 $L\neq0$，$S\neq0$ 时，对于第一过渡系金属离子，忽略轨-旋耦合作用，则磁矩

为 $\mu_{L+S}=\mu_B[4S(S+1)+L(L+1)]^{1/2}$。

由于有效磁矩忽略了轨道角动量的贡献，所以根据式（4-17）计算得到的磁矩也称为唯自旋磁矩，用 μ_S 表示。表 4.13 列出了第一过渡系常见离子的实测磁矩和理论计算值。

表 4.13　常见过渡金属离子的实测磁矩和理论计算值

单位：B.M.

d^n	离子	基谱项	计算值		实测值
			μ_S	μ_{S+L}	
d^1	Ti^{3+}、V^{4+}	^2D	1.73	3.00	1.7 ~ 1.8
d^2	V^{3+}	^3F	2.83	4.47	2.6 ~ 2.8
d^3	Cr^{3+}	^4F	3.87	5.20	~ 3.8
d^4	Cr^{2+}、Mn^{3+}	^5D	4.90	5.48	4.8 ~ 4.9
d^5	Mn^{2+}、Fe^{3+}	^6S	5.92	5.92	~ 5.9
d^6	Fe^{2+}、Co^{3+}	^5D	4.90	5.48	5.1 ~ 5.5
d^7	Co^{2+}	^4F	3.87	5.20	4.1 ~ 5.2
d^8	Ni^{2+}	^3F	2.83	4.47	2.8 ~ 4.0
d^9	Cu^{2+}	^2D	1.73	3.0	1.7 ~ 2.1

从表 4.13 可以看出，在大多数情况下（除 Co^{2+}、Ni^{2+}外），其他离子的实测值与唯自旋磁矩 μ_S 都很接近，可以将其纯自旋磁矩作为理论值，而忽略轨道角动量的贡献。这是由于在金属离子的配合物中，金属离子周围其他原子、分子和离子的电场限制了电子的轨道运动，所以轨道角动量和轨道磁矩被整个或部分地“冻结”了。Co^{2+}、Ni^{2+}的实测磁矩与唯自旋磁矩则出现了一定偏差，这是由轨道角动量对磁矩的贡献引起的。

需要指出的是，自旋磁矩受化学环境的影响很小，但轨道磁矩受化学环境的影响很大。为了找出轨道对有效磁矩 μ_{eff} 的贡献在某一特定情况下是否被抑制和被抑制的程度，须用微扰理论进行处理。微扰理论处理的结果是，在八面体或四面体场中，对于具有三重简并（T 谱项）基谱项的金属配合物，实测磁矩将会偏离按唯自旋公式计算的磁矩；而对于具有二重简并 E 或非简并 A 基谱项的配合物，轨道磁矩的贡献将被完全“抑制”。d^1 ~ d^9 组态八面体和四面体配合物中所预期的轨道角动量对磁矩的贡献如表 4.14 所示。

表 4.14　d^1 ~ d^9 组态八面体和四面体配合物中所预期的轨道角动量对磁矩的贡献

组态	八面体		四面体	
	基谱项	轨道贡献	基谱项	轨道贡献
d^1	$^2T_{2g}$	+	^2E	—
d^2	$^3T_{1g}$	+	$^3A_2$	—
d^3	$^3A_{2g}$	—	$^4T_1$	+
d^4（HS）	^5E_g	—	$^5T_2$	+
d^4（LS）	$^3T_{1g}$	+	$^5T_2$	+

续表 4.14

组态	八面体		四面体	
	基谱项	轨道贡献	基谱项	轨道贡献
d^5（HS）	$^6A_{1g}$	—	$^6A_1$	—
d^5（LS）	$^2T_{2g}$	+	$^6A_1$	—
d^6（HS）	$^5T_{2g}$	+	^5E	—
d^6（LS）	$^1A_{1g}$	—	^5E	—
d^7（HS）	$^4T_{1g}$	+	$^4A_2$	—
d^7（LS）	^2E_g	—	$^4A_2$	—
d^8	$^3A_{2g}$	—	$^3T_1$	+
d^9	^5E_g	—	$^2T_2$	+

过渡金属配合物唯自旋磁矩和实验所测磁矩的偏离，还有其他一些解释机理。如含有 3 个未成对电子的 Co(Ⅱ)配合物，其配位场基谱项为 $^4A_2$，按表 4.14 预期轨道对磁矩的贡献应完全被"抑制"，然而实际测定的磁矩处于 4.4 ~ 4.8 B.M.范围，并不是按唯自旋公式计算的 3.87。有人已经证明，这是由轨-旋相互作用引起的。根据这个机理，一定量的第一激发态 $^4T_1$ 混入基态，因而引进轨道角动量，使实测磁矩值增大。在某些情况下（特别是第二和第三过渡系金属的离子及稀土离子），轨-旋耦合作用变得十分重要。

一个电子所产生的磁矩很小，无法测定，只能从一定量的固体或它的溶液中去测定物质的磁化率，然后由式（4-18）换算成有效磁矩。

$$\mu_{\text{eff}} = 2.84\sqrt{\chi_{\text{M}} T} = 2.84\sqrt{\chi_{\text{g}} MT} \tag{4-18}$$

式中 χ_{M}——摩尔磁化率；

T——热力学温度；

χ_{g}——克磁化率；

M——物质的摩尔质量。

对很多配合物而言，原子磁矩之间存在一定的磁耦合作用，使磁化率偏离居里定律。这种磁耦合作用有以下 2 种情形：

（1）直接的自旋-自旋耦合，通过金属离子间的金属键实现。

（2）间接的自旋-自旋耦合，金属离子通过其间的桥联配体实现相互作用，又称为超交换耦合。超交换耦合普遍存在于配合物体系中，因此，配合物的磁化率虽然偏离了居里定律，但在较高温度区间服从居里-外斯（Curie-Weiss）定律：

$$\chi = \frac{C}{T-\theta} \tag{4-19}$$

式中 θ——外斯常数，具有温度的单位。

3. 铁磁性

无论是顺磁体还是抗磁体，它们在磁化时产生的附加磁场总是不太强的，但有一种磁介质在磁化时会产生很强的附加磁场，这种磁介质称为铁磁体。

当原子核外电子的自旋磁矩不能相互抵消时，便会产生原子磁矩。如果在交换作用下，所有原子的磁矩能按一个方向整齐排列，就称为自发磁化，通常自发磁化发生在微小的磁畴内。磁畴是指在磁性物质内部存在许多微小的区域，每个这样微小的区域内原子磁矩一致整齐排列。各个磁畴之间的交界面称为磁畴壁。在化合物未被磁化时，不同磁畴内原子磁矩方向各不相同，外磁场的引入使不同磁畴间的磁化方向一致，使磁性物质表现出宏观磁性。

每个晶格上的磁矩自发平行排列所形成的有序态称为铁磁态，这种有序态是化合物内部磁性粒子之间的强耦合作用造成的。宏观的铁磁性物质内包含许多磁畴，热扰动会导致每个磁畴的磁化方向不同，因此，体系的总磁化强度为零。自旋磁矩呈现自发有序态的临界温度通常记为 T_c，当 T 高于 T_c 时，自发磁化强度因热运动而消失，化合物内部呈现出短程的铁磁相互作用，其磁化率符合居里-外斯定律；当 T 低于 T_c 时，化合物呈现出自发磁化强度，表现为宏观的铁磁性。铁磁性突出的特征是有序态磁矩的平行取向和磁畴的形成。

4. 反铁磁性与亚铁磁性

在反铁磁状态下，原子或电子磁矩的空间分布呈反平行排布，但宏观的自发磁化强度为零。与铁磁性化合物不同，反铁磁性物质的临界温度称为奈尔（Neel）温度，简写为 T_N。在奈尔温度 T_N 以下，原子或电子磁矩自发地反平行排列，呈现反铁磁性质。根据原子间交换作用和晶体结构的特点，反铁磁性化合物可以看作是由两种相互渗透的亚晶格组成的，每种亚晶格都均匀磁化，其自旋磁矩平行排列，但两种亚晶格之间的自旋磁矩反平行排列。理想的反铁磁性化合物的磁化强度在 T_N 以下应该为零。因此，亚晶格的磁化强度是评价化合物反铁磁性的重要参量。在 T_N 以上，反铁磁性转变为顺磁性，化合物近似遵守居里-外斯定律。

通常认为，有序态物质的自旋在绝对零度（0 K）时是绝对平行（铁磁性化合物）或反平行（反铁磁性化合物）的。如果自旋体系存在低能激发，则会使反平行晶格不等价，导致亚铁磁性的出现。从磁相互作用的角度看，亚铁磁性与反铁磁性的本质是相同的，自旋磁矩都是反平行排列，只是相关联的自旋磁矩大小不同而已。当在某个转变温度发生自发地反平行排列时，亚铁磁性化合物会保留一个小而永久的磁矩，而不是零。另一方面，亚铁磁性化合物的宏观性质与铁磁性物质相同，都能自发磁化。亚铁磁性的最简单例子是磁铁矿 Fe_3O_4，Fe_3O_4 具有反尖晶石结构，晶体中的 Fe^{2+} 和相同比例的 Fe^{3+} 以八面体构型与氧原子配位，处于一种亚晶格格位，剩下的 Fe^{3+} 以四面体构型与氧原子配位，处于另一亚晶格格位，每种亚晶格内部铁离子的自旋磁矩平行排列，而两者之间为反铁磁性相互作用。由于两种晶格上的铁离子数目和磁矩大小不同，因此在 T_c 以下保持弱的磁矩，具有剩余的磁化强度。

4.2.3 磁性的测定方法

磁性测量的主要技术有比热容测量和磁化率测量技术。

4.2.3.1 比热容测量

磁系统的比热容是磁性研究中最有特征和重要的性质之一，可以用比热容的反常现象来证明磁有序化的发生。根据爱因斯坦（Einstein）和德拜（Debye）的相关理论，任何物质都有晶格比热容随温度降低而减小的现象。德拜模型中的晶格比热容为

$$C_L = 9R(T/\theta_D)^3 \int_0^{D/T} \frac{e^x x^4}{(e^x - 1)^2} dx \tag{4-20}$$

式中 θ_D——德拜特征温度。

低温时，式（4-20）可近似为

$$C_L \approx (T/\theta_D)^3$$

上式称为 T^3 定律，许多物质的比热容都遵循 T^3 定律。测量比热容时，必须扣除晶格的比热容，才可求得磁贡献。高温极限内的比热容大都遵循 T^{-2} 的关系。在所测量的温度范围内，若晶格的比热容遵循 T^3 定律，则总热容遵循

$$C = aT^3 + bT^{-2} \tag{4-21}$$

以比热容对温度作图，可计算常数 a 和 b，再将曲线外推到低温可得到晶格贡献部分的经验计算值。

4.2.3.2 磁化率测量

1. 磁化率的力测量法

古埃（Gouy）天平法测定磁化率的基本原理是：顺磁体和铁磁体会被磁场所吸引，抗磁体则被磁场所排斥，磁场吸引或排斥物质的力与磁化率成比例。具体的操作步骤是将欲测磁化率的固体或液体样品装在横切面均匀的石英管中，管子的一端挂在天平的一个臂上，使石英管下端位于电磁铁两极的中间。先调节天平平衡，当通电使电磁铁产生磁场后，对于顺磁性物质，则样品下降使磁力线尽量多地通过样品，因此必须增加砝码，使天平再次平衡；反之亦然（图4.29）。若 m_1 为未加磁场的样品质量，m_2 为加磁场后的样品质量，h 为样品在石英管中的实际高度，H 为外磁场强度，则克磁化率为

$$\chi_g = 2(m_2 - m_1)hg / m_1 H^2$$

古埃（Gouy）天平法属于磁化率的力测量法的一种，但需要的样品量大，且要求样品的封装十分均匀。

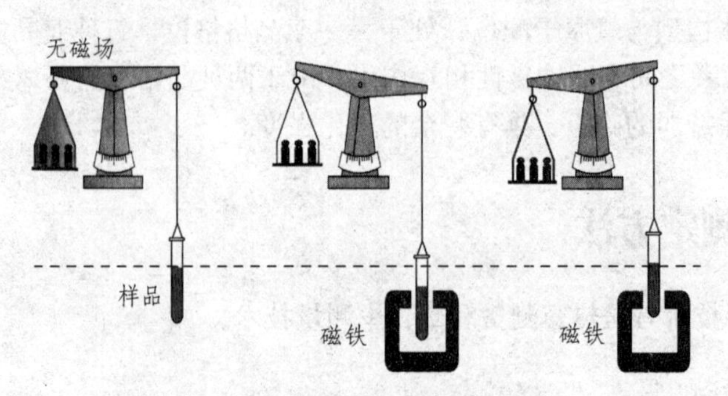

图 4.29 古埃法测定磁化率示意图

另外一种磁化率的力测量法是法拉第（Faraday）法，与古埃（Gouy）天平法不同的是法拉第法要求特别设计磁极面，以便把一个小而均匀的样品放置在磁场与磁场梯度之积为常数的区域中。样品在磁场中的受力与样品的包装无关，仅取决于样品的总质量。这种方法灵敏性好，可重复性强，可用于单晶磁化率的测量。由于力测量法需要用到外磁场，故不适用于测量铁磁体。

2. 精密磁强计

随着科学技术的不断进步，精密磁强计也在不断发展。目前普遍使用的一种磁测量系统是 MPMS（magnetic property measurement system）。MPMS 磁测量系统由一个基本系统和各种选件两部分组成。基本系统主要包括超导 SQUID（superconducting quantum interference device）探测系统、软件操作系统、温控系统、磁场控制系统、样品操作系统和气体控制系统等几个模块。

超导探测系统要求样品沿超导探测线圈轴线移动，从而在探测圈中产生感应电流。因为探测线圈、连线和 SQUID 输入信号线组成了一个超导闭环，探测线圈中任何磁通变化都会引起闭环内电流的相应变化，通过 SQUID 的转换得到电压信号，从而测得样品的磁矩。

MPMS 磁测量系统包括 DC（direct current）磁学测量、AC（alternating current） 磁化率测量等测量选项。

配合物磁性的研究主要有两个方面的应用：第一，用于区分配合物的键型，方法是将实测的磁矩值与按自由离子唯自旋式计算所得的理论磁矩值相比较，若二者相近，则配合物为外轨型（高自旋）；若两者相差较大，并且实测值相对较小或为零，则配合物为内轨型（低自旋）。第二，推断配合物的立体构型，对于八面体或四面体配合物，凡电子组态为$(t_{2g})^1$、$(t_{2g})^2$、$(t_{2g})^4$、$(t_{2g})^5$ 的都有轨道磁矩，而电子组态为$(t_{2g})^3$、$(t_{2g})^6$ 的则无轨道磁矩，这是因为轨道角动量对轨道磁矩有无贡献，取决于外磁场改变时电子能否自旋平行地在不同轨道之间再分配，而这种分配必须在对称性相同的能级之间进行。在八面体场中，d 轨道分裂为两组，即 t_{2g} 和 e_g 轨道。这两种能级由于轨道对称性不同，所以电子不能在其间再分配。但 3 个 t_{2g} 轨道对称性相同，所以它们对轨道磁矩有贡献。但当 3 个 t_{2g} 轨道各有一个电子占据时，这种再分配不能进行，因此半满的 t_{2g} 轨道电子磁矩也被“冻结”。据此可得，高自旋的八面体 Co(Ⅱ)和四面体 Ni(Ⅱ)配合物中有轨道磁矩的贡献，而八面体的 Ni(Ⅱ)和四面体 Co(Ⅱ)则没有轨道磁矩的贡献。这样就能根据磁性的测定结果来区分 Co(Ⅱ)、Ni(Ⅱ)配合物的立体构型。如实测 Co^{2+}（d^7）配合物的磁矩分别为

$[Co(H_2O)_6]^{2+}$　　粉红色　　$\mu_{eff} = 4.8 \sim 5.2$ B.M.
$[Co(Cl)_4]^{2+}$　　蓝色　　$\mu_{eff} = 4.3 \sim 4.7$ B.M.

H_2O 和 Cl^-均为弱场配体，以上两个配合物都是高自旋的外轨型配合物，两者均有 3 个未成对电子，按唯自旋公式计算，磁矩应为 3.87 B.M.，实测值与理论值偏差较大，根据上述讨论，可以推断粉红色的 Co(Ⅱ)配合物为八面体构型，而蓝色的 Co(Ⅱ)配合物为四面体构型。

比较测定出的磁矩和中心离子原有的外层电子数，在很多情况下，可以确定中心离子的氧化数、判断配体是强场还是弱场，即中心离子的电子排布是高自旋还是低自旋及利用磁性确定配合物立体化学构型。

4.2.4 配合物磁性研究热点

近年来，在材料科学及生命科学的推动下，具有磁学性质的各种新型分子功能材料发展迅猛。在磁性分子材料方面，分子基磁体和自旋交叉配合物表现出极其诱人的应用前景，因此，磁学材料得到了各国化学家的关注。

4.2.4.1 分子基磁体

分子基磁体是指通过有机、金属有机、配位化学和高分子化学等方法合成的具有像磁铁一样在临界温度（T_c）下能自发磁化的分子化合物，是近年来兴起的采用全新的化学合成途径得到的磁性材料，它的出现使以往仅在特殊条件下才能得到的功能性物质可能通过溶液化学得到。分子基磁性材料主要有以下三类：① 有机类：其自旋载体均为自由基，如双氮氧自由基，T_c=1.48 K；② 有机-无机配合物型：其自旋载体为自由基和顺磁金属离子，如 1986 年杜邦公司中心实验室 Miller 等人将二茂铁衍生物[Fe(Cp*)$_2$]（Cp*为五甲基环戊二烯）与四氰基乙烯自由基（TCNE）经电荷转移合成了第一个分子基磁体 $Fe(C_5Me_5)_{(2)}$ TCNE，该分子在 4.8 K（T_c）下长程有序，具有自发的磁化作用。Mn(Ⅱ)-三氮氧自由基三维化合物的 T_c 已达 48 K。③ 无机配合物型：其自旋载体为顺磁金属离子。其中配合物型分子基磁体有以下三个优点：Ⅰ：顺磁金属离子本身是一个天然的自旋载体；Ⅱ：以金属离子作为联结点有助于构筑一维、二维和三维的宏观结构，维数可控；Ⅲ：变化金属离子本身及其配位环境可以达到调控它们之间的磁相互作用的目的。

分子基磁体的出现使以往仅以金属或离子连续晶格组成的磁性材料，有可能以分子晶格的方式在通常条件下的溶液化学中实现。这种研究方式的改变以及分子合成方式的无限性和结合形式的多样性，有可能使与磁性材料相关的学科以及分子或分子以上层次的基础研究取得突破性进展。

T_c 值远低于室温是制约分子基磁体发展和应用的主要因素之一，因此高 T_c 值分子基磁体的设计和合成一直是该领域研究的热点。T_c 值的高低很大程度上取决于分子间/层间/链间磁耦合作用的类型和大小，但由于分子间磁相互作用一般较弱，因而分子基磁体的 T_c 值一般较低。目前常采用的改进方法有：① 选用轨道对称性匹配的桥联配体；② 提高配合物的结构维数；③ 选用总自旋量子数大的顺磁离子。

低维分子基磁体包括单分子磁体（single molecular magnet, SMM）和单链磁体（single chain magnet, SCM），以下分别介绍。

1. 单分子磁体（single molecular magnet, SMM）

单分子磁体从 1993 年被发现以来，就引起物理学家、化学家和材料科学家极大的关注。单分子磁体是一种真正意义上的纳米尺寸（分子直径在 1 ~ 2 nm 之间）的分子磁体，即一种由分立的、从物理学意义上讲没有相互作用的纳米尺寸的分子单元而不是由一个三维扩展晶格（如金属、金属氧化物、金属配合物等）构成的磁体。因此，单分子磁体可以看成是分子基磁体和纳米磁性材料的交叉点。它拥有经典磁体所不具有的性质，如量子隧道效应（quantum tunneling of magnetization，QTM）、界面干涉效应等。

人们研究单分子磁体主要基于以下两个目的：一是由单个分子构成的单分子磁体可能最终用于高密度的信息存储设备和量子计算；二是对单分子磁体的研究有助于纳米尺寸磁性粒子物

理学的理解。

单分子磁体是一种可以磁化的磁体。在外磁场作用下，它们的磁矩可以一定的定向取向。当外磁场去掉后，如果温度足够低，分子的磁矩（自旋）重新取向的速度非常缓慢，也就是说，零场下磁化能够保持。据报道，在磁场下饱和后，人们发现$[Mn_{12}]$单分子磁体 2 K 下具有 2 个月的半衰期。经过十几年的研究，人们发现单分子磁体能够保持磁化作用是由其内部结构决定的，即存在一种能垒（有人称为势垒），对于分子基态自旋态 S 为奇数的分子，这个能垒等于$(S^2-1/4)|D|$；而对于基态自旋态为偶数的分子，这个能垒等于 $S^2|D|$。因此，一个分子为单分子磁体需要满足两个条件：一是具有一个大的基态自旋 S 值，大的基态自旋值来源于分子内铁磁相互作用或亚铁磁相互作用，尤其是后者在多核锰配合物单分子磁体中更为常见；二是存在明显的负各向异性（negative anisotropy），通常用零场分裂参数 D 表示。各向异性为负值以保证最大的自旋态能量最低；若各向异性为正值，则基态自旋中大的量子态能量最高，小的自旋量子态能量最低，自旋翻转便不会有能垒，从而就不会有单分子磁体性质。分子基态中单个离子的旋-轨耦合是产生这种各向异性最重要的原因。在满足以上条件时，单分子磁体在分子磁化强度矢量重新趋向时存在一个明显的能量壁垒。从而导致低温下翻转速度减慢，即磁化强度弛豫作用（magnetization relaxation） 的发生。

单分子磁体的磁学表征一般是测量其直流磁化率曲线，确定化合物内顺磁性离子间是铁磁性还是反铁磁性耦合的，进而根据低温的$\chi_M T$ 的大小估计出化合物的基态自旋值；然后测量磁化曲线（M-H），利用相关软件拟合化合物的基态自旋值 S 和磁各向异性参数 D；然后根据拟合的 S 和 D 大体判断该化合物是否具有单分子磁体性质，这可用交流磁化率的虚部是否有频率依赖来进一步验证。不过要确定一个化合物是否为单分子磁体还需要用低温单晶磁滞回线测量，这不仅由于有些化合物尽管有频率依赖但并不是单分子磁体，另一方面低温磁滞回线是研究量子隧道效应的必备条件。当然还有其他的测试手段，如高频电子顺磁共振（HFEPR）可确定分子的磁各向异性大小，穆斯堡尔谱可确定铁系单分子磁体中 Fe^{3+}的存在及其磁性耦合。

2. 单链磁体（single chain magnet, SCM）

单链磁体是指在一个维度上磁性中心之间具有强的磁性相互作用，而在另两个维度上磁相互作用非常弱的 Ising 链。SCM 的一个重要应用也是高密度的微观信息存储材料。1963 年，Glauber 从理论上预言 Ising 链会表现出缓慢的磁弛豫现象。2001 年，Gatteschi 报道了$[Co(hfac)_2]$(NITPhOMe)（NITPhOMe = 4′-methoxy-phenyl-4, 4, 5, 5-tetramethylimidazoline-1-oxyl-3-oxide, hafc = hexafluoroacetylacetonate），从理论上证实了 Glauber 的推测，并给出了单链磁体的定义。相对于单分子磁体，单链磁体因具有较高的 T_c 值而引起了众多研究工作者的兴趣。

单链磁体的设计主要从以下几个方面入手：① 磁链必须是 Ising 链，即自旋载体需具有强的单轴各向异性，常用的金属离子有 Mn^{3+}、Co^{2+}、Ln^{3+}等；② 磁链必须有净的磁化，自旋不能完全抵消，目前已报道的主要有铁磁链、亚铁磁链和弱铁磁链；③ 尽可能增加链间距离以避免三维有序，从而避免链间相互作用。

对于一维链状化合物，按照链内金属离子的种类可以分为同金属链和异金属链；根据链内相邻自旋中心之间耦合常数的大小又可以分为均匀链和交替链。在一维链中，当链内相邻自旋间有相同的桥基，而且磁耦合常数均相同时，称为均匀链，或等间隔链；如果相邻自旋中心之间存在不同桥基，磁耦合常数随桥基不同而变化时，则称为交替链。均匀同金属链是一类最简单的一维链体系，如配合物 $CuBr(CH_3COO)\cdot 2H_2O$ 就是一例由醋酸根桥联自旋载体 Cu(Ⅱ)（$S = 1/2$）

离子构成的均匀同金属链。

在一维链状配合物中，要大幅度提高 T_c 值是很难实现的，因此有必要在一维分子基磁体研究的基础上着手二维和三维分子基磁体的研究。目前用于二维分子基磁体的合成方法主要有：以含有一个以上桥基的配合物作为配体的“配合物配体”方法和使用多种桥基（混桥）、端基、自旋载体的自组装方法两种。用于组装二维配合物的配体和桥基有：草酸根桥联类、氰根桥联类、叠氮类和混合桥类等。

4.2.4.2 自旋交叉配合物（spin-crossover，SCO）

过渡金属配合物的自旋交叉（spin-crossover，SCO）双稳态现象，是具有 $3d^n$（n=4～7）电子组态的中心金属离子在适当强度的配位场中，可能由于温度和光照等外界微扰引起轨道电子的重新排布而产生高低自旋转变的现象。分子双稳态的研究不仅有很好的理论价值，而且在开发新一代的分子器件方面也有着广阔的应用前景，因而日益引起化学、物理学以及材料科学研究者的兴趣。自旋交叉现象可追溯到 70 多年前，德国科学家 Cambi 在研究 Fe(Ⅲ)配合物体系时，发现化合物的磁矩强烈地依赖于温度的变化，这种变化意味着，配合物的电子结构在温度改变过程中发生了重组，从而导致了整个体系磁性的变化。

例如，对于具有 $3d^6$ 电子组态的 Fe(Ⅱ)配合物，如$[Fe(CN)_6]^{4-}$，或含 N 原子配体的$[Fe(phen)_2(NCS)_2]$，在八面体场中会受到电子成对能 P 和配位场分裂能 Δ 两种相互作用的作用，当电子成对能 P 和配位场分裂能 Δ 的大小接近时，电子的排布由外界的物理参数决定，如图 4.30 所示。

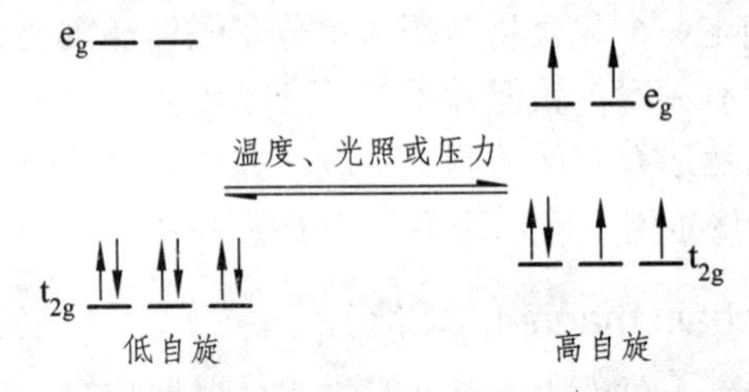

图 4.30 d^6 电子组态 Fe(Ⅱ)在八面体场

引起体系发生自旋交叉的外界微扰可以是温度、压力或光辐射等，并且在热、压力或光诱导自旋交叉现象的同时会伴随着其他一些协同效应，如配合物颜色的改变、大的热滞后效应等。值得一提的是，一些热诱导的自旋交叉配合物在 T_c 附近很窄的温度范围内，其磁化率会发生突变，利用这一点可以开发快速热敏开关；此外，自旋交叉配合物也可用于光开关和信息存储元件。近 20 年来常温自旋交叉配合物的发现，使人们意识到，开发这类自旋交叉配合物将导致用于分子显示、储存和快速开关材料研究的革命。

本章小结

1. 配合物的电子光谱

（1）d→d 跃迁：宇称禁阻的跃迁，光谱出现在可见光区且较弱，电子组态为 d^1、d^4（高自旋）、d^6（高自旋）、d^9 的配合物有单峰，其配位场分裂能$\Delta=\nu_1$，电子组态为 d^2、d^3、d^7、d^8 的配合物应有 3 个峰，d^2 和 d^7 配位场分裂能$\Delta_o=\nu_3-\nu_1$，d^3 和 d^8 配位场分裂能$\Delta_o=\nu_1$。d^{10-n} 和 d^n 组态的中心原子生成的高自旋配合物，有相同的光谱项，但互为倒置，四面体和八面体配合物的谱项也互为倒置。

（2）荷移跃迁：宇称和自旋双重允许的跃迁。高氧化态的中心原子和易氧化配体的 L→M 跃迁带多出现在长波可见光区；低氧化态的中心原子和高电负性或不饱和配体的 M→L 跃迁带移向低能区。荷移跃迁光谱要借助于配合物的分子轨道理论予以解释。

2. 配合物的磁性

配合物的磁性取决于配合物中未成对电子数、配位场强度和对称性、光谱项的基态和激发态等。由配合物的磁矩可以初步确定配合物中中心金属离子的氧化态、配位场的强弱和配合物的立体化学构型。近年来配合物磁性研究的热点集中在分子基磁体和自旋交叉配合物的研究。

参考文献

[1] 周永洽. 分子结构分析. 北京：化学工业出版社，1991.
[2] 罗勤慧，沈孟长. 配位化学. 南京：江苏科学技术出版社，1987.
[3] 金斗满，朱文祥. 配位化学研究方法. 北京：科学出版社，1996.
[5] 章慧，陈在鸿，朱亚先，等. 具有相似内界的络合物及其颜色和构型. 大学化学，2000，15（2）：33-36.
[6] 章慧. 络合物的颜色及其深浅不同的由来. 大学化学，1992, 7（5）：19-23.
[7] [美]IRA N. 分子光谱学. 徐广智，等，译. 北京：高等教育出版社，1985.
[8] 章慧，陈耐生，等. 配位化学：原理与应用. 北京：化学工业出版社，2010.
[9] 朱龙观. 高等配位化学. 上海：华东理工大学出版社，2009.
[10] 姜月顺，杨文胜. 化学中的电子过程. 北京：科学出版社，2004.
[11] 杨树明，李君，唐宗薰，等，混合价化合物价间电子转移研究进展. 化学通报，2000，63（1）：9-14.
[12] 游效曾. 配位化合物的结构与性质. 北京：科学出版社，1992.
[13] MILLER J S, CALABRESE J C, ROMMELMANN H, et al. J Am Chem Soc,1987,109:769.
[14] 游效曾，孟庆金，韩万书. 配位化学进展. 北京：高等教育出版社，2009.

习 题

1. 举例说明下列术语：

（1）配位场谱项 （2）Orgel 图 （3）宇称禁阻 （4）自旋禁阻

2. 为什么 $Mn(NO_3)_2$ 的水溶液是很淡的粉红色？

3. V^{3+}的一种八面体配合物在 20 000 cm^{-1} 和 30 000 cm^{-1} 处有两个 d→d 跃迁谱带，请用配位场理论加以解释。

4. 结合具体实例讨论：（1）姜-泰勒效应和（2）轨-旋耦合对配合物电子光谱的影响。

5. 绘出 Cu^{2+}的 5 个 d 轨道在平面正方形场中的能级分裂，说明平面正方形 Cu(Ⅱ)配合物可能发生几种能量不同的 d→d 跃迁。

6. $Fe(H_2O)_6]^{2+}$ 的吸收光谱是一个宽带，包含一个主吸收带（10 400 cm^{-1}）和一个肩峰（8 300 cm^{-1}）；然而$[Co(H_2O)_6]^{3+}$的光谱表现为两个对称的吸收带 16 500 cm^{-1} 和 24 700 cm^{-1} 以

及另外两个非常弱的吸收带 8 000 cm^{-1} 和 12 500 cm^{-1}。试指认（解释）这些吸收带。

7. 在 −78 ℃ 的 CS_2 中加入 $PEtph_2$ 和 $NiBr_2$，得到红色的配合物 A，化学式为$[(PEtph_2)_2NiBr_2]$，经在室温放置后转变为具有相同化学式的绿色配合物 B，已知红色配合物为反磁性，绿色配合物的磁矩为 3.2 B.M.，请根据所学知识确定 A、B 的构型，并根据所选构型来说明配合物的颜色。如图 4.31 为 A、B 的吸收光谱，指出图谱中曲线 I 和曲线 Ⅱ 分别属于哪个化合物，并结合光谱项图将吸收峰进行归属。

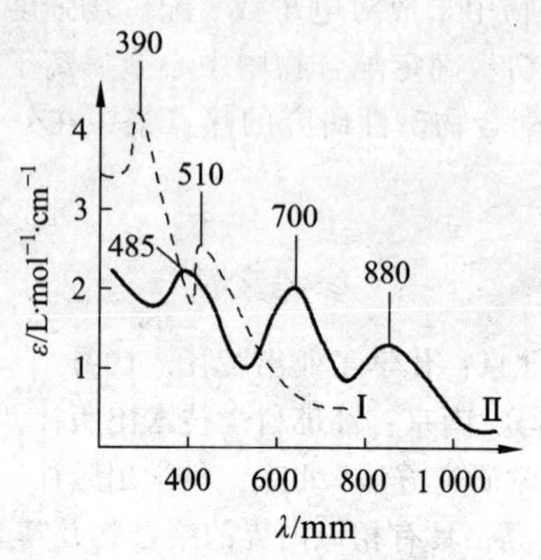

图 4.31 两种配合物的吸收光谱图

5 配合物的合成及表征

5.1 配合物的合成方法

研究配合物首先需要合成配合物材料，然后才能研究相应的结构和性质，因此配合物的合成是配位化学的重要内容。配合物的合成方法多种多样，随着配合物研究的深入，人们已经总结出许多方法。总体而言，从存在的形态分，有溶液法、固相法和气相合成法；从合成条件分，有高压和低压，高温、中温和低温合成法。另外，随着合成技术与手段的进步，也出现了一些特殊的合成方法。从目前配合物合成中使用的方法来看，在有机和无机材料中使用的方法都有可能在配合物合成中得到应用，事实上，从配合物合成的历史来看，配合物的合成方法基本上是从有机和无机合成方法中移植过来的。

随着配位化学研究的深入，许多新型配合物（如金属π配合物、夹心配合物、笼状配合物、分子氮配合物、大环配合物、超分子配合物、高维配位聚合物、金属有机化合物和簇合物）不断被合成与开发，促进了合成方法的创新。经典的 Werner 型配合物主要由溶液化学发展而来，水溶液中以 H_2O、NH_3、OH^-、卤素离子、CN^-、SCN^-等为配体的配合物研究得比较早，也比较充分。随着越来越多新颖配合物的合成，非水溶液和固相配合物合成化学得到了迅速发展。从配合物反应的观点来看，合成方法可归纳为：直接法化合反应、组分交换法、氧化还原反应法、特殊化合物合成及配体模板法等。本章主要介绍近年来配合物合成中一些常用与重要的方法。

5.1.1 经典溶液合成法

经典溶液合成法是将反应物（配体和金属盐）用一种或多种溶剂溶解，然后混合反应，可以直接或经过一段时间的反应析出固体产物，也可以加热或静置合成配合物，其本质是配合物在过饱和溶液中析出。经典溶液合成法操作简单，也是配合物合成中最先使用的方法。应用好这种方法，能合成出多种多样的配合物。合成过程中，多种因素会影响目标配合物的合成，如溶液的 pH、温度、溶液混合顺序、原料之间的配比、不同盐类的使用、模板剂的使用与否以及溶剂种类等。例如，4, 4′-双-1, 2, 4-三唑（4, 4′-bis-1, 2, 4-triazole, btr）与铜盐、铬盐的合成过程中，不同盐类的使用，可以获得多种配合物：$[Cu(btr)_2(H_2O)_2](BF_4)_2 \cdot 2H_2O$（1）、$[Cu_5(btr)_{10}(SCN)_6(BF_4)_4] \cdot 5H_2O$（2）、$[Cu(btr)_2(SCN)_2] \cdot 2H_2O$（3）、$[Cu(btr)_2(NO_3)_2] \cdot H_2O$（4）、$[Cu(btr)_3](ClO_4)_2$（5）、$[Cd(btr)_3](ClO_4)_2$（6）、$[Cd_3(btr)_8(H_2O)_2](BF_4)_6$（7）、$[Cd_3(btr)_8N(CN)_2)_2](BF_4)_4$（8）。

配合物的合成方法如下：$[Cu(btr)_2(H_2O)_2](BF_4)_2 \cdot 2H_2O$（1）：将 btr（1.0 mmol，0.36 g）、$Cu(BF_4)_2 \cdot 6H_2O$（0.5 mmol，0.173 g）和水（20 mL）混合均匀后回流 2 h，过滤，室温静置，几天后得到蓝色晶体。$[Cu_5(btr)_{10}(SCN)_6(BF_4)_4] \cdot 5H_2O$（2）、$[Cu(btr)_2(SCN)_2] \cdot 2H_2O$（3）：将 btr

（1.0 mmol，0.36 g）、NH_4SCN（0.5 mmol，0.039 g）溶于 20 mL 沸水中，然后迅速加入 20 mL $Cu(BF_4)_2 \cdot 6H_2O$（0.5 mmol，0.173 g）沸水溶液，室温静置几天后过滤，两周后得到深蓝色晶体和绿色晶体（比例约为 70%：30%）。$[Cu(btr)_2(NO_3)_2] \cdot H_2O$（4）：将 20 mL btr（1.0 mmol，0.36 g）的沸水溶液迅速加入 20 mL 沸腾的 $Cu(NO_3)_2 \cdot 3H_2O$（0.5 mmol，0.121 g）水溶液中，室温静置一天，过滤，几天后析出蓝色晶体。$[Cu(btr)_3](ClO_4)_2$（5）：将 btr（1.5 mmol，0.54 g）和 $Cu(ClO_4)_2 \cdot 6H_2O$（0.5 mmol，0.173 g）的混合水（20 mL）溶液回流 2 h，过滤，滤液室温静置，几天后得到蓝色晶体。$[Cd(btr)_3](ClO_4)_2$（6）方法同（5），仅以 $Cd(ClO_4)_2 \cdot 6H_2O$ 取代 $Cu(ClO_4)_2 \cdot 6H_2O$ 作为金属盐。$[Cd_3(btr)_8(H_2O)_2](BF_4)_6$（7）：将 20 mL 的 btr（2.0 mmol，0.72 g）和 $Cd(BF_4)_2 \cdot 6H_2O$（1.0 mmol，0.394 g）水溶液回流 2 h，过滤，室温静置，几天后得到无色晶体。$[Cd_3(btr)_8N(CN)_2)_2](BF_4)_4$（8）：将 20 mL btr（2.0 mmol，0.72 g）和 NH_4SCN（0.8 mmol，0.061 g）的沸水溶液迅速加入 20 mL 沸腾的 $Cd(BF_4)_2 \cdot H_2O$（1.0 mmol，0.394 g）水溶液中，室温静置一天，过滤，两周后得到无色晶体。

上述 8 个基于双三唑的合成路线如下所示：

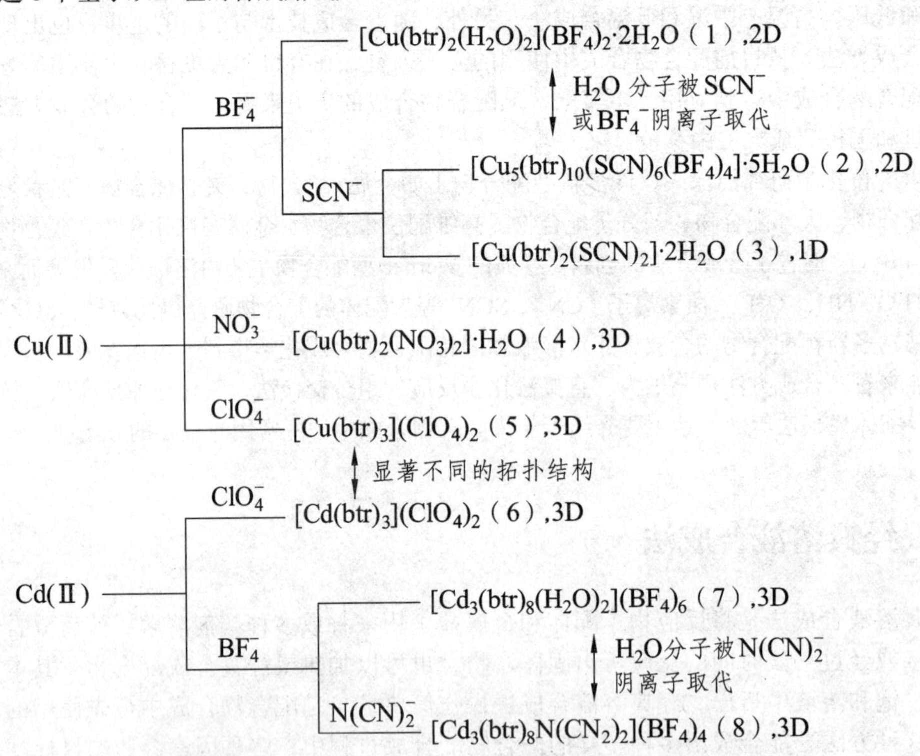

单晶 X 射线结构解析表明，配合物（1）和（2）是同构的，其中（2）可以看成是 SCN^-或 BF_4^- 取代了（2）中的配位 H_2O 分子。（2）是一个二维格子结构（图 5.1），由在 *a*、*b* 轴上等同数量的左右手$[Cu(btr)]_\infty$螺旋链所形成。从二者的堆积图来看，体系中氢键在稳定分子结构方面起到了重要作用。

配合物（2）和（3）都是中心对称的，其配位环境是 *z* 轴方向拉长的八面体构型，桥联的三唑配体处于赤道平面，占据了 4 个配位点，由于姜-泰勒效应（Jahn-Teller effect），位于两轴上的端接配体，如水分子和 SCN^-，与金属有较弱的配位作用。配合物（2）和（3）是在同一个结晶体系中分离出来的两种截然不同的晶体，在配合物（3）中，Cu(Ⅱ)的配位环境为三角双锥构型，其锥底平面是由 2 个 SCN^- 和 2 个处于反式构型的 btr 配体构成，还有另一个 btr 分子占据锥的顶点。值得注意的是，配合物（3）中的 2 个 SCN^- 的配位方式是不一样的，而在（2）中，所有的 SCN^- 配位方式都相同。配合物（3）属于 $P2_12_12_1$ 的手性空间群，Cu(Ⅱ)与 btr 相连构成单左手螺旋 2_1 链，螺距为 0.66 nm，在这个螺旋链中 2 个 Cu(Ⅱ)离子的距离是 1.25 nm，如图 5.2 所示。

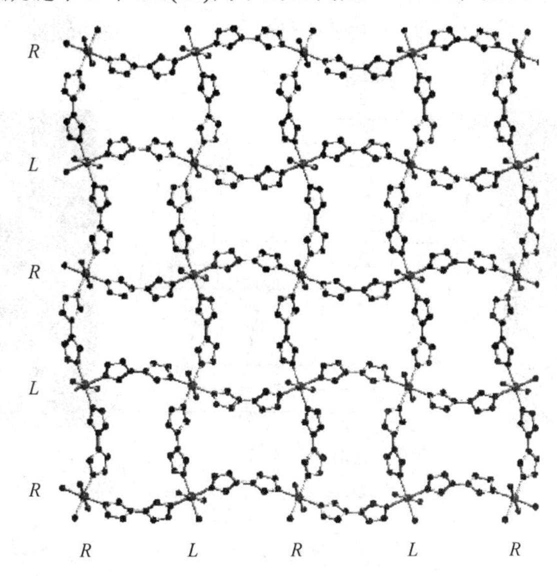

图 5.1　配合物（2）的二维网状结构

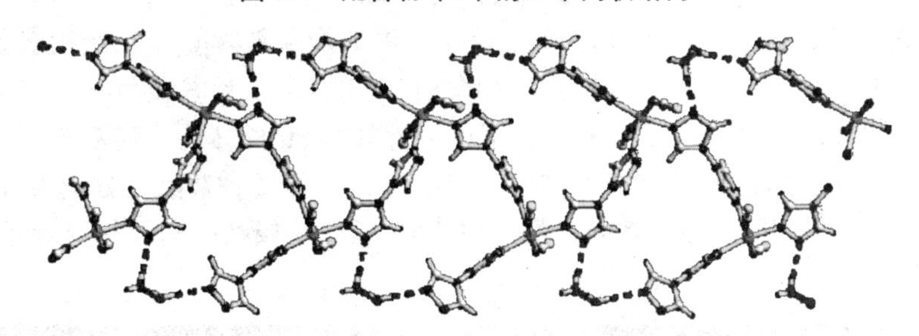

图 5.2　配合物（3）的一维超分子链

化合物（4）具有新颖的三维结构，铜的配位环境为三角双锥构型，赤道平面由 4 个来自不同 btr 的 N 原子构成，轴向上则被一个 $\mu_{1,2}$-桥联的 btr 所占据。N_1, N_2-桥联的 btr 配体连接着 2 个 Cu(Ⅱ)中心离子，构成二级构筑单元，Cu′-Cu 距离为 0.408 4 nm，此二级构筑单元通过 btr 配体进一步连接成为三维的独特网络拓扑结构（图 5.3）。

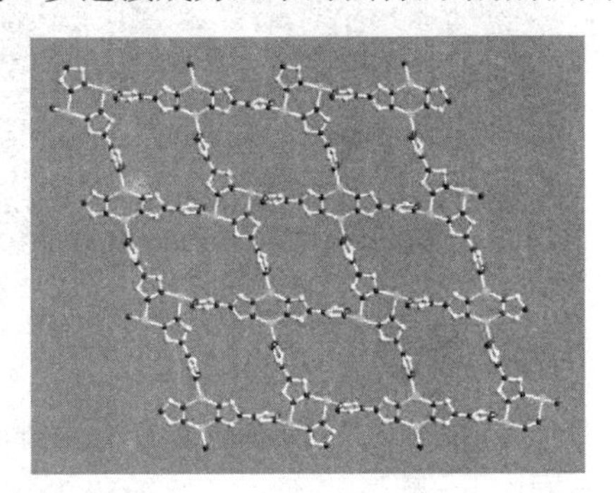

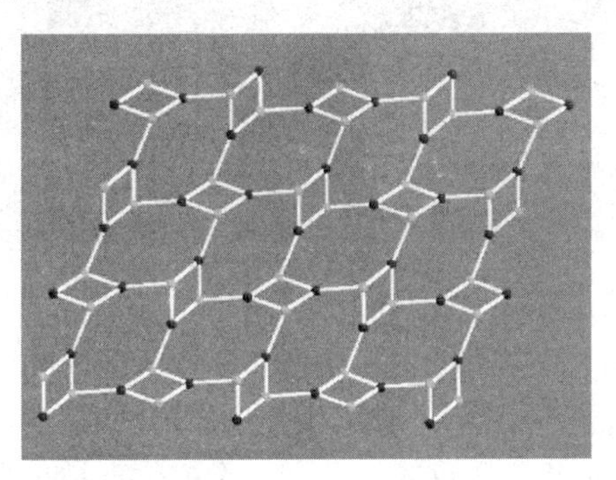

图 5.3　配合物（4）的二维网状结构

晶体解析结果表明（5）是一个三维的 MOF 化合物，所有 Cu(Ⅱ)中心的配位环境都是八面体构型，6 个 btr 配体与 1 个 Cu(Ⅱ)离子相连，通过 btr 相连的相邻 2 个铜离子的 Cu′-Cu 距离为 0.864 6 nm。

化合物（6）整体上为一个三维的α-Polonium 型拓扑结构（Schläfli 符号为 $4^{12}6^{3}$）。在三维骨架的孔洞中，存在着 2 个独立的 ClO_4^-，这些阴离子与三唑环上的碳原子有许多弱的氢键作用，使得 ClO_4^-阴离子可以稳定地存在于孔洞中（图 5.5）。

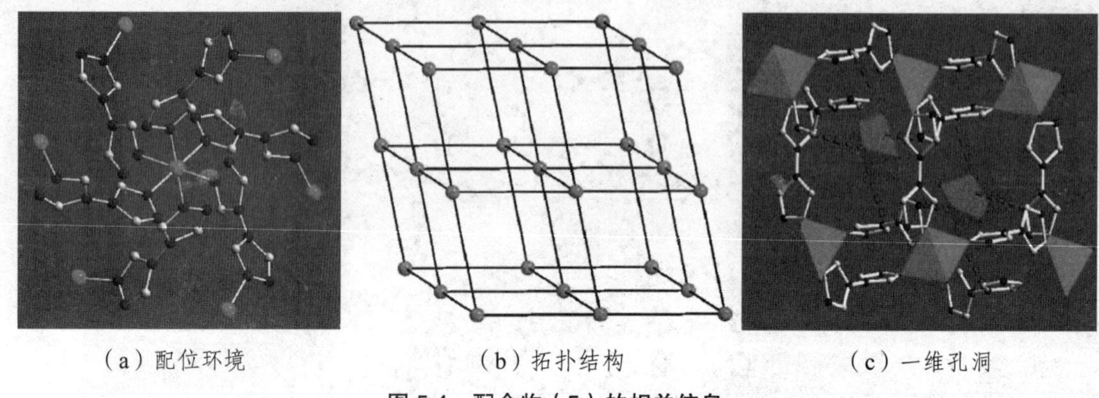

（a）配位环境　　（b）拓扑结构　　（c）一维孔洞

图 5.4　配合物（5）的相关信息

在化合物（6）中，体系中存在 2 种晶体学上独立的 Cd(Ⅱ)中心，每个 Cd(Ⅱ)都与来自 6 个不同的 btr 上的 N 相连。不同的是，其中的一种 Cd(Ⅱ)离子通过 N_1，N_2-桥联的 btr 连接，构成双核二级构筑单元，另一种 Cd(Ⅱ)离子位于三重轴连接着的 6 个二级构筑单元。尽管体系中所有的 btr 都是双齿配位的，但其模式有 $\mu_{1,1'}$和 $\mu_{1,2}$ 两种。考虑 $\mu_{1,1'}$-桥联模式，则构成一个拓扑结构为 $4^{3}4^{6}$ 的二维层状结构，通过 2 个 $\mu_{1,2}$-桥联的 btr 配体将上述双核铜二级构筑单元连接起来，得到一个三维的配位结构，在该骨架中，存在着 2 种节点，分别为 4-连接和 6-连接，其拓扑参数可表示为$(4^{3}4^{3})(4^{6}4^{6}8^{3})$。配合物（6）的二维层状结构及其 $4^{3}6^{3}$ 拓扑结构如图 5.5 所示。

（a）二维层状结构

（b）$4^{3}6^{3}$ 拓扑结构

图 5.5　配合物（6）的相关信息

单晶衍射结构表明：化合物（7）的分子中也有 2 个 Cd(Ⅱ)离子，所有的 Cd(Ⅱ)都处在八面体的配位构型中，Cd（1）的 6 个配位点被来自 4 个不同的 btr 配体的 4 个 N 原子和 2 个水分子所占据，Cd（2）则与来自 6 个不同的 btr 配体的 6 个 N 原子配位，每个 btr 配体都采取 $\mu_{1,2}$-配位模式，使 1 个 Cd（1）和 3 个 Cd（2）相连形成一个四核的金属环。这些金属环彼此垂直相连，形成在 *c* 方向具有一维空洞的有机金属框架化合物。btr 配体的 N_1, N_1'桥联，使骨架形成了很大的空穴，BF_4^- 和 H_2O 可储存于其中。当在化合物（7）的组装过程中，加入 $N(CN)_2^-$，得到了具有相似结构的化合物（8），只是 $N(CN)_2^-$ 取代了化合物（7）结构中的 H_2O 分子，而整个拓扑结构保持不变。配合物 7 的三维拓扑结构如图 5.6 所示。

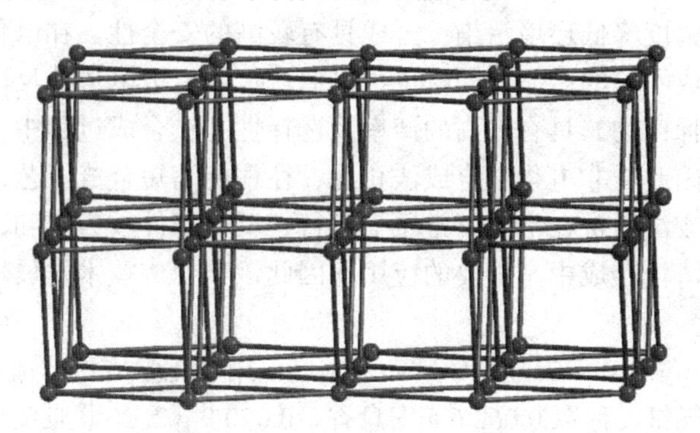

图 5.6 配合物（7）的三维 $(4^26^4)(4^76^68^2)$ 拓扑结构

5.1.2 固相合成法

固相合成有低温与高温之分，在配合物合成中应用比较广泛的是低温固相合成。固相合成不使用溶剂，一般产率较高，制备方法简单。固相反应优于液相反应的几方面是：① 溶液反应一般要求反应物在溶剂中溶解，若反应物不能在溶剂中溶解，则不适用溶液法制备配合物，而固相反应就无须考虑溶解度；② 溶液反应一般要求生成的产物在溶剂中能够析出，若溶解度很大，不易获得固体产物或者在蒸发过程中不易获得高质量的晶体；③ 有些反应在溶液中不能发生，但在固相合成状态却容易生成，而且反应速度较快；④ 固相反应容易得到动力学控制的中间态化合物，有助于反应机理的研究；⑤ 固相反应往往具有较高的产率，而有些溶液反应的产率很低。

固相合成方法在合成新颖配合物方面具有重要的应用。例如，系列配合物 $REL_3 \cdot 4H_2O$（RE=镧系元素，L=苯羟乙酸根）就是利用固相合成法合成配合物的典型事例。具体的合成方法如下：分别准确称取 1.5 mmol $RECl_3 \cdot xH_2O$ 和 1.5 mmol 苯羟乙酸（HL）混合置于玛瑙研钵中，充分研磨，研磨初期就有明显的刺激性气体放出，并伴随有潮湿现象；研磨至明显发黏呈糊状，继续快速研磨，糊状物变干，约 1.5 h 停止研磨；将研磨物置于 55 °C 恒温烘箱中 3 h 后取出，继续研磨 1 h，再置于 55 °C 恒温烘箱中过夜后取出，继续研磨至无刺激性气味的气体放出，约 1.5 h 后停止；将所得混合物全部转移至砂芯漏斗中，用无水乙醇和无水乙醚各洗涤 3 次，得目标配合物 $REL_3 \cdot 4H_2O$。

此外固相合成法还可以借助于微波完成，如赖氨酸锌配合物的合成，具体做法如下：准确称取物质的量之比为 1∶1 的赖氨酸和二水醋酸锌，混合后置于玛瑙研钵中研磨，颜色由浅棕色变为浅黄色，放入微波炉中控制条件加热，加热完毕后，再充分研磨，产物变为黄色，将所得混合物放入无水乙醇中浸泡，抽滤，干燥即得目标配合物。

5.1.3 电化学合成法

电化学合成也称电解合成，指利用电解手段在电极表面进行电极反应从而生成新物质的方法。与其他配合物合成方法相比，电化学合成法目前应用还较少，但这种方法有如下特点：电化学合成反应无需有毒或有危险的氧化剂和还原剂，电子本身就是清洁的反应试剂，因此在反应体系中除原料和生成物外，通常不含其他反应试剂，故合成产物易分离，易精制，产品纯度高，副产物少，可大幅度降低环境污染，合成具有较高的安全性。在电化学合成过程中，通过改变电极电位可以合成不同的产品，同时也可以通过控制电极电势使反应按预定的目标进行，从而获得高纯度的目标产物，具有较高的产率及选择性。在合成过程中，电子转移和化学反应两个过程同时进行，因此与非电化学合成法相比，往往能缩短合成工艺，减少合成成本，降低环境污染。电化学合成法通常在常温、常压下进行，反应条件较为温和，能耗也较低。电化学合成法在绿色化学与清洁合成中有重要的应用，因此该项合成技术发展较快，目前在工业上已得到较为广泛的应用。

配合物[(2, 2′-bipy)$_2$Cu(PhCOO)(ClO$_4$)(benzil)]可以用电化学方法合成：Pt 做阳极，Cu 做阴极，合成体系采取氩气氛，称取 0.062 6 g 安息香，0.070 9 g 2, 2′-联吡啶、0.036 6 g 苯甲酸溶解在 20 mL 乙腈中，加入少量 Et_4NClO_4 作为支撑电解质，起始电压为 5 mA · cm^{-2}，电解以后，将溶液进行过滤，滤液室温放置数天即得蓝色目标产物，分子结构图见图 5.7。

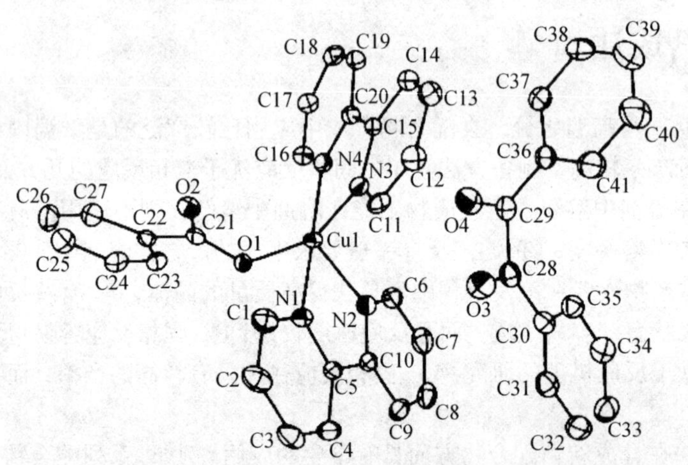

图 5.7 配合物[(2, 2′–bipy)$_2$Cu(PhCOO)(ClO$_4$)(benzil)]的结构

5.1.4 水热或溶剂热合成法

水热法合成的历史已超过 100 年，顾名思义，水热合成的溶剂是水，溶剂热合成则使用有机溶剂。水热或溶剂热合成是在一定温度或压力下，有溶剂存在时密闭容器中发生反应生成新化合物的过程。水热或溶剂热合成反应分为亚临界和超临界合成反应，配合物的合成较多使用亚临界合成反应，一般反应温度在 100 ~ 200 °C。水热和溶剂热合成特点如下：

（1）水热和溶剂热无需常温常压下反应物溶于溶剂，因此常规溶剂法不能适用的情形在水热条件下可能适用，这样就拓宽了配合物合成体系的选择，对于更广泛地寻求新颖配合物具有重要意义。

（2）由于在水热或溶剂热条件下，中间态、介稳态或特殊物相易于形成，因此能合成一些特殊形态的新化合物。

（3）水热或溶剂热的低温、等压和亚临界或超临界溶液条件有利于生长比较完美的晶体。

（4）水热或溶剂热的合成条件易于调控，因此可以根据需要合成低价态、中间价态与特殊价态的化合物。水热合成事实上还有一个重要应用往往被忽略：即在合成过程中如果得到澄清的溶液或仅有少量固体析出，这时不应将实验丢弃，可以考虑将反应液过滤，室温放置挥发溶剂，往往可以得到相应的配合物，如配合物 $[Mn(4,4'\text{-bipy})_2(H_2O)_4](Hsb)$（1）、$[Mn(4,4'\text{-bipy})_2(H_2O)_4](sb)\cdot H_2O$（2）、$\{[Mn(4,4'\text{-bipy})(sb)\cdot(H_2O)_3](H_2O)_2\}_n$（3）（Hsb 为 4-磺基苯甲酸），配合物（1）～（3）的分子结构如图 5.8 所示。配合物（1）和（3）都是通过水热-溶液挥发合成得到的，即先水热合成，然后将获得的溶液过滤，将滤液静置挥发，数天以后得到目标产物；而配合物（2）是采用溶液法合成的。

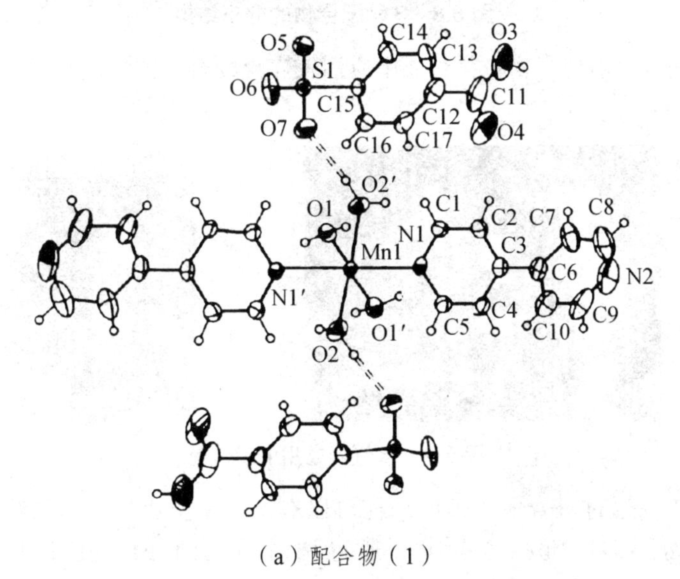

（a）配合物（1）

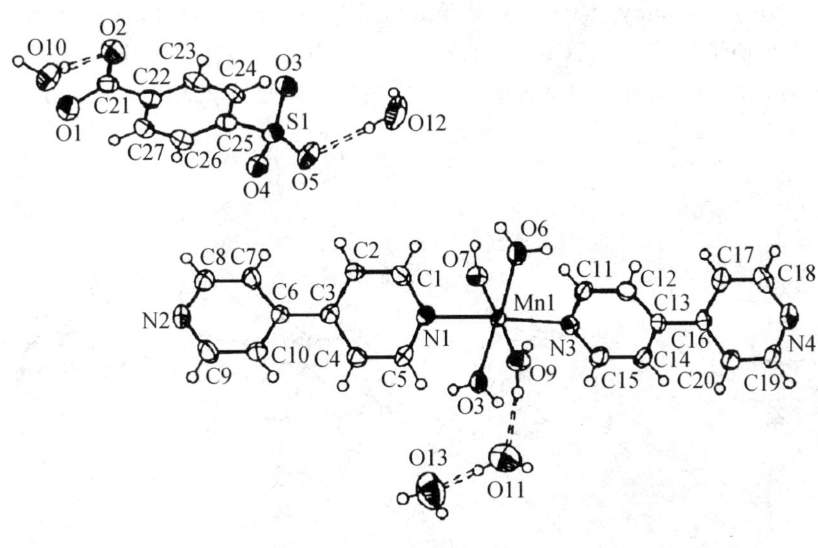

（b）配合物（2）

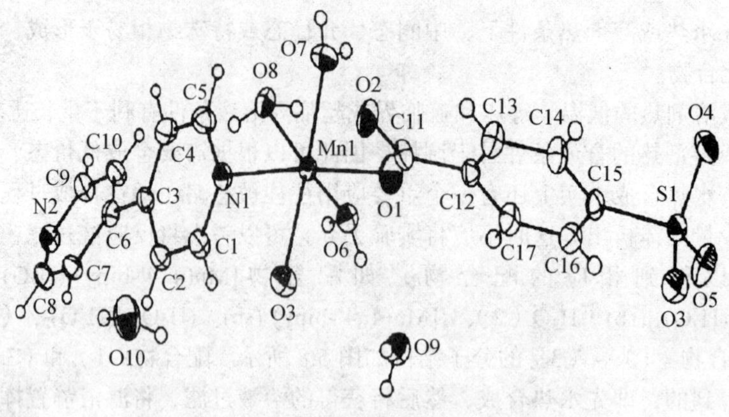

（c）配合物（3）

图 5.8　3 种配合物的分子结构

水热合成方法是目前配合物材料合成中应用较广泛的合成方法，水热合成常用的反应釜如图 5.9 所示。

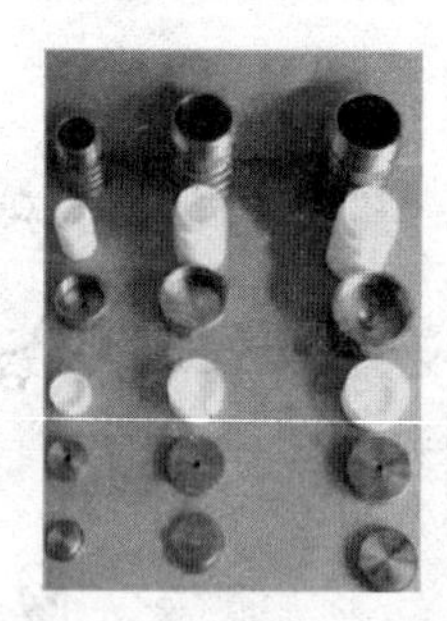

图 5.9　水热合成用的反应釜

在水热合成中，通过对合成条件的调控可以有效调节合成配合物的结构。如在 Cu(Ⅱ)/苯甲酸（HL）/4, 4′-联吡啶体系中，通过调节溶液的 pH 值可以得到如下 5 个配合物：$[Cu(H_2O)L_2(4, 4'\text{-bipy})_2](HL)_2(4, 4'\text{-bipy})$（1）、$[Cu_2(H_2O)_2L_4(4, 4'\text{-bipy})_3](H_2O)_9$（2）、$[Cu_2L_4(4, 4'\text{-bipy})_3]$（3）、$\{[Cu_3(H_2O)_4L_6(4, 4'\text{-bipy})_{4.5}](4, 4'\text{-bipy})(H_2O)_5\}_n$（4）、$[Cu(OH)_2(H_2O)_2L_4(4, 4'\text{-bipy})_2(4, 4'\text{-bipy})]_n$（5）。这些配合物的分子结构如图 5.10 至图 5.14 所示。

图 5.10　配合物$[Cu(H_2O)L_2(4, 4'\text{-bipy})_2](HL)_2(4, 4'\text{-bipy})$（1）的分子结构

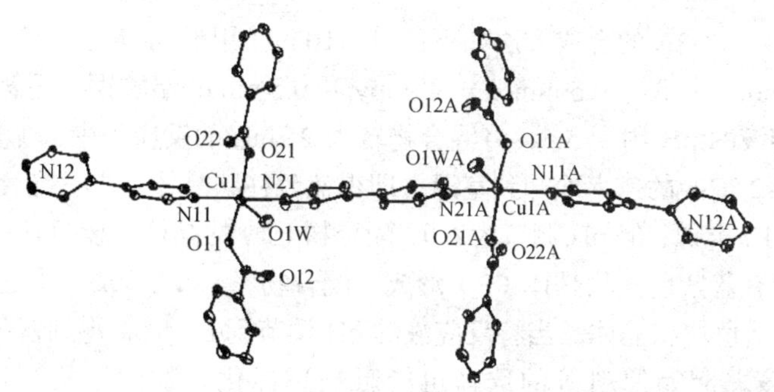

图 5.11　配合物$[Cu_2(H_2O)_2L_4(4,4'\text{-bipy})_3](H_2O)_9$（2）的分子结构

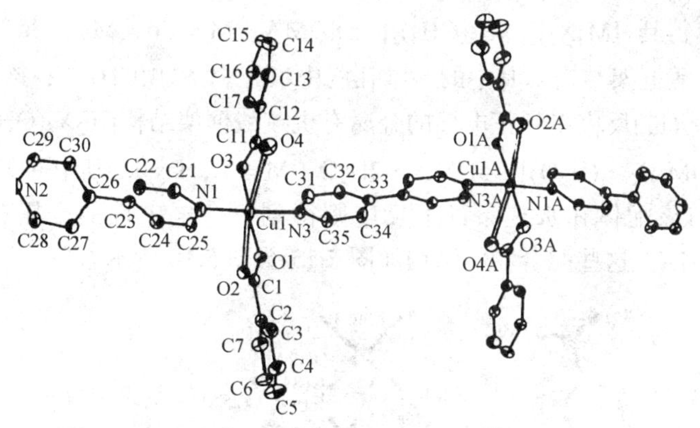

图 5.12　配合物$[Cu_2L_4(4,4'\text{-bipy})_3]$（3）的分子结构

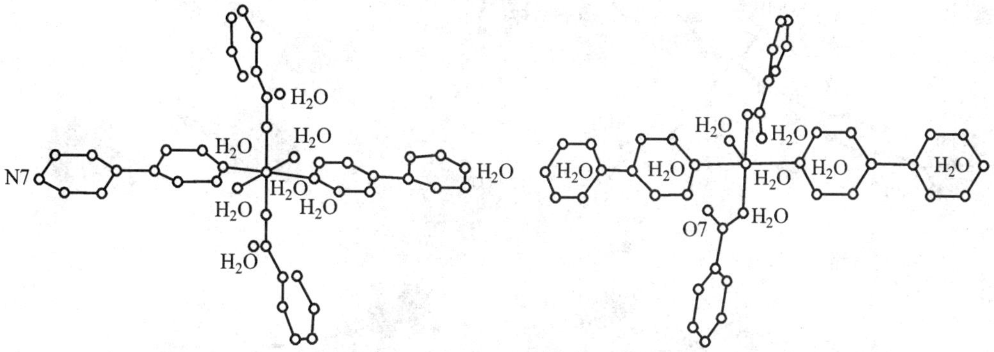

图 5.13　配合物$\{[Cu_3(H_2O)_4L_6(4,4'\text{-bipy})_{4.5}](4,4'\text{-bipy})(H_2O)_5\}_n$（4）的分子结构

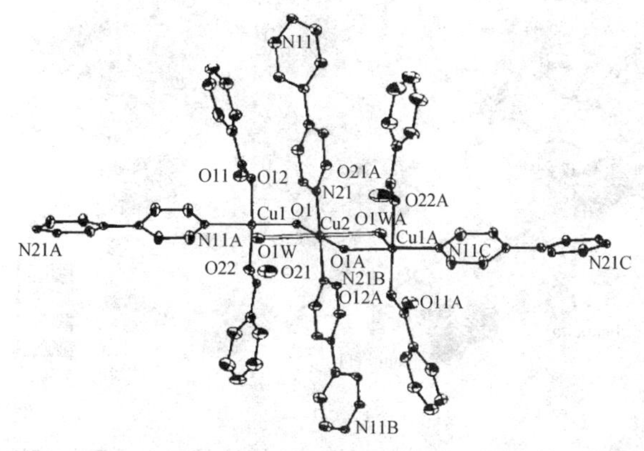

图 5.14　配合物$[Cu(OH)_2(H_2O)_2L_4(4,4'\text{-bipy})_2((4,4'\text{-bipy}))_n$（5）的分子结构

上述配合物（1）~（5）的合成方法如下：（1）10 mL 甲醇-水混合溶液（体积比=1∶1）中在搅拌下加入 1.0 mmol 苯甲酸、0.5 mmol 4, 4′-bipy 和 0.5 mmol 醋酸铜。用氨水（质量百分比浓度约为 12%）调节溶液的 pH 约为 5.5，将混合物转入 25 mL 的反应釜中，加热到 160 °C 并保持该温度 50 h，然后以 2 °C/h 的速率冷却到室温，即得蓝色柱状晶体（1）。配合物（2）和（3）的合成方法与配合物（1）类似，但 pH 调节为 6.0，配合物（2）的晶体为蓝色长柱状。在配合物（2）的制备过程中，伴随有蓝紫色柱状晶体（3）形成。配合物（4）的合成与上述类似，但反应液的 pH 为 7.5，获得的是蓝色块状晶体。当将反应液的 pH 调节到 8.0 时，得到蓝色柱状晶体（5）。

此外，反应温度、起始原料等的选择也能影响目标化合物的结构和性能。如四足配体 tetrakis[4-(carboxyphenyl)oxamethyl] methane acid（H_4X）与二价金属离子[Co(Ⅱ)、Mn(Ⅱ)、Cd(Ⅱ)]在水热条件下反应可得到 $[M_3X_2]_3[NH_2(CH_3)_2]_2 \cdot 8DMA$（M = Co、Mn、Cd），该配合物是一个负电性的金属有机羧酸框架结构，其中的一维孔洞中填充中 $NH_2(CH_3)_2^+$；该配体与三价金属离子 In(Ⅲ)及 Y(Ⅲ)、Dy(Ⅲ)反应得到正电性的金属有机羧酸框架结构$[In_2X_3(OH)_2] \cdot 3DMA \cdot 6H_2O$ 和$[M_3X_2 \cdot (NO_3) \cdot (DMA)_2 \cdot (H_2O)] \cdot 5DMA \cdot 2H_2O$（M = Y、Dy），其中 NO_3^- 和 OH^- 为抗衡阴离子；Pb(Ⅱ)离子与该配体在水热条件下反应则得到一个电中性的金属有机羧酸框架结构$[Pb_2X_3(DMA)_2] \cdot 2DMA$。这些配合物的结构如图 5.15 至图 5.18 所示。

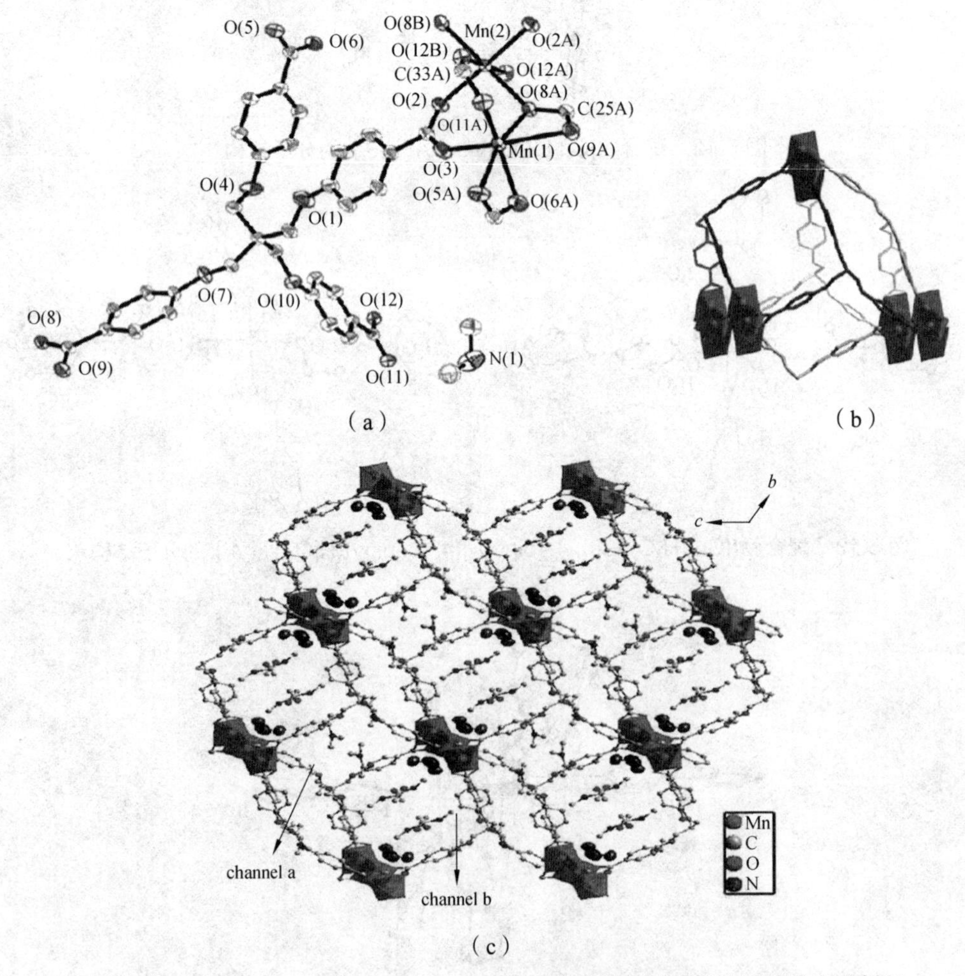

图 5.15　配合物$[Mn_3X_2]_3[NH_2(CH_3)_2]_{(2)}$ 8DMA 中金属离子的配位环境及多孔框架

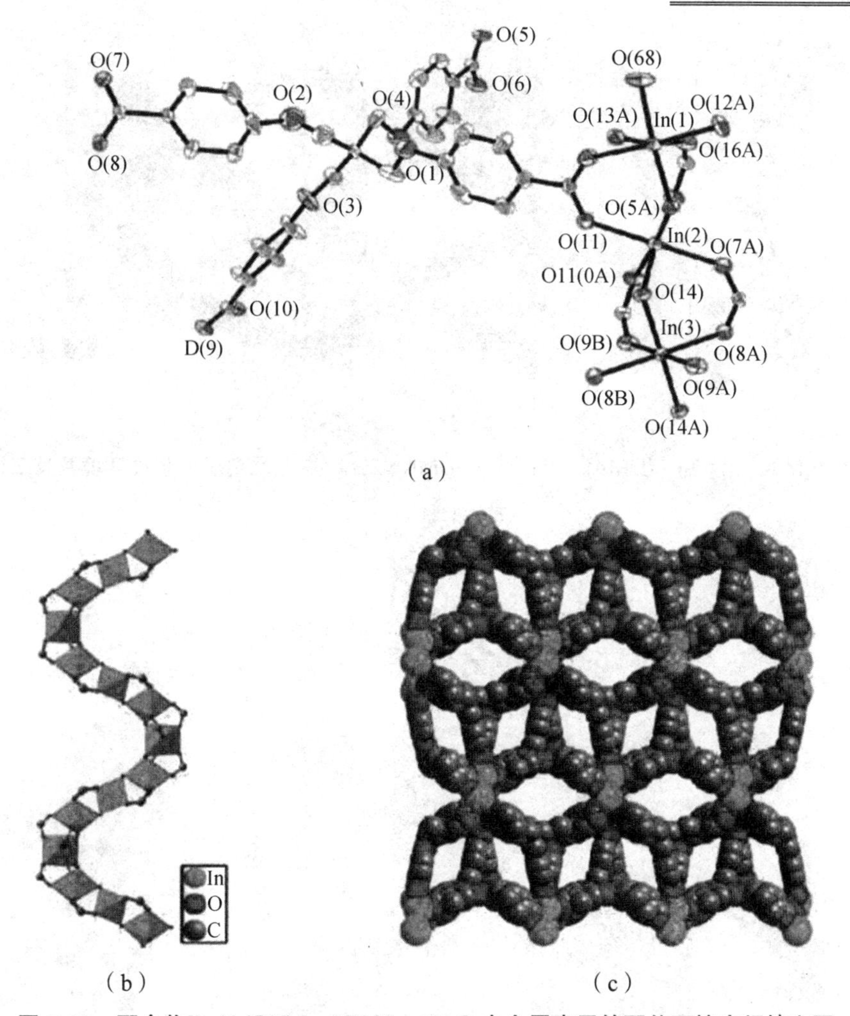

图 5.16 配合物$[In_2X_3(OH)_2]$·3DMA·$6H_2O$ 中金属离子的配位环境空间填充图

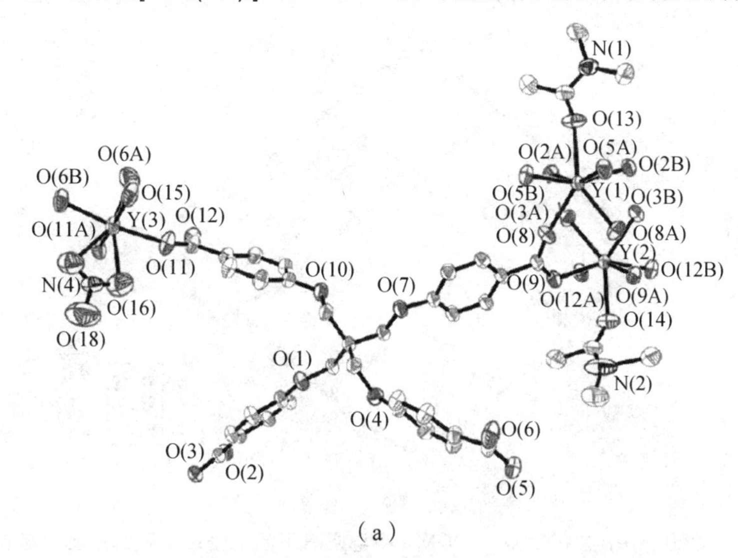

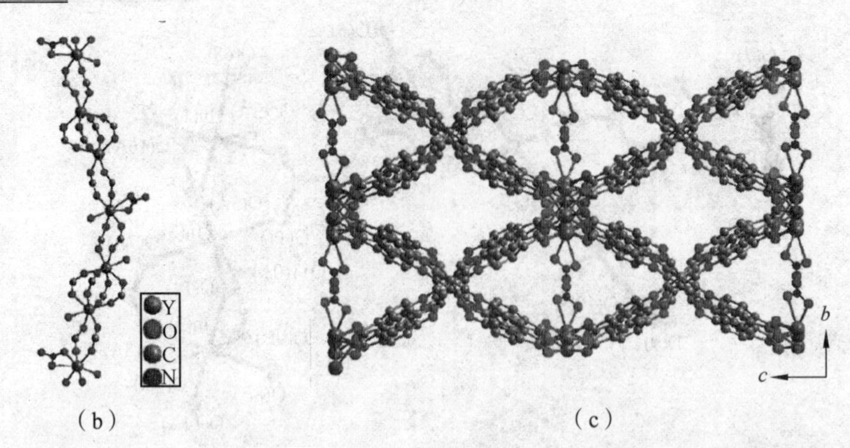

图 5.17 配合物$[M_3X_2 \cdot (NO_3) \cdot (DMA)_2 \cdot (H_2O)] \cdot 5DMA \cdot 2H_2O$中金属离子的配位环境及其三维孔道结构

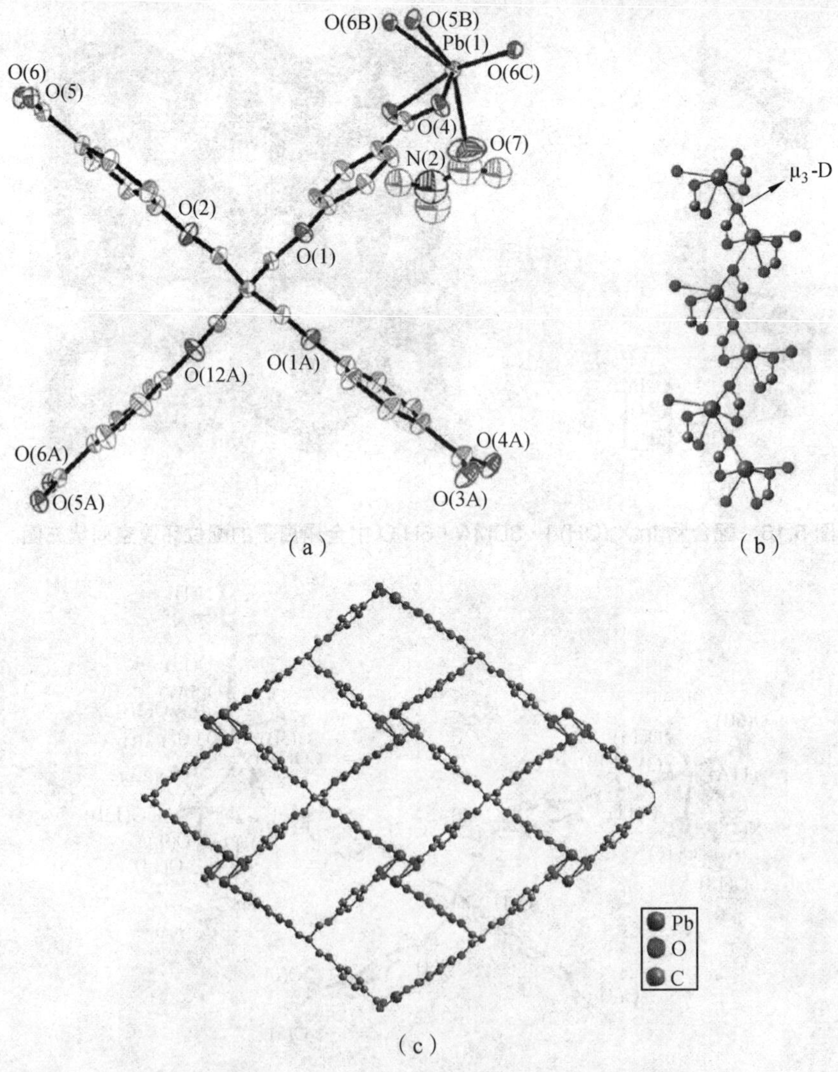

图 5.18 配合物$[Pb_2X_3(DMA)_2] \cdot 2DMA$中金属离子的配位环境及其三维框架结构

$[M_3X_2]_3[NH_2(CH_3)_2]_2 \cdot 8DMA$ （M = Co、Mn、Cd）的合成方法是将 Co/Mn/Cr 的二水合硝

酸盐（0.2 mol）与配体 H_4X （0.06 g, 0.1 mmol）的混合物，加入 10 mL 二甲胺后，置于 23 mL 反应釜中，放入烘箱中 90 °C 保温 4 天，随后冷却到室温，即得到目标配合物。$[In_2X_3(OH)_2]\cdot 3DMA\cdot 6H_2O$、$[M_3X_2\cdot (NO_3)\cdot (DMA)_2\cdot (H_2O)]\cdot 5DMA\cdot 2H_2O$（M = Y、Dy）及$[Pb_2X_3(DMA)_2]\cdot 2DMA$ 的合成方法同上，只是将反应温度改变为 110 °C 下反应 4 天。

水热合成反应架起了无机化学和有机化学的桥梁，这是因为在亚临界和超临界水热条件下，反应性很高，因而水热反应可以替代某些高温固相反应。又由于水热反应的均相成核与非均相成核机理与固相反应的扩散机制不同，因而可以创造出其他方法无法制备的新化合物和新材料。原位配体合成（in situ ligand synthesis）就是一种新颖的有机反应合成方法，通过这种方法可以进行：C—C 键的形成、羟化、烷基化、酰化、脱羧、硝化等反应及合成唑类化合物等十多种有机反应。

5.2 配合物的表征

配合物的表征就是应用各种物理方法去分析其组成和结构，以了解配合物中的基本微粒如何相互作用（键型）以及它们在空间的几何排列和配置方式（构型）。有机化合物的表征手段有核磁共振谱、质谱、紫外及红外光谱，配合物是金属离子与有机配体杂化而成的体系，因此配合物的表征与有机物相比更为复杂。配合物可借助紫外-可见吸收光谱、振动光谱、核磁共振谱、质谱、圆二色光谱、X 射线结构分析及热分析方法等予以表征。

5.2.1 紫外-可见吸收光谱

在分子中，除了电子相对于原子核的运动外，还存在原子间相对位移引起的振动和转动。这三种运动能量都是量子化的，并对应一定的能级：电子能级、振动能级和转动能级，相应的能量为电子能量 E_e、振动能量 E_v 和转动能量 E_r，这三种能量的大小顺序是$\Delta E_e > \Delta E_v > \Delta E_r$。电子能级跃迁的同时总伴随有振动或转动能级间的跃迁，即电子光谱中总包含振动能级和转动能级间跃迁所产生的若干谱线而呈宽谱带。当用频率为ν的电磁波照射分子，而该分子较高能级与较低能级之差恰好等于该电磁波的能量 $h\nu$时，在微观上出现分子由较低的能级跃迁至较高的能级，在宏观上则表现为透射光的强度变小。若用一连续辐射的电磁波照射分子，将照射前后光强度的变化转化为电信号，并记录下来，然后以波长为横坐标，电信号为纵坐标，即得分子吸收光谱图。转动能级间的能量差ΔE_r 为 0.005 ~ 0.050 eV，跃迁产生的吸收光谱位于远红外区；振动能级间的能量差ΔE_v 为 0.05 ~ 1.00 eV，跃迁产生的吸收光谱位于红外区，称为红外光谱。电子能级间的能量差ΔE_e为 1 ~ 20 eV，跃迁产生的吸收光谱位于紫外-可见区，称为紫外-可见吸收光谱。过渡金属配合物的紫外-可见吸收光谱主要是由于配体与金属离子间的结合而引起的电子跃迁，因此也称为电子光谱（electronic spectrum）。紫外-可见吸收光谱的波长分布是由产生谱带的跃迁能级间的能量差所决定的，反映了物质内部的能级分布状况，是物质定性的依据。

在配合物的紫外-可见吸收光谱中，根据吸收带来源不同可划分为：配位场吸收带（ligand field absorption bond）、电荷迁移吸收带（charge transfer absorption bond）和配体内的电子跃迁吸收带（electric transfer absorption bond）。配位场吸收带包括 d→d 跃迁和 f→f 跃迁，根据其位置变化和裂分可跟踪考察配合物的反应和形成，波长范围大多在可见光区。电荷迁移吸收带包括配体到金属的电荷跃迁（LMCT）和金属到配体的电荷跃迁（MLCT）。配体内的电子跃迁吸收带有$\pi\rightarrow\pi^*$、$n\rightarrow\pi^*$等，研究配体间的作用方式和关系，波长范围位于近紫外及可见光区。在配合物中生色团和助色团对配合物性质影响显著，生色团通常指能吸收紫外、可见光的原子团或结构体系，如羰基、羧基等。助色团指带有非键电子对的基团，如—OH、—OR、—NHR、—Cl等，它们本身不能吸收波长大于200 nm的光，但当与生色团相连时，会使生色团的吸收峰向长波方向移动，并使生色团的吸光度增加。如图5.19中所示的化合物1，在逐滴加入Pb^{2+}后，溶液由浅黄色变为橘红色，在紫外灯下变为蓝色，从紫外-可见光谱可看出，化合物1在加入Pb^{2+}后，电子光谱发生了明显的变化，图中的工作曲线表明化合物1和Pb^{2+}形成了1∶1的配合物。

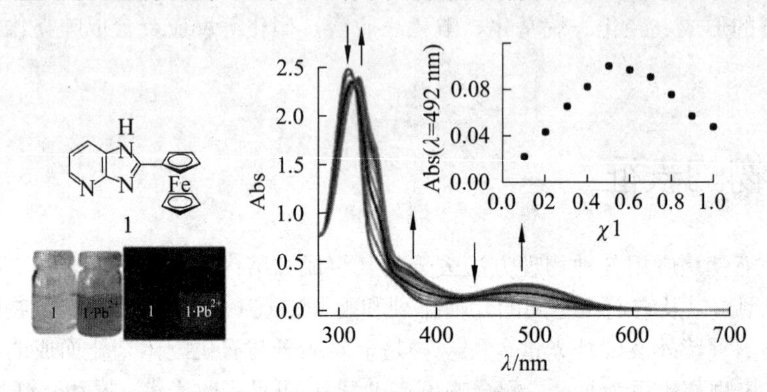

图5.19　化合物1中滴加Pb^{2+}的变化

5.2.2　振动光谱

配合物中金属离子配位几何构型不同，其对称性也不同，由于振动光谱对这种对称性的差别很敏感，因此可以通过测定配合物的振动光谱定性地推测配合物的配位几何构型，常用的是红外光谱（infrared，IR）和Raman光谱。红外光谱特点：① 红外吸收只有振-转跃迁，能量低；② 应用范围广：除单原子分子及单核分子外，几乎所有有机物均有红外吸收；③ 分子结构更为精细的表征：通过IR谱的波数位置、波峰数目及强度确定分子基团、分子结构；④ 定量分析；⑤ 固、液、气态样均可用，且用量少，不破坏样品；⑥ 分析速度快；⑦ 与色谱等联用（GC-FTIR），具有强大的定性功能。

理论上，多原子分子的振动数应与谱峰数相同，但实际上，谱峰数常常少于理论计算出的振动数，这是因为：偶极矩变化$\Delta\mu = 0$的振动，不产生红外吸收；谱线简并（振动形式不同，但其频率相同）；仪器分辨率或灵敏度不够，有些谱峰观察不到。

产生红外吸收的条件：一是辐射光子的能量应与振动跃迁所需能量相等；二是辐射与物质之间必须有耦合作用，使偶极矩发生变化。分子对称性高，振动偶极矩小，产生的谱带就弱；反之则强。例如C═C双键，C—C单键因对称性高，其振动峰强度小；而C═X，C—X，因对称性低，其振动峰强度就大。峰强度可用很强（vs）、强（s）、中（m）、弱（w）、很弱（vw）等来表示。

配合物的振动光谱主要讨论3种振动：① 配体振动：假定它在形成配合物后没有太大变化，则很容易由纯配合物的已知光谱来标记对应的谱带；② 骨架振动：它是整个配合物的特征；③ 偶合振动：它可能是由于2个配体的振动，或配体振动和骨架振动以及各种骨架振动之间的偶合而引起的。

通过红外光谱对配合物官能团特征频率的研究，可以深入了解配体的配位方式和配合物的结构信息。例如，利用红外光谱可以区分键合异构，如 SCN^- 在与金属离子配位时，可能存在 3 种配位形式：SCN—M、M—SCN、M—SCN—M，自由的 SCN^- 中 ν_{S-C} = ~ 750 cm^{-1}，$\nu_{C\equiv N}$ = ~ 2 050 cm^{-1}，当形成 M—SCN 型配合物时，其 S—C 键比在 SCN^- 中的要弱，而其 C≡N 键比在 SCN^- 中的强；但当形成 M—NCS 时则 S—C 键增强而 C≡N 键则没有什么变化，如表 5.1 所示。

表 5.1　SCN^- 的红外光谱数据

配合物	δ(NCS)/cm^{-1}	ν_{C-S}/cm^{-1}	$\nu_{C\equiv N}$ /cm^{-1}
KSCN		749	2049
M—SCN	490 ~ 450	860 ~ 780	低于 2 100（宽）
M—NCS	440 ~ 400	~ 700	2 100（锐）

三足配体 L 与稀土硝酸盐形成的配合物的红外光谱如图 5.20 所示，配体 L 的红外光谱中，酰胺羰基吸收峰位于 1 650 cm^{-1}，形成配合物后，配体 L 的酰胺羰基吸收频率 $\nu_{C=O}$ 产生明显红移，位于 1 606 cm^{-1}，位移量大约为 44 cm^{-1}，表明配体分子中的酰胺羰基氧全部与稀土金属配位。参与配位的硝酸根的振动吸收峰的位置分别位于 1 482，1 294 cm^{-1} 以及 1 037 和 818 cm^{-1} 附近，其中两个最强的吸收峰的波数差 $|\nu_4 - \nu_1|$ 位于 162 ~ 169 cm^{-1} 范围。根据 Curts 等人的判据可知，硝酸根以双齿配位形式参与配位。同时在配合物红外谱中未观察到位于 1 384 cm^{-1} 附近具有 D_{3h} 对称性的自由 NO_3^- 的强吸收峰，说明配合物中没有游离的硝酸根离子存在，结合元素分析、电导率及类似配合物的晶体解析结果，可推断该配体与稀土硝酸盐形成了如下所示的配位比为 1∶1 的配位聚合物。

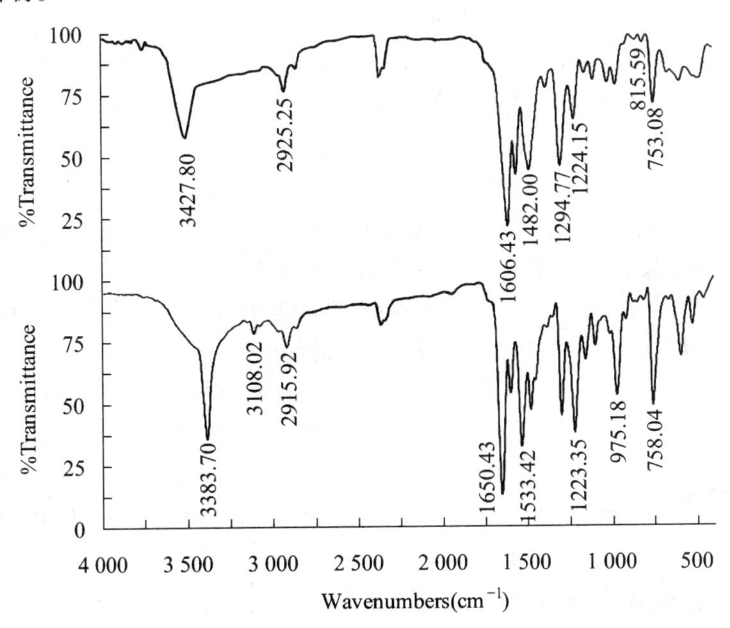

图 5.20　三足配体 L 与稀土硝酸盐的配合物红外光谱图

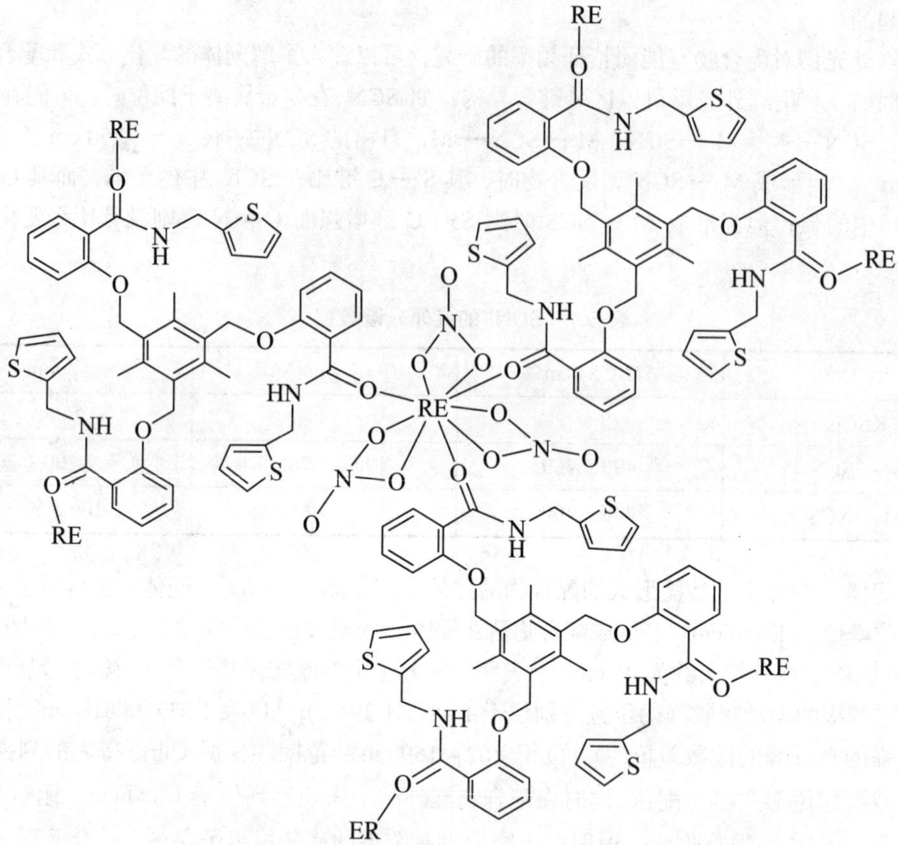

此外，利用红外光谱还可以区分顺反异构体，例如，MX_4Y_2 型的八面体配合物，其 *cis*-构型为正交变形的八面体，属于 C_{2v} 点群，*trans*-构型为四方变形的八面体，属于 D_{4h} 点群。对称性的变化使得红外活性振动数目变化。按照选择规则，D_{4h} 中非活性的振动到了 C_{2v} 对称性中变为活性的，因此，顺式异构体的红外光谱具有比反式更多的谱带，同时由于反式具有比顺式更为对称的结构，因此反式中的一些禁阻谱线在顺式中将具有较大的强度，即反式异构体的振动吸收带少于顺式异构体。例如，在 *trans*-$[PdCl_2(NH_3)_2]$和 *cis*-$[PdCl_2(NH_3)_2]$中，*trans*-$[PdCl_2(NH_3)_2]$异构体的 Pd—N 伸缩振动频率只有 1 个，因为只有当 2 个 Pd—N 键同时作不对称伸缩时才会改变分子的偶极矩，从而产生瞬时偶极矩，而 Pd—N 和 Pd—Cl 键同时做对称伸缩则不能改变分子的偶极矩。同理，反式异构体的 Pd—Cl 振动频率也只有 1 个。而顺式异构体的 Pd—N 和 Pd—Cl 伸缩振动频率各有 2 个，即有 2 个红外活性的振动吸收，因为在 *cis*-$[PdCl_2(NH_3)_2]$中，Pd—N 和 Pd—Cl 键同时作对称伸缩也会改变分子的偶极矩。

键合异构是指一个配体可以用不同的配位原子和中心金属键合的异构现象。红外光谱通常也可作为区别配合物键合异构体的一种表征手段。例如，NO_2 基团作为单齿配体可能以 N-端（硝基）配位，也可以-O 端（亚硝酸根）与中心金属离子配位，如下所示。硝基配合物中的 M—NO_2 基团分别在 1 470 ~ 1 340 cm^{-1} 和 1 340 ~ 1 320 cm^{-1} 区出现 $\nu_a(NO_2)$和 $\nu_s(NO_2)$伸缩振动带，而游离的 NO_2^- 则分别在 1 250 cm^{-1} 和 1 335 cm^{-1} 处出现对称和不对称伸缩振动带，所以经配位后 $\nu_a(NO_2)$向高频方向位移明显，而 $\nu_s(NO_2)$却几乎没有变化。亚硝酸根配合物的 ν(N═O)和 ν(NO)分别位于 1 485 ~ 1 370 cm^{-1} 和 1 320 ~ 1 050 cm^{-1} 区，这说明 2 个 N—O 键的键级存在较大差别，亚硝酸根配合物在低波数 620 ~ 420 cm^{-1} 处不出现面外摇摆振动 $\rho\omega$，而几乎所有的硝基配合物都存在面外摇摆振动。通过红外光谱中上述特征基团的指认，可以区分配合物中 NO_2 基团是以硝基方式配位还是以亚硝酸根方式配位。研究发现在 $K[Ni(NO_2)_6]\cdot H_2O$ 中 6 个硝基都是通过 N-端（硝基）配位，而它的无水盐的红外光谱中 2 种配位方式都存在。

M—N(O)(O)　　M—O—N(H)=O

硝基配合物　　亚硝酸根配合物

NO_2 基团的两种配位方式

SCN^-作为单齿配体可能以 S-端（硫氰酸根）配位，也可能以 N-端（异硫氰酸根）配位来构筑键合异构体。通常第一过渡系金属（如 Cr、Mn、Fe、Co、Ni、Cu 和 Zn）形成 M—N 键，而第二、第三过渡系后半部分的金属（如 Rh、Pd、Ag、Cd、Pt、Au 和 Hg）形成 M—S 键，但是其他因素，如中心金属的氧化态、配合物中其他配体的性质和空间效应等，也会影响 SCN^-基团与金属配位的方式。为了确定 SCN^-基团在配合物中的 M—L 成键方式，2 条特征谱带是需要注意的：位于 2 050 cm^{-1} 附近的 C≡N 伸缩振动与 750 cm^{-1} 处的 C—S 伸缩振动带。通常，在硫氰酸根配合物中，C≡N 键比自由 SCN^-基团中的 C≡N 键有所增强，而 C—S 键的强度则有所减弱；在异硫氰酸根配合物中，C≡N 键的强度变化较小，而 C—S 键强度增大。因此硫氰酸根配合物中的 $\nu(C\equiv N)$往往于 2 100 cm^{-1}，且谱峰较尖锐；而异硫氰酸根配合物中的 $\nu(C\equiv N)$往往大小于 2 100 cm^{-1}，且谱峰较宽。

5.2.3 核磁共振谱

核磁共振（nuclear magnetic resonance，NMR）是目前最为常用的谱学方法之一，在配合物的研究中不可或缺。金属离子对配合物 NMR 的影响大致可分为两类：① 金属离子中所有电子都是成对的。常见的抗磁性金属离子有 Pd(Ⅱ)、Pt(Ⅱ)、Cu(Ⅰ)、Ag(Ⅰ)、Zn(Ⅱ)、Cd(Ⅱ)、Hg(Ⅱ)、Pb(Ⅱ)以及碱金属、碱土金属离子和部分稀土离子等；还包括低自旋的 Fe(Ⅱ)、Ni(Ⅱ)、Co(Ⅲ)等。这些配合物的 NMR 与有机配体的 NMR 相近，常可根据配体的化学位移来研究配位过程和化学组成。② 金属离子中有未成对的电子存在。部分顺磁性金属离子对配合物的 NMR 会产生不可测的影响，不适合 NMR 研究；而少数顺磁性金属离子配合物的 NMR 可测，但化学位移变化很大。

5.2.3.1 核磁共振氢谱

配合物的核磁共振氢谱应用范围较广，现简述如下：

1. 接触位移

接触位移指原子核受不对称电子自旋造成的较大磁场的影响而引起的 NMR 信号的位移，电子的自旋转换能非常迅速地进行，因此核感受到的磁场并不是电子顺时针旋转或逆时针旋转分别形成的磁场，而是两种自旋取向造成的叠加磁场的平均值，所以 NMR 信号实际上只有一条谱线。但是由于信号出现的位置受到顺时针旋转和逆时针旋转的不同叠加作用，所以稍偏离 H_0，这种偏离称为接触位移。

2. 假性接触位移

假性接触位移是通过未成对电子与核相互作用而直接引起的，这种相互作用类似于偶极-偶极相互作用，由此而引起的化学位移称为假性接触位移。

顺磁性金属的 NMR 图谱、配合物的 NMR 图谱主要表现为上述的接触位移和假性接触位移。

3. 超精细相互作用和自旋密度

未成对电子和核自旋 I 之间的超精细相互作用为

$$H_{\mathrm{hf}}=\frac{8\pi}{3}g\beta\gamma\hbar\sum_{K}\delta(r_K-r_s)S_z^K I_z$$

式中 $g=2.003$；

β ——玻尔磁子；

γ——核磁旋比；

$\hbar=h/2\pi$；

S_z^K，I_z ——第 K 号的电子自旋和核自旋的 z 成分；

$\sum_K$ ——分子中所有电子的总和。

$\delta(r_K-r_s)$ 参数仅当 $r_K=r_s$（即电子运动到核的位置）时才取非零值，也就是电子必须与核“接触”。可见，只有当 s 轨道上有未成对电子时，才能取非零值，这是因为其他轨道上在核的位置出现的几率为零。

4. 金属核的化学位移

金属配合物中，由金属核的化学位移可以知道与中心金属离子键合和构造有关的信息。过渡金属离子有多种氧化态，一般情况下，高氧化态的化学位移比低氧化态的化学位移出现在更低的磁场位置。另外，高氧化态金属的化学位移出现的范围很广。

5. 核 Overhauser 效应（NOE）

1953 年，Overhauser 发现在金属原子体系中，如果饱和电子自旋，则引起核自旋的共振信号加强，此现象称为 Overhauser 效应。1965 年发现，在核磁共振中，饱和某一自旋的核，则与其相近的另一个核的共振信号也加强，这种现象称为核 Overhauser 效应。NOE 实际上是另一种类型的双照射，它不但可以找出相互耦合的两个核的关系，更重要的是可以找出空间距离较近但并不相互耦合的两个核的关系。

6. 自旋–自旋耦合

自旋-自旋耦合包括一键耦合、二键耦合和三键耦合。对于一键耦合来说，由于核上只能有 s 电子云，所以相互作用的大小与化学键中的 s 成分有关。对于 $^{13}C—^{1}H$ 键，键中的 s 轨道成分依 sp、sp^2、sp^3 杂化类型依次减少，因此耦合作用也依次减弱。典型的 $^{1}J_{^{13}C-^{1}H}$，sp 为 240 Hz，sp^2 为 160 Hz，sp^3 中 s 成分更少，$^{1}J_{^{13}C-^{1}H}$ 仅为 125 Hz。在 X—H 键（X = ^{15}N、^{31}P 等）中，可以观察到类似的情形，一般来讲，X 的电负性越大，耦合相互作用就越强。多数情况下，由于核的磁等价，同核间二键耦合通常观察不到。尽管如此，从二键耦合常数仍可以得到化合物的许多结构信息，如在重金属配合物中，顺式耦合常数要大于反式耦合常数。

5.2.3.2 NMR 波谱的应用

配位化学中 NMR 波谱的测定通常用来判定配合物的结构。一般来讲，反磁性配合物的 NMR 谱较简单，依据信号的位置、强度及分裂形式就可以确定其归属，如双β-二酮配合物的顺反异构体的确定。在ⅣA 族金属离子中，除了 Pd(Ⅳ)外均能与 β-二酮（Hdkt）形成$[M^{IV}Cl_2(dkt)_2]$型配合物。如乙酰丙酮（Hacac）与 M(Ⅳ)配位形成$[M^{IV}Cl_2(dkt)_2]$后，可能有两种异构体存在，在反式异构体中只出现单峰，而在顺式异构体中则有强度相同的 2 个甲基峰，如下所示。

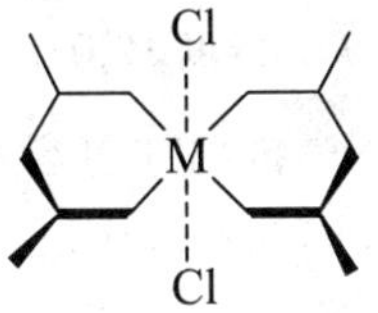

4 个甲基等同，单峰 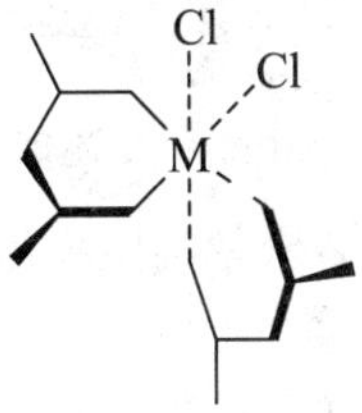　　　　每 2 个甲基等同，有强工相等的 2 个峰

同样形成$[M^{IV}Cl_2(dkt)_2]$，当配体为不对称二酮时，情况大不相同，例如，用叔丁基（*t*-Bu）取代乙酰丙酮中的一个甲基而形成的三甲基乙酰丙酮（Hpvac），其 M(Ⅳ)配合物可能有如下所示的 5 种几何异构体存在，其中的每个顺式异构体还分别存在一对光学异构体。5 种几何异构体各自的甲基和叔丁基信号数目可直接推测出来。

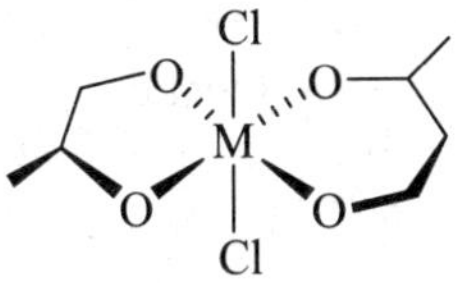

1 个信号 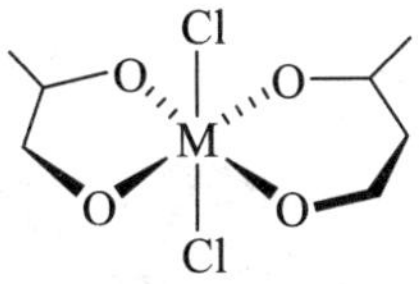　　1 个信号 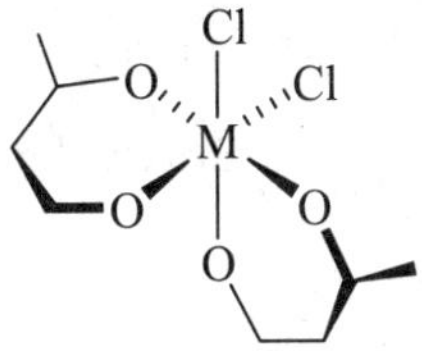　　1 个信号

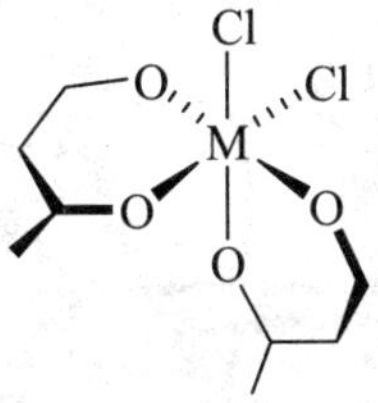

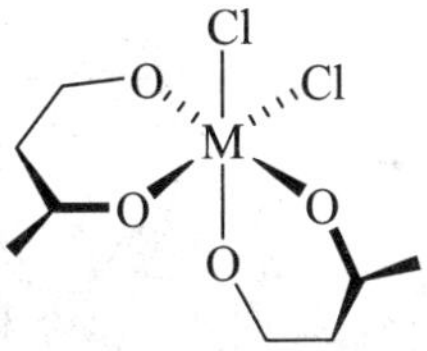

1 个信号　　2 个信号

^{1}HNMR（图 5.21）表明，无论甲基或叔丁基，均有 6 个信号出现，说明在溶液中$[M^{IV}Cl_2(pvac)_2]$的五种异构体全部存在。

非对称双齿席夫碱配体所形成的三(*N*-甲基水杨醛缩亚胺)合钴(Ⅲ)配合物可生成面式和经式两种几何异构体，其中面式具有 C_3 对称性，每个螯环上同一基团只产生单个信号；而经式异构体对称性很低，因而每个螯环上相同的基团会产生不同的信号。^{1}H NMR 测试表明，核磁谱中有 3 个强度相等的 N—CH_3 信号，这说明由席夫碱 *N*-甲基水杨醛缩亚胺合成钴(Ⅲ)配合物是一个几何异构体选择性反应，溶液中的优势构型为经式异构体。

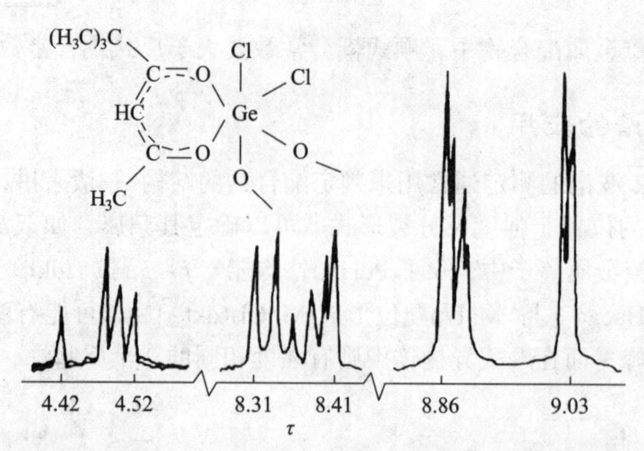

图 5.21　$Ge(prac)_2Cl_2$的 NMR 谱（苯溶液，40 °C，浓度 12.0 g/100 mL）

近年来研究工作者常常利用配体和其配合物的 NMR 谱推测其在溶液中的结构，如下所示的多齿螯合配体存在多个配位点，将该配体与二水合醋酸锌在乙醇中反应，可得到八核的配合物$[Zn_8L_4(H_2O)_3]$（结构见图 5.22）。

O　O　N　N　OH　HO　OH　HO

3-hydroxysalamo（ = H_4L ）

N_2O_2 site　O　O　N　N　M　O　O　O　O

two O_2 site

two O_2 site

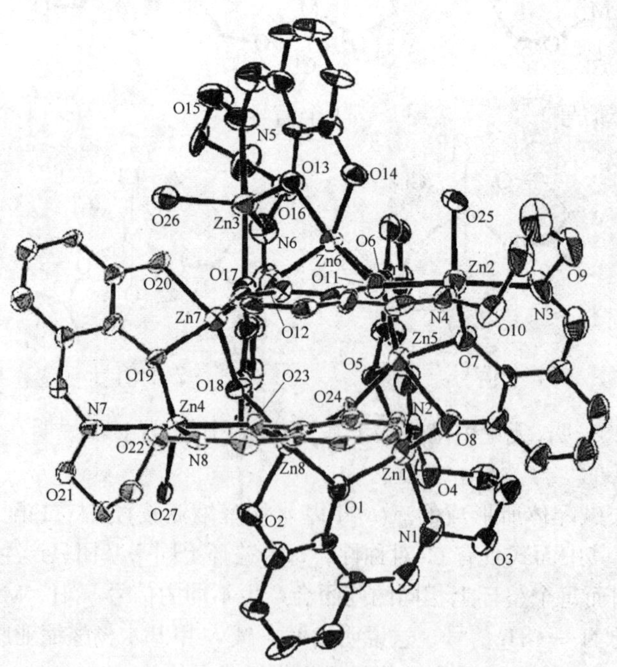

图 5.22　配合物$[Zn_8L_4(H_2O)_3]$的分子结构

该配合物的形成可以由 ^{1}H NMR 谱得到验证：在 4.0 mM 配体 H_4L 的氘代 DMSO 溶液中，分别加入 0.5、1.0、1.5、2.0、2.5、3.0 当量的醋酸锌时的 ^{1}H NMR 如图 5.23 所示，从核磁谱中可以明显看到，当加入 0.5 当量的 $Zn(Ac)_2$ 时就有 Zn(Ⅱ)的配合物形成，羟基和苯环上的氢发生分裂并向高场位移，随着 $Zn(Ac)_2$ 的加入，自由配体的特征位移逐渐减小，当 $Zn(Ac)_2$ 的加入量为 2.0 当量时，谱图不再有明显的变化，据此可推断在溶液中该配体的组成与晶体结构一致。

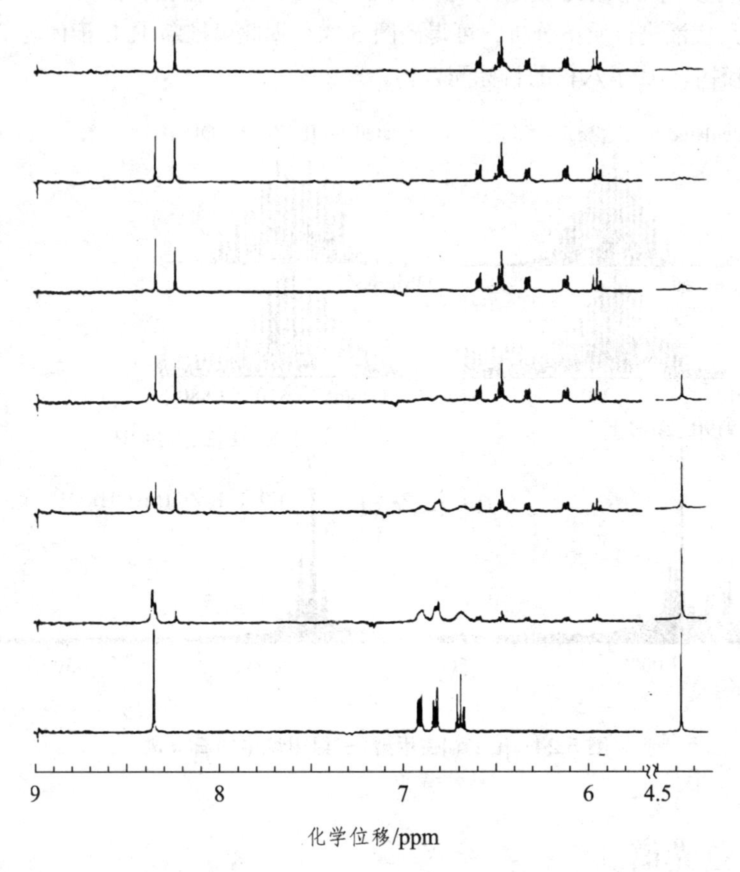

图 5.23 H_4L （4.0 mM） 在 DMSO-d6 ^{1}H NMR 谱

5.2.4 质　谱

质谱的基本原理是：使待测的样品分子气化，用具有一定能量的电子来轰击气态分子，使其失去一个电子而成为带正电的分子离子，分子离子还可能断裂成各种碎片离子，所有的正离子在电场和磁场的综合作用下按质荷比大小依次排列而得到谱图。根据离子源（ion source）的不同，即使分析物的分子离子化方式不同，可以将质谱分为：电子电离源（electron ionization，EI）、化学电离源（chemical ionization，CI）、快原子轰击（fast atom bombardment，FAB）、电喷雾源（electrospray ionization，ESI）、大气压化学电离（atmospheric pressure chemical ionization，APCI）、基质辅助激光解吸电离（matrix assisted laser desorption ionization MALDI）。电喷雾质谱技术（electrospray ionization mass spectrometry, ESI-MS）采用了温和的离子化方式，使被检测的分子或分子聚集体能够“完整”地进入质谱。因此，ESI-MS 特别适合于研究以非共价键方式结合的分子或分子聚集体（复合物）。其原理是在毛细管的出口处施加一高电压，所产生的高电场使从毛细管流出的液体雾化成细小的带电液滴，随着溶剂蒸发，液滴表面的电荷强度逐渐增大，最后液滴崩解为大量带一个或多个电荷的离子，致使分析物以单电荷或多电荷离子的形式进入气相。利用电喷雾质谱可以推断配合物的反应液中目标产物的存在，如图 5.21 中的多齿螯合配体与 $Zn(Ac)_2$ 的反应液进行质谱分析，可得到图 5.24，据此可推断 H_4L 配体与 $Zn(Ac)_2$ 在甲醇-三氯甲烷混合溶剂中形成了八核的目标配合物。

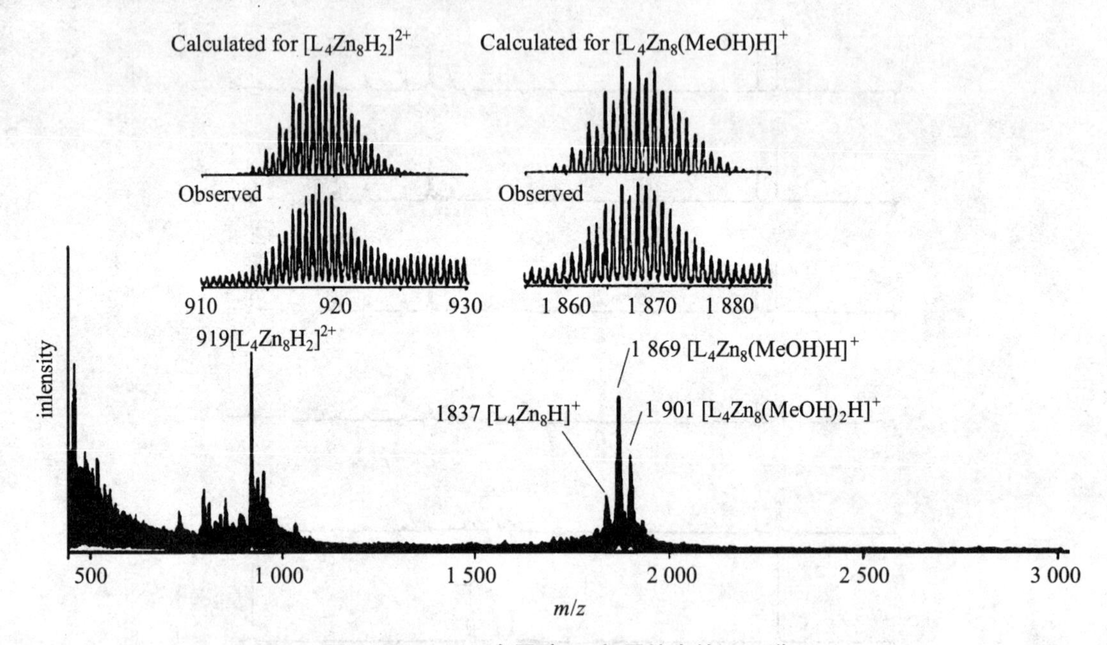

图 5.24 $[L_4Zn_8]$在甲醇-三氯甲烷中的 ESI 谱

5.2.5 圆二色光谱

光学活性物质对左、右旋圆偏振光的吸收率不同，其光吸收的差值ΔA（$A_l - A_d$）称为该物质的圆二色光谱（circular dichroism，CD）。圆二色性的存在使通过该物质传播的平面偏振光变为椭圆偏振光，且只在发生吸收的波长处才能观察到。在配合物中有许多旋光异构体存在，这就可以通过圆二色光谱进行表征和研究。CD 曲线中的峰值或谷底一般与通常的电子吸收光谱的最大吸收峰的位置相同或相近，分别称为正和负的 Cotton 效应。选取绝对构型已知的化合物为标准，利用 Cotton 效应可以确定其他光学异构体的绝对构型。应用 Cotton 效应指定配合物绝对构型的一般规律是：如果具有类似结构（立体结构、配位结构和电子结构）的两个不同的手性配合物在对应的电子吸收带范围内有相同符号的 Cotton 效应，则二者可能具有相同的绝对构型。一系列含五元环双齿配体$[Co(AA)_3]$类配合物的圆二色谱的研究表明，它们一般符合下列经验规律：凡在低能端出现正的 CD 峰的都属于Λ绝对构型，出现负 CD 谱带的为Δ绝对构型。图 5.25 为$[Co(Gly)_3]$电子光谱和 CD 光谱。

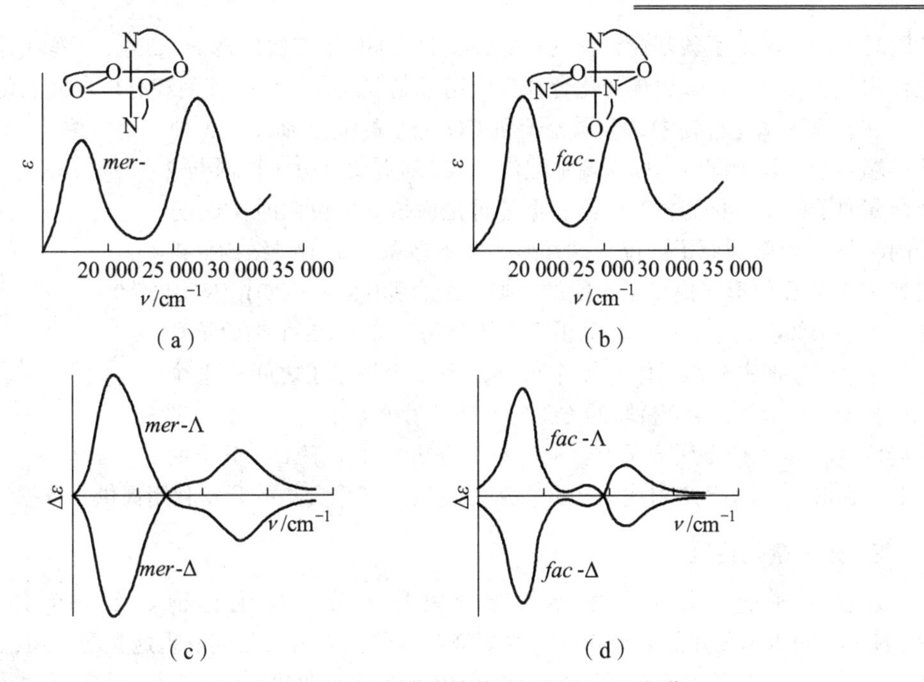

图 5.25 配合物[$Co(Gly)_3$]水溶液的紫外可见和 CD 光谱

5.2.6 X 射线晶体结构分析

由于内部结构具有周期性，晶体可以对 X 射线、电子流、中子流等产生衍射，其中最为重要、应用最为广泛的是 X 射线。通过 X 射线可以容易地确定晶体中分子的相对取向、原子间距和键角，同时也可以提供有关电子组态的资料。X 射线晶体结构分析的基本原理是：每一种晶体物质都有各自的晶体结构，当 X 射线穿过晶体时，每一种晶体物质都有自己独特的衍射花纹。衍射花纹的特征可以用各个衍射面的面间距 d（与晶胞的形状和大小有关）和衍射线的相对强度 I/I_0（与粒子的种类及其在晶胞中的位置有关）来表示。这两个衍射数据是晶体结构的必然反映，而且它们在不同的实验条件下得到一系列不变的数据，因此可以根据它们来鉴别结晶物质的物相。

X 射线晶体结构分析方法分为单晶衍射法和粉末衍射法。作为单晶衍射用的晶体一般为直径 0.1 ~ 1 mm 的完整晶粒。由于用单晶作为样品能够比多晶更方便、更可靠地获得更多的实验数据，所以该法一直是解析晶体结构的最重要的手段。特别是科学高度发展的今天，即使是结构非常复杂的晶体也能用单晶衍射法测定出它的精确结构。多晶衍射法所用样品为大量微小晶粒的堆积，如一小块金属、一小撮晶体粉末等，晶粒直径在微米的数量级，宏观上已为粉末，故也称粉末法。尽管一般情况下难以用粉末 X 衍射数据直接分析得到配合物的结构，但是粉末 X 衍射常用于配合物的相纯度以及配合物骨架结构稳定性方面的研究。

结构决定性能，性能反映结构，测定配合物的晶体结构，了解配合物分子的大小和形状，确定各成键原子的键长和键角，往往可以阐明许多重要的化学过程。X 射线结构分析法的具体应用如下：

1. 金属羰基化合物

金属羰基化合物是一氧化碳中性分子和低氧化态过渡金属形成的配合物，其中σ键和反馈π

键同时形成，增加了羰基配合物的稳定性。自 1980 年首次发现 $Ni(CO)_4$，许多单核或多核羰基化合物被合成出来，金属羰基化合物广泛用于制取纯金属、抗震剂和有机合成催化剂。

在金属羰基化合物中，金属原子和 CO 分子的配位形式有 3 种：第一种是 CO 分子以碳原子一端与金属原子配位，称为端基配位；第二种是 CO 分子同时与 2 个金属原子配位，称为桥基配位；第三种是面桥基配位，即 CO 分子同时与 3 个金属原子配位，这种形式并不多见。X 射线结构分析法为 CO 的配位形式提供了直接的证据。配合物$[Co_3Ru(CO)_{11}(NO)]$的分子结构如右所示，它是一个正四面体结构的分子，3 个钴原子和 1 个钌原子分别占据四面体的 4 个顶点，每 2 个钴原子之间有 1 个 CO 分子桥联，除了 3 个桥联的 CO 分子外，另外 8 个 CO 分子分别以端位键联在 4 个金属原子上。通过单晶分析才能了解 CO 分子的以上存在形式，因此 X 射线结构分析法为金属羰基化合物的开发利用提供了依据。

2. 分子氮化合物

过渡金属的含氮分子配体的配合物称为分子氮配合物。第一个分子氮配合物$[Ru(N_2)(NH_3)_5]Cl_2$是用肼还原 $RuCl_3$ 水溶液制得的。以后又陆续发现这类配合物也可由 N_2 直接制得。为了实现在温和条件下从 N_2 直接合成 NH_3 的工业化生产，必须开展具有类似固氮酶活性部位结构的过渡金属分子氮配合物的合成及其催化性能研究。在分子氮配合物中，N_2 通常有以下 5 种键合方式：

M←N≡N　　M←N≡N（N 竖直配位）　　M←N≡N→M　　M←N(≡N)→M　　M 与 N≡N 侧基键合（两个 M）

其中最常见的配位方式为端基配位型(Ⅰ)，从量子化学和结构化学理论的观点出发，氮分子取端基配位更为有利。而分子氮配合物中还得借助 X 射线结构分析法来证实。例如，在配合物$[(C_5Me_5)_2Sm]_2(N_2)$中（空间结构见图 5.26），N_2 部分与 2 个 Sm 原子组成一个含 Sm1—Sm2 C_2 轴的平面，其中 Sm1—N1 和 Sm2—N2 键长分别为 234.7 pm 和 236.8 pm，N—N 键长为 108.8 pm，小于自由 N_2 分子键长 109.75 pm，这是第一个平面型的、1 个 N_2 分子与 2 个金属原子形成侧基键合方式的配位化合物。

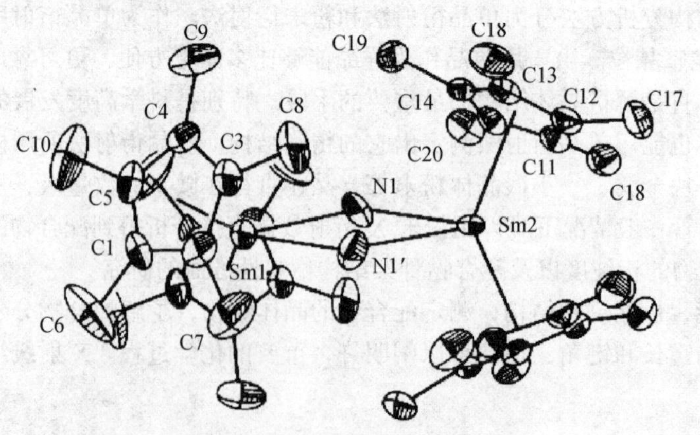

图 5.26　$[(C_5Me_5)_2Sm]_2(N_2)$分子结构

另一个具有新奇 N_2 配位模式的配合物是$[(C_{10}H_8)(C_5H_5)_5(C_5H_4)Ti_4(N_2)]$，该配合物中 N_2 同时

与 3 个 Ti 原子相连，与 1 个 Ti 原子以σ键配位，与另 2 个 Ti 原子以σ+π 方式配位，由于 N_2 分子同时受到端基配位和侧基配位的活化，其 N—N 键长为 130.1 pm，远远大于自由 N_2 分子的键长，而处于 N═N 键（124 pm）和 N—N 键（144 pm）之间。由此可见，通过对分子氮配合物进行 X 射线结构分析，才能清楚 N_2 分子具体的配位模式及其他结构信息，从而为进一步研究分子氮配合物的催化性能奠定基础。

3. 高配位数配合物

高配位数配合物中最常见的配位数为 8。配位数为 8 的配合物其空间构型有如下几种：立方体、四方反棱柱体、三角十二面体和六角双锥。结构分析数据表明，三角十二面体和四方反棱柱的成键性质十分相似，具体采取哪种结构需综合考虑配体间的相互排斥作用、中心原子非键轨道上电子的影响及螯合配体的空间位阻等。例如，经 X 射线衍射分析得知，$Y(acac)_3 \cdot 3H_2O$ 具有四方反棱柱结构，3 个乙酰丙酮基和 2 个水分子与中心 Y^{3+} 形成八配位结构，第 3 个水分子借助于氢键存在于配合物晶格中。此外，通过 X 射线结构分析，还能了解中心离子的配位构型、成键特征等信息。

4. 生物无机高分子

利用 X 射线衍射法研究晶态生物高分子，了解其空间构型，可得到丰富的结构信息。探讨蛋白质的结构和功能的联系，有助于人们对生物过程作用机理的深入认识。

血红蛋白和肌红蛋白是较早测定出空间结构的蛋白质分子，在肌红蛋白的每一个分子中或血红蛋白的每一个亚基中，都含有一个血红素辅基，其结构如下所示：辅基通过组氨酸和多肽链相连接，每个辅基约和多肽链中的 60 个原子以范德华力接触，脱氧血红蛋白中含有半径较大的 Fe(Ⅱ), Fe 原子不能嵌入卟啉环的 4 个 N 原子构成的平面中，而是离开平面 70 ~ 80 pm，Fe-N 距离为 220 pm，Fe(Ⅱ)为五配位；当血红蛋白和 O_2 结合，Fe 由高自旋态变成低自旋态，因半径减小而嵌入卟啉环中，呈六配位状态。

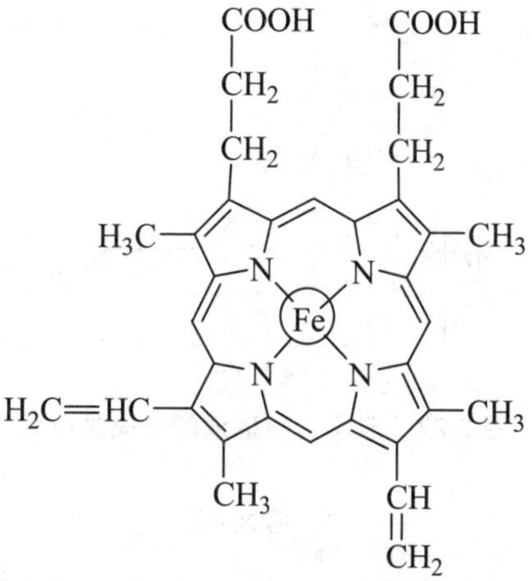

血液中的血红蛋白是血液中 O_2 的储存者和携带者，肌红蛋白是肌肉中 O_2 的储存者和携带者，二者都能够可逆地结合 O_2，通过对它们晶体结构的测定，有助于人们从分子水平或原子水平认识新陈代谢过程。总之，生物高分子配合物的结构分析测定，能从原子、分子水平上研究它们的微观结构及运动规律，促进人们了解生命过程的具体内容，把握生命过程的各个细节。

5. 金属簇状化合物

含有 M—M 键、具有多面体结构的多核配合物，称为金属簇状化合物，它们在合成化学、材料化学和配位催化等方面的应用都与其结构特征密切相关，因而 X 射线结构分析对金属簇状化合物的研究尤为重要。

X 射线结构分析根据金属-金属键的键长就能够直接确定多核配合物中是否存在金属-金属键。如果配合物中金属原子间的键长比纯金属晶体中的短，说明有金属键存在。$[Mo(C_5H_5)(CO)_3]_2$ 是第一个通过 X 射线结构分析证明存在的金属-金属键配合物。而在 Mo_2Cl_{10} 中，Mo—Mo 键距为 384 pm，远远大于金属中 Mo—Mo 键的键长 273 pm，X 射线结构分析表明，Mo_2Cl_{10} 中 2 个 Mo 原子通过 Cl 桥相连，不属于金属簇状化合物。

5.2.7 差热-热重分析法

差热是指物质在受热或冷却过程中，当达到某一温度时，往往会发生熔化、凝固、晶型转变、分解、化合、吸附、脱附等物理或化学变化，并伴随着焓的改变，因而产生热效应，其表现为体系与环境（样品与参比物）之间有温度差。差热分析（differential thermal analysis，DTA）就是通过温差测量来确定物质的物理、化学性质的一种热分析方法。

热重分析（TG）是指物质受热时，发生化学反应，质量也随之改变，测定物质质量的变化就可研究其变化过程。热重法（TG）是在程序控制温度下，测量物质质量与温度关系的一种技术。热重法实验得到的曲线称为热重曲线（TG 曲线）。如图 5.27 为五水合硫酸铜的热失重曲线（10.8 mg，静态空气，10 °C/min），由此失重曲线可作出如下推断：

$$CuSO_4 \cdot 5H_2O \longrightarrow CuSO_4 \cdot 3H_2O + 2H_2O\uparrow$$
$$CuSO_4 \cdot 3H_2O \longrightarrow CuSO_4 \cdot H_2O + 2H_2O\uparrow$$
$$CuSO_4 \cdot H_2O \longrightarrow CuSO_4 + H_2O\uparrow$$

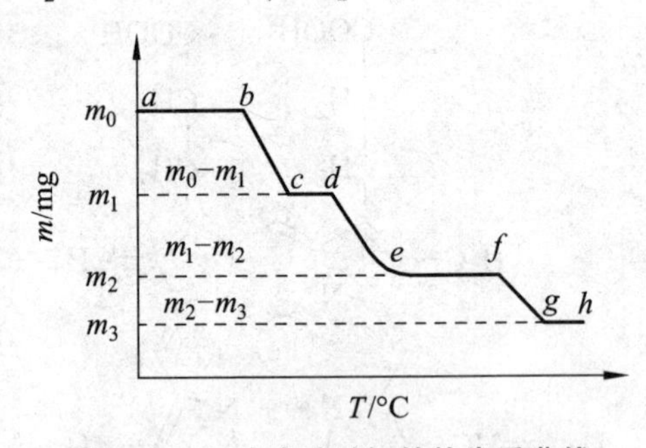

图 5.27 五水合硫酸铜的热失重曲线

参考文献

[1] 徐如人，庞文琴. 无机合成与制备化学. 北京：高等教育出版社，2001.
[2] DING B, LIU Y Y, HUANG Y Q, et al. Crystal growth & design. 2009. 9(1)，593-601.
[3] 朱龙观. 高等配位化学. 上海：华东理工大学出版社，2009.
[4] YUAN Y X，GU R A, YAO J L. 结构化学. 2007，26（4）：484-488.
[5] YEH CY, CHOU C H, PAN K C, et al. J Chem. Soc.，Dalton Trans, 2002：2670-2677.

[6] AKINE S, DONG W K, NABESHIMA T. Inorg Chem, 2006，45，12：4677-4684.
[7] 苏克曼，潘铁英，张玉兰. 波谱解析法. 上海：华东理工大学出版社，2002.
[8] SONG X Q, ZHENG Q F, WANG L, et, al. Luminescence, 2012，27，6：459-465.
[9] 陈小明，蔡继文. 单晶结构分析原理与实践. 2 版. 北京：科学出版社，2007.
[10] 计亮年. 生物无机化学导论. 广州：中山大学出版社，1992.
[11] 朱文祥. 固氮酶的化学模拟机理初探. 化学教育，2002（4）：3.
[12] 胡盛志，周朝晖，蔡启瑞. 晶体中原子的平均范德瓦尔斯半径. 物理化学学报，2003，19：1073-1077.
[13] 金斗满，朱文祥. 配位化学研究方法. 北京：科学出版社，1996.
[14] 游效曾. 配位化合物的结构与性质. 北京：科学出版社，1992.

6 配合物在溶液中的稳定性

配合物在溶液中的稳定性常简称为配合物的稳定性，是指配合物在溶液中解离为金属离子和配体，当解离达到平衡时，其解离程度的大小，其大小由相应的稳定常数衡量，即通常所说的热力学稳定性。

6.1 影响溶液中配合物稳定性的因素

要探讨配合物在溶液中稳定性的一些规律，首先应该考虑内因。配合物是由中心离子与配体相互作用而形成的，因此必须从中心离子和配体的本性以及它们之间的相互作用着手。另一方面，外因如温度、压力、溶剂等也影响稳定常数的大小。

6.1.1 中心金属离子性质的影响

金属离子的性质主要指金属离子的电荷、半径及电子构型。一般地说，过渡金属离子形成配合物的能力比主族金属强，而主族金属中，又以电荷少、半径大的碱金属离子等最弱。现根据金属离子价电子层结构特征分类讨论如下。

6.1.1.1 惰气原子型金属离子

ns^2np^6 电子构型的金属离子属惰气型，它包括第ⅠA族的+1价离子，第ⅡA族的+2价离子，Al、Sc、Y、La等的+3价离子，以及Ti、Zr、Hf等的+4价“离子”等。在水溶液中，氧化数大于+4的自由金属离子难以存在，它们以 VO_2^+ 和 UO_2^{3+} 等形式出现；氧化数为+4的自由金属离子有的在水溶液中也强烈水解，例如，Ti(Ⅳ)在水溶液中形成 TiO^{2+} 而难以 Ti^{4+} 的形式出现。其特征是价电子层中没有易激发的价电子，它们与荷电配体或偶极分子中电负性较大的配位原子（如氧原子）借静电吸引形成配合物。对于碱金属离子，由于其电荷少、半径大，生成简单配合物一般比较困难。例如，仅在液氨内可制得 $[Na(NH_3)_3]Cl$ 和 $[Li(NH_3)_4]Cl$，而将它们移入水溶液中或升高温度就发生分解。碱土金属离子生成简单配合物的能力比较差。但是碱金属或碱土金属离子与氨羧配体或胺多磷酸配体能生成比较稳定的配合物。由于该金属离子在生成配合物时以电价键为主，故当配体一定时，配离子在溶液中的稳定性一般取决于中心离子的电荷和半径。配体一定时，中心离子的电荷越大，半径越小，形成的配合物越稳定。例如，在质量分数为75%的二噁烷水溶液中，第ⅠA、ⅡA族的金属离子与 β-二酮类的二苯酰甲烷 $C_6H_5COCH_2COC_6H_5$ 的烯醇式酸根离子的配离子的稳定常数 K_1 的大小顺序分别为

$$Li^+>Na^+>K^+>Rb^+>Cs^+, \quad Be^{2+}>Mg^{2+}>Ca^{2+}>Sr^{2+}>Ba^{2+}$$

对于+3 价惰气原子型金属离子，它们与配体 $acac^-$形成的配离子的稳定常数 K_1 的大小顺序往往为：

$$Al^{3+} > Sc^{3+} > Y^{3+} > La^{3+}$$

对于+4 价惰气型金属“离子”，个别配体如水杨醛肟与它们形成的配离子的 K_1 大小顺序为：

$$Ti(IV) > Zr(IV) > Hf(IV)$$

这些顺序反映了同族的一些惰气原子型金属离子的配合物其稳定性都是随着中心离子半径的增大而减小。

中心离子的电荷对配离子稳定性的影响，可从比较半径彼此很相近的中心离子与一定的配体形成的配离子的稳定性大小看出：

$$Th^{4+}>Y^{3+}>Ca^{2+}>Na^+, \quad La^{3+}>Sr^{2+}>K^+$$

由此可见，惰气原子型金属离子的电荷与配合物稳定性的关系为：高价金属离子的配合物，其稳定性比低价金属离子的相应配合物稳定性要高。这当然也符合静电吸引的原则。且中心离子电荷的影响大于其半径的影响。这是因为离子的电荷总是成倍地改变，而离子半径只在小的范围内变动。

不同族的一些惰气原子型金属离子配合物的稳定性，与金属离子电荷（z）的平方对半径的比值有规律性的关系，即稳定性随 z^2/r 的增大而增大；但 Al^{3+}、Mg^{2+}、Be^{2+}的情况有反常。

往往将镧系和锕系元素的一些离子也归属于惰气原子型离子这一类（忽略可能存在的次外层 f 电子的影响）。镧系元素的原子或离子中的 4f 电子比较深藏于原子或离子的内部，因此镧系元素的原子 Ln 失去 2 个 6s 电子和 1 个 4f 或 1 个 5d 电子生成的 Ln^{3+}与惰气原子型阳离子类似，那么它们的配离子的稳定性应随 Ln^{3+}半径的减小而增大。镧系元素的 $edta^{4-}$、nta^{3-}和 $dcta^{4-}$的配合物稳定性顺序为

$$La^{3+} < Ce^{3+} < Pr^{3+} < \cdots < Tm^{3+} < Yb^{3+} < Lu^{3+}$$

而从部分锕系元素的 $edta^{4-}$、nta^{3-}和 $dcta^{4-}$的配合物看，稳定性顺序大致为

$$Am^{3+} < Cm^{3+} < Bk^{3+} < Cf^{3+} < Es^{3+} < Fm^{3+}$$

这两个顺序反映了配合物的稳定性随着镧系和锕系元素离子半径的减小而增大，符合惰气原子型金属离子的一般规律。但是镧系元素的 $hedta^{3-}$，$egta^{4-}$和尤其是 $dtpa^{5-}$配合物的稳定性对上述规律有一定的偏差，锕系元素的 $dtpa^{5-}$配合物也有这种情况。

6.1.1.2 d^{10}型金属离子

d^{10}型金属离子有 Cu(Ⅰ)、Ag(Ⅰ)、Au(Ⅰ)、Zn(Ⅱ)、Cd(Ⅱ)、Hg(Ⅱ)、Ga(Ⅲ)、In(Ⅲ)、Tl(Ⅲ)等金属离子。

对于非惰气原子型的金属离子，探讨它们配离子稳定性规律比较困难，因为这些金属离子与配体间形成的化学键一般在不同程度上有明显的共价键性质。大体上说，这些金属离子的配离子的稳定性一般比电荷相同、半径相近的情气原子型金属离子的相应配离子的稳定性要高。

在 d^{10} 型金属离子中，第ⅡB族的Zn(Ⅱ)、Cd(Ⅱ)、Hg(Ⅱ)的配离子的稳定常数的数据较多。从这些数据得知，配体一定时，这3种金属离子形成的配离子相应的稳定常数（如都考虑 K_1）的大小规律是：对许多配体来说，Hg(Ⅱ)的最大，而Zn(Ⅱ)与Cd(Ⅱ)的次序不一定，即随着配体的不同，或者有 Zn > Cd < Hg 的顺序，或者有 Zn < Cd < Hg 的顺序。

以卤素离子为配体的情况来看，在 Cl^-、Br^- 或 I^- 做配体时，形成的配离子的稳定常数 K_1 的顺序为 Zn < Cd < Hg。可以尝试用离子极化的观点来大致理解此顺序。由于这三种阳离子的变形性顺序为 Zn < Cd < Hg，而 Cl^-、Br^-、I^- 的变形性都较大，因此 Zn(Ⅱ)、Cd(Ⅱ)、Hg(Ⅱ)分别与这3种阴离子中的任何一种形成配离子时，金属离子M与配体间总极化的顺序为 Zn < Cd < Hg，与 Zn < Cd < Hg 的顺序一致。这反映了配离子中M与L间化学键的共价性增强时配离子的稳定性增高。配体为 F^- 时，由于它的电负性高，而变形性比 Cl^-、Br^-、I^- 等的小得多，因此它与变形性也相对较小的 Zn^{2+} 或 Cd^{2+} 分别形成的配离子中，M与L间主要以静电作用形成化学键，而从离子半径来看 $Zn^{2+} < Cd^{2+}$，因此配离子的稳定常数 K_1 的顺序为 Zn(Ⅱ) > Cd(Ⅱ)。但是 F^- 与 Hg^{2+} 形成配离子时，由于 Hg^{2+} 的变形性较大，体积小的 F^- 使 Hg^{2+} 发生了一定程度的变形，因而它们相互之间形成的化学键仍有较大程度的共价性，从而相应的配离子稳定性稍高。这样，F^- 为配体时，稳定常数 K_1 的顺序为 Zn > Cd < Hg。这种尝试性的解释仅略有参考意义，就严格性来说存在着问题。

对于 Ga(Ⅲ)、In(Ⅲ)、Tl(Ⅲ)，从已测得稳定常数数据的一些配位个体来看，稳定常数 K_1 有 Ga(Ⅲ) > In(Ⅲ) < Tl(Ⅲ)或 Ga(Ⅲ) < In(Ⅲ) < Tl(Ⅲ)的顺序。

Cu(Ⅰ)、Ag(Ⅰ)、Au(Ⅰ)的配离子的稳定常数，仅Ag(Ⅰ)的数据较多，而Au(Ⅰ)的最少。从有限的数据看，稳定常数 K_1 的顺序一般为 Cu(Ⅰ) > Ag(Ⅰ) < Au(Ⅰ)。

Cu(Ⅰ)、Ag(Ⅰ)分别与 $S_2O_3^{2-}$ 的配离子的稳定常数 K_2 是 Cu(Ⅰ) < Ag(Ⅰ)，但 K_1 仍是 Cu(Ⅰ) > Ag(Ⅰ)。

d^{10} 型的Ge(Ⅳ)、Sn(Ⅳ)、Pb(Ⅳ)的配离子的稳定常数数据太少，还难以比较。

6.1.1.3 $d^{10}s^2$ 金属离子

属于这一类型的有Ga(Ⅰ)、In(Ⅰ)、Tl(Ⅰ)、Ge(Ⅱ)、Sn(Ⅱ)、Pb(Ⅱ)、As(Ⅲ)、Sb(Ⅲ)、Bi(Ⅲ)等。其中只有Tl(Ⅰ)、Sn(Ⅱ)、Pb(Ⅱ)的配离子稳定常数的数据较多。因此，还难以探讨这一类金属离子配合物的稳定性规律，但可以指出以下几点：

（1）这些离子配合物的稳定性比电荷相同、半径相近的惰性离子的相应配合物的稳定性略高些。

（2）它们的外层虽然有d电子，由于受到s电子的屏蔽，不能发挥作用，因此，与电荷相同、半径相近的 $d^{1\sim9}$ 型的过渡金属配合物相比，其稳定性要差一些。

（3）Sn(Ⅱ)、Pb(Ⅱ)的配离子稳定性大小顺序在有些体系中为 Sn(Ⅱ) > Pb(Ⅱ)，在另一些体系中则相反。

（4）Tl(Ⅰ)配合物的稳定性一般比Tl(Ⅲ)相应配合物的低。在此顺便指出，一般情况下，同一金属元素在两种常见氧化数时的配合物，往往低氧化数时（如 Tl^+）形成的配合物比高氧化数时（如 Tl^{3+}）形成的配合物稳定性较低。除Tl(Ⅰ)-Tl(Ⅲ)外，Mn(Ⅱ)-Mn(Ⅲ)、Fe(Ⅱ)-Fe(Ⅲ)、Co(Ⅱ)-Co(Ⅲ)往往也是这样的。例如，$[Fe(Phen)_3]^{2+}$ 的 β_3 大于 $[Fe(Phen)_3]^{3+}$ 的 β_3，$[Cu(NH_3)]^+$ 的 K_1 和 K_2 分别大于 $[Cu(NH_3)]^{2+}$ 的 K_1 和 K_2，$[CuSCN)_2]^+$ 的 β_2 大于 $[Cu(SCN)_2]$ 的 β_2。

6.1.1.4 d^1～d^9型金属离子

属于这一类的金属离子中研究得最多的是第四周期的 Mn^{2+}（d^5）、Fe^{2+}（d^6）、Co^{2+}（d^7）、Ni^{2+}（d^8）、Cu^{2+}（d^9）等离子的配离子。早在 20 世纪 50 年代就已研究得出以下结果：这几种离子（以及第四周期的 d^{10} 型离子 Zn^{2+}）分别与几十种配体（大多数配位原子为 N、N 或 O 的多齿配体）形成配离子的稳定性顺序一般为

$$Mn^{2+} < Fe^{2+} < Co^{2+} < Ni^{2+} < Cu^{2+} > Zn^{2+}$$

这个顺序叫做 Irving-Williams 顺序（I-W 顺序）。

可以用晶体场理论（CFT）解释 I-W 顺序。第四周期从 Ca^{2+}到 Zn^{2+}各元素的+2 价离子 M^{2+}形成的配位个体大多是“高自旋”的八面体型。这些 M^{2+}在水溶液中与某一种单齿配体 L 形成八面体型配位个体的反应可写成：

$$[M(H_2O)_6](aq) + 6L \rightleftharpoons [ML_6](aq) + 6H_2O$$

为简单起见，未写出逐级反应的反应式，并且略去了上式中各物种可能带有的电荷；如果配体为二齿配体 X，则将$[ML_6]$改为$[MX_3]$，余类推。反应式向右进行的程度越大，则$[ML_6]$越稳定，而反应式向右进行的程度取决于该反应的自由能改变ΔG 的大小。反应的自由能改变值ΔG与反应的焓变ΔH、熵变ΔS 之间的关系为（T 为绝对温度）

$$\Delta G = \Delta H - T\Delta S$$

但是对于上述各 M^{2+}来说，它们分别与同一种配体形成配位个体时，反应的熵变值相差很小，以致可近似地认为相等，这从表 6.1 所示的各 M^{2+}的水化熵可以看出。因此可近似地认为反应式向右进行的倾向大小取决于焓变值ΔH。

表 6.1 几种离子的水化熵

离子	Mn^{2+}	Fe^{2+}	Co^{2+}	Ni^{2+}	Cu^{2+}	Zn^{2+}
$\Delta S/J\cdot mol^{-1}\cdot K^{-1}$	−281	−311	−308	−321	−280	−289

对于 M^{2+}（Ca^{2+} ~ Zn^{2+}）分别与某一种配体 L 形成的八面体型配位个体来说，假如其中都不存在 CFSE，则其中的各 M^{2+}应按周期系从左到右的顺序，有效核电荷递增，离子半径递减（与镧系收缩类似），从而分别与一定数目的某一配体 L 配位时，放出的热量应依次递增。但是 CFSE 的存在破坏了这种比较均匀地递增或递减的单调性。存在 CFSE 的 M^{2+}-L 配位个体体系中，虽然 CFSE 仅占 M^{2+}与 L 配位时放出的总能量的一小部分，却对各总能量的顺序起了决定性的作用。因此，各 M^{2+}（Ca^{2+} ~ Zn^{2+}）分别与某一定配体 L 形成八面体型弱场（高自旋）配位个体时放出热量（焓变值）的大小顺序就是相应 CFSE 的大小顺序。这样上述反应式的焓变值大小显然也取决于有关 CFSE 值的大小。

现在先来看 Fe^{2+}（d^6）和 Mn^{2+}（d^5）的对比。对同一金属离子如 Fe^{2+}来说，它与大多数配体（它们处于光谱化学序列中 H_2O 之后）形成的高自旋八面体型配位个体中的 CFSE 比与 H_2O 形成的配位个体中的 CFSE 大，但是 Mn^{2+}在这样的配位体中无 CFSE。因此对 Fe^{2+}和 Mn^{2+}在水溶液中分别与上述配体中某同一配体 L 形成的高自旋八面体型配位个体来说，Fe^{2+}在与 L 形成配位个体时 CFSE 增大，而 Mn^{2+}在与 L 形成配位个体时不存在 CFSE 而引起的能量改变（或者可以说 CFSE

的改变值为零），所以 Fe^{2+}与 L 形成配位个体的稳定性大于 Mn^{2+}与 L 形成的相应配位个体的稳定性。除 $d^6 > d^5$ 的稳定性顺序外，根据同样的理由，有 $d^4 > d^5$，$d^9 > d^{10}$，$d^1 > d^0$ 的顺序。

再来看 Fe^{2+}（d^6）和 Co^{3+}（d^7）的对比。二者的八面体型高自旋配位个体中都有 CFSE，分别为 $4Dq(Fe^{2+})$和 $8Dq(Co^{3+})$。不难理解当 Fe^{2+}从其水合配离子变为与 L 形成的上述类型的配位个体时，CFSE 增大的程度小于 Co^{3+}从其水合配离子变为与 L 形成的相应配位个体时 CFSE 的增大程度。因此它们与 L 形成的配位个体的稳定性顺序为 Fe^{2+}（d^6）$< Co^{3+}$（d^7）。

综上所述，可知第四周期过渡元素的+2 价离子在水溶液中分别与位于光谱化学序列中 H_2O 之后某同一配体形成的高自旋八面体型配位个体的稳定性顺序，与相应的 CFSE 顺序一致，即：

$$Ca^{2+} < Sc^{2+} < Ti^{2+} < V^{2+} > Cr^{2+} > Mn^{2+} < Fe^{2+} < Co^{2+} < Ni^{2+} > Cu^{2+} > Zn^{2+}$$
$$(d^0 < d^1 < d^2 < d^3 > d^4 > d^5 < d^6 < d^7 < d^8 > d^9 > d^{10})$$

但是这个顺序与 I-W 顺序并非完全一致。I-W 顺序中的 $Ni^{2+} < Cu^{2+}$与该顺序中 $Ni^{2+} > Cu^{2+}$的矛盾可从 Jahn-Teller 效应得到解决。Jahn-Teller 效应使 Cu(Ⅱ)的六配位的八面体型配位个体进一步得到稳定化；Jahn-Teller 效应往往足以使 Cu(Ⅱ)的六配位八面体型配位个体的稳定性高于 Ni(Ⅱ)的相应配位个体（Ni^{2+}八面体型配合物不发生 Jahn-Teller 效应）的稳定性。如果这样的论证是正确的，则 Cr(Ⅱ)的高自旋八面体型配离子应与 Cu(Ⅱ)的类似，而可以出现 V(Ⅱ) < Cr(Ⅱ)的稳定性顺序。在 I-W 顺序提出后已有文献报道测得了 V(Ⅱ)的个别配离子如$[V(edta)]^{2-}$的稳定常数（$\lg K_1 = 12.7$，20 °C，$I = 0.1$）小于 Cr(Ⅱ)的相应配离子$[Cr(edta)]^{2-}$的稳定常数（$\lg K_1 = 13.6$，20 °C，I = 0.1）。因此，结合 CFSE 和 Jahn-Teller 效应两因素的影响，则可以理解 M^{2+}（Ca^{2+}~ Zn^{2+}）的八面体型非低自旋配离子在水溶液中的稳定性顺序为

$$Ca^{2+} < Sc^{2+} < Ti^{2+} < V^{2+} < Cr^{2+} > Mn^{2+} < Fe^{2+} < Co^{2+} < Ni^{2+} < Cu^{2+} > Zn^{2+}$$

上述顺序中前面几种离子的配位个体的稳定性顺序实际意义不大或尚无实际意义。这几种元素中如 Sc^{2+}在一般条件下的存在尚未见报道过；Ti^{2+}可将水还原成 H_2，因此在水溶液中难以存在；V^{2+}和 Cr^{2+}在水溶液中虽可存在，但需采取措施以避免它们被空气氧化。然而 $Ni^{2+} > Cu^{2+}$的稳定性顺序的事例还是存在的，例如，它们与 phen 或 bpy 形成的配位个体的 K_1 虽然都是 $Ni^{2+} < Cu^{2+}$，但是 K_2 和 K_3 都是 $Ni^{2+} > Cu^{2+}$。因为这两种配体的场强很大，因而 CFSE 很大，在 ML_2 或 ML_3（M = Cu，Ni；L = phen，bpy）中 Cu(Ⅱ)的配离子的 Jahn-Teller 效应引起的稳定化不足以改变由于 CFSE 效应引起的 $Ni^{2+} > Cu^{2+}$的顺序。

对于第一过渡系元素中的阳离子如 Fe(Ⅲ)（d^5 型）、Fe(Ⅱ)（d^6 型）、Co(Ⅲ)（d^6 型）等的低自旋八面体型配离子来说，它们的稳定性普遍较高。这是因为形成低自旋八面体型配离子时必然是成对能 $P < 10Dq$，因此从以参数 Dq 表示的 CFSE 来看，它们比相应的高自旋八面体型配离子的大，而且由于配体为强场配体，产生的 Dq 具体值较大。

对于第五、六周期的副族元素的阳离子形成的配位个体的稳定性，由于数据太少等原因，还难以讨论它们的规律性。

6.1.2 配体性质的影响

6.1.2.1 配体的碱性

根据广义的酸碱概念，配体的碱性是指配体结合质子或给出电子对的能力，常常用配体的

质子化常数 K^H 的大小来衡量。当比较结构类型相近、配位原子相同的一系列配体的碱性和由它们与同一金属离子生成的配合物的稳定性时，发现两者之间常常呈线性关系。例如，表 6.2 所列的两组配合物中，配体的质子化常数越大，相应配合物的稳定常数也越大，即配体的碱性越强，则相应配合物越稳定。

表 6.2 两组配离子的 $\lg K_1$（298 K）

与配体相应的酸	中心离子	离子强度	$\lg K^H$	$\lg K_1$
$BrCH_2COOH$	Cu^{2+}	0	2.86	1.59
ICH_2COOH	Cu^{2+}	0	4.05	1.91
$C_6H_5CH_2COOH$	Cu^{2+}	0	4.31	1.98
n-$C_4H_9CH_2COOH$	Cu^{2+}	0	4.86	2.13
$(CH_3)_3CH_2COOH$	Cu^{2+}	0	5.05	2.19
Cl_3CCOOH	Th^{4+}	0.5 M $HClO_4$	0.70	1.62
$Cl_2CHCOOH$	Th^{4+}	0.5 M $HClO_4$	1.30	2.01
$ClCH_2COOH$	Th^{4+}	0.5 M $HClO_4$	2.85	2.98

对上述关系的一般理解是不困难的。配体加合到氢离子（H^+）上形成酸（其倾向由相应的质子化常数衡量），和配体加合到金属离子上形成配合物（其倾向由相应的稳定常数衡量），是两种互相类似的过程。因此，与 H^+结合成酸的倾向大的配体（质子化常数大）与金属离子结合成配合物的倾向也大（稳定常数大）。

然而，配位原子不同时，往往得不到“配体碱性越强，配合物稳定性越高”的结论。例如，邻氨基苯酚的酸性比邻氨基苯硫酚的弱，即邻氨基苯酚根离子的碱性比邻氨基苯硫酚根离子的强，但前者与 Zn(Ⅱ)或 Pb(Ⅱ)形成的配合物的稳定性反而比后者的相应配合物的低（表 6.3）。又如，HF 的酸性比 HCl 的弱，即 F^-的碱性比 Cl^-的强，F^-对 H^+的结合能力比 Cl^-的强；但是，在前面已介绍过，F^-与 Zn^{2+}形成配合物的能力固然比 Cl^-的强，而与 Cd^{2+}或 Hg^{2+}形成配合物的能力却比 Cl^-的弱。

表 6.3 邻氨基苯酚根离子与邻氨基苯硫酚根离子与 Zn(Ⅱ)、Pb(Ⅱ)形成的配合物的稳定常数（25 °C，50%二噁烷中）

	H^+	Pb(Ⅱ)		Zn(Ⅱ)	
	$\lg K^H$	$\lg \beta_1$	$\lg \beta_2$	$\lg \beta_1$	$\lg \beta_2$
O^- NH_2	11.57	6.29	10.34	5.99	10.95
S^- NH_2	7.90	8.41	15.37	7.33	14.10

对上述直线关系的偏离较大或者甚至不符合“配体碱性越强，配合物稳定性越高”的规律，往往是由于下列一些原因：各配体在结构上非密切接近，配位原子不同，形成 π 键的程度不同，

形成的螯环大小和（或）数目不同，或者有空间位阻的影响等。

6.1.2.2 形成螯环的影响

1. 螯合效应

在组成和结构相近的情况下，螯合物比非螯型配合物稳定，这种现象称为螯合效应。由于螯环的形成，三（乙二胺）合镍离子$[Ni(en)_3]^{2+}$的稳定性比六氨合镍离子$[Ni(NH_3)_6]^{2+}$高出 10^{10}倍。大量的事实证明，螯合物的特殊稳定性是普遍的而不是个别的情况（表 6.4）。如果有反常现象，则大概是由于螯环中张力太大，即螯环处于严重的扭曲状态，或者事实上根本没有形成螯环。

表 6.4 一些配合物的热力学数据

配合物	$\lg\beta$	$\Delta H/\text{kJ}\cdot\text{mol}^{-1}$	$\Delta G/\text{kJ}\cdot\text{mol}^{-1}$	$T\Delta S/\text{kJ}\cdot\text{mol}^{-1}$
$[Zn(NH_3)_2]^{2+}$	5.01	−28.0	−28.62	0.42
$[Zn(en)]^{2+}$	6.15	−27.6	−35.10	7.53
$[Cd(NH_3)_2]^{2+}$	4.97	−29.80	−28.24	−1.55
$[Cd(NH_2CH_3)_2]^{2+}$	4.81	−29.37	−28.24	−1.92
$[Cd(en)]^{2+}$	5.84	−29.41	−33.30	3.89
$[Cu(NH_3)_4]^{2+}$	7.87	−50.21	−44.77	−5.44
$[Cu(en)]^{2+}$	11.02	−61.09	−62.76	1.67

关于螯合物比简单配合物稳定的原因可用热力学函数的变化来解释。热力学函数和稳定常数有以下关系：

$$\Delta G = \Delta H - T\Delta S = -RT\ln\beta$$

式中 ΔG——自由能变化；

ΔH——焓变；

ΔS——熵变；

R——气体常数；

T——热力学温度；

β——稳定常数。

β在上述公式中要为大的正值，则ΔG必须为大的负值，而ΔG为大的负值，则要求ΔH为较大的负值和ΔS为较大的正值。

表 6.4 列出几种配离子由相应的中心离子和配体形成时的几个热力学函数的数据。由表中的热力学数据可见，Cd^{2+}和 Zn^{2+}的螯合物和简单配合物相比，体系的焓变相差很小，而熵变增加相当大。因此，认为螯合效应主要是熵增加引起的。但也有例外，例如，$[Cu(NH_3)_4]^{2+}$转变为$[Cu(en)]^{2+}$时，除熵增加外，热焓也有贡献，对于 Cu^{2+}（d^9），它在配位场中 CFSE 的影响不可忽视，其热焓的贡献是由 CFSE 所提供的。

熵增加的原因，有各种说法，Schwarzenbach 认为在溶液中形成简单配合物时，每个配体取代水合金属离子中的水分子，取代前后溶液中质点总数未发生变化，在形成螯合物时一个多齿配体可取代两个或多个水分子，所以取代后，溶液中质点总数有所增加，从而体系的混乱度增加，因此，体系的熵得到增加。应该指出，金属离子和配体形成配合物时，还有其他因素影响熵的变化，例如，形成螯合物时，多齿配体内部自由度丧失可引起熵值降低，这一点对形成螯合物不利，但总的来说还是前一种因素起主导作用。

2. 螯合环的大小

螯环的生成可增加配合物的稳定性，但螯环的大小对稳定性也有影响。以五原子环和六原子环最为稳定，而前者往往又比后者更稳定。例如，丙二酸和乙酰丙酮（环中存在共轭结构）与 Ni^{2+}所形成的螯合物，对螯合物稳定常数的测定进行的大量研究工作的结果与上述印象一致。

再如，多种金属离子（下文以 M 表示，略去其电荷及配体可能有的电荷）与乙二胺或 1, 2-二氨基丙烷形成的螯合物（结构如下）比相应的 1, 3-二氨基丙烷的螯合物（结构如下）更为稳定。

M-乙二胺螯合物　　M-l, 2-二氨基丙烷的螯合物　　M-l, 3-二氨基丙烷的螯合物

氨基乙酸根或α-氨基丙酸根的螯合物（结构如下）比相应的β-氨基丙酸根的螯合物（结构如下）更为稳定。而乙二酸根离子的螯合物（结构如下）则比相应的丙二酸根离子的螯合物（结构如下）更为稳定。值得注意的是，在以上这些例子中，形成六原子螯环的配体对质子的亲和力反而比相应的形成五原子螯环的配体的强。

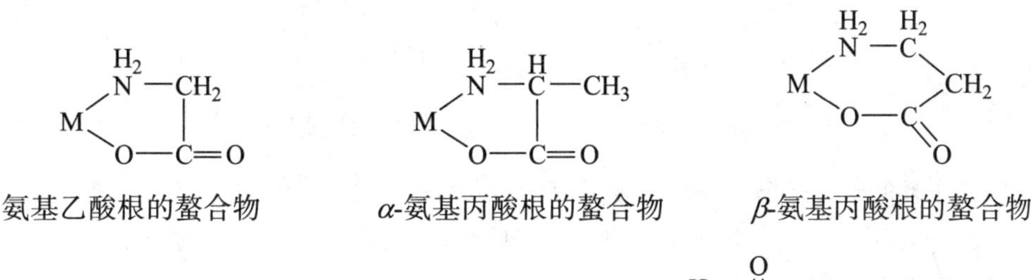

氨基乙酸根的螯合物　　α-氨基丙酸根的螯合物　　β-氨基丙酸根的螯合物

乙二酸根离子的螯合物　　丙二酸根离子的螯合物

再以 Ca^{2+}和 $edta^{4-}$型配体形成的螯合物为例，当配体$(^{-}OOCCH_2)_2N(CH_2)_nN(CH_2COO^{-})_2$中的 n 从 2 开始递增时，螯合物的稳定常数逐渐减小：

$n = 2$ 时（螯合物中全部是五原子环）　$\lg K_1=10.5$

$n = 3$ 时（螯环中有一个六原子环）　$\lg K_1=7.1$

$n = 4$ 时（螯环中有一个七原子环）　$\lg K_1=5.0$

$n = 5$ 时（螯环中有一个八原子环）　$\lg K_1=4.6$

以上都是 20 ℃、$I = 1.0$ 时的数据。

以上的例子说明，以饱和五原子螯环形成的配合物普遍地比以饱和六原子或更大的螯环形成的配合物更为稳定。不过如果螯环中存在共轭体系，则六原子环的螯合物一般也表现出很稳定的性质。例如，水杨醛提供的配体 $sald^-$ 以及β-二酮类提供的配体如 $acac^-$ 形成的螯合物（结构如下）一般都很稳定。

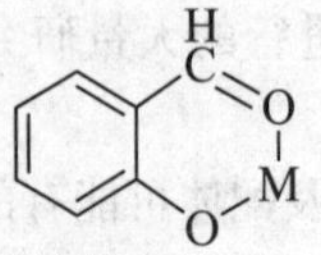

$sald^-$ 的螯合物 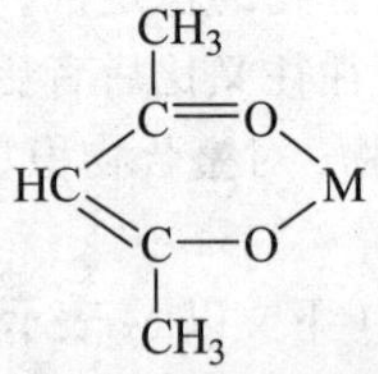　　　　$acac^-$ 的螯合物

螯环的大小对螯合物稳定常数的影响可以二齿配体为例作如下的解释：如果螯合物的金属离子与二齿配体的一个配位原子已结合在一起，另一个配位原子进一步与金属离子结合，与由溶液中一个单齿配体与金属离子的结合相比，从几率观点看，前者应该容易实现一些。因此，一般说来，螯合物要比组成和结构相近的非螯形配合物稳定。

根据这种看法，越小的螯环似乎应越易形成。但是事实并非如此。例如，联氨 $NH_2—NH_2$ 分子中虽然有 2 个可作为配位原子的 N 原子，却并不能与金属离子 M 形成如下所示的配合物：因为三原子螯环中的张力太大，一般难以形成。联氨分子或者只以一个 N 原子与 M 配位而形成 $M—NH_2NH_2$ 型的非螯形配合物，或者同时与两个金属离子配位形成多核配合物（结构如下）。

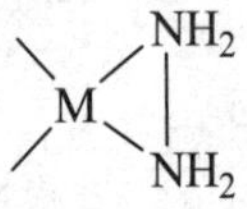

三原子螯环 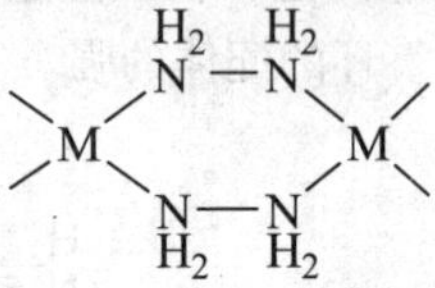　　　　多核配合物

具有四原子环的螯合配离子一般也因张力相当大而不大稳定。例如，CO_3^{2-}、NO_3^-、SO_4^{2-}、SO_3^{2-}、$S_2O_3^{2-}$、SeO_4^{2-}、SeO_3^{2-} 等虽然都可能与某些金属离子以四原子螯环螯合，但这样的螯环稳定性较低。尚未发现 ClO_4^- 生成螯合物的迹象。

六原子环以下张力最小的环，一般认为是饱和五原子环或由属于共轭体系的配体形成的六原子环，所以这样的螯合物离子一般最为稳定。关于五原子环及共轭结构六原子环螯合物稳定性高的原因，也可用张力学说的观点来解释。因为在五原子环中，碳原子为 sp^3 杂化，其键角为 109°28′，与正五边形的五原子环的键角 108°接近，因此，键角的张力小，稳定性高。在共轭结构中，碳原子为 sp^3 杂化，其键角为 120°，理论上与正六边形的六原子环的键角 120°相等，也不产生显著张力，因此很稳定。从饱和五原子螯环到饱和六原子螯环，张力一般增大，因此相应螯合物的稳定性一般有所减弱。一般认为，更大的环可能因形成环的各原子并不都在同一个平面上而没有张力，那么这样的环似乎应能稳定存在。但是另一方面，二齿螯合配体中两个配位原子相隔较远时，与同一金属离子结合的几率应减小。可能由于这两个因素综合的作用，以致螯环增大到一定程度后，继续增大时，相应的螯合物稳定性没有明显的改变。

在多齿配体的配位原子附近，若存在取代基，由于空间位阻效应，会影响形成的配合物的稳定性，甚至阻碍螯合物的形成。例如，2-甲基-8-羟基喹啉配合物的稳定性就低于 8-羟基喹啉配合物。在 2-甲基-8-羟基喹啉分子中，配位原子 N 近旁存在甲基—CH_3，它的存在一方面使 N 原子的碱性增加，这有利于提高生成配合物的稳定性，但另一方面甲基的存在使 N 原子的配位受到空间阻碍，这就降低了配合物的稳定性。

3. 螯环的数目多少

如果多齿配体的配位原子得到充分利用，二齿配体与金属离子配位时，可形成一个螯环；三齿配体形成两个螯环，依次类推。

结构上相似的一些多齿配体中配位原子越多，形成的螯环数目也越多，生成的螯合物就越稳定。表 6.5 中列出几种二价金属离子与几种结构相似的多胺类配体形成的螯合物，其稳定性随成环数目增加而升高。成环数目增多，螯合物稳定性增高的原因，若从配位几率考虑，一个配体与一个金属离子配位时形成的螯环越多，即动用的配位原子越多，则配体一旦和金属离子键合后，它从金属离子离开的几率就越小，换句话说，这个螯合物就越稳定。

表 6.5 几种二价金属离子与多胺类配体形成的螯合物的 lg*K*

配体	形成环数	Ni^{2+}	Cu^{2+}	Zn^{2+}
$NH(CH_2CH_2NH)_2$	2	10.7	16.0	8.9
$NH_2(CH_2)_2NH_2(CH_2)_2NH_2(CH_2)_2NH_2$	3	20.4	12.1	10.8

4. 空间位阻和强制构型

多齿配体的配位原子附近或配位原子上若结合着体积较大的基因，有可能妨碍配合物的顺利形成，从而降低形成的配合物的稳定性。在严重的情况下，甚至根本不能形成配合物。例如，2-甲基-8-羟基喹啉（用 2-Me-L^-表示）（结构如下）与某些金属离子形成的配合物，比相应的 8-羟基喹啉（用 L^-表示）（结构如下）或 4-甲基-8-羟基喹啉（用 4-Me-L^-表示）（结构如下）配合物的稳定性低，虽然就配体的碱性来说，三者相差很小（表 6.6）。显然，2-Me-L^-的 2 位上的甲基因靠近配位原子 N，妨碍了正常的配位反应的发生而导致形成的配合物稳定性下降。这种影响叫空间位阻（简称位阻）。在 4-Me-L^-中的甲基距离配位 N 原子较远，当然对配合物的形成不会产生位阻的影响，因而 4-Me-L^-的配合物与相应的 L^-所形成的配合物稳定性差别不大。

2-Me-L^-　　L^-　　4-Me-L^-

表 6.6 8–羟基喹啉及其衍生物的几种配合物的稳定常数

配体	$\lg K^H$	Mn^{2+}		Co^{2+}		Ni^{2+}		Cu^{2+}	
		$\lg\beta_1$	$\lg\beta_2$	$\lg\beta_1$	$\lg\beta_2$	$\lg\beta_1$	$\lg\beta_2$	$\lg\beta_1$	$\lg\beta_2$
L^-	11.20	7.30	13.43	9.65	18.05	10.50	20.27	13.29	25.90
2-Me-L^-	11.30	6.81	13.10	8.59	17.38	8.96	16.94	11.92	22.80
4-Me-L^-	11.10	7.74	14.81	9.95	18.92	10.56	20.47	14.04	26.96

当配体中配位原子的空间排布与给定金属离子的立体化学要求（即形成四面体、平面正方形或八面体）相矛盾时，通常不能顺利生成配合物，即使生成了配合物，金属离子-配体之间的键也要因其对正常构型的偏离而产生空间张力。这种由配体结构所决定的与中心原子立体化学要求相抵触的配合物称为强制构型配合物。例如，β, β', β''-三氨三乙胺$(NH_2CH_2CH_2)_3N$ (tren)与Mn^{2+}、Fe^{2+}、Co^{2+}、Ni^{2+}、Zn^{2+}形成的配合物，其β_1都比相应的乙二胺（en）配合物的β_2大，但$[Cu(tren)]^{2+}$的β_1却比$[Cu(en)_2]^{2+}$的β_2小。这可能是由于tren结构的特殊性，它不可能与Cu^{2+}形成正常的正方形型配合物，而迫使Cu^{2+}与之形成Cu^{2+}不易形成的四面体配合物，即形成强制构型的配合物（结构如右），其中存在着可观的张力，因而其稳定性下降。

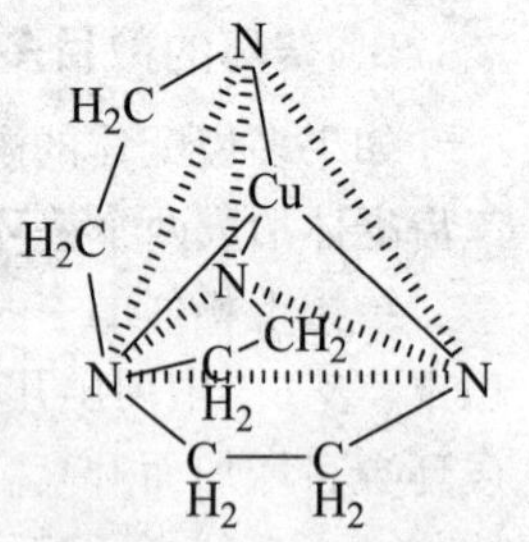

5. **多齿配体的结构**

（1）多齿配体若具有如下所示的结构（其中A代表配位原子，C为碳原子，M为中心原子），则作为配体的效果相对较差，因为具有这种结构的配体与中心原子形成螯合配位个体时，形成的稠环中会存在比较可观的张力。例如，2, 3-二羟基丙酸根（结构如下）与Zn(Ⅱ)形成的配位个体的$\lg K_1$（1.80，$I = 0.2$，温度未报告）反而小于羟基乙酸根（结构如下）与Zn(Ⅱ)形成的配位个体的$\lg K_1$（1.92，$I = 0.2$，温度未报告）。

多齿配体的结构

2, 3-二羟基丙酸根与M形成的配合物　　羟基乙酸根与M形成的配合物

（2）多齿配体如果具有如下所示的结构，其中除处于端位的配位原子A外，还有配位原子B连接在碳链内（B和A也可能是相同的原子），则作为配体时一般效果较好，符合上述结构的二乙烯三胺dien（结构如下）的配位能力比符合前述（1）所示结构的同样是三齿的配体1, 2, 3-氨基丙烷ptn（结构如下）强。

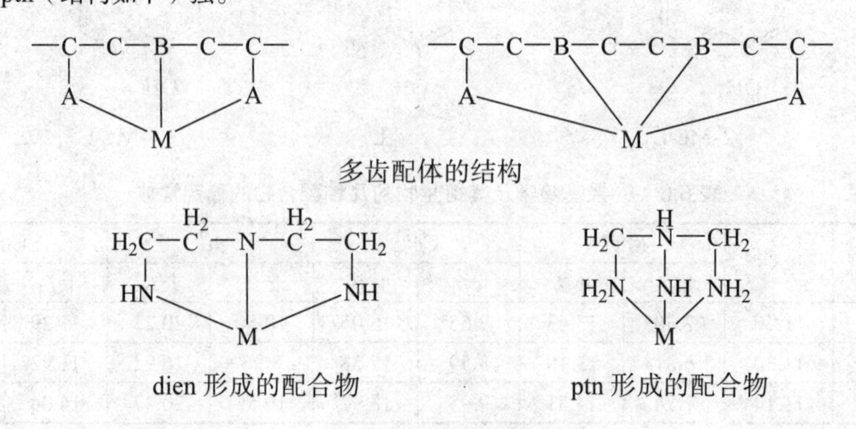

多齿配体的结构

dien形成的配合物　　ptn形成的配合物

在上述多齿配体的结构式中，连接于两个碳原子间的配位原子 B 可称为联络配位原子，而与一个碳原子相连的配位原子 A 称为端位配位原子。联络配位原子 B 若为 O 或 S 原子，则这样的 O 或 S 是醚氧或醚硫，由于它们的碱性弱，配位能力一般较差。若 B 为 N 原子，则配位效果一般较好。配位能力最强的一些螯合剂，一般都是由 N 作为联络配位原子的；但同时可能还有 O 也作为联络配位原子，如 H_4egta。作为尾端配位原子 A 的主要是 O（如羧酸—COOH、膦酸—$PO(OH)_2$、磺酸—SO_2OH 等酸根中的负氧）、S、N。卤素原子不能作为联络配位原子，而作为尾端配位原子时，配位能力极为微弱。

6.1.3 外界因素的影响

外界因素诸如温度、压力的变化，也会影响配合物在溶液中的稳定性。

6.1.3.1 温度的影响

配合物的稳定常数与其他一切平衡常数一样，随温度变化而变化。一般来说，若水溶液中的配位反应为放热反应，温度升高，稳定常数值下降；若为吸热反应，温度升高，稳定常数升高。例如，在水溶液中的成矿元素 Al^{3+}，Fe^{3+}，Cr^{3+}，Sn^{4+}，Th^{4+}，U^{6+}，W^{6+}，Mo^{6+}，V^{5+}等矿化剂与 Cl^-，OH^-等形成的配合物一般来说为吸热或放少量热的反应，它们的稳定性主要靠熵变，其稳定性基本上随温度升高而增加。另一种情况是 Cu^+，Ag^+，Au^+，Zn^{2+}，Hg^{2+}等低价态的金属离子和 S^{2-}，HS^-，I^-，Br^-等矿化剂进行的配位反应一般为放热反应，温度升高，形成的配合物的稳定性有所下降。因为这类反应熵变很小甚至为负值，而焓变却为大的负值，温度增加对配合物的稳定性不利。

对于一反应分别在绝对温度 T_1，T_2 下的平衡常数 K_1、K_2，如果 T_1、T_2 相差不大，以致可将反应的焓变 H 看作常数，则有下式所示的关系：

$$2.303\lg\frac{K_2}{K_1}=-\frac{\Delta H}{R}\left(\frac{1}{T_2}-\frac{1}{T_1}\right)$$

实验表明，在水溶液体系中，若配体为阴离子，则与金属离子形成配位个体时的逐级焓变一般在 $0\pm20\ \text{kJ}\cdot\text{mol}^{-1}$ 之间，但在个别体系中却相对要大得多。例如，Ag(Ⅰ)在水溶液中与 CN^-形成配位个体$[Ag(CN)_2]^-$时，焓变值高达$-140\sim-150\ \text{kJ}\cdot\text{mol}^{-1}$。若配体为单齿分子，则逐级焓变通常在 $0\sim-20\ \text{kJ}\cdot\text{mol}^{-1}$ 之间，而为多齿分子配体时，有的体系中可大到约$-80\ \text{kJ}\cdot\text{mol}^{-1}$。由于焓变值一般不太大，所以温度变化不大时，配离子的稳定常数改变也不大。例如，离子强度都是 0.1 时，Ni^{2+}与 $edIa^{4-}$形成的配离子在 25 °C 和 20 °C 的 $\lg K_1$ 分别为 18.52 和 18.62，Cu^{2+}的分别为 18.70 和 18.80，Zn^{2+}的分别为 16.44 和 16.50。

6.1.3.2 压力的影响

压力也会影响配合物在水溶液中的稳定性，但在压力变化不大时，这种影响可忽略不计，但压力增加很大时，这种影响不可忽视。实验事实说明，增大压力时，弱电解质的离解度一般是增大。例如，当压力从 0.1 大气压（10 kPa）增加到 2 000 大气压（2×10^5 kPa）时$[FeCl]^{2+}$配离子的稳定常数降低到原来的 1/20。

研究压力对配离子稳定常数的影响是有实际意义的。在海洋底部，压力一般高达 $10^4 \sim 10^5$ kPa，因此研究海洋中的配位平衡以及其他的化学平衡时应考虑压力的影响。特别是在研究配合物的解离稳定性时，必须考虑压力的影响。

对高压下配离子稳定常数降低可能的解释是：压力增大有利于反应向体系体积减小的方向进行。配离子稳定常数降低就是配离子离解的倾向增大。配离子离解时，离解出来的离子（或者还有分子）的总电荷数与配离子原来所带的电荷数相比，可能增大，也可能不变，但不会减小；而离解出来的每个离子（或分子）的体积与原来配离子的体积相比，必然减小。因此这些离子（和分子）比起配离子本身来说，吸引溶剂分子的能力必然增大，导致体系总体积减小。所以增大压力有利于配离子的离解，也就是使配离子的稳定性下降。

6.1.3.3 离子强度的影响

溶液中离子强度的改变影响参加配位反应的各离子的活度系数，从而影响该反应的浓度稳定常数，用 $K_1^\ominus$ 和 K_1 分别表示配位反应如

$$M^{2+} + L^- \rightleftharpoons ML^+$$

在某一定温度下的活度稳定常数和浓度稳定常数，则有下列关系式成立：

$$K_1^\ominus = K_1 \times \frac{f_{ML^+}}{f_{M^{2+}} \times f_{L^-}}$$

f_{ML^+} 等分别为 ML^+等的活度系数。由于温度一定时 $K_1^\ominus$ 为常数，因此 K_1 随上式中活度系数的分式而变。在一定的离子强度（I）范围内，离子的活度系数随 I 的增大而减小。Ringbom 在前人基础上，作出各类离子的 $-\lg f$ 与 I 的对应图（图 6.1），可用来将一种离子强度下的稳定常数（或质子化常数、溶度积）换算到另一种离子强度下的相应平衡常数的近似值。换算结果与实验值比较，$I < 0.1$ 时符合得较好；$I = 0.1$ 左右时尚好（误差可小于 3%）；随着 I 的继续增大，误差逐渐增大（尤其是对涉及高价离子的体系来说），但是总比不换算时与实验值更接近一些。值得注意的是，从图 6.1 可见，I 在 $0 \sim 0.1$ 时，$-\lg f$ 随 I 的变化程度比 I 在 $0 \sim 0.5$ 时大。因此在 I 为 $0.1 \sim 0.5$ 范围内，如果将例如，在 $I = 0.1$ 时测得的稳定常数不经换算而用于这一范围内其他 I 值时，误差不算太大。甚至有人认为，$I = 0.5$ 时的数据在不得已时也可近似地用于直到 $I = 1$ 的情况，当然误差较大，特别是对涉及高价离子的体系更是如此。

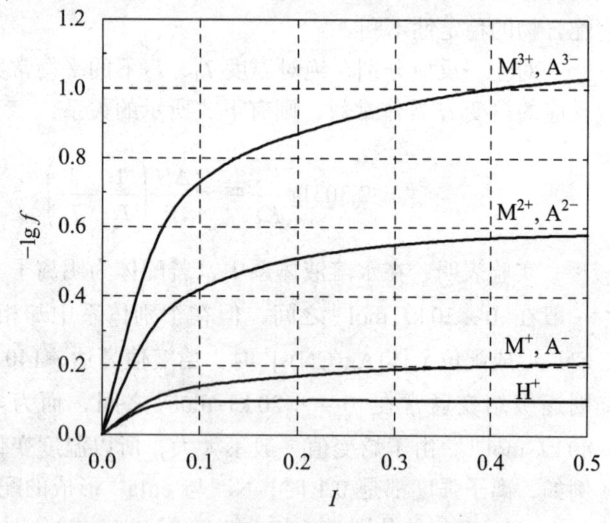

图 6.1 各类离子的 $-\lg f$ 与 I 的近似关系

对于不带电荷的分子，研究工作表明，浓度不大于 0.5 mol·L⁻¹，而在 I 不大于 5 的溶液中，它们的活度系数 f 与 I 的关系可用下式表示：$\lg f = kI$，k 为比例常数，各种分子的 k 值一般在 $-0.05 \sim +0.2$ 范围内，因此，例如在 $I = 0.1$ 时，由上式可算得 I 在 $0.989 \sim 1.05$ 范围内。k 大多

为正值，因此相应的f大多大于 1。例如，25 °C 时，水溶液中 NH_3 分子的 k = 0.12，当 I = 0.1 时，f= 1.03。当 k 为负值时，相应的 f 小于 1。例如，在 1 mol·L^{-1} $MgSO_4$ 水溶液中，HCN 的 k = −0.025，当 I = 0.1 时，f= 0.994。如果某种分子的 k 值未知，在 I < 0.1 时，一般可将其活度系数 f 近似地看作 1，甚至在 I 更大的情况下，不得已时（即 k 值未知）也只好将 f 看作 1 而进行非常粗略的有关计算。

6.1.3.4 溶剂的影响

1. 非水溶剂

大多数经常用于研究工作的非水溶剂具有电子对给予体的性能。V. Gutmann 用溶于 1, 2-二氯乙烷的 $SbCl_5$ 作为电子对接受体，研究了多种溶剂（以 D 表示）与 $SbCl_5$ 形成 D→$SbCl_5$ 配合物（其中 D 作为电子对给予体，配位能力极弱的 $SbCl_5$ 作为电子对接受体）时溶剂 D 给出电子对的能力，并提出了“给予数”的概念。实验证明，在 1, 2-二氯乙烷溶液中，反应：D∶+ $SbCl_5$ $\rightleftharpoons$ D→$SbCl_5$ 的焓变ΔH 的负值一般与该反应的平衡常数的常用对数值 lg$K$ 成线性关系。因此将反应焓变的绝对值作为溶剂 D 给出电子对的能力，称为溶剂 D 的“给予数”（donor number，DN），作为各溶剂给出电子对形成配位键的能力的量度。表 6.7 列出多种溶剂的给予数 DN（其单位为 kJ·mol^{-1}）和介电常数。

表 6.7　多种溶剂的给予数 DN 和介电常数

溶剂	给予数 DN/ kJ·mol^{-1}	介电常数
1, 2-二氯乙烷	0.42	10.6
硫酰氯 SO_2Cl	0.42	9.0
亚硫酰氯 $SOCl_2$	1.68	9.1
乙酰氯	2.94	15.8
苯甲酰氯	9.66	23
硝基甲烷	11.34	38.6
硝基苯	18.48	34.8
乙酐	44.1	22.1
二氧杂环己烷	62.16	2.2
丙酮	71.4	20.7
乙酸乙酯	71.87	6.02
水	75.6	81.7
乙醇	79.8	24.3
乙醚	80.64	4.3
四氢呋喃	84	7.3
磷酸三甲酯	96.6	20.6

续表 6.7

溶剂	给予数 DN/ kJ·mol^{-1}	介电常数
磷酸三丁酯	99.54	6.8
N, *N*-二甲基甲酰胺	100.8	36.7
N, *N*-二甲基乙酰胺	114.66	37.8
二甲亚砜	125.16	45
吡啶	139.02	12.3

一般来说，在“给予数”（DN）小的溶剂中，即在给予电子对性能弱的溶剂中，配合物的稳定性较高，而在“给予数”（DN）大的溶剂中，配合物的稳定性较低。这是因为一种配合物溶在某种溶剂中时，溶剂与配合物原来的配体竞争中心原子，当溶剂的竞争能力强（即 DN 大，给予电子对能力强）时，从原来的配合物中争夺中心原子的能力强，有可能与大部甚至全部中心离子配合（溶剂合），而使原来配体的大部分甚至全部游离出来，原来的配合物大部分或全部离解，即原来的配合物在此溶剂中的稳定性就低。若溶剂的给予电子对能力弱，则竞争不过原来的配体，原来的配合物离解程度就小甚至不离解，即稳定性较高或很高。例如，$[CoCl_4]^{2-}$在下列溶剂中的稳定性顺序为

1, 2-二氯乙烷 > 硝基甲烷 > 磷酸三甲酯 > *N*, *N*-二甲基甲酰胺 > 二甲亚砜

这个顺序反映了溶剂的 DN 越大，配合物越不稳定的规律。

上列顺序中的溶剂都是质子惰性溶剂。配合物溶解在这样的溶剂中时，配合物中原来作为配体的阴离子与溶剂分子结合（溶剂合）的能力常小于中心离子与溶剂分子结合（配位）的能力。这是因为阴离子以静电作用与这样的溶剂分子结合，而阴离子的$\frac{电荷}{半径}$比值一般是较小的。但是当溶剂是质子溶剂（其中最重要的是水）时，如果原来配合物中的配体能与溶剂的分子形成氢键，配体与溶剂的结合就不可忽视。例如，对于 Zn(Ⅱ)、Cd(Ⅱ)、Cu(Ⅱ)、Ni(Ⅱ)等每一种离子分别与配体 Cl^-、Br^-或 I^-形成的配合物来说，当溶剂是水时，配合物中的这些配体能在一定程度上与水分子形成氢键，使配体在一定程度上倾向于脱离中心原子而使原来的配合物离解；而这些配合物溶于质子惰性溶剂如二甲亚砜中时，其配体与溶剂分子无氢键形成，这些配合物的离解是由于二甲亚砜分子与原来配合物中的配体争夺金属离子实现的。如果这些配合物在水溶液中的离解只是由于 H_2O 与原来配合物中的配体争夺金属离子而实现的，那么，由于 H_2O 的 DN（18.0）比二甲亚砜的（29.8）小，这些配合物在这两种溶剂中的稳定性顺序应为 H_2O > 二甲亚砜，然而事实表明却是 H_2O < 二甲亚砜。这反映了这些体系中由氢键引起的效应大于 DN 引起的效应。Cl^-、Br^-、I^-三者中 Cl^-形成氢键的能力相对较强，因此上述金属离子的氯合配合物在二甲亚砜中的稳定性比在水中要高得多，而上述金属离子与 I^-形成氢键的能力强，则配合物的稳定性在二甲亚砜中比在水中仅略高一些。

但是，Hg(Ⅱ)、Ag(Ⅰ)、Cu(Ⅰ)等与 I^-形成的配合物仍是在水溶液中比在二甲亚砜溶液中稍稳定一些，反映了在这些体系中因 DN 引起的效应大于因形成氢键引起的效应。

从上述例子可知，各种溶剂中配合物的稳定性，往往不止取决于一种因素，情况较复杂，有待于进一步的研究。

至于溶剂的介电常数的影响是：介电常数越低，则溶液中已电离的离子间缔合而形成离子对的趋势就越大，不过介电常数不小于 20 时，离子的缔合一般可忽略不考虑。

2. 混合溶剂

有些有机配体及其配合物在水中难溶，研究它们的稳定性时常用混合溶剂。水-二氧杂环己烷、水-乙醇、水-丙酮、水-二噁烷等都是较常用的混合溶剂。

在混合溶剂中，溶剂的介电常数对配合物的稳定性有一定的影响。如果金属离子与配体之间的结合是由于静电作用，可以期望这样形成的配位个体的稳定常数随混合溶剂介电常数的下降而增大。符合这种情况的已有许多实验结果。例如，水-二氧杂环己烷、水-丙酮或水-乙醇等混合溶剂中的 Mg^{2+} 与 SO_4^{2-} 结合成 $[MgSO_4]$ 的反应平衡常数 K 都明显地随混合溶剂介电常数的下降而增大。

但是，若形成的配离子中，金属离子与配体间的化学键明显地带有共价性时，如 Pb^{2+}-Cl^-，Zn^{2+}-Ac^- 等，它们的稳定性随混合溶剂的介电常数降低而增大的程度较小。例如，Mg(Ⅱ)、Ni(Ⅱ)分别与 8-羟基喹啉-5-磺酸根离子形成的配离子的稳定常数随混合溶剂介电常数的降低而增大的程度为 Mg > Ni，反映了 Ni(Ⅱ)与该配体形成的配离子中的共价性部分大于 Mg(Ⅱ)的情况。将上述 Mg(Ⅱ)、Ni(Ⅱ)的配离子的 $\lg K$ 分别与 e^{-1} 作图时仍都得直线，但其斜率按 Mg > Ni 的次序减小。又如，某些金属离子分别与下列各配体在混合溶剂中形成的配位个体的稳定常数随混合溶剂的介电常数降低而增大的程度为：乙酰丙酮根离子（配位原子为 O—O）> 8-羟基喹啉-5-磺酸根离子（配位原子为 O—N）> 胺类（配位原子为 N—N），也反映了与中心离子-配体间化学键共价成分增大（O—O < O—N < N—N）的顺序相反。

在水与丙酮或乙醇或二氧杂环己烷组成的这些混合溶剂中，由于这 3 种有机溶剂的 DN 与水的 DN 相差不大（见表 6.7），且各溶剂提供的配位原子都相同，所以对溶于其中的配位个体的稳定性影响相对来说比较单纯。如果组成混合溶剂的两成分的 DN 相差较大和/或配位原子不同，问题就复杂化了。

6.2 软硬酸碱规则与配合物稳定性的关系

按照酸碱的电子理论，配合物的中心原子是电子对的接受体，应是广义的酸；而配体是电子对的给予体，应是广义的碱。因此，生成配合物的反应是广义的酸碱反应。

6.2.1 软硬酸碱的分类

在前人广义酸碱理论的基础上，进一步将酸和碱各分为软硬及交界等类，硬酸和硬碱之所以称为“硬”，是形象化地表明它们不易变形；软酸和软碱之所以称为“软”，是形象地表明它们容易极化变形。是否容易极化变形则刚好体现了酸和碱接受或给予电子对的难易程度。

硬酸是这样的酸：其接受电子对的原子（或离子）体积小，正电荷大，不易极化变形，也不易失去电子，即没有易于被激发的外层电子，如 H^+，Li^+，Mg^{2+}，Al^{3+}等。相反，软酸的接受电子的原子（或离子）体积大，正电荷小或电荷为零，具有较高的极化率，变形性大，即有易于被激发的外层电子，多数情况下为 d 电子，如 Cu^{+}，Ag^{+}，Au^{+}等。

硬碱是这样的碱：其给出电子对的原子变形性小，电负性大，难以被氧化，即难以失去电子，如 F^{-}，OH^{-}。而软碱给出电子对的原子变形性大，电负性小，易被氧化，即易失去电子，如 I^{-}，CN^{-}，$S_2O_3^{2-}$ 等。

表 6.8 和 6.9 分别是软硬酸碱的分类表，由于在软硬之间没有明显的分界线，因此表中列出了交界的酸和碱。同一种元素由于氧化态的不同，或配体电荷向中心原子的转移程度不同而属于不同的类，如 Fe^{3+}和 Sn^{4+}是硬酸，而 Fe^{2+}和 Sn^{2+}是交界酸，而 Cu^{+}则为软酸；SO_4^{2-} 为硬碱，SO_3^{2-} 为交界碱，$S_2O_3^{2-}$ 为软碱。

表 6.8 软硬酸的分类

硬酸
H^{+}，Li^{+}，Na^{+}，K^{+}，Rb^{+}，Cs^{+}
Be^{2+}，Mg^{2+}，Ga^{2+}，Sr^{2+}，Ba^{2+}
Sc^{3+}，Y^{3+}，La^{3+}，Ce^{3+}，Cd^{3+}，Ln^{3+}，Th^{4+}，U^{4+}，$UO_2{}^{2+}$，Pu^{4+}
Ti^{4+}，Zr^{4+}，Hf^{4+}，VO^{2+}，Cr^{2+}，Cr^{3+}，MoO^{3+}，WO^{4+}，Mn^{2+}，Fe^{3+}，Co^{3+}，Ni^{2+}
BF_5，BCl_3，$B(OR)_3$，Al^{3+}，$Al(CH_3)_3$，$AlCl_3$，AlH_3，Ga^{3+}，In^{3+}
RCO^{+}，NC^{-}，Si^{4+}，Sn^{4+}
Ni^{2+}，As^{3+}
交界酸
Fe^{2+}，Co^{2+}，Ni^{2+}，Cu^{2+}，Zn^{2+}
Rh^{3+}，Ir^{3+}，Ru^{3+}，Os^{2+}
$B(CH_3)_3$，GaH_5
R_3C^{+}，$C_6H_6{}^{+}$，Sn^{2+}，Pb^{2+}
NO^{-}，Sb^{3+}，Bi^{3+}
软酸
三硝基苯，氯苯胺，醌类，四氰基乙烯
HO^{+}，RO^{+}，RS^{+}，Te^{4+}，RTe^{+}
Br_2，Br^{-}，I_2，I^{-}，ICN
O，Cl，Br，I，N，RO，RO_2
M（金属原子）和体积大的金属

表 6.9 软硬碱的分类

硬碱
NH_2，RNH_2，N_2H_4，F^-（Cl^-）
H_2O，OH^-，O^{2-}，ROH，RO^-，R_2O
CH_3COO^-，NO_3^-，SO_4^{2-}，PO_4^{3-}，CO_3^{2-}，ClO_4^-
交界碱
$C_6H_5NH_2$，C_5H_6N，N_3^-，N_3
NO_2^-，SO_3^{2-}
Br^-
软碱
H^-
R^+，C_2H_4，C_4H_6，CN^-，RNC，CO
SCN^-，R_3P，$(RO)_3P$，R_3As
R_2S，RSH，RS^-，$S_2O_3^{2-}$
I^-

6.2.2 软硬酸碱规则及其应用

1963 年 Pearson 在总结大量实验材料的基础上，提出一个经验规则：硬亲硬，软亲软，软硬交界就不管，称为软硬酸碱（hard and soft acids and base，SHAB）规则。它的意义是硬酸与硬碱，软酸与软碱能形成稳定的化合物，硬酸与软碱，或软酸与硬碱形成的化合物比较不稳定。至于交界酸碱，则不论对象是软和硬都反应，且形成的化合物稳定性差别不大。此规则可以解释许多实验事实和自然现象。

在配位化学中，中心离子（原子）是路易斯酸，而配体是路易斯碱。将软硬酸碱规则应用在配位化学中，规律性就是：中心离子若为硬酸，倾向于与作为配体的硬碱结合；中心离子（原子）若为软酸，倾向于与作为配体的软碱结合。

在配位化学中，Ahrland 等早就根据中心离子与各种配位原子配位能力的比较，将中心离子分为两大类。图 6.2 就表示这种分类情况。未画入图中的全部金属离子称为第一类配合物形成体，图中框起的几种元素为第二类配合物形成体，图中其余金属元素为中间型配合物形成体。在配位化学范围内，作为中心离子的硬酸、软酸、中间酸基本上分别相当于上述分类法中的第一类、第二类、中间型配合物形成体。

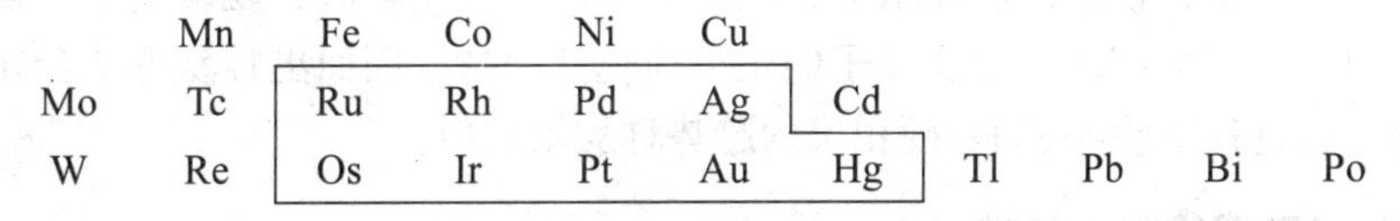

图 6.2 配合物形成体的分类

配位化学中，作为中心离子的硬酸与配位原子各不相同的配体（路易斯碱）形成配合物的倾向顺序一般为

$$F > Cl > Br > I \quad (1)$$

$$O \gg S > Se > Te \quad (2)$$

$$N \gg P > As > Sb \quad (3)$$

而作为中心离子（原子）的软酸形成配合物的倾向顺序则是

$$F < Cl < Br < I \quad (4)$$

$$O \ll S \sim Se \sim Te \quad (5)$$

$$N \ll P > As > Sb \quad (6)$$

中间酸（碱）与软、硬碱（酸）形成配合物的倾向差别不大。

硬酸由于易与配位原子为 F 或 O 的硬碱结合，因此作为中心离子的硬酸与硬碱 H_2O 形成配合物的能力往往强于与不太硬的碱 NH_3 形成配合物的能力，它们在水溶液中往往也不与 CN^-或 S^{2-}形成配离子或沉淀；另一方面，由于 CN^-或 S^{2-}主要存在于碱性溶液中，因此在这些情况下，溶液中的硬碱 OH^-将优先地与某些作为中心离子的硬酸结合而形成羟合配离子或氢氧化物沉淀。

作为中心离子的软酸则往往在水溶液中能与 NH_3 形成配合物，与 CN^-的结合能力也强于与 OH^-的结合能力；而与 S^{2-}、I^-等的结合能力一般也较强。

同一金属的阳离子的氧化数较高时往往“硬度”就较高[但有少数例外，如 Tl(Ⅲ)比 Tl(Ⅰ)更软]，因此高价金属离子往往倾向于与最硬的 F^-或 O^{2-}结合。相反地，低价（或零价）金属离子（或原子）则倾向于与 CO、R_3P、R_3As、烯烃等软碱结合。

1. 配合物的稳定性

软硬酸碱规则可以大体解释配合物的生成及其稳定性。例如，Al^{3+}在水溶液中可以与 F^-反应生成稳定的配离子，而 Hg^{2+}或 Ag^+在同样条件下几乎不与 F^-反应，相反 Hg^{2+}或 Ag^+在水溶液中易于 F^-反应生成稳定的配离子，而在同样条件下 Al^{3+}则否。

由表 6.8、表 6.9 可知 Al^{3+}是硬酸，F^-是硬碱，Hg^{2+}和 Ag^+是软酸，CN^-是软碱，符合硬酸-硬碱和软酸-软碱结合的原则，但 Al^{3+}与 CN^-，Hg^{2+}与 F^-则是硬酸与软碱或软酸与硬碱相遇，违背 SHAB 匹配原则，所以不反应或不易形成稳定的配离子。

2. 类聚效应

在混合配体化合物中，某些不同的配体容易聚集在一起同中心原子形成稳定的配合物，如 $[CoX(NH_3)_5]^{2+}$和$[CoX(CN)_5]^{3-}$（X^-为卤素），在前一类配合物中稳定性顺序是 $F^- > Cl^- > Br^- > I^-$，在后一类配合物中稳定性顺序恰好相反。NH_3 属硬碱，CN^-属软碱。同类的配体容易聚在一起通过中心原子形成稳定的化合物，故在$[CoX(NH_3)_5]^{2+}$中 NH_3 与 F^-的类聚配位能力最强，而在$[CoX(CN)_5]^{3-}$ 中 CN^-和 I^-的类聚配位能力最强。这是因为软碱配体容易极化，与酸（中心原子）配位时，电子对偏向酸，使酸的软度增加，因而更倾向于配位软碱，硬碱配体与金属离子成键时，配位键的电子对偏向配体，金属离子的正电荷仍然保持，因而更容易再结合硬碱。这种在混配型化合物生成过程中软-软或硬-硬相聚的趋势称类聚效应。

3. 软硬酸碱原则的理论基础

对于硬-硬相互作用的简单解释，一般说来，属于硬酸的金属离子倾向于与其他原子以静电引力相结合，因而作为配合物的中心离子的硬酸与配位原子电负性较大的硬碱较易键合，这就可以理解前述（1）、（2）、（3）式所表示的形成配合物的倾向顺序。大多数典型的硬酸和硬碱，

如 Li^+、Na^+、K^+和 F^-、OH^-等是可以形成离子键的离子。正负离子的电荷越大、体积越小，硬酸和硬碱之间的吸引能就越大，故比较硬的酸和比较硬的碱能形成稳定的化合物。

软-软相互作用认为主要是形成共价键，因而作为配合物的中心离子的软酸与配位原子电负性较小的软碱较易键合，这就可以理解前述（4）式所表示的形成配合物的倾向顺序。典型软酸是那些具有 6 个或更多 d 电子的过渡金属，特别是具有 10 个 d 电子的 Ag^+和 Hg^+，它们与典型的软碱（如 I^-或 CN^-）相互作用时，d 电子的极化能力和变形性对于共价键的形成起着重要的作用。

对于（6）式所表示的顺序，可以作如下的可能解释：N、P、As 或 Sb 作为配位原子与作为中心离子的软酸 M 结合时，N、P、As 或 Sb 提供孤对电子而与 M 形成σ键；若仅就这方面考虑，形成配合物的倾向顺序应为 N < P < As < Sb。但是，另一方面，由于 P、As、Sb 分别有 3d、4d、5d 空轨道，因而软酸 M 与它们结合时，能形成反馈 π 键；并且看来这种键对形成配合物的倾向作出的贡献大于σ共价配键的贡献。由于 N 没有空 d 轨道，软酸 M 与 N 结合时就不可能形成反馈π键。这样，M-N 配合物与 M-P 配合物相比较，从两种键看，都起到使 M-P 比 M-N 更易形成的作用，因此有 N ≪ P 的规律。M-P 与 M-As 相比较，由于 As 用较大的 4d 轨道接受 M 的πd 电子，形成的反馈π键应比 M-P 反馈π键弱，只从这方面看，应有 P > As 的规律；这与只考虑σ共价配键时 P < As 的规律是矛盾的。但是，由于反馈π键的效应是主要的，所以净结果是 P>As。Sb 的 5d 轨道与 M 形成的 M-Sb 反馈π键更弱，导致 As > Sb 的规律。

对（5）式所示的配合物的稳定性规律也可作类似的理解：S ~ Se ~ Te 的情况反映了两个矛盾的因素基本上互相抵消了它们的影响。

前文提到的作为软碱，Tl(Ⅲ)比 Tl(Ⅰ)更软，也可从反馈键的形成得到理解。Tl(Ⅰ)离子的最外层有两个 s 电子，它们妨碍次外层的πd 电子与配位原子形成反馈π键；而 T1(Ⅲ)离子最外层的πd 电子则与配位原子易形成反馈键，因此中心离子与配体之间的共价键合较强，换句话说，Tl(Ⅲ)表现为更软的酸。同理，Sn(Ⅳ)作为路易斯酸，也比 Sn(Ⅱ)软。

Klopman 应用前线分子轨道理论来说明酸碱的软硬性和其反应性。他认为 Lewis 酸碱反应的能量变化包括静电作用能和共价作用能两部分，而共价作用能在满足轨道对称性要求的前提下，主要取决于碱（电子对给予体）的最高占有轨道（HOMO）与酸（电子对接受体）的最低空轨道（LUMO）能量差的大小。如果酸碱的前线轨道之间的能量差别很大[图 6.3（a）]，其间转移电子的可能性很小，则共价作用可以忽略，酸碱配合物以电价键为主，这相当于硬酸与硬碱的相互作用。反之，如果前沿轨道之间的能量差别很小[图 6.3（b）]，酸碱之间电子转移比较容易且显著，则酸碱配合物以共价键为主，这相当于软酸与软碱的相互作用。当然，其间可能存在电价和共价作用都很强或都很弱的情况。

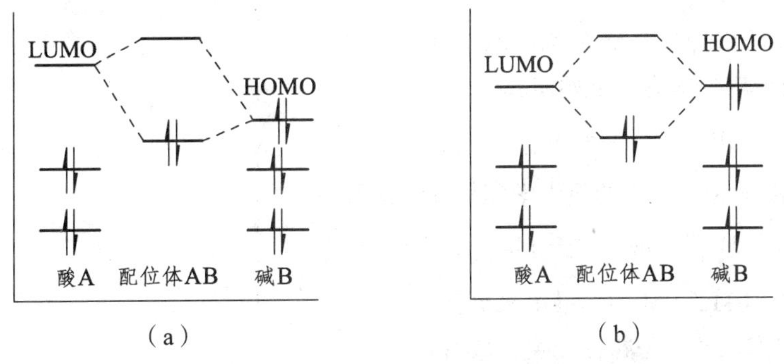

图 6.3 Lewis 酸碱的共价作用与前沿轨道能量差的关系

除考虑 σ 配键的性质外，Chatt 认为还应考虑π成键作用对软酸-软碱反应的贡献。由表 6.8、表 6.9 可知，低氧化态、含 d 电子多的金属离子，如 Cu^+、Ag^+、Au^+、Hg^{2+}、Pd^{2+}、Pt^{2+}等为软酸，它们具有反馈 d 电子的能力，R_3P、R_3As、C_2H_4、CN^-、CO 等配体为软碱，它们可接受软酸给予的 d 电子而形成反馈π键，这更增强了软酸与软碱之间的共价作用。

6.3 配合物的氧化还原稳定性

6.3.1 配合物的形成对金属氧化还原电势和价态稳定性的影响

金属离子形成配离子之后，氧化还原电势发生改变，从而影响了金属离子某一价态的稳定性。例如，在 Fe^{3+}的溶液中加入 I^-时，Fe^{3+}很容易被还原成 Fe^{2+}。如在溶液中加入足够浓度的 NH_4F 时，则由于配离子$[FeF_6]^{3-}$的形成，碘离子就不能将 Fe(Ⅲ)还原成 Fe(Ⅱ)，其原因是 Fe^{3+}变成$[FeF_6]^{3-}$配离子后，氧化还原电势发生了改变：

$$Fe^{3+} + e^- \rightleftharpoons Fe^{2+} \qquad E^\Theta = +0.77\ V$$
$$[FeF_6]^{3-} + e^- \rightleftharpoons Fe^{2+} + 6F^- \qquad E^\Theta < +0.4\ V$$
$$I_2 + 2e^- \rightleftharpoons 2I^- \qquad E^\Theta = +0.53\ V$$

即配离子$[FeF_6]^{3-}$的形成使 Fe(Ⅲ)稳定。但是在 Fe^{3+}的溶液中若加入 1, 10-二氮杂菲（phen），使其生成$[Fe(phen)_3]^{3+}$配离子，如遇到合适的还原剂，则很容易被还原成$[Fe(phen)_3]^{2+}$。这是因为电对$[Fe(phen)_3]^{3+}/[Fe(phen)_3]^{2+}$的标准还原电势 $E^\Theta = 1.12\ V$，比相应的电对 Fe^{3+}/Fe^{2+}升高了，致使反应：

$$[Fe(phen)_3]^{3+} + ne^- \rightleftharpoons [Fe(phen)_3]^{2+}$$

非常容易向右进行。

由上述可见，金属离子由于形成配合物，氧化还原电势发生改变，从而影响其高价态或低价态的稳定性。

1. 配离子的电极电势与配离子的稳定性

金属离子形成配离子，其电极电势也随之改变。对于电极反应：

$$ML_x^{(n-x)+} + ne^- \rightleftharpoons M + xL^- \qquad \Delta G^\Theta = -nE^\Theta F$$

式中 E^Θ——电对 $ML_x^{(n-x)+}/M$ 的标准电极电势。

可将此电极反应分解为以下两步：

$$ML_x^{(n-x)+} \rightleftharpoons M_{aq}^{n+} + xL^- \qquad \Delta G_1^\Theta = +RT\ln\beta_x$$

式中 β——配离子 $ML_x^{(n-x)+}$的热力学积累稳定常数。

$$M_{aq}^{n+} + ne^- \rightleftharpoons M \qquad \Delta G_2^\Theta = -nE_{aq}^\Theta F$$

式中，E_{aq}^Θ 表示电对 ML_{aq}^{n+}/M 的标准电极电势。

由于 G 是状态函数，与路径无关，故有：

$$\Delta G^\Theta = \Delta G_1^\Theta + \Delta G_2^\Theta$$

即　　$$-nE^{\ominus}F = \mathrm{RT}\ln\beta_x - nE^{\ominus}_{aq}F$$

故　　$$E^{\ominus} = E^{\ominus}_{aq} - RT/nF\ln\beta_x \quad (6\text{-}1)$$

由式（6-1）可知，配离子越稳定，β 值越大，则 $E^{\ominus}$ 值（负）越小。

2. 配离子电对的电极电势与金属高低价态的氧化还原稳定性

假定某金属 m 和 $m-n$ 两种不同价态的离子，可与同一指定配体 L（除水以外）形成组成相同而电荷不同的两种配离子$[ML_x]^{(m-x)+}$和$[ML_x]^{(m-n-x)+}$，其氧化还原反应如下：

$$[ML_x]^{(m-x)+} + ne^- \rightleftharpoons [ML_x]^{(m-n-x)+}$$

如将上述反应式改变一下反应途径，可导出配离子的标准还原电势 $E^{\ominus}$ 与配离子的稳定常数 β 之间的关系式。设反应式按下述循环进行：

$$[ML_x]^{(m-x)+} + ne^- \rightleftharpoons [ML_x]^{(m-n-x)+}$$

$$\begin{array}{ccc} [ML_x]^{(m-x)+} + ne^- & \overset{\Delta G^{\ominus}}{\rightleftharpoons} & [ML_x]^{(m-n-x)+} \\ \Big\Updownarrow {\scriptstyle -xL,\ \Delta G^{\ominus}_1} & & \Big\Updownarrow {\scriptstyle +xL,\ \Delta G^{\ominus}_3} \\ M_{aq}{}^{m+} + ne^- & \overset{\Delta G^{\ominus}_2}{\rightleftharpoons} & M_{aq}{}^{(m-n)+} \end{array}$$

其中，$\Delta G^{\ominus} = -nE^{\ominus}F$，$\Delta G^{\ominus}_1 = +RT\ln\beta_{[ML_x]}{}^{(m-x)+}$，$\Delta G^{\ominus}_2 = -nE^{\ominus}_{aq}F$，$\Delta G^{\ominus}_3 = -RT\ln\beta_{[ML_x]}{}^{(m-n-x)+}$

由于　　$$\Delta G^{\ominus} = \Delta G^{\ominus}_1 + \Delta G^{\ominus}_2 + \Delta G^{\ominus}_3$$

即　　$$-nE^{\ominus}\mathrm{F} = -nE_{aq}\mathrm{F} + RT\ln\beta_{[ML_x]}{}^{(m-x)+} - RT\ln\beta_{[ML_x]}{}^{(m-n-x)+}$$

经整理　　$$E^{\ominus} = E^{\ominus}_{aq} - RT/nF\ln(\beta_{[ML_x]}{}^{(m-x)+}/\beta_{[ML_x]}{}^{(m-n-x)+}) \quad (6\text{-}2)$$

由式（6-2）可见，如果 $\beta_{[ML_x]}{}^{(m-x)+} > \beta_{[ML_x]}{}^{(m-n-x)+}$，则 $E^{\ominus} < E^{\ominus}_{aq}$，即配位使高价态稳定化。相反，如果 $\beta_{[ML_x]}{}^{(m-x)+} < \beta_{[ML_x]}{}^{(m-n-x)+}$，则 $E^{\ominus} > E^{\ominus}_{aq}$，即配位使低价态稳定化。因此，配体对金属离子某价态的稳定作用取决于配体与该价态离子形成配合物的稳定性。只要知道配离子的热力学稳定常数，利用式（6-1）和式（6-2）可以求算配离子的电极电势。

6.3.2　影响配离子氧化还原稳定性的因素

配离子的氧化还原反应的平衡位置是由反应的自由能变化ΔG 决定的，而$\Delta G = \Delta H - T\Delta S$，故可把$\Delta G$ 的大小归结为ΔH 和ΔS 两个因素的贡献，即焓效应和熵效应。焓效应包括相应价态气态配离子的生成焓变差、气态配离子的水合焓变差、配位场效应导致的焓变差，而熵效应则与离子电荷的改变因素有关。可见影响因素较多，情况复杂。现选择一些主要影响因素进行讨论。

1. 离子电荷对配离子电对还原电势的影响

在水溶液中，自由金属离子都是水合离子。离子的电荷越高，越多的水分子在离子周围定向排列，有序性越大。当高价金属离子还原为低价时，溶液中水分子排列的有序性下降，溶液的混乱度增加，因而产生熵增效应。故熵效应倾向稳定低价态的水合离子。例如，Co^{3+}和 Co^{2+}

与 CN^-形成$[Co(CN)_8]^{3-}$和$[Co(CN)_6]^{4-}$后，电荷效应就完全颠倒了，Co(Ⅲ)更稳定。

2. 配位场效应对配离子电对还原电势的影响

实验数据表明，Co(Ⅲ)/Co(Ⅱ)配离子电对标准还原电势的改变次序与配位场强基本一致（phen 除外）：

$$CN^- > phen > en > NH_3 > edta^{4-} > H_2O$$

由于配位场强的变化，会引起配离子电对中不同价态金属离子的电子自旋状态的改变。例如，在$[Fe(phen)_3]^{2+}$中，中心离子 Fe^{2+}是低自旋状态，从而有利于与配体空轨道生成反馈 π 键，稳定了亚铁离子。相反，Fe(Ⅲ)比 Fe(Ⅱ)形成反馈 π 键的能力要弱得多。这是因为半满 d 轨道有特殊的稳定性（自旋平行交换能），要迫使 Fe(Ⅲ)离子的 d 电子自旋配对，就需要比 phen 更高的配位场强。

3. 成键性质对配离子电对还原电势的影响

从成键性质看，如果金属离子与配体间只生成 σ 配建，则金属离子的电荷以及配体中配位原子的电负性是决定 σ 键强度的主要因素。一般来说，较高氧化态的金属配离子，总是比较低氧化态的金属离子更稳定。因此，在金属离子-配体之间只生成 σ 配键时，则将稳定较高氧化态。如果配体与金属离子除生成 σ 配键外，还生成π配键，则有如下两种情况：

（1）配体中非键 π 轨道中有电子，能与金属离子合适的 d 轨道相互作用形成给予 π 键，这种π键的生成能进一步中和金属离子周围的正电荷，将更有利于稳定较高氧化态。

（2）如果配体具有能量和对称性合适的空 π 轨道，如 CO、PR_3、phen，能与金属离子合适的 d 轨道电子相互作用生成金属配体反馈π键。反馈 π 键的形成降低了金属离子周围过多的负电荷，故有利于稳定较低氧化态。例如，Fe(Ⅲ)/Fe(Ⅱ)体系的 1, 10-二氮杂菲和 2, 2-联吡啶一类化合物就是由于有反馈 π 键的形成而稳定 Fe(Ⅱ)价态，提高了还原电势。

参考文献

[1] 方景礼. 多元络合物电镀. 北京：国防工业出版社，1983.

[2] 张祥麟，康衡. 配位化学. 长沙：中南工业大学出版社，1986.

[3] 南京大学化学系无机组. 化学通报，1976（6）：46.

[4] WILLIAM W. Porterfield, inorganic chemistry. Addison Wesley Publicing Company, 1984.

[5] NANCOLLAS G H. The thermodynamics of metal-complex and ion-pair formation. Coord Chem Rev, 1970, 5: 379.

[6] 慈云祥，周天泽. 分析化学中的配位化合物. 北京：北京大学出版社，1985.

[7] CHABEREK S, MARTELL A E. Organic sequstering agents. New York: John Wiley, 1959.

[8] PEARSON R G. Hard and soft acids and bases, dowen hutchinson and ross: stroudsburg Pennsylvania. 1973.

[9] 戴安邦. 酸碱的软硬度的势标度及其相亲程度和络合物的稳定度. 化学通报，1978（1）: 26.

[10] SINN E. High pressure in coordination chemistry. Coord Chem Rev, 1974, 12: 185.

[11] IDEM. The donor-acceptor approach to molecular interactions plenum, New York：1978.

[12] 严志弘. 络合物化学. 北京：人民教育出版社，1960.

[13] 宋廷耀. 配位化学. 成都：成都科技大学出版社，1990.
[14] 刘祁涛. 酸碱软硬度的键参数标度. 化学通报，1976，6：26.
[15] 南京大学化学系无机组. 酸碱的电子论和软硬度. 化学通报，1976, 5：55.
[16] 张祥麟. 配合物化学. 北京：高等教育出版社，1991.
[17] 杨昆山. 配位化学. 成都：四川大学出版社，1987.
[18] 河南大学，南京师范大学. 配位化学. 郑州：河南大学出版社，1989.

7 配合物的反应动力学及机理

配合物的反应动力学研究的内容包括配合物反应的速率和反应机理。目前研究配合物反应动力学的实验技术大体上可分为三类：静态法、流动法（或称为快速混合技术）、松弛法。研究反应动力学主要的目的在于：一是为了把具有实际意义的化学反应最大效率地投入生产，必须研究这一反应所遵循的动力学方程和反应机理，从而获得必要的认识，以利于设计工艺流程和设备。二是希望通过化学反应动力学的研究，寻求化学变化时从反应物到产物过程中所发生的各步反应模式，在广泛实验基础上概括化学反应微观变化时所服从的客观规律性。

化学反应可能以各种不同的速率发生，有些反应慢得无法测定其变化，而另有一些反应则又太快，使人们难以测量其速率。根据不同的反应速率，可选用不同的实验技术来研究。适合于一般反应的实验方法有：直接化学分析法、分光光度法、电化学方法或同位素示踪法。20 世纪 50 年代以来，应用快速放映动力学的测定方法来研究配合物，大大扩充了配合物动力学的研究领域，目前已发展了 20 多种快速实验技术，如横流法、淬火法、核磁共振和弛豫法等。其中有些方法可以测量半衰期达到 10^{-10} s 的速度，接近于分子的扩散速度。

在化学反应中，通常发生旧的化学键断裂和新的化学键形成，因而从反应物到生成物的过程中，通常要发生反应物分子的靠近，分子间碰撞，原子改变位置，电子转移直到生成新的化合物，这种历程的完整说明叫做反应机理。反应机理是在广泛的实验基础上概括出的化学反应微观变化时所服从的客观规律性。它不是一成不变的，当新的信息被揭露或当新的概念在新科学领域得到发展的时候，反应机理也会随之变化。研究反应机理可以采用许多手段，如反应速率方程、活化热力学参数、同位素示踪法等。

配合物反应动力学的研究范围很广，包括取代反应、氧化还原反应、配位催化反应、异构化和分子重排反应等，本章以最基本、研究得较多的取代反应作为主要内容，主要介绍八面体和平面型配合物中配体的机理和动力学性质，同时简要地介绍氧化还原反应机理。

7.1 配合物取代反应的基本知识

取代反应是配合物中金属-配体键断裂和新的金属-配体键形成的一种反应。这种反应在配位化学中是极为普遍和重要的，是制备许多配合物的一种重要方法。对于不同配位数的配合物，发生取代反应的情况也不完全相同。配位数为 4 和 6 的配合物取代反应研究得比较充分。在讨论具体取代反应前，先介绍几个有关的名词。

7.1.1 活性配合物和惰性配合物

配离子发生配位体交换反应的能力，是用动力学稳定性的概念来描述的，其反应速率差别

Et_3P, Cl, M, PEt_3, CH_3 + py ⟶ Et_3P, py, M, PEt_3, CH_3 + Cl^-

很大，快的反应瞬间完成，慢的反应要几天，甚至几个月，所以在动力学上，将一个配离子中的某一配体能迅速被另一配体所取代的配合物称为活性配合物，而如果配体发生取代反应的速率很慢，则称为惰性配合物。但活性配合物和惰性配合物之间没有明显的分界线，需要用一个标准来衡量。目前国际上采用 H. Taube 所建议的标准：即在反应温度为 25 °C，各反应物浓度均为 0.1 $mol \cdot L^{-1}$ 的条件下，配合物中配体取代反应在 1 min 之内完成的称为活性配合物，而那些大于 1 min 的称为惰性配合物。

在动力学上对活性、惰性的强弱也有用反应速率常数 k 或半衰期 $t_{1/2}$ 的数值来表示的。k 越大，反应速率越快；$t_{1/2}$ 越大，反应进行得越慢。

应该指出：动力学上的活性与惰性配合物和热力学上的稳定性不能混为一谈，这是两个不同的概念。虽然常常发现热力学上稳定的配合物在动力学上可能是惰性的，而热力学上不稳定的配合物往往是动力学上活性的，但实际两者之间没有必然的规律。例如，CN^-与 Ni^{2+}能形成稳定的配合物，对于反应：

$$[Ni(H_2O)_6]^{2+} + 4\,CN^- \longrightarrow [Ni(CN)_4]^{2-} + 6H_2O$$

其稳定常数 β 约为 10^{22}，平衡大大偏向右方，说明$[Ni(CN)_4]^{2-}$在热力学上是稳定的配合物，但是如果在此溶液中加入 CN^-（用 ^{14}C 作标记原子），$^*CN^-$差不多立即就结合于配合物中，即反应也大大偏向右方：

$$[Ni(CN)_4]^{2-} + 4CN^- \longrightarrow [Ni(CN)_4]^{2-} + 4CN^-$$

由此说明：$[Ni(CN)_4]^{2-}$是一个稳定的化合物，但从动力学角度考虑它是一个活性配合物。相反地，$[Co(NH_3)_6]^{3+}$配离子在酸性溶液中很不稳定，容易发生下列反应：

$$[Co(NH_3)_6]^{3+} + 6H_3O^+ \longrightarrow [Co(H_2O)_6]^{3+} + 6NH_4^+$$

此反应的配合常数约为 10^{23}，即热力学上有很大的推动力，但是，在室温下，$[Co(NH_3)_6]^{3+}$的酸性溶液可以保持几天而无显著的分解，这说明分解的速率是非常慢的，所以$[Co(NH_3)_6]^{3+}$是动力学上的惰性配合物，而在热力学上是不稳定配合物的典型例子。

从能量角度分析（图 7.1）：活化能决定反应速率和过渡态的稳定性，是属于动力学范畴，而反应物和产物之间的能量差称为反应能，它决定配合物的稳定常数，属于热力学范畴。由于活化能与反应能之间没有必然的联系，所以稳定性和惰性之间也没有必然的规律。

迄今，对于配合物动力学稳定性的差异还没有完全定量的理论，但有一些经验理论。

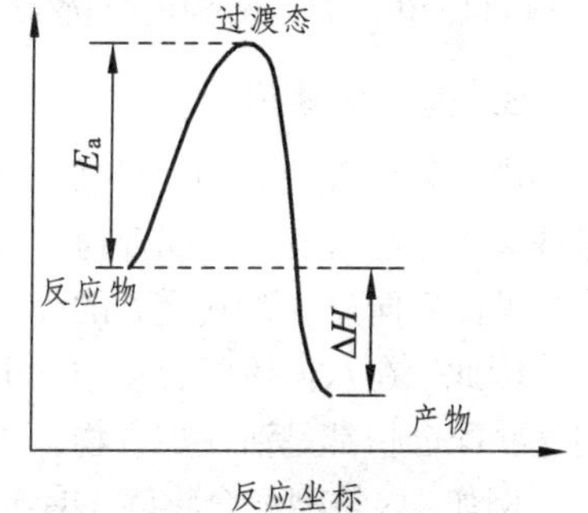

图 7.1 反应体系的能量变化示意图

1. 静电理论

该理论认为，取代反应的主要影响因素是中心离子和进入配体及离去配体的电荷和半径的大小。有以下两种机理（表 7.1）：

（1）对于解离机理（D）反应，中心离子或离去配体的半径越小，电荷越高，则金属-配体键越牢固，金属-配体键越不容易断裂，越不利于解离机理反应，意味着配合物的惰性越大。

（2）对于缔合机理（A）反应，若进入配体的半径越小，负电荷越大，越有利于缔合机理反应，意味着配合物的活性越大。

中心离子的电荷增加有着相反的影响：一方面使M—L键不容易断裂；另一方面又使M—Y键更易形成。究竟怎样影响要看两因素的相对大小。一般来说，中心离子半径和电荷的增加使缔合机理反应易于进行。进入配体半径很大时，由于空间位阻，缔合机理反应不易进行。

表 7.1　根据静电观点考虑取代反应 D 和 A 机理的影响因素

影响因素	D 机理	A 机理
增大中心离子的正电荷	减慢	加快
增大中心离子的半径	加快	加快
增大进入配体的负电荷	无影响	加快
增大进入配体的半径	无影响	减慢
增大离去配体的负电荷	减慢	减慢
增大离去配体的半径	加快	减慢
增大其他不参与反应配体的负电荷	加快	减慢
增大其他不参与反应配体的半径	加快	减慢

2. 电子排布理论

电子排布理论认为，过渡金属配合物的反应活性或惰性与金属离子的 d 电子构型有关。一般地，含有空$(n-1)$d 轨道的配合物是活性的。这是因为，如果配合物中至少含有一条空的$(n-1)$d 轨道，那么一个进来的配体（即取代配体）就可以从空轨道的波瓣所对应的方向以较小的静电排斥去接近配合物，并进而发生取代反应。这样的配合物显然是比较活性的。

当中心金属没有空$(n-1)$d 轨道时（每条轨道中至少有一个电子），进入配体的孤电子对要么必须填入 nd 轨道，要么$(n-1)$d 轨道上的电子必须被激发到更高能级轨道以便腾出一条空的$(n-1)$d 轨道，而这两种情况都需要较高的活化能。这样的配合物显然是惰性的。

3. 内、外轨理论

内、外轨理论认为，外轨型配合物因中心离子和配体之间的键较弱，易于断裂，必然配体易被取代。对内轨型的配合物，如果中心离子有一条空 t_{2g} 轨道（即 d 电子数少于 3），进入基团若是沿此方向进入，则受到的静电排斥就较小，因而易形成新键，故配体也易于被取代。

因此，在八面体配合物中，中心离子如果含有一个或更多的 e_g 电子，或者 d 电子数少于 3，则这些配合物都是活性配合物，中心离子不具备这些电子构型的配合物则是惰性配合物。

例如，内轨型配合物$[V(NH_3)_6]^{3+}$[中心离子的电子构型为$(t_{2g})^2(e_g)^0$，使用 d^2sp^3 杂化]是活性配离子，因为它有一条空 t_{2g} 轨道（e_g 轨道填有来自配位体的电子）；而内轨型配合物$[Co(NH_3)_6]^{3+}$[中心离子的电子构型为$(t_{2g})^6(e_g)^0$，使用 d^2sp^3 杂化]是惰性配离子，因为它没有空 t_{2g} 轨道（同样，e_g 轨道填有来自配位体的电子）（图 7.2）。

综合起来：外轨型配合物是活性配合物。内轨型配合物，至少有一条空$(n-1)$d 轨道的配合物是活性配合物；如果 5 条$(n-1)$d 轨道都是充满的内轨型配合物显然属于在动力学上稳定的惰性配合物。由此，具有$(n-1)d^3$ 和低自旋的$(n-1)d^4$、$(n-1)d^5$、$(n-1)d^6$ 的八面体内轨型配合物都应是惰性配合物。

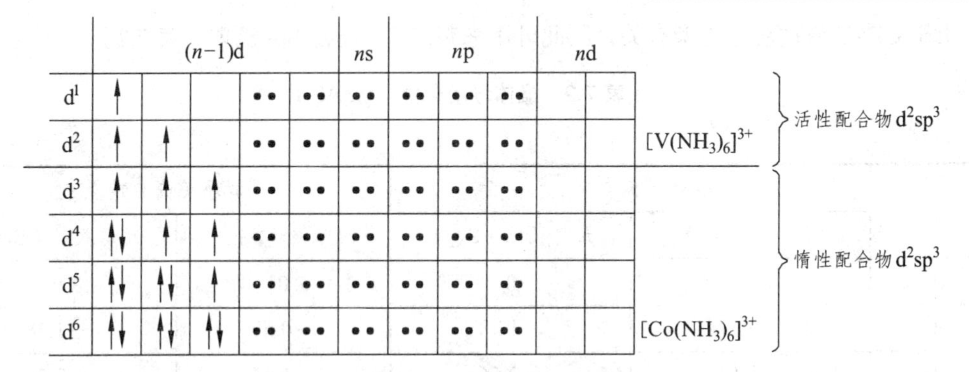

图 7.2 内轨型八面体配合物的活性和惰性

例如，已知：$[Cu(H_2O)_6]^{2+}$的水交换反应的速率常数 $k = 8\times19^9\ s^{-1}$，由此可算出$[Cu(H_2O)_6]^{2+}$的交换反应的半衰期：$t_{1/2}([Cu(H_2O)_6]^{2+}) = 0.693/8\times10^9 = 9\times10^{-11}$ (s)（时间短）；而$[Cr(H_2O)_6]^{2+}$：$k = 1\times10^{-7}$，由此算出$[Cr(H_2O)_6]^{2+}$的交换反应的半衰期：$t_{1/2}[Cr(H_2O)_6^{2+}] = 0.693/1\times10^{-7} = 6.93\times10^6$ (s) = 80.21（天）（时间长）。原因是$[Cu(H_2O)_6]^{2+}$中 Cu^{2+}的 d 电子数为 9，电子构型为$(t_{2g})^6(e_g)^3$，属外轨型配合物，结合力较弱，所以是活性配合物；而 $Cr(H_2O)_6^{3+}$的中心离子构型为$(t_{2g})^3(e_g)^0$，是内轨型配合物，能量低，结合力强，故是惰性配合物。

4. 晶体场理论解释

如果取代反应中的活化配合物中间体的几何构型是已知的，则可以用配位场理论去预测过渡金属配合物的活性和惰性。从起始的反应配合物到活化配合物过程中，晶体场稳定化能的变化可看作是对反应活化能的贡献。

假定反应按两种机理进行：

（1）解离机理：决定反应速率的步骤是八面体配合物解离出一个配体变成一个五配位的四方锥或三角双锥中间体。

（2）缔合机理：决定反应速率的步骤是八面体配合物同进入的配体结合成一个七配位的五角双锥中间体。

按这两种假定所得到的某电子构型的配合物的配位场效应对反应活化能的贡献是：$CFSE_{过渡态} - CFSE_{反应物} = CFAE$，CFAE 称为晶体场活化能。CFAE 越大，配合物越稳定（图 7.3）。

CFAE 是一个正值，说明配合物构型变化时损失的 CFSE 大，故需要较大的活化能，取代反应不易进行，相应的配合物是惰性的。相反，如果 CFAE 是一个负值，或等于 0，说明获得了额外的 CFSE 或无 CFSE 的损失，故反应进行得比较快，相应的配合物是活性的。

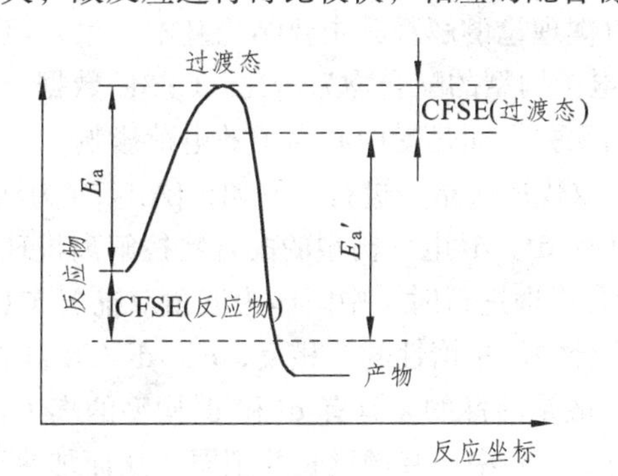

图 7.3 反应体系的能量变化示意图

由于 CFAE 与过渡态构型有关，因此可用来判定 S_{N1} 还是 S_{N2} 机理（表 7.2）。

表 7.2　晶体场活化能（CFAE）

单位：*Dq*

d^n	强场（低自旋）		弱场（高自旋）	
	四方锥（S_{N1}）	五角双锥（S_{N2}）	四方锥（S_{N1}）	五角双锥（S_{N2}）
d^0	0	0	0	0
d^1	−0.57	−1.28	−0.57	−1.28
d^2	−1.14	−2.56	−1.14	−2.56
d^3	2.00	4.26	2.00	4.26
d^4	1.43	2.98	−3.14	1.07
d^5	0.86	1.70	0	0
d^6	4.00	8.52	−0.57	−1.28
d^7	−1.14	5.34	−1.14	−2.56
d^8	2.00	4.26	2.00	4.26
d^9	−3.14	1.07	−3.14	1.07
d^{10}	0	0	0	0

（1）d^0、d^1、d^2 及 d^{10} 电子构型的配合物，在强场或弱场时，不论是 A 机理还是 D 机理，CFAE 皆为负值或零，故均属活性配合物。

（2）d^3、d^8 电子构型的配合物，在强场或弱场时，不论是 A 机理还是 D 机理，CFAE 皆为正值，故均属惰性配合物。

（3）d^4 及 d^5 电子构型的配合物，按 A 或 D 机理，强场情况下为中等正值，也应属惰性配合物。

（4）d^6 电子构型的配合物，按 A 或 D 机理，强场情况下 CFAE 为较大正值，属惰性很强的配合物。

（5）强场下，CFAE 的顺序为：$d^6>d^3>d^4>d^5$，实际情况符合这一顺序。

应指出，CFAE 只是活化能中的一小部分，而金属-配体间的吸引，配体-配体间的排斥等的变化才是活化能的重要部分。

晶体场理论的解释与价键理论的解释其主要结论基本一致，但晶体场理论还能说明价键理论不能说明的问题，如 d^8 电子构型的配合物为惰性，CFSE 数据与事实一致。非过渡金属配合物的惰性或活性与电子结构无关，而是受中心离子的电荷影响，取决于静电作用，中心离子电荷增加对配体吸引更牢固，取代反应难于进行。例如，$[AlF_6]^{3-}$ 为活性配合物，而 $[PF_6]^-$、$[SF_6]$ 则为惰性配合物。例如，具有 d^3、d^8 电子构型的配合物按解离机理进行取代时（中间体为四方锥），CFSE = 2.00；而按缔合机理进行时（中间体为五角双锥），CFSE = 4.26，故这些构型的上述取代反应较慢，相应的配合物都是惰性的。相反，d^0、d^5（高自旋）、d^{10} 的 CFAE = 0，而 d^1、d^2 的 CFAE 为负值，它们一般是活性的。具有 d^4 和 d^9 构型的离子，除 CSFE 的贡献之外，姜-泰勒效应使配合物多发生畸变，其中一些键增长并削弱，从而加快了取代反应的进行。

7.1.2 离解机理（D 机理）和缔合机理（A 机理）及交换机理

配合物的取代反应包括两种类型：亲核取代和亲电取代。

取代反应的通式为

$$[ML_nX] + Y \longrightarrow [ML_nY] + X$$

式中 Y——亲核试剂，又称取代反应中的进入基团；

X——离去基团；

L——共配体。

（1）亲核取代反应：配合物中的一个配体（L）被另一个配体（Y）所取代的反应，称为亲核取代反应，简称 S_N 反应。其一般表达式为

$$L_nX + Y \longrightarrow ML_nY + X \qquad S_N \qquad \text{亲核取代}$$

（2）亲电取代反应：配合物中的中心原子（M）被另一种中心原子（M'）所取代的反应，称为亲电取代反应，简称 S_E 反应。其一般表达式为

$$ML_n + M' \longrightarrow M'L_n + M \qquad S_E \qquad \text{亲电取代}$$

通常，在配合物的取代反应中，较为常见的是亲核取代反应。在过去的文献中，认为亲核取代反应可能是以单分子取代机理和双分子取代机理进行的，所以在此讨论亲核取代反应机理。

亲核取代反应又可以根据其机理的不同，分为离解机理和缔合机理以及交换机理。

1. 离解机理（D 机理）

离解机理也称单分子亲核取代机理（S_N1），或 D 机理。包括两个步骤：

$$[ML_nX] \xrightleftharpoons{\text{慢},\ k_1} [ML_n] + X$$

$$[ML_n] + Y \xrightleftharpoons{\text{快},\ k_2} [ML_nY]$$

在离解机理中，M—X 键首先打开，得到低配位数的配合物，然后加入 Y 得到最后的产物，决定速率的是第一步慢反应，$[ML_n]$中间配合物的生成速率与$[ML_nX]$的浓度成正比，所以是一个单分子的一级反应。

解离机理的特点：首先是旧键断裂，腾出配位空位，然后 Y 占据空位，形成新键。

其中，决定速率的步骤是解离，即 M—X 键的断裂，总反应速率只取决于 ML_nX 的浓度，与配体 Y 的浓度无关，因此，此类反应为一级反应：

$$v = \frac{d[ML_nY]}{dt} = k_1[ML_nX]$$

式中 k_1——反应的速率常数。

也可用试样反应完一半所用的时间来衡量反应的速率。对单分子取代反应的一级反应而言，这个时间记作 $t_{1/2}$，称为半衰期。

一级反应的速率方程为 $-dX/dt = kX$，$-dX/X = kdt$

反应时间由 0 到 t 及 X 由 X_0 到 X 积分：

$$\int_{X_0}^{X} dX / X = -k\int_0^t dt$$

$$\ln X - \ln X_0 = -kt, \quad \ln X/X_0 = -kt$$

或 $$\ln X_0/X = kt \qquad \lg X_0/X = kt/2.303$$

当试样反应一半时，$X = X_0/2$，$t = t_{1/2}$

于是 $$t_{1/2} = 2.303 \lg X_0/(X_0/2) /k = 2.303\times0.3010 /k = 0.693 /k$$

例如，前面已算出$[Cu(H_2O)_6]^{2+}$的交换反应的半衰期：$t_{1/2} = 9\times10^{-11}$ (s)。这个时间是如此的短暂，光在此期间才能传播 9×10^{-11} s $\times3\times10^{10}$ cm · s^{-1} = 2.7 cm。但对$[Cr(H_2O)_6]^{3+}$而言，$t_{1/2} = 80.21$（天）。这个时间却是如此的漫长。

在 Cu^{2+}的配合物中，由于 Cu^{2+}是 d^9 结构，在 e_g 轨道上有 3 个电子，中心离子与配位体的结合是外轨型的，结合力弱，因而是活性的；而$[Cr(H_2O)_6]^{3+}$，中心离子 Cr^{3+}为 d^3 结构，在 e_g 轨道上没有电子，中心离子与配位体的结合是内轨型的，能量低，结合力强，因而是惰性的。

从这两个例子可见，在研究配位反应时，配合物的动力学性质的差异是一个多么值得重视的问题。

2. 缔合机理（A 机理）

缔合机理也叫双分子亲核取代机理（S_N2），或 A 机理，也包括两个步骤：

$$[ML_nX] + Y \xrightleftharpoons{\text{慢}, k_1} [ML_nXY]$$

$$[ML_nXY] \xrightleftharpoons{\text{快}, k_2} [ML_nY] + X$$

其中 $[ML_nXY]$ 的结构式为 $\left[(L)_nM\begin{matrix}\cdots X\\ \cdots Y\end{matrix}\right]$。

反应物先与取代基团 Y 缔合，形成的是配位数增加的活化配合物，然后 X 离去，此时缔合作用是决定步骤，即配位数增加的活化配合物形成的快慢，因此双分子亲核取代反应的速率既决定于$[ML_nX]$的浓度，也与[Y]的浓度相关，所以反应速率决定于$[ML_nX]$和 Y 二者的浓度，在动力学上是属于一个二级反应，其速率公式为

$$v = \frac{d[ML_nY]}{dt} = k_1[ML_nX][Y]$$

应当指出，D 机理的特点是旧键的断裂和新键生成，A 机理是新键生成和旧键断裂，但在实际反应时，不可能分得这么开，即通常的反应并非仅按上述两种极端情况发生。

3. 交换机理（I 机理）

前面讨论的是典型的离解机理和缔合机理的动力学特性，事实上配合物取代反应的过程是复杂的，但共同点是发生了一个旧键的断裂和一个新键的形成，不同的只是这两类过程发生的时间上的差异，实际上很难设想 Y 取代 X 的反应中先彻底断裂 X 键，再配位 Y 键，反应过程中最可能的是 Y 接近的同时 X 逐渐离去。在大多数的取代反应中，进入配体的结合与离去配体的解离几乎是同时进行的，因此，在现代的文献中又提出了第三种机理 ——交换机理。反应过程很可能是 Y 接近配合物的同时 L 逐渐离去。所以大部分的取代反应可归之为交换机理，又称为

I 机理，即配合物发生取代反应时配位数没有变化，新键的生成和旧键的断裂几乎同时进行，彼此相互影响。I 机理又进一步分为 I_A 机理和 I_D 机理。

I_A 机理：取代反应中离去基团 X 对反应速率的影响大于进入基团 Y，反应机理倾向于缔合，这时称为交换缔合机理（I_A）。

I_D 机理：取代反应中进入基团 Y 对反应速率的影响大于离去基团 X，反应机理倾向于离解，这时称为交换离解机理（I_D）。

真正的 A 机理和 D 机理是反应的极限情况，一般很少发生，大部分的取代反应是属于 I_A 或 I_D 机理。因此目前的文献已很少见 S_N1、S_N2 的字样，一般倾向于应用 D、A、I 机理。

最后还有一种情况，即配合物 ML_n 与进入配体发生碰撞并一起扩散进入溶剂。如果这一步是整个过程中的最慢步，则将控制整个反应的速率，这种反应是受扩散控制的反应。若要归为一类的话应是第四类。显然这类受扩散控制的反应与配体取代的几种反应类型关系不太大。

7.1.3 过渡态理论

过渡态理论又称为活化配合物理论，该理论认为由反应物到产物的反应过程，必须经过一种过渡状态，即反应物活化形成中间状态的活化配合物。反应物和活化配合物之间很快达到平衡，化学反应的速度由活化配合物的分解速度决定。例如，配合物的取代反应：

$$[ML_nX]+Y \xrightleftharpoons{\text{快},\ k_1} [ML_nXY]^*$$

$$[ML_nXY]^* \xrightleftharpoons{\text{慢},\ k_2} [ML_nY]+X$$

其中，$[ML_nXY]^*$的结构式为 $\left[(L)_nM\begin{matrix}\cdots X\\ \cdots Y\end{matrix}\right]^*$。

当 Y 接近配合物 L_nMX 时，$L_nM—X$ 中的 M—X 化学键逐渐松弛和削弱，Y 和 M 之间形成了一种新键，由于反应物的电子云和原子核之间都有电性斥力，故配合物和进入基团 Y 接近时，体系的位能增加，当活化配合物$[ML_nXY]^*$形成时，体系的位能最高。所以活化配合物很不稳定，它可能分解变为产物，也可能重新变回反应物，活化配合物的分解速度就等于反应速度。形成活化配合物所需的总能量就是活化能。而从反应物到产物所经过的能量最高点称为过渡态。活化配合物和过渡态是有区别的，过渡态是一个能态，而活化配合物是设想在这一能态下存在的不稳定化合物（图 7.4）。过渡态和反应物之间的能量差即为活化能，见图 7.4（a）。图 7.4（b）表示从反应物到产物之间生成了一个中间化合物。中间化合物不是活化配合物，它是客观存在的一个化合物，在许多反应体系中能把它分离出来，或采用间接方法推断出来。

图 7.4 表示的反应体系能量变化，其中：

（a）为具有交换机理的能量曲线，反应物分子吸收活化能后互相缔合成为一种活化配合物，然后解离出离去配体，放出能量。

（b）为具有 A 机理或 D 机理取代反应的能量曲线，图上有两个过渡态和一个能量高于反应物和产物的中间体。

对于 A 机理，第一过渡态是通过缔合模式而得到的活化配合物，这时形成了一个新键，生成一个配位数增加的中间体，接着经过第二个过渡态即解离活化模式的活化配合物之后变成产物。

对于 D 机理，能量曲线与 A 机理相同，只是刚好与 A 机理相反，第一个过渡态是通过解离模式，而第二过渡态是通过缔合模式所产生，而中间体是配位数比反应物少的物种。

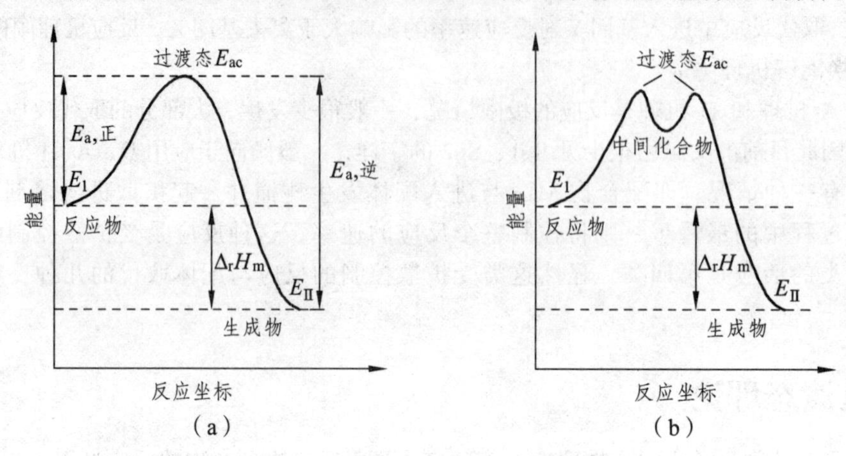

图 7.4 化学反应的能量变化

要进一步区分是解离机理还是缔合机理，可通过热力学函数来进行判断。

反应物变成过渡态时,其吉布斯自由能变称为活化吉布斯自由能变，记作$\Delta G^\ominus$。

$$\Delta G^\ominus = -RT\ln K^\ominus = \Delta H^\ominus - T\Delta S^\ominus$$

式中 $K^\ominus$、$\Delta H^\ominus$、$\Delta S^\ominus$——活化平衡常数、活化焓变和活化熵变。

按照过渡状态理论可以导出反应物通过活化能垒的速率常数方程：

$$\ln \mathrm{k} = \ln(kT/h) - (\Delta H^\ominus/RT) + (\Delta S^\ominus/R)$$

式中 k（等式左边）——速率常数；

k（等式右边）——k 为波尔兹曼常数；

h——普朗克常数。

根据 D 机理，由 $ML_nX \longrightarrow ML_n + X$ 可判断要断裂键必然要消耗大量能量，因而$\Delta H^\ominus$是一个较大正值，反应中物种数增加，$\Delta S^\ominus$ 也是一个较大正值。

根据 A 机理，由 $ML_nX + Y \longrightarrow ML_nXY$ 可判断形成了新键一般要放出能量，因而总反应$\Delta H^\ominus$ 表现为一个较小的正值，反应中物种数减小，$\Delta S^\ominus$ 为负值。

由此可判断反应究竟是属于 D 机理还是 A 机理。

也可以根据形成过渡态时体积的变化$\Delta V^\ominus$ 来进行判断，显然 D 机理$\Delta V^\ominus > 0$，A 机理$\Delta V^\ominus < 0$。

7.2 八面体配合物的配体取代反应

过渡金属生成的配合物绝大多数是八面体构型，所以对它们的取代反应的探讨十分重要。在讨论之前首先应了解八面体取代反应的一般特点，以及它们与平面正方形配合物取代反应的异同点。

八面体配合物的取代反应中以Co(Ⅲ)配合物研究得最多，一方面Werner早期就对Co(Ⅲ)配合物做了许多工作，另一方面 Co(Ⅲ)配合物的反应速率适中，便于研究。平面正方形配合物取代反应大多数是通过缔合机理发生的，而八面体配合物取代反应可能有缔合机理，也有离解机理，更有交换机理。这与八面体配合物中心离子的性质有关。另外，在八面体配合物取代反应研究中发现，没有包含两个阴离子的直接相互交换的反应；而这种类型的反应在四面体Pt(Ⅱ)配合物中则是很普遍的。在取代反应中以配位水的取代反应和水合（或水解）反应研究得较充分。

八面体配合物发生取代反应的同时，还会发生配体排列的改变，如反式转化为顺式，或顺式转化为反式（或旋光异构体的转化）。这可从立体化学的角度，用D机理或A机理的反应历程加以说明。如含两个相同二齿配体的八面体配合物$[M(a\text{-}a)_2LX]$，X配体被Y配体取代的离解机理（D）如下所示，先离解出X所得五配位的中间体为四方锥时，Y从2位进入，取代后产物不转化，Y取代X位置；若五配位的中间体为三角双锥型，Y从3、4之间进入，3、5之间进入和4、5之间进入位阻相同，产物有顺式也有反式。产物与原反应物反式比较，有的转化为顺式结构。

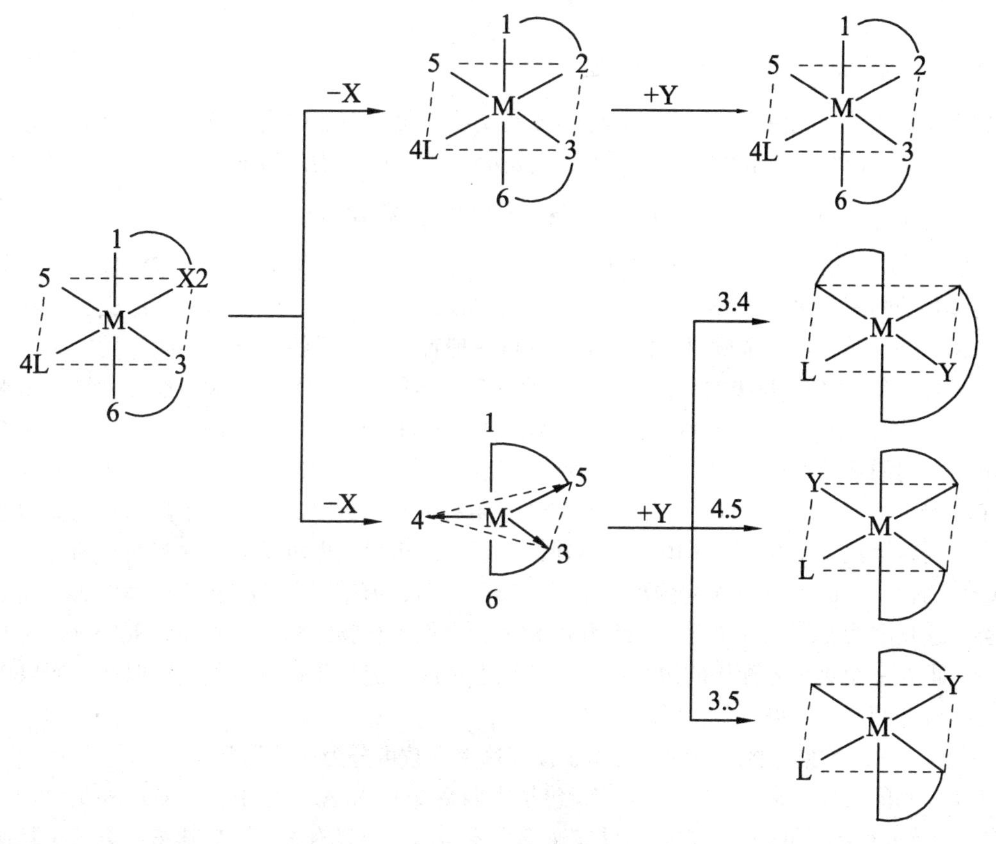

配合物$[M(a\text{-}a)_2LX]$中X被Y取代的缔合机理（A）如下所示，若Y从4、5位之间进入，经七配位的五角双锥中间体，离解出X后得到顺式产物；若从5、2位之间进入，仍经七配位的五角双锥中间体，但离解出X后取代产物不发生变化。

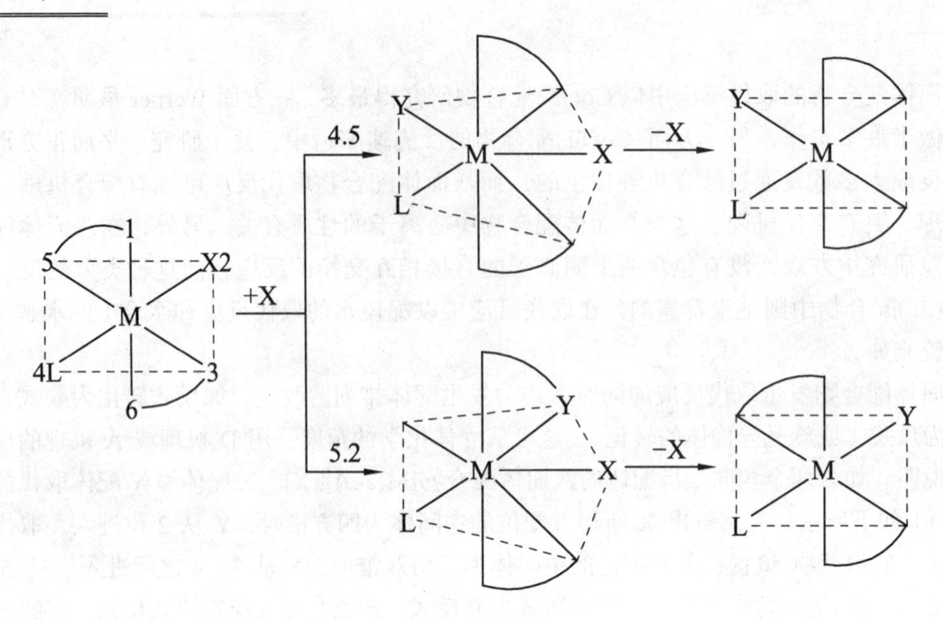

7.2.1 配位水分子的交换和取代反应

7.2.1.1 配位水分子的交换反应

水合金属离子的配位水分子与溶剂水分子的交换是最简单的取代反应，这类反应称为水交换反应。金属水合离子的水交换反应可用下式表示，其中 H_2O^*表示溶剂水分子。

$$[M(H_2O)_6]^{n+} + 6\,H_2O^* \longrightarrow [M(H_2O^*)_6]^{n+} + 6H_2O$$

关于配位水分子被溶剂水分子交换的研究，对弄清楚八面体配合物的取代反应机理很有帮助。水合金属离子的配位水分子可以被溶剂水分子所取代，也可以被其他配体取代形成配合物。除 Cr^{3+}和 Rh^{3+}外，其他水合金属离子的水交换反应一般都进行得很快，虽然如此，反应速率的大小之差，大约有 10 个数量级的范围。水交换速率仅与金属离子的性质有关。通过大量金属水合物的研究，得到了配位水分子交换反应的速率常数，见图 7.5。从该分类图中可以看出：在中心离子电荷相同的条件下，离子半径大的交换速率比离子半径小的快。例如：$Cs^+>Rb^+>K^+>Na^+>Li^+$以及 $Ba^{2+}>Sr^{2+}>Ca^{2+} \gg Mg^{2+}>Be^{2+}$等。而且当离子半径大小接近时，反应速率随离子电荷的增加而减少。同时除离子半径、离子电荷影响外，粒子的结构特点也对反应速率有明显的影响。例如，Cr^{2+}、Ni^{2+}、Cu^{2+}有几乎相同的离子半径、离子电荷，但实际上 Cr^{2+}和 Cu^{2+}属 I 类，而 Ni^{2+}属 II 类。这是因为 Cu^{2+}为 d^9 构型、Cr^{2+}为 d^4 构型，它们配合物结构常由于发生 John-Taller 效应而畸变，即在一个键轴上配体的键与在其他键轴上不同，键长要长些，键强要弱些。所以该键轴上的水分子相对结合得较弱，可以更快地交换。

根据图 7.5 的数据，将所列的金属离子按其速率常数可分为 4 种类型：

I 类：水的交换非常快（$k>10^8\ s^{-1}$），包括周期系 I A，II A，（除 Be^{2+}、Mg^{2+}外）、II B（除 Zn^{2+}外），再加上 Cr^{2+}和 Cu^{2+}。它们的反应速率主要与离子半径有关，反应速率随离子半径增大而升高。例如，$[Ca(H_2O)_6]^{2+} < [Sr(H_2O)_6]^{2+} < [Ba(H_2O)_6]^{2+}$。若半径相近，则电荷低的反应速率大。以上事实说明金属离子与水分子之间的键合主要是静电作用，且交换反应的过渡态的形成主要决定于 M—OH_2 间的键断裂，这就是说，它们的反应机理主要是 D 机理或 I_D 机理。

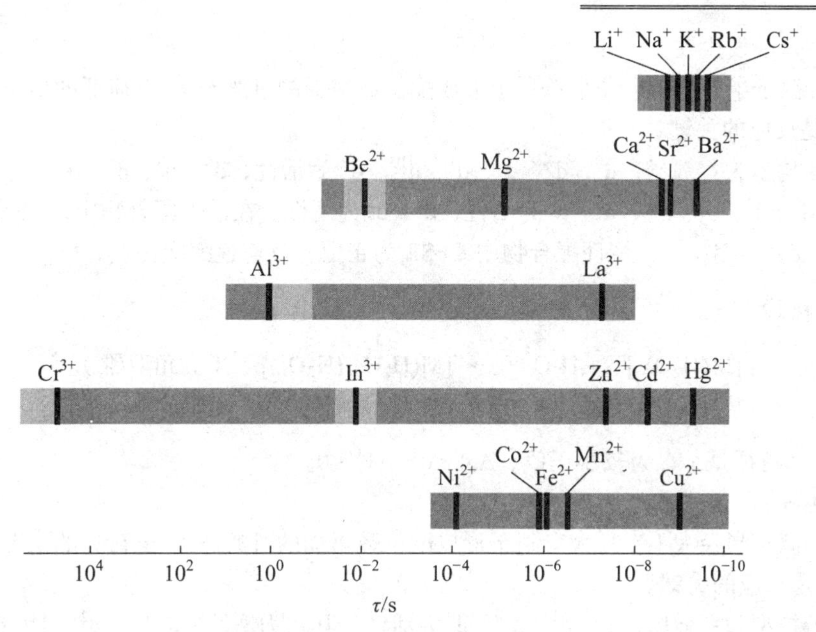

图 7.5 各种水合金属离子的配位水分子被取代的速率常数 $1/k(s^{-1})$

Ⅱ类：速率常数 k 在 $10^4 \sim 10^8\ s^{-1}$ 之间的金属离子，包括大部分第一过渡系金属的二价离子（除 V^{2+}、Cr^{2+}外）和 Mg^{2+}、Zn^{2+}以及三价的镧系金属离子。对于这类金属离子，离子半径和电荷对反应速率仍起着重要作用，由于这一类离子的电荷对半径的比值 Z/r 比第一类大，所以它们的交换速率比第一类慢些。除离子势 Z/r 外，水合金属离子的空间构型对反应速率也有影响。例如，Cu^{2+}、Cr^{2+}和 Ni^{2+}的半径相近，但它们的反应速率相差很大，Cu^{2+}（d^9）及 Cr^{2+}（d^4）被划入第一类，其原因是它们发生了姜-泰勒畸变，$[M(H_2O)_6]^{n+}$（M = Cu、Cr）为“拉长”八面体，在 z 轴方向上的配位水分子易被交换。

Ⅲ类：速率常数在 $1 \sim 10^4\ s^{-1}$ 之间的金属离子，包括 Be^{2+}、Al^{3+}、Ga^{3+}、V^{2+}以及一些第一过渡系的三价金属离子（Ti^{3+}、Fe^{3+}）。Be^{2+}，Al^{3+}具有高的离子势 Z/r 值，而过渡金属 V^{2+}（d^2）具有较高的稳定化能 CFSE。所以，它们的反应速率比第二类要慢些。

Ⅳ类：速率常数在 $10^{-1} \sim 10^{-9}\ s^{-1}$ 之间的金属离子，它们是 Cr^{3+}、Co^{3+}、Rh^{3+}、Ir^{3+}和 Pt^{2+}等。它们都具有相当高的 CFSE，故反应速率都相当小，属于惰性配合物，例如，$[Cr(H_2O)_6]^{3+}$进行水交换反应就很慢。对大多数过渡金属来说，配体取代反应速率要受由反应物转变为中间配合物时，由于场的对称性变化引起 d 电子能量变化的影响。

7.2.1.2 配位水分子的交换机理

水合金属离子的配位水分子和溶剂水分子相互交换的反应：

$$[M(H_2O)_6]^{n+} + H_2O^* \longrightarrow [M(H_2O)_5(H_2O^*)]^{n+} + H_2O$$

1. 解离机理

$$[M(H_2O)_6]^{n+} \longrightarrow [M(H_2O)_5]^{n+}\text{（四方锥）} + H_2O \qquad \text{（慢）}$$
$$[M(H_2O)_5]^{n+} + H_2O^* \longrightarrow [M(H_2O)_5(H_2O^*)]^{n+} \qquad \text{（快）}$$

为一级反应。其特征是$\Delta H^\ominus$、$\Delta S^\ominus$、$\Delta V^\ominus$都有较大的值。

解离机理一般发生在：

（1）中心离子半径小（半径小不利于形成配位数增加的过渡态）、电荷低的情况，此时断裂 M—OH_2 键是反应的关键。

（2）电子构型为：强场，d^9、d^7、d^2、d^1、d^{10}、d^0 为活性；d^6、d^8、d^3、d^4、d^5 为惰性。弱场，d^9、d^4、d^7、d^2、d^6、d^{10}、d^5、d^0 为活性；d^8、d^3 为惰性。在活性配合物中，CFAE 为负值或 0，反应速率较大；相反，在惰性配合物中 CFSE 为正值，反应速率缓慢。

2. 缔合机理

$$[M(H_2O)_6]^{n+} + H_2O^* \longrightarrow [M(H_2O)_6(H_2O^*)]^{n+} \text{（五角双锥）} \qquad \text{（慢）}$$
$$[M(H_2O)_6(H_2O^*)]^{n+} \longrightarrow [M(H_2O)_5(H_2O^*)]^{n+} + H_2O \qquad \text{（快）}$$

为一级反应，其特征是$\Delta H^\ominus$为较小正值、$\Delta S^\ominus<0$、$\Delta V^\ominus<0$。

一般发生在：

（1）中心离子半径大（半径大有利于形成配位数增加的过渡态）、电荷高的情况，此时生成 M—$^*OH_2$ 键是反应的关键。

（2）电子构型为：强场，d^2、d^1、d^{10}、d^0 为活性；其余为惰性。弱场，d^2、d^7、d^1、d^6、d^{10}、d^5、d^0 为活性；d^3、d^4、d^8、d^9 为惰性。同样，在活性配合物中，CFAE 为负值或 0，反应速率较大；相反，在惰性配合物中 CFSE 为正值，反应速率缓慢。

7.2.1.3 配位水分子的取代反应

水溶液中金属水合离子$[M(H_2O)_n]$的配位水分子被其他配体 Y 取代的反应通常称为去水合反应。其反应通式如下：

$$[M(H_2O)_n]+Y \xrightarrow{k_{去水合}} [M(H_2O)_{n-1}Y]+H_2O$$

这类反应的反应速率已被广泛研究，并得到了两条重要的规律：

（1）去水合反应的反应速率常数 k 主要由水合金属离子的性质所决定，而与进入基团 Y 的性质无关或关系不大。

（2）同一金属离子的水分子被其他配体所取代的反应速率常数和其水交换速率常数基本一致。

表 7.3 列出了 Zn^{2+}、Cd^{2+}、和 Hg^{2+}的去水合反应速率常数 k 及其稳定常数 K。由表中数据可见，每种金属离子的不同配合物的稳定性相差很大，但它们的反应速率常数属于同一数量级。

表 7.3 水合金属离子的反应速率常数 k（s^{-1}）及其稳定常数 K

金属离子	Cl^-		Ac^-		SO_4^{2-}	
	$\lg K$	k/s^{-1}	$\lg K$	k/s^{-1}	$\lg K$	k/s^{-1}
Zn^{2+}	0.32	2.5×10^7	~0.7	3×10^7	2.31	3×10^7
Cd^{2+}	1.54	4×10^8	2	2.5×10^8	2.31	$>10^8$
Hg^{2+}	6.74	2×10^9	—	—	—	—

7.2.1.4 配位水分子的取代机理

用一种配体 Y 去取代配位的水分子，可分为以下几种机理：一种是D机理，开始的配合物在速率决定步骤中离解了一个水分子，产生一个五配位的由溶剂组成的笼形中间体。另外两种机理则是第一步形成离子对，即外来基团X处在很接近金属离子周围的溶剂中，一般用外层配合物来表达这种状态。随后，在速率决定步骤中形成七配位的中间体，这种是A机理。但若无明显中间体存在，反应只能以交换机理（I）表示。这种机理是进入基团和离去基团之间的平稳交换，可以是优先离解或优先缔合。如果在过渡态中键的断裂更为重要，则此机理以 I_D 表示，相反则以 I_A 表示。对于二价过渡金属水合离子在大多数情况下取代一个水分子的机理，许多实验证明都倾向于 I_D 机理。水合配合物取代反应的速率公式对配合物和进入基团都是一级反应。

配位水的取代反应通常包括以下过程：

$$[ML_5(H_2O)] \longrightarrow [ML_5] + H_2O，[ML_5] + Y \longrightarrow [ML_5Y]$$

则$[ML_5]$的生成速率是

$$d[ML_5Y]/dt=k_1k_2[ML_5(H_2O)][Y]/(k_{-1}[H_2O]+k_2[Y]) = k_1k_2[ML_5(H_2O)][Y]/(k'_{-1}+k_2[Y])$$

式中　$k'_{-1} = k_{-1}[H_2O]$。

若 $k_2 \gg k_{-1}$ 或[Y]很大，则可看成是一个简单的有机反应；若 $k_2 \ll k'_{-1}$，其速率公式仍然是二级反应。例如，第一过渡系的金属二价离子$[M(H_2O)_6]^{2+}$与阴离子的交换反应通常是 $k_2 \gg k'_{-1}$。当 $k_2 \approx k'_{-1}$ 时，其动力学性质是很复杂的，$[Co(CN)_5H_2O]^{2-}$同 N^{3-}或 SCN^-的取代反应就是 $k_2 \approx k'_{-1}$ 的情况。

7.2.2 溶剂的分解或水解反应

溶剂的分解主要指水解，因为绝大多数反应是在水溶液中进行的。水解反应是去水合反应的逆过程。对 Co(Ⅲ)配合物，研究得比较广泛的取代反应通常称为“水合反应”，如：

$$[CoA_5X]^{n+}+H_2O \longrightarrow [CoA_5(H_2O)]^{+(n+1)}+X^- \qquad (1)$$

另外，在文献上还经常看到“水解”名称，这是指下面一种反应类型：

$$[CoA_5X]^{n+}+OH^- \longrightarrow [CoA_5(OH)]^{n+}+X^- \qquad (2)$$

因为这两个反应的本质是配离子同水的反应，所以建议两者都称为“水解反应”。若反应产物是一个水合配合物（1）式，则此类反应称为酸式水解；若反应产物是羟基配合物（2）式，则这类反应称为碱式水解。这主要取决于反应混合物的 pH 和水合配合物的酸度。

1. 酸式水解

即发生在酸性溶液中的水解，可表示为

$$[ML_5X]^{n+} + H_2O \longrightarrow [ML_5(H_2O)]^{(n+1)+} + X^-$$

机理：

解离：　$[ML_5X]^{n+} \longrightarrow [ML_5]^{(n+1)+} + X^-$　（慢）

$$[ML_5]^{(n+1)+} + H_2O \longrightarrow [ML_5(H_2O)]^{(n+1)+} \quad (快)$$

缔合：

$$[ML_5X]^{n+} + H_2O \longrightarrow [ML_5X(H_2O)]^{n+} \quad (慢)$$

$$[ML_5X(H_2O)]^{n+} \longrightarrow [ML_5(H_2O)]^{(n+1)+} + X^- \quad (快)$$

二者的速率方程式皆为 $v = k_{酸}[ML_5X^{n+}]$(水为大量存在,其浓度可看作常数,合并到 $k_{酸}$ 中)。从速率方程式分不出究竟属何种机理，但借助其他研究手段可发现：

（1）水解速率与 M—X 的键强有关，说明活化步是 M—X 的断裂。

（2）水解速率随 L 配体体积的增加而加速，体积增大，空间排斥作用增强，有利于离去配体的解离，这与解离机理吻合。

（3）未取代配体 L 的碱性越大，反应速率越快。此时，由于未取代配体 L 的碱性较强，中心金属离子的电荷密度较大，导致 M—X 键削弱，有利于 X 的解离，说明为解离机理。

这些现象表明，酸水解是按解离机理进行的。

酸水解反应有时也按酸催化机理进行，此时，呈现二级反应的特征：首先是 H^+ 加合到离去配体 X 上，从而导致 M—X 键的削弱。然后，X 以 HX 的形式离去，留下的空位被水分子占据。

$$[ML_5X]^{n+} + H^+ \rightarrow [ML_5(XH)]^{(n+1)+} \quad (快，很快平衡)$$

$$K = [ML_5(XH)^{(n+1)+}]/[ML_5X^{n+}] \cdot [H^+]$$

$$[ML_5(XH)^{(n+1)+}] = K[ML_5X^{n+}] \cdot [H^+]$$

$$[ML_5(XH)]^{(n+1)+} + H_2O \longrightarrow [ML_5(H_2O)]^{(n+1)+} + HX$$

$$\begin{aligned} v &= k_2\{[ML_5(XH)]^{(n+1)+}\} \\ &= k_2K\{[ML_5X]^{n+}\}[H^+] \\ &= k\{[ML_5X]^{n+}\}[H^+] \end{aligned}$$

（水为大量存在，其浓度可看作常数，合并到 $k_{酸}$中）

2. 碱式水解

即发生在碱性溶液中的水解。碱式水解一般按以下机理进行：

$$[Co(NH_3)_5X]^{2+} + OH^- \rightleftharpoons [Co(NH_3)_4(NH_2)X]^+ + H_2O \quad (快，除去质子)$$

$$[Co(NH_3)_4(NH_2)X]^+ \longrightarrow [Co(NH_3)_4(NH_2)]^{2+} + X^- \quad (慢，解离，k_b)$$

$$[Co(NH_3)_4(NH_2)]^{2+} + H_2O \longrightarrow [Co(NH_3)_5(OH)]^{2+} \quad (快)$$

$$\begin{aligned} v &= k_b[Co(NH_3)_4(NH_2)X^+] \\ &= k_bK[Co(NH_3)_5X^{2+}][OH^-] \\ &= k[Co(NH_3)_5X^{2+}][OH^-] \end{aligned}$$

在这种反应机理中，速率控制步骤发生在除去了一个质子的氨分子配合物的解离。

在上述碱式水解机理中，由于脱去质子的配合物具有较低的正电荷，NH_2^- 配位体可将其电子密度给予缺电子的钴原子，所以脱质子作用能使随后生成的五配位中间产物有某种程度的稳定化作用。所以 X^- 从脱去质子的配合物比从原来配合物中更易于离去。

7.3 平面正方形配合物的配体取代反应

平面正方形配合物的配位数比八面体配合物配位数少，配体间的排斥作用和空间位阻效应也较小，取代基由配合物分子平面的上方或下方进攻没有任何障碍。这些都有利于加合配体，从而使平面正方形配合物的取代反应一般按缔合机理进行。

7.3.1　取代机理

假定进入配体从平面的一侧由将要取代的配位体的上方接近配合物，当进入的配体接近时，原来的某个配体可能下移，因此中间产物应当是一个具有三角双锥的构型。

平面正方形配合物的取代反应总过程：

$$ML_3X + Y \longrightarrow (L_3MXY) \longrightarrow ML_3Y + X \qquad S_N2$$

$$v = k_S[ML_3X]\ （溶剂化过程）+ k_Y[ML_3X][Y^-]\ （Y 配位的双分子过程）$$

其中，溶剂化过程

$$ML_3X \xrightarrow[慢]{+S} (L_3MXS) \xrightarrow[快]{-X} ML_3S \xrightarrow{+Y} (L_3MSY) \xrightarrow{-S} ML_3Y$$

直接的双分子过程：

$$ML_3X \xrightarrow[慢]{+Y} (L_3MXY) \xrightarrow[快]{-X} ML_3Y$$

一般地，平面正方形配合物的取代机理可分为：

（1）离去配位体被溶剂（如 H_2O）分子所取代（这一步是决定速率的步骤），然后是 Y 以较快的速率取代配位水分子。

$$[ML_4] + S \longrightarrow [ML_3S] + L \qquad （慢，k_S）$$

（按缔合机理进行，溶剂大量，一级反应）

$$[ML_3S] + Y \longrightarrow [ML_3Y] + S \qquad （快）$$

（2）进入配体 Y 对离去配体的双分子取代反应。

$$[ML_4] + Y \longrightarrow [ML_4Y] \qquad （慢，k_Y）$$

$$[ML_4Y] \longrightarrow [ML_3Y] + L \qquad （快）$$

所以，$v = k_S$[原配合物] + k_Y[原配合物][Y]

7.3.2 影响平面正方形配合物取代反应的因素

影响平面正方形配合物取代反应速率的因素主要有：进入基团性质、离去基团性质、中心离子的性质、配合物中其他基团的性质以及取代反应的空间位阻效应、溶剂的作用等。

7.3.2.1 亲核试剂的影响

所谓亲核试剂就是外来进攻金属的配体。按缔合机理进行反应的速率，在某种程度上与进入基团的性质有关。一般用亲核性表示试剂对这种取代反应的影响大小。一个化合物的亲核性与其碱性是两个不同的概念，碱性是热力学范畴内的概念，以 pK_a 表示其强弱；亲核性是动力学方面对反应速率发生影响的名词，亲核性越大取代反应速率越大。

如果进入配体比离去配体与金属原子更能形成较强的键，那么决定速率步骤是金属与进入配体之的成键作用。在这种情况下，反应速率是进入配体的本质的敏感函数，基本上与离去配位体的本质无关。

可用配体的亲核反应活性常数 $n^{\ominus}_{金属}$ 来进行量度。$n^{\ominus}_{金属}$ 反映进入配体的亲核性的大小，$n^{\ominus}_{金属}$ 越大，表示亲核试剂与金属的结合能越强，取代反应的速率越大。

以 X^- 取代 *trans*-PtA_2ClY 中的 Y 反应为例，已知有如下的 X^- 配体亲核性次序：

$$OR^- < Cl^- \approx py \approx NO_2^- < N_3^- < Br^- < I^- < SO_3^{2-} < SCN^- < CN^-, \quad N \ll Sb < As < P$$

7.3.2.2 离去基团的性质影响

离去基团的性质也对取代反应的速率有影响。许多种胺类发现都是以 k_Y 和 k_S 两种历程同时进行的，并且速率常数 k_S 对离去的胺的碱性非常敏感。离去基团的 pK_a 值与 $\lg k_S$ 之间有极好的相关性，当胺的碱性增加时，它变得更难以取代了，这也反映了在速率决定步骤中，键的断裂是重要的。

如果中心金属与离去配体比与进入配体能形成更强的键，则反应速率是离去配体本质的敏感函数，以反应：$[Pt(dien)X]^+ + py \longrightarrow [Pt(dien)py]^{2+} + X^-$ 为例，取代反应的反应速率随 X 的变化有如下顺序：

$$NO_3^- > H_2O > Cl^- > Br^- > I^- > N_3^- > SCN^- > NO_2^- > CN^-$$

7.3.2.3 中心金属离子的影响

金属离子的性质对取代速率有明显的影响。例如，$[MCl(PEt_2)_2]$与吡啶（py）的取代反应：

$$[M(Cl)(PEt_3)_2(2\text{-}CH_3C_6H_4)] + py \longrightarrow [M(py)(PEt_3)_2(2\text{-}CH_3C_6H_4)]^+ + Cl^-$$

上述反应速率随 M（ = Ni^{2+}、Pd^{2+}、Pt^{2+}）不同而变化很大，Ni^{2+}、Pd^{2+}和 Pt^{2+}的相对速率为

Co—Br 键与 Ir—Br 键以几乎相同的比例断裂。

6. 由可比较的两个反应速率常数的不同推演反应机理

一般来说，按内界机理进行的反应与可比较的外界机理反应要快得多。比较下列反应（1）和反应（2），可以发现反应（1）的二级速率常数为 $k = 10^{-3}\ \mathrm{L \cdot mol^{-1} \cdot s^{-1}}$，较慢；而反应（2）的二级速率常数 $k = 6\times10^{5}\ \mathrm{L \cdot mol^{-1} \cdot s^{-1}}$，两个反应速率常数相差 10^8 倍（即内界电子转移比相应的外界电子转移要快约 8 个数量级）。其原因是：反应（1）中 NH_3 不能形成桥基，即反应物中不存在合适的桥基配体，显然不满足按内界机理进行的必要条件，故氧化还原反应主要按外界反应机理进行，且两个配合物的结构和电子构型又相差较大，因此速率很小。而在反应（2）中，由于配合物中引入了桥基配体 Cl^-，形成了$[(H_3N)_5Co\text{-}Cl\text{-}Cr(H_2O)_5]^{4+}$桥式配合物，因此速率大大增加。

$$[Co(NH_3)_6]^{3+} + [Cr(H_2O)_6]^{2+} + 6H_3O^+ \xrightarrow{k_1} [Co(H_2O)_6]^{2+} + [Cr(H_2O)_6]^{3+} + 6NH_4^+ \quad (1)$$

$$[CoCl(NH_3)_5]^{2+} + [Cr(H_2O)_6]^{2+} + 5H_3O^+ \xrightarrow{k_2} [Co(H_2O)_6]^{2+} + [CrCl(H_2O)_5]^{2+} + 5NH_4^+ \quad (2)$$

通常，区分电子转移反应的内界或外界机理并不容易，一般与配合物的结构有很大关系。当两个反应配合物内界都不含有潜在的桥联配体时，电子转移就只可能按外界机理进行。然而具备成桥基配体也不一定就按内界电子转移机理进行，还需考察两个配合物的取代活性，若同为惰性配合物，且转移电子所需克服的能垒很低，同时取代反应速率比电子转移速率小得多，则反应常以外界电子转移机理为主；若两个反应物之一带有桥联配体，而另一个是取代活性的，则它们之间的氧化还原反应易按内界机理进行。因为内界机理通过桥联配体传递电子所需克服的能垒，比按外界机理电子穿透配位层和水化层所需克服的能垒低得多。而当两个配合物均为取代活性时，很难准确推测和探知内界电子转移反应所涉及物种的真实性质。对于仅仅涉及单电子从还原剂向氧化剂转移的外界机理而言，欲以一个明确的方式来描述其电子转移过程是特别困难的，除非能够提供足以信服的证据排除它们按内界机理进行的可能性。

7.4.4 双电子转移反应

上面讨论的氧化还原反应都是单电子转移反应，即只有一个电子从一个配合物的中心原子向另一种配合物的中心原子转移的反应。有些元素具有相差两个电子的两种稳定的氧化态，在这种情况下可发生双电子转移反应。双电子转移反应可分为双电子转移补偿反应和双电子转移非补偿反应两类。

1. 双电子转移补偿反应

有些元素具有相互差两个电子的两种稳定态，如 Sn^{4+}和 Sn^{2+}，在这种情况下大都会发生双电子转移反应。例如，

$$Sn^{II} + Tl^{III} \longrightarrow Sn^{IV} + Tl^{I}$$

$$Sn^{II} + Hg^{II} \longrightarrow Sn^{IV} + Hg^{0}$$

$$V^{II} + Tl^{III} \longrightarrow V^{IV} + Tl^{I}$$

这些反应都是补偿反应，所谓补偿反应是指在总化学计量式中氧化剂和还原剂得失的电子

相等。研究结果表明，这些反应也适合前面叙述过的一般原理。

在过渡金属化学中，研究得较清楚的一个双电子转移反应是：Pt(Ⅱ)催化自由 Cl^-与 Pt(Ⅳ)配合物中结合的 Cl^-进行交换的反应：

$$trans\text{-}[Pt(en)_2Cl_2]^{2+} + {}^{*}Cl^- \xrightarrow[\text{催化}]{[Pt(en)_2]^{2+}} trans\text{-}[Pt(en)_2Cl^{*}Cl]^{2+} + Cl^-$$

上式中*表示标记同位素。这个反应的机理如下所示：

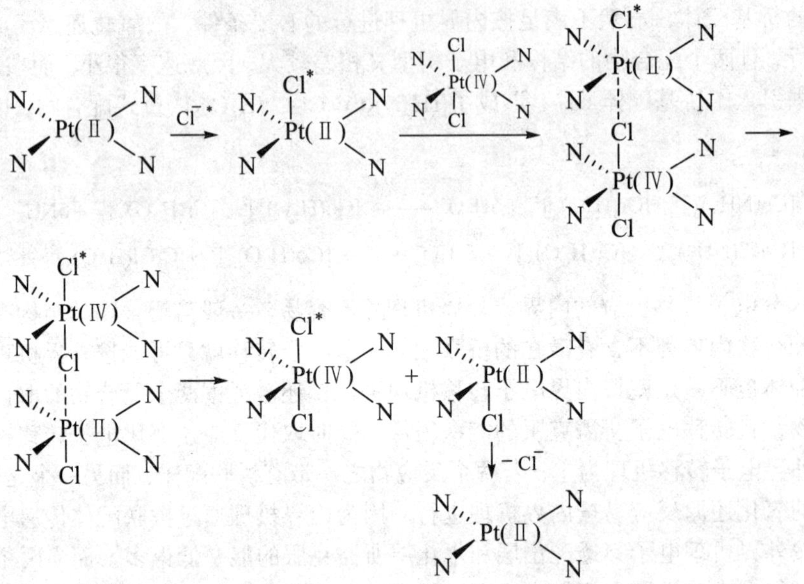

2. 双电子转移非补偿反应

非补偿反应是物种的一个离子得到的电子数不等于另一物种一个离子失去的电子数的氧化还原反应，如 $Tl^{Ⅲ} + 2Fe^{Ⅱ} \longrightarrow Tl^{Ⅰ} + 2Fe^{Ⅱ}$，反应可能是按以下机理进行的，中间出现了不寻常的 $Tl^{Ⅱ}$物种：

$$Tl^{Ⅲ} + Fe^{Ⅱ} \longrightarrow Tl^{Ⅱ} + Fe^{Ⅲ}$$
$$Tl^{Ⅱ} + Fe^{Ⅱ} \longrightarrow Tl^{Ⅰ} + Fe^{Ⅲ}$$

非补偿反应的机理更为复改，此处不再介绍。

参考文献

[1] MIESSLER G L, TARR D A. Inorganic chemistry. 3rd Ed. New Jersey: Prentice-Hall Inc, 2004.
[2] 项斯芬，姚光庆. 中级无机化学. 北京：北京大学出版社，2003.
[3] 章慧. 配位化学：原理与应用. 北京：化学工业出版社，2008.
[4] 陈慧兰. 高等无机化学. 北京：高等教育出版社，2005.
[5] 徐志固. 现代配位化学. 北京：化学工业出版社，1987.
[6] 游效曾. 配位化合物的结构和性质. 北京：科学出版社，1992.
[7] 唐宗薰. 中级无机化学. 北京：高等教育出版社，2003.

[8] 张祥麟. 配合物化学. 北京：高等教育出版社，1991.

[9] 张宝文，佟振合，吴世康.电子转移过程的理论——1992年诺贝尔化学奖. 大学化学，1995, 8（3）：1-3.

[10] TAUBE H. 金属配合物的电子传递——历史的回顾（诺贝尔演讲词）. 游效曾，等，译. 无机化学，1985, 1（全）：175-186.

[11] 张祥麟，康衡. 配位化学. 长沙：中南工业大学出版社，1986.

[12] 宋廷耀. 配位化学. 成都：成都科技大学出版社，1990.

[13] 杨昆山. 配位化学. 成都：四川大学出版社，1987.

[14] 戴安邦，等. 无机化学丛书：第12卷　配位化学. 北京：科学出版社，1987.

[15] 罗勤慧，沈孟长. 配位化学. 南京：江苏科学技术出版社，1987.

8 稀土配合物

8.1 稀土元素概述

稀土元素是从18世纪末叶开始陆续发现的，当时人们常把不溶于水的固体氧化物称为土。稀土一般是以氧化物状态分离出来的，又很稀少，因而得名“稀土”。稀土元素包括17种元素，即属于元素周期表中ⅢB族的15种镧系元素以及同属于ⅢB族的钪和钇。通常把镧、铈、镨、钕、钷、钐、铕称为轻稀土或铈组稀土，把钆、铽、镝、钬、铒、铥、镱、镥、钇称为重稀土或钇组稀土。也有的根据稀土元素物理、化学性质的相似性和差异性，除钪之外（有的将钪划归稀散元素），划分成三组，即轻稀土组为镧、铈、镨、钕、钷；中稀土组为钐、铕、钆、铽、镝；重稀土组为钬、铒、铥、镱、镥、钇。稀土元素并不稀少，大多数稀土元素在地壳中的丰度比锡和钨等常见元素还要高。稀土是中国最丰富的战略资源，也是很多高精尖产业所必不可少的原料，中国有不少战略资源如铁矿等贫乏，但稀土资源却非常丰富。稀土元素由于它的内层4f电子被外层6s、6p电子所屏蔽而具有独特的光、电、磁特性，是信息、生物、能源等高技术领域和国防建设的重要基础材料，同时也对改造某些传统产业，如农业、化工、建材等起着重要作用。稀土用途广泛，其功能材料种类繁多，正在形成一个规模宏大的高技术产业群，有着十分广阔的市场前景和极为重要的战略意义。

由于稀土具有优良的光、电、磁等物理特性，能与其他材料组成性能各异、品种繁多的新型材料，其中稀土最显著的功能是大幅度提高其他产品的质量和性能，因此有工业“黄金”之称。例如，稀土可大幅度提高用于制造坦克、飞机、导弹的钢材、铝合金、镁合金、钛合金的战术性能。稀土同样也是电子、激光、核工业、超导等诸多高科技的润滑剂。稀土金属或氟化物、硅化物加入钢中，能起到精炼、脱硫、中和低熔点有害杂质的作用，并可以改善钢的加工性能；稀土硅铁合金、稀土硅镁合金作为球化剂生产稀土球墨铸铁，由于这种球墨铸铁特别适用于生产有特殊要求的复杂球铁件，被广泛用于汽车、拖拉机、柴油机等机械制造业；稀土金属添加至镁、铝、铜、锌、镍等有色合金中，可以改善合金的物理化学性能，并提高合金室温及高温机械性能。

用稀土制成的分子筛催化剂，具有活性高、选择性好、抗重金属中毒能力强的优点，因而取代了硅酸铝催化剂用于石油催化裂化过程；在合成氨生产过程中，用少量的硝酸稀土作为助催化剂，其处理气量比镍铝催化剂大1.5倍；在合成顺丁橡胶和异戊橡胶过程中，采用环烷酸稀土-三异丁基铝型催化剂，所获得的产品性能优良，具有设备挂胶少、运转稳定、后处理工序短等优点；复合稀土氧化物还可以用作内燃机尾气净化催化剂，环烷酸铈还可用作油漆催干剂等。

稀土氧化物或经过加工处理的稀土精矿，可作为抛光粉广泛用于光学玻璃、眼镜片、显像管、示波管、平板玻璃、塑料及金属餐具的抛光；在熔制玻璃过程中，可利用二氧化铈对铁的强氧化作用，降低玻璃中的铁含量，以达到脱除玻璃中绿色的目的；添加稀土氧化物可以制得不同用途的光学玻璃和特种玻璃，其中包括能通过红外线、吸收紫外线的玻璃，耐酸及耐热的玻璃，防X射线的玻璃等；在陶釉和瓷釉中添加稀土，可以减轻釉的碎裂性，并能使制品呈现不同的颜色和光泽，被广泛用于陶瓷工业。

稀土钴及钕、铁、硼永磁材料，具有高剩磁、高矫顽力和高磁能积，被广泛用于电子及航天工业；纯稀土氧化物和三氧化二铁化合而成的石榴石型铁氧体单晶及多晶，可用于微波与电子工业；用高纯氧化钕制作的钇铝石榴石和钕玻璃，可作为固体激光材料；稀土六硼化物可用于制作电子发射的阴极材料；镧镍金属是20世纪70年代新发展起来的储氢材料；铬酸镧是高温热电材料。近年来，世界各国采用钡钇铜氧元素改进的钡基氧化物制作的超导材料，可在液氮温区获得超导体，使超导材料的研制取得了突破性进展。稀土还广泛用于照明光源，投影电视荧光粉、增感屏荧光粉、三基色荧光粉、复印灯粉；在农业方面，向田间作物施用微量的硝酸稀土，可使其产量增加5%～10%；在轻纺工业中，稀土氯化物还广泛用于鞣制毛皮、皮毛染色、毛线染色及地毯染色等方面。

稀土元素可以提高植物的叶绿素含量，增强光合作用，促进根系发育，增加根系对养分的吸收。稀土还能促进种子萌发，提高种子发芽率，促进幼苗生长。除了以上主要作用外，还具有使某些作物增强抗病、抗寒、抗旱的能力。大量的研究还表明，使用适当浓度稀土元素能促进植物对养分的吸收、转化和利用。玉米用稀土拌种，出苗、拔节比对照早1～2天，株高增加0.2 m，早熟3～5天，而且籽粒饱满，增产14%。大豆用稀土拌种，出苗提早1天，单株结荚数增加14.8～26.6个，3粒荚数增多，增产14.5%～20.0%。喷施稀土可使苹果和柑橘果实的Vc含量、总糖含量、糖酸比均有所提高，促进果实着色和早熟；并可抑制储藏过程中呼吸强度，降低腐烂率。

我国是名副其实的世界第一大稀土资源国，稀土资源不但储量丰富，而且还具有矿种和稀土元素齐全、稀土品位及矿点分布合理等优势，这为我国稀土工业的发展奠定了坚实的基础。

8.1.1 稀土元素基态原子的电子组态

镧系元素的电子组态有两种类型，即$[Xe]4f^n6s^2$和$[Xe]4f^{n-1}5d^16s^2$，其中[Xe]为氙的电子组态，即$1s^22s^22p^63s^23p^63d^{10}4s^24p^64d^{10}5s^25p^6$，$n$=1～14；镧、铈、钆的基态电子组态属于$[Xe]4f^{n-1}5d^16s^2$类型；镥原子的基态电子组态属于$[Xe]4f^{14}6s^2$和类型；其余元素即谱、钕、钷、钐、铕、铽、镝、钬、铒、铥、镱属于$[Xe]4f^n6s^2$类型。对于钪和钇，它们虽然没有4f电子，但最外层具有$(n-1)d^16s^2$组态，因此在化学性质上与镧系元素有相似之处，这也是这两个元素被称为稀土元素的原因。

镧系元素的原子采取$[Xe]4f^n6s^2$为基态电子组态还是采取$[Xe]4f^{n-1}5d^16s^2$为基态电子组态，取决于这两种组态的能量高低。图8.1表示出镧系元素原子采取$[Xe]4f^n6s^2$或$[Xe]4f^{n-1}5d^16s^2$组态时体系能量的相对数值。由于镧、铈、钆采取$[Xe]4f^{n-1}5d^16s^2$组态时能量低于相应的$[Xe]4f^n6s^2$组态的能量，所以它们采取了前者的排列方式；而铽采取$[Xe]4f^96s^2$组态时的能量与采取$[Xe]4f^85d^16s^2$组态的能量相近，因此采取两种排布方式均可；镥的4f电子全满，只能采取$[Xe]4f^{14}5d^16s^2$，其余各元素的电子组态则均取$[Xe]4f^n6s^2$为基态电子组态。稀土元素的电子组态汇总于表8.1。

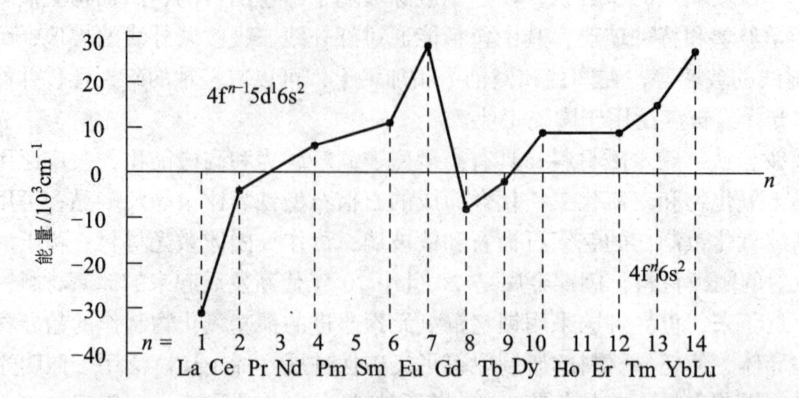

图 8.1 镧系元素原子采取[Xe]$4f^n6s^2$或[Xe]$4f^{n-1}5d^16s^2$组态时体系能量的相对数值

表 8.1 稀土元素的电子组态

原子序数	元素名称	元素符号	原子的电子组态						三价离子的电子组态
				4f	5s	5p	5d	6s	
57	镧	La	内部各层已填满共46个电子	0	2	6	1	2	[Xe]$4f^0$
58	铈	Ce		1	2	6	1	2	[Xe]$4f^1$
59	镨	Pr		3	2	6	—	2	[Xe]$4f^2$
60	钕	Nd		4	2	6	—	2	[Xe]$4f^3$
61	钷	Pm		5	2	6	—	2	[Xe]$4f^4$
62	钐	Sm		6	2	6	—	2	[Xe]$4f^5$
63	铕	Eu		7	2	6	—	2	[Xe]$4f^6$
64	钆	Gd		7	2	6	1	2	[Xe]$4f^7$
65	铽	Tb		9	2	6	—	2	[Xe]$4f^8$
66	镝	Dy		10	2	6	—	2	[Xe]$4f^9$
67	钬	Ho		11	2	6	—	2	[Xe]$4f^{10}$
68	铒	Er		12	2	6	—	2	[Xe]$4f^{11}$
69	铥	Tm		13	2	6	—	2	[Xe]$4f^{12}$
70	镱	Yb		14	2	6	—	2	[Xe]$4f^{13}$
71	镥	Lu		14	2	6	1	2	[Xe]$4f^{14}$
			内部填满18个电子	3d	4s	5p	4d	5s	
21	钪	Sc		1	2				[Ar]
39	钇	Y		10	2	6	1	2	[Kr]

8.1.2 镧系收缩

从表 8.1 可以看出，稀土元素随着原子序数的增加，新增加的电子不是填充到最外层，而是填充到 4f 内层，又由于电子云的弥散，4f 电子云并非全部地分布在 5s、5p 壳层内部。这种情况可由电子云的径向分布函数清楚地体现。图 8.2 和图 8.3 分别为铈原子和三价镨离子的电子云径向分布图。

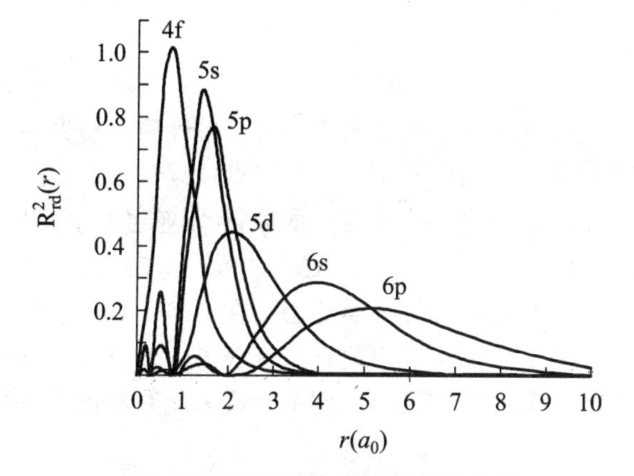

图 8.2　铈原子电子云径向分布图

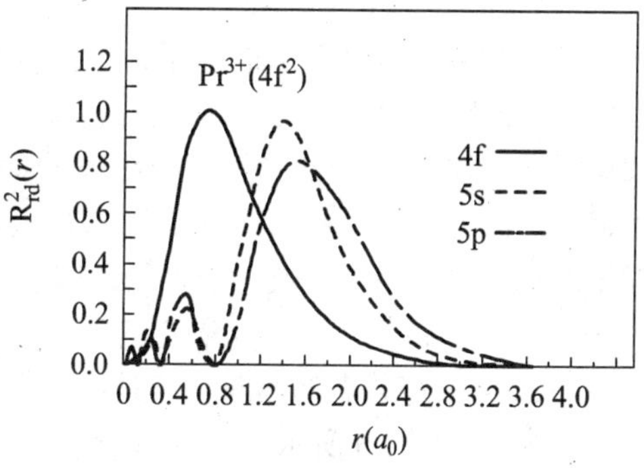

图 8.3　三价镨离子的电子云径向分布图

当原子序数增加 1 时，核电荷增加 1，但 4f 电子只能屏蔽所增加核电荷的一部分，一般认为在离子中 4f 电子只能屏蔽核电荷的 85%；而在原子中，由于 4f 电子云的弥散没有在离子中的大，故屏蔽系数略大。故当原子序数增加时，外层电子所受到的有效核电荷的引力实际上是增加了，这种引力的增加，引起原子半径或离子半径随原子序数增加而减小的现象称为镧系收缩。

镧系元素原子半径和三价离子的半径随原子序数的变化如图 8.4 和图 8.5 所示。

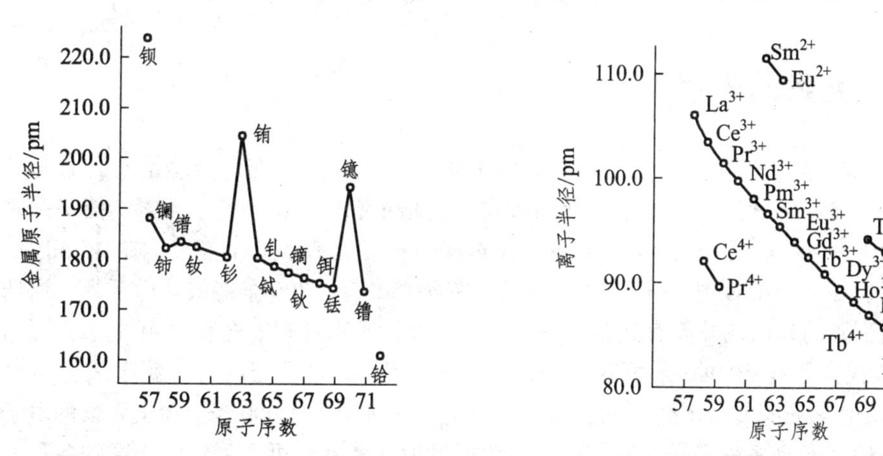

图 8.4　镧系金属的原子半径与原子序数的关系　　图 8.5　镧系元素三价离子的半径与原子序数的关系

由于 4f 电子在原子中的屏蔽系数比离子中的大，镧系收缩在原子中的表现比离子中的弱，且铕、铕、镱出现了“反常”。这是由于金属的原子半径大致相当于最外层电子云密度最大处的半径，因此在金属中最外层电子云在相邻原子之间是相互重叠的，它们可以在晶格之间自由运动，称为传导电子。对于稀土金属来说，一般情况下这种离域的电子是 3 个，但是由于铕和镱倾向于分别保持 $4f^7$ 和 $4f^{14}$ 的半充满和全充满的电子组态，因此它们倾向于只提供 2 个电子为离域电子，外层电子云在相邻原子间相互重叠的程度减小，有效半径就明显增大。相反，铈原子由于 4f 轨道中只有 1 个电子，它倾向于提供 4 个离域电子而保持稳定的电子组态，外层电子云在相邻原子间相互重叠的程度增大，因而原子半径比相邻的镧和镨都要小一些。

8.1.3　镧系元素的氧化数

稀土元素的最外两层的电子组态基本相似，在化学反应中表现出典型的金属性质，易失去 3 个电子，形成+3 价离子，它们的金属性质仅次于碱金属和碱土金属。根据洪特规则，在原子或离子的结构中，当同一层处于全空、全满或半充满时的状态比较稳定，所以在 4f 亚层处于 $4f^0$（La^{3+}）、$4f^7$（Gd^{3+}）和 $4f^{14}$（Lu^{3+}）时比较稳定。在 La^{3+}、Gd^{3+}之后的 Ce^{3+}、Pr^{3+}和 Tb^{3+}分别比稳定的电子组态多 1 个或 2 个电子，因此它们可进一步被氧化成+4 氧化态；在 Gd^{3+}、Lu^{3+}前面的 Sm^{3+}、Eu^{3+}和 Yb^{3+}分别比稳定的电子组态少 1 个或 2 个电子，因此它们有获得 1 个或 2 个电子被还原成+2 氧化态的倾向，这是这几个元素有反常氧化数的原因。镧系元素氧化数变化倾向的相对大小如图 8.6 所示。

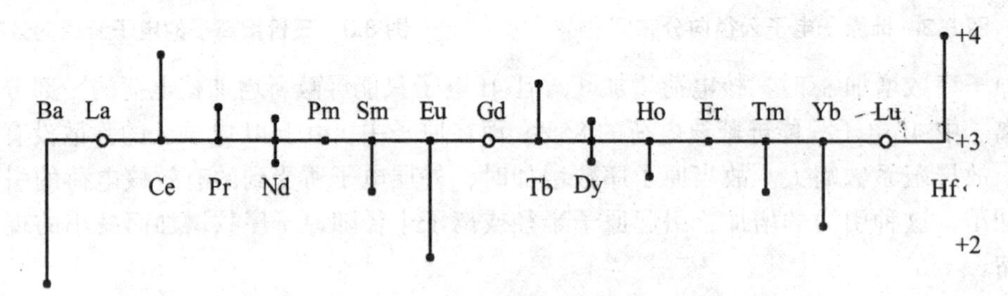

图 8.6　镧系元素氧化数变化倾向的相对大小

8.1.4　镧系元素的光谱项

镧系元素具有未充满的 4f 电子层结构，由于 4f 电子的不同排布，产生了不同的能级，4f 电子在不同能级之间的跃迁，产生了大量的吸收和荧光光谱的信息。稀土元素的能级是多种多样的，如镨原子在 $4f^36s^2$ 组态有 41 个能级，在 $4f^36s^16p^1$ 组态有 500 个能级，在 $4f^25d^16s^2$ 组态有 100 个能级，在 $4f^35d^16s^1$ 组态有 750 个能级，在 $4f^35d^2$ 有 1 700 个能级。由于受光谱选律的限制，实际观察到的光谱线并没有达到无法估计的程度。通常具有未充满的 4f 电子壳层的原子或离子的光谱线大约有 30 000 条可观察到，具有未充满 d 电子壳层的过渡金属的谱线约有 7 000 条，而具有未充满 p 电子壳层的主族元素的光谱线则只有 1 000 条。稀土元素的电子能级和谱线要比一般元素更多种多样，它们可以吸收或发射从紫外、可见到红外光区的各种波长的电磁波辐射。

稀土离子的电子能级多种多样的另一个特征是有些激发态的平均寿命长达 10^{-2} ~ 10^{-6} s，而一般原子或离子的激发态寿命只有 10^{-8} ~ 10^{-10} s，这种长激发态叫做亚稳态。稀土离子有许多亚稳态是由于 4f → 4f 的跃迁。根据宇称选律，这种电偶极跃迁是禁阻的，但实际上可观察到这种跃迁，这主要是4f组态与宇称相反的组态发生了混合，或对称性偏离了反演中心，因而使原本宇称禁阻的4f → 4f跃迁变为部分允许。稀土离子有许多亚稳态间的4f →4f跃迁特性，使它们之间的跃迁概率很小，激发态寿命较长，这是稀土元素可以作为激光和荧光材料的依据。

8.2 稀土配合物

与d区过渡金属相比较，稀土元素的配位化学有许多自身的特点。

8.2.1 稀土配合物中的化学键

从软硬酸碱的角度看，稀土元素属于硬酸，因而它们更倾向于和被称为硬碱的原子形成化学键。在氧族元素中，稀土元素更倾向于与氧形成RE—O键，而与硫、硒、碲形成化学键的数目相对减少。

稀土离子与氧的配位能力很强，含氧配体的稀土配合物是配合物中最重要的一大类。配体类型主要有羧酸、羟基羧酸、醇类、β-二酮、羰基化合物以及大环聚醚等。β-二酮具有酮式和烯醇式两种结构（结构如下），因此β-二酮可以被看成一种一元弱酸，在适当的条件下，β-二酮会失去一个氢离子，变为一个具有两个配位点的一价阴离子。β-二酮的酸性依其结构的不同而不同，因此它们与稀土的配位能力也不同。此外，空间因素也是影响稀土-β-二酮配合物结构的重要因素。

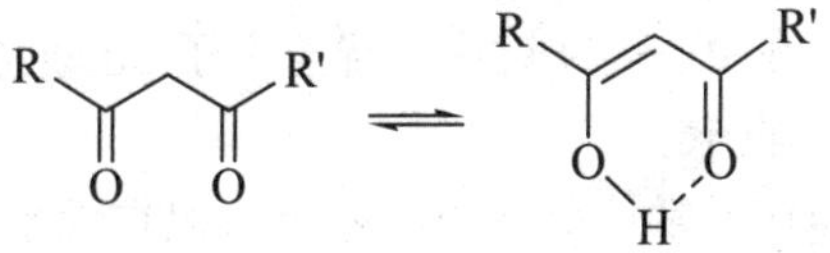

稀土金属离子与配体配位后会形成中心离子发光的稀土二元配合物。然而在形成配合物时，稀土的高配位数往往得不到满足，常常有溶剂分子参与配位。如果用一种配位能力比溶剂分子强的中性配体取代溶剂分子，可以大大提高稀土配合物的发光效率。

例如，Eu^{3+}和α-噻吩三氟乙酰丙酮（TTA）配合物，由于Eu^{3+}的高配位特性，配位数未达到饱和，因此实际生成的配合物结构为$Eu(TTA)_3\cdot 2H_2O$（结构如下），其荧光强度要远远弱于加入中性配体三苯基氧磷（TPPO）后所形成的配合物$Eu(TTA)_3(TPPO)_2$（结构如下）。一般情况下，当稀土配合物中有较大的中性分子取代了配合物中的水分子后，可使荧光强度在原有基础上成倍地增加。一般认为可能的原因有：① 在存在水分子配位的稀土配合物中，配体吸收的能量会部分地转移给水分子，而水分子O—H键的高频振动使所吸收的能量以振动的形式损耗了，因而使稀土配合物发光的量子产率降低。② 在有较大的中性分子作为协同配体的情况下，中性分子本身参加了能量的吸收或传递。有机羧酸可与稀土离子形成稳定的配合物而应用于萃取分离、催化和发光材料。羧酸类稀土配合物具有配位形式多样化以及易形成双聚或多聚分子的特点。在已知结构的稀土羧酸配合物中，与稀土离子配位的一元羧酸有：甲酸、乙酸、卤代乙酸、丙酸、特戊酸、正己酸、环己酸、羟基羧酸、芳香羧酸及烟酸等；二元羧酸有：丙二酸、戊二酸、缩二乙二酸、丁烯二酸、吡啶-2, 6-二甲酸，呋喃-3, 4-二甲酸等。

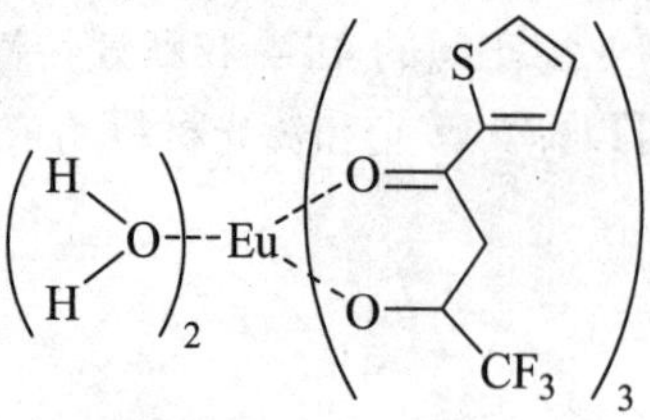

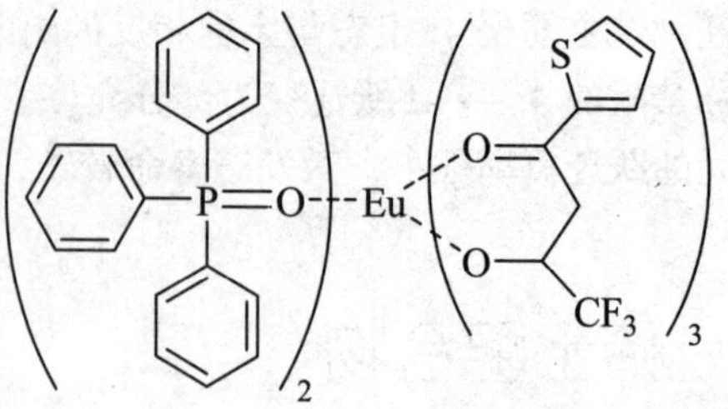

$Eu(TTA)_3 \cdot 2H_2O$　　　　$Eu(TTA)_3(TPPO)_2$

一般来说，发光稀土配合物中使用的协同配体应具备以下几个条件，才有可能增加荧光强度：① 要满足金属离子的配位数，配位能力要比溶剂分子强以阻止溶剂进入配位内界，从而形成不包括溶剂分子在内的三元配合物。② 中性协同配体一端要有与稀土离子配位的合适原子，如氧、氮原子等，另一端为远离金属离子的饱和链烃，以形成荧光中心的绝缘套。③ 中性协同配体不应是能量接受体，不会破坏原本二元配合物的荧光。

稀土元素也能与氮族元素形成化学键，绝大多数含 RE—N 键的稀土配合物同时含有 RE—O 键，而仅含 RE—N 键的的稀土配合物则相对较少。其中吡啶类稀土配合物研究得较多，这是由于吡啶类配体碱性适中，其配合物没有胺类稀土配合物对水那样的敏感性。吡啶类配体对稀土较强的配位作用很大程度上是由于吡啶环上 N 原子周围较大的π电子云密度与稀土 5d 轨道产生的π-d 作用造成的。席夫碱是另外一类具有代表性的含氮配体，由于 C═N 基团对稀土的配位能力较弱，配体大多是含多个螯合原子的大环或多齿链状配体，除含有 C═N 基团外，还含有其他配位能力较强的基团，如吡啶基或羟基。由于 C═N 基团本身碱性不强，又有配位能力较强的基团“加固”，因此席夫碱类稀土配合物的合成一般可在有机溶剂中进行，稀土盐也允许含有结晶水。研究表明，在 RE—N 键中，稀土离子 5d 轨道的贡献最大，6s 和 6p 也有一定的贡献，而 4f 轨道几乎没有贡献。

含有 RE—C 键的配合物在通常情况下很不稳定，但在无水、无氧的条件下，它们也能稳定地存在。在稀土羰基杂多核配合物中，当羰基作为桥时，羰基中的氧总是与稀土成键，而碳的一端总是与过渡金属键结。由于芳香环的离域π电子与稀土金属离子的作用可能是中性烯烃配体中最强的，因此芳香稀土金属有机配合物不仅可以稳定存在，而且可用于分离鉴定零价和一价等非经典低价稀土金属有机配合物，在稀土金属有机化学中占有重要地位。

8.2.2　稀土配合物的配位数

稀土元素与过渡金属相比，在配位数方面，有两个突出特点：① 有较大的配位数：3d 过渡金属离子的配位数常为 4 或 6，而稀土元素最常见的配位数是 8 或 9，这一数值比较接近 6s、6p、5d 轨道数的总和。② 有多变的配位数：稀土离子具有较小的配位场稳定化能（一般只有 $4.18\ kJ\cdot mol^{-1}$），而过渡金属的晶体场稳定化能较大（一般 $418\ kJ\cdot mol^{-1}$），因而稀土元素在形成配合物时，键的方向性不强，配位数可在 3 ~ 12 的范围内变化。

决定稀土配合物配位多面体的主要因素是配位体的空间位阻，即配位体在中心离子周围的成键距离范围内排布时，要使配位体间的斥力最小，从而使结构稳定下来。

1. 三配位的稀土配合物

大多数三配位的稀土配合物具有不规则的平面三角形构型（如图 8.7 所示）。

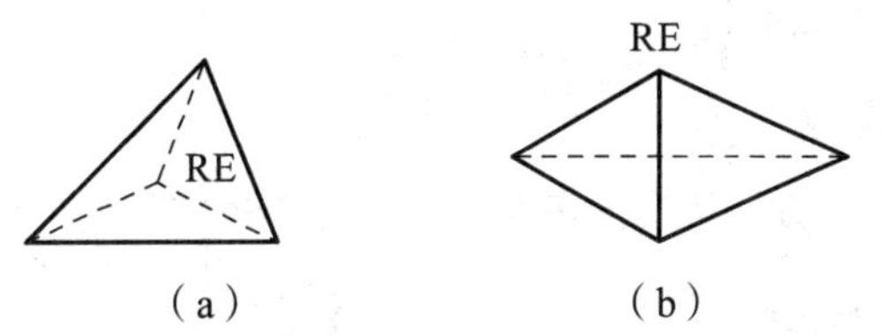

图 8.7　三配位的稀土配合物的配位多面体

例如：

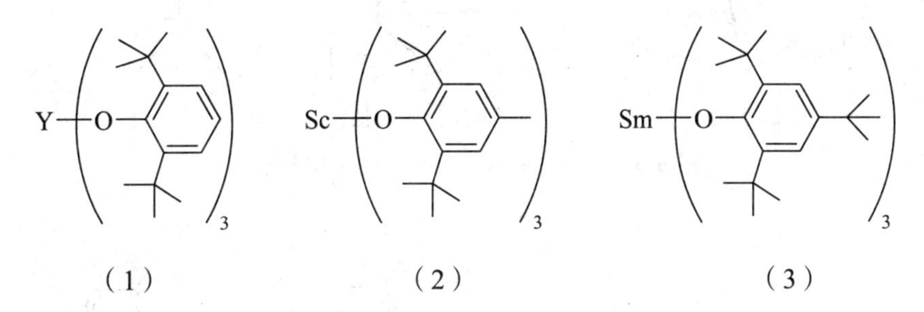

（1）中 3 个 O—Y—O 键角分别为 119.3(5)°、117.5(6)°、122.5(6)°，其平均值为 119.8°，很接近 120°的标准值。

（2）中 3 个 O—Sc—O 键角分别为 123.3(2)°、120.1(2)°、115.1(2)°，三个键角之和为 358.5°，很接近 360°的标准值。

（3）中 3 个 O—Sm—O 键角分别为 122.4(2)°、112.2(2)°、123.7(0)°，三者之和为 358.3°，也很接近 360°的标准值。这些都可从配体间斥力最小的角度加以解释。$Eu[N(SiMe_3)_2]_3$ 在溶液中的偶极矩为零，说明它在溶液中是平面结构。但在晶体中 3 个 N—Eu—N 键角的平均值为 116.6°，这说明其分子骨架为一扁平的三角锥体［图 8.8（b）］。

2. 四配位的稀土配合物

四配位的稀土配合物的配位多面体总是采取四面体构型，有时由于配位体的空间位阻，这些四面体常发生畸变。

例如：

Lu　　　　Yb—O　(THF)$_2$

（1）　　　　（2）

在（1）中，由于与镥配位的 4 个配体的空间位阻相同，因而配位多面体与理想的四面体偏离不大。

在（2）配合物中，6 个 O—Y—O 键角分布在 89.9(4)° ~ 121.1(4)°之间，由于与镱配位的两种配体的位阻悬殊，使键角偏离109.5°较远；而在$Tb[N(SiMe_3)_2]_3(O{=}CPh_2)$中3个N—Tb—N键角的平均值为116°，而3个O—Tb—N键角分别为88.8°、107°和110°，平均值为102°，前者大于标准值，而后者小于标准值。

3. 五配位的稀土配合物

配位数为5的稀土配合物，其配位多面体大致有3种类型，即四方锥、三角双锥和畸变三角形（图8.8）。

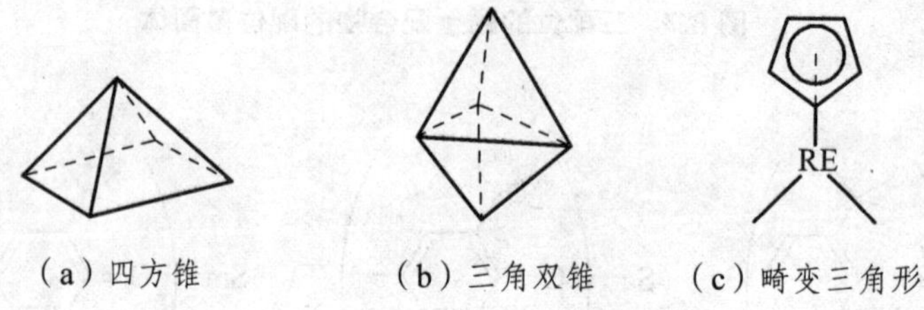

（a）四方锥　　（b）三角双锥　　（c）畸变三角形

图8.8　五配位的稀土配合物的配位多面体

（1）　　（2）

（3）　　（4）

在（1）中，2个酚氧和2个THF中的氧原子构成了一个平面，4个氧原子与该平面的偏差只有7 pm，而镱距此平面的距离为47 pm，第三个THF中的氧所形成的Y—O键与平面的夹角为78.3°，为四方锥的锥顶。五配位的稀土配合物中这类构型数目居多。在（2）中，2个酚基氧和2个μ_2酚基氧形成一个平面，上面冠以一个THF氧，形成2个共边的四方锥，锥顶一个向上，一个向下。配位多面体具有三角双锥构型的例子比第一种少，如（3）（其中Ln = Er、Lu、Pr、Gd）。在该配合物中，3个酚基氧组成赤道平面，上下各冠以一个氧。O(THF)—Ln—O(THF)的角度分别为157.8(4)°、157.5(1)°、155(3)°和158.9(4)°，这些键角与180°都有一定的偏差。配位数为五的稀土配合物的第三种构型为畸变三角形，当配体中有一个环戊二烯时，环戊二烯提供3个配位数，如果将环戊二烯的质心视为一个点，则此点与另外2个配体的配位原子可以形成一个变形的三角平面的配位构型。如在（4）中，O—Ce—O的键角为135.2°，2个O—Ce—环戊二烯质心的夹角为121.7(7)°和99.26(8)°，三者之和为356.2°，与360°很接近。

4. 六配位的稀土配合物

六配位的稀土配合物数目相对于五配位稀土配合物显著增加，配位多面体主要是八面体、三角棱柱和只适用于金属有机化合物的四面体，其中以变形八面体数目居多（图 8.9）。

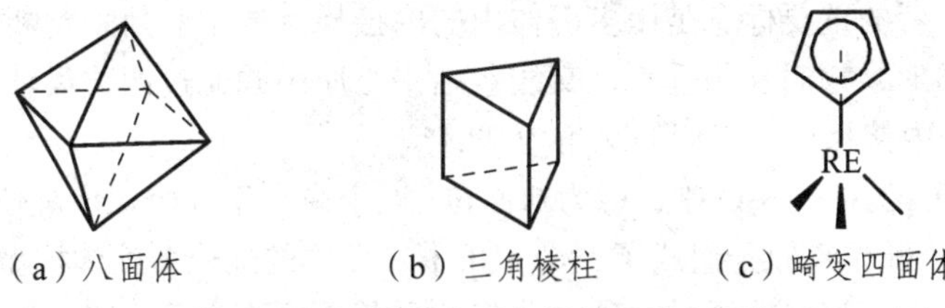

（a）八面体　　（b）三角棱柱　　（c）畸变四面体

图 8.9　六配位的稀土配合物的配位多面体

例如，在配合物$\{Pr[(C_2H_5O)_2POO]_3\}_n$中，八面体中 3 组独立的 O—Pr—O 键角分别为 180°、181.6°和 179.4°，比较接近 180° 的标准值；而在$[(n\text{-}C_4H_9)_4N]_3Nd(NCS)_6$中，八面体对位的 3 组 N—Nd—N 键角分别为 157.7°、173.7°和 166.3°，这些键角与 180°的标准值存在较大的偏差。六配位的配合物采用三角棱柱构型的较少，但在$Er(Me_3CCOCHCOCMe_3)_3$中，配位多面体为三角棱柱构型。在配合物$RE_2(OAr)_6$分子中（结构如下），2 个$RE(OAr)_3$分子通过苯基的η^6配位的方式桥联形成二聚体，此时如果把苯环的质心视为一个点，则配位多面体具有畸变四面体构型的特点。

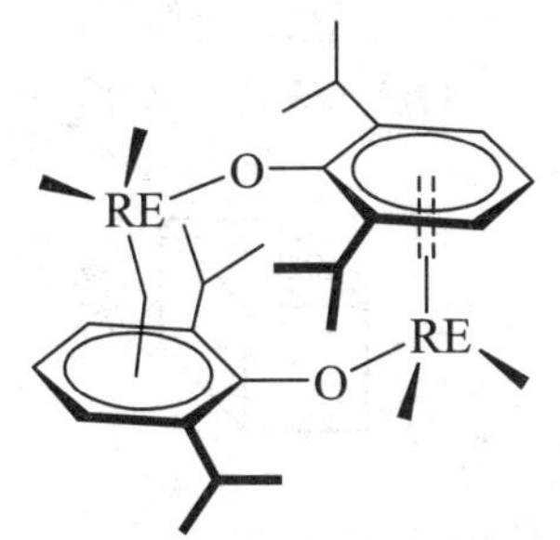

5. 七配位的稀土配合物

与六配位稀土配合物相比，七配位稀土配合物的数目略有减少。七配位的稀土配合物有 3 种结构形式，即单帽三棱柱、单帽八面体和五角双锥（图 8.10），其中以单帽三棱柱体最多。例如，在$Pr_2(Me_3CCOCHCOCMe_3)_6$中，有 2 个β-双酮上的氧原子作为μ_2-O 将 2 个镨原子连接起来，因此中心原子的配位数为 7，配位多面体采取单帽三棱柱构型。又如，在$[SmI_2(THF)_5]^+$配离子中，以钐为中心的配位多面体采取了五角双锥的构型，上下各冠以一个碘；I—Sm—I 的键角为 175.70 (7)°，与 180° 有一定的偏离。

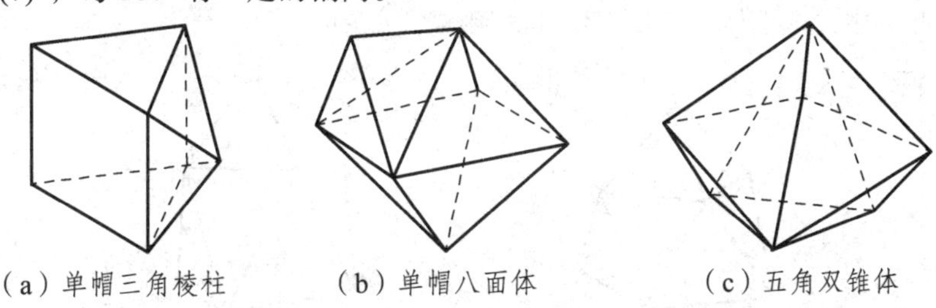

（a）单帽三角棱柱　　（b）单帽八面体　　（c）五角双锥体

图 8.10　七配位的稀土配合物的配位多面体

6. 八配位的稀土配合物

在稀土配合物中，八配位的稀土配合物数目最多。八配位的稀土配合物有 6 种配位多面体构型，即四方反棱柱、三角十二面体、双帽三棱柱、双帽八面体、D_4立方体和适用于金属有机化合物的畸变四面体（图 8.11），其中以四方反棱柱、三角十二面体最为常见。这里需要指出的是，四方反棱柱和三角十二面体之间的关系十分密切，只要很小的空间重排，两者之间就可以相互转化。区分二者的重要标志是用多面体内的内接梯形的二面角来判断：理想的三角十二面体中有 2 个内接梯形，它们互相垂直，交线包括中心原子并通过四重反轴；而理想的四方反棱柱也可以找到 2 个内接梯形，它们的交角为 77.4°。

例如，在 $Yb(C_2O_4)_3 \cdot 6H_2O$ 中，镱为八配位，6 个来自于 3 个双齿配位的草酸根，2 个来自于配位水分子，8 个配位氧原子组成了一个三角十二面体的配位多面体构型。草酸根均以双边双齿的配位方式与 2 个镱相连，通过这种方式将镱和草酸根连成垂直于 b 轴方向的层状物，而水分子位于层与层之间，以氢键的方式把层与层连接起来。Eu(Ⅲ)的 3-苯基 4-苯酰基异噁唑酮-5（HPBI）和邻菲络啉（O-Phen）的混配配合物 $Eu(PBI)_3(O\text{-}Phen)$中，中心离子 Eu(Ⅲ)为八配位，6 个配位氧原子来自 3 个 PBI^- 配体，2 个配位 N 原子来自 O-Phen，其配位多面体为畸变的四方反棱柱构型。

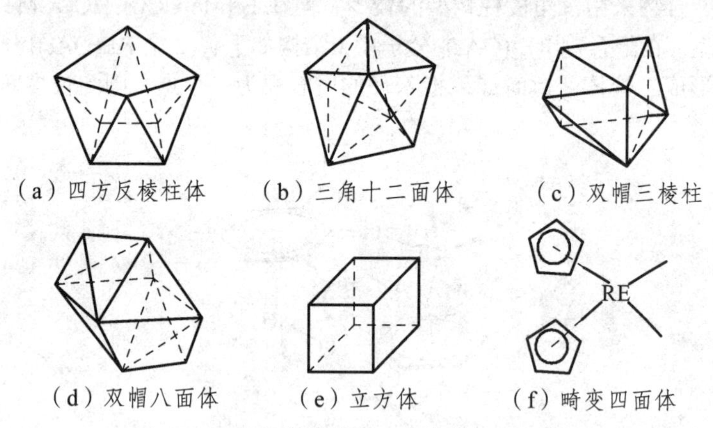

图 8.11 八配位的稀土配合物的配位多面体

7. 九配位的稀土配合物

九配位的稀土配合物数目略少于八配位的稀土配合物而居第二位，有两种常见的结构型式，即三帽三棱柱和单帽四方反棱柱（图 8.12）。例如，在已知结构的 5 种谷氨酸的稀土配合物中，中心离子的配位数全部都是 9，配位多面体为四方反棱柱。在 $Co(MeOCHCOMe)_3Eu(C_3F_7COCHCOCMe_3)_3$ 配合物中，钴的配位数为 6，配位多面体为正八面体，而铕除了和 3 个 $C_3F_7COCHCOCMe_3$ 中的 6 个氧原子配位外，还与钴共用分属于 3 个 MeOCHCOMe 上的 3 个氧原子，配位多面体为三帽三棱柱构型，此例中，八面体与三帽三棱柱共用一个三角面。

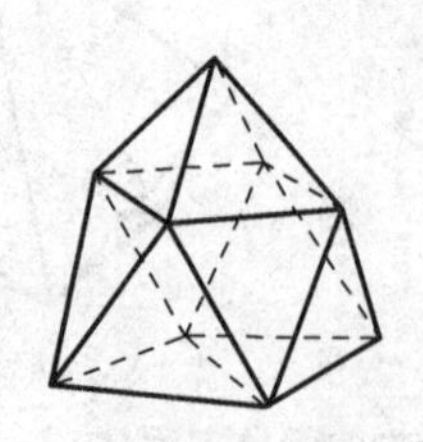

（a）三帽三棱柱体

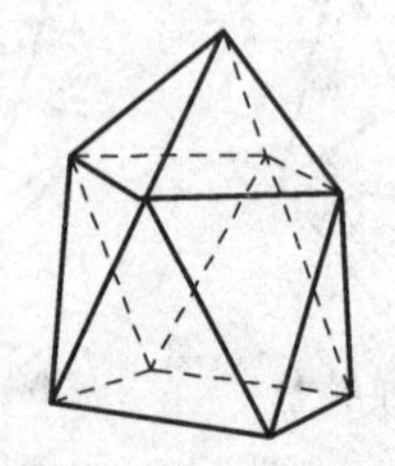

（b）单帽四方反棱柱体

图 8.12 九配位的稀土配合物的配位多面体

8. 高配位数的稀土配合物

与配位数为 8 和 9 的稀土配合物相比，配位数为 10、11、12 的配合物数目显著减少，其配位多面体构型如图 8.13 所示。在这类配合物中，含有冠醚、穴醚或其他多齿配合物占有相当大的比例。

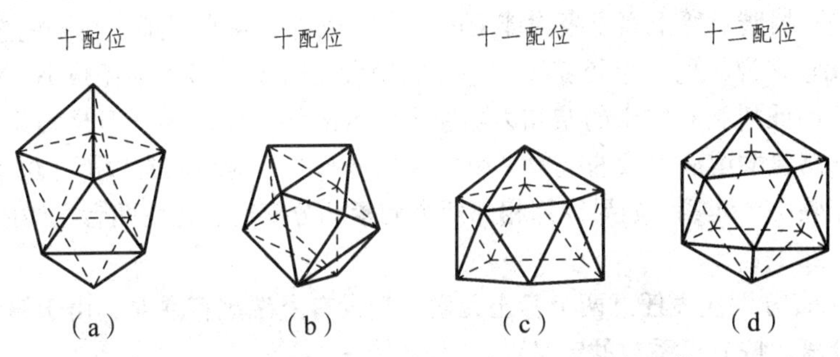

图 8.13　高配位数的稀土配合物的配位多面体

由于受配体本身几何构型的限制，它们的配位多面体常常不能用常规的多面体来描述。但对那些简单的环所形成的配合物，仍可加以讨论。例如，十配位的苯并-12-冠-4 的配合物 $[B_{12}C_4]Pr(NO_3)_3$ 的配位多面体与双帽四方反棱柱比较接近[图 8.1 4（a）]；15-冠-5 的配合物 $[B_{15}C_5]Eu(NO_3)_3$ 的配位多面体与单帽五方反棱柱[图 8.14（c）]比较接近。

8.3　稀土配合物的应用

8.3.1　稀土配合物在湿法冶金中的应用

由于稀土元素化学性质极其相似，要分离出纯的单一稀土化合物比较困难。又由于它们的化学性质比较活泼，不易还原为金属，所以相对于其他常见元素而言，稀土元素发现较晚。从 1794 年发现钇到 1947 年从铀裂变产物中得到放射性元素钷，历时 150 年之久。

分级结晶和分级沉淀法在稀土元素的分离历史上曾起了重要作用，主要是利用某些稀土的盐类和氢氧化物的溶解度差异，经过多次的重复操作，达到分离稀土的目的；但由于该方法回收率低，难以实现连续操作，目前已遭淘汰。第二次世界大战末期，原子能事业的发展，向人们提出了发展精密分离技术的要求。这方面的重大突破之一就是将配合物引入了稀土元素的分离。离子交换和萃取技术的应用使人们从成千上万次重结晶的繁重劳动中解放了出来，使得稀土的分离化学得到突飞猛进的发展。而人们为了寻找更有效的离子交换剂和选择性更高的萃取剂，开展了大量的稀土溶液配位化学的研究，可以说稀土配位化学的发展就是从这里开始的。

8.3.1.1　离子交换

应用于稀土分离过程的离子交换树脂，一般采用强酸性阳离子交换树脂，树脂活性基团上可交换离子（如 H^+、NH_4^+）与水中稀土离子的交换反应如下所示：

$$3\overline{H^+} + Ln^{3+} \rightleftharpoons 3H^+ + \overline{Ln^{3+}}, \quad 3\overline{NH_4^+} + Ln^{3+} \rightleftharpoons 3NH_4^+ + \overline{Ln^{3+}}$$

式中加横线的表示树脂相，不加横线的表示水相，以上反应相应有以下平衡常数：

$$K_{H^+} = \frac{[H^+]^3\overline{[Ln^{3+}]}}{\overline{[H^+]}^3[Ln^{3+}]}, \quad K_{NH_4^+} = \frac{[NH_4^+]^3\overline{[Ln^{3+}]}}{\overline{[NH_4^+]}^3[Ln^{3+}]}$$

K值的大小，表示树脂对稀土离子吸附能力的大小，也称为树脂对稀土离子的选择系数。

对于稀土元素来说，离子半径随原子序数的增大而减小，离子半径减小，稀土离子周围的水合分子增多，因此树脂对稀土的亲和力随原子序数的增大而减小。但是实际上这种差异是很小的。例如，在高氯酸溶液中钕的吸附平衡常数只是铒的吸附平衡常数的 1.08 倍，这两个元素在稀土系列中相隔 7 个元素，如果计算相邻两个元素的分离时，忽略两者在吸附过程中的差异，所引入的误差不到 1%。

设 Ln_A 和 Ln_B 分别代表任意两个稀土元素，当没有淋洗剂存在时，由于树脂的吸附而引起的稀土离子的分离，按分离系数的定义：

$$\beta_{吸附} = \frac{溶液中Ln_A与Ln_B的比例}{树脂相中Ln_A和Ln_B的比例} = \frac{[Ln_A^{3+}]/[Ln_B^{3+}]}{\overline{[Ln_A^{3+}]}/\overline{[Ln_B^{3+}]}} = \frac{[Ln_A^{3+}]\overline{[Ln_B^{3+}]}}{\overline{[Ln_A^{3+}]}[Ln_B^{3+}]}$$

在有淋洗剂存在时，溶液中 Ln_A 和 Ln_B 绝大多数以配合物形式存在，为简洁起见，以下略去电荷，配合物记为 Ln_AL 和 Ln_BL，按分离系数的定义：

$$\beta_{淋洗} = \frac{溶液中Ln_A与Ln_B的比例}{树脂相中Ln_A和Ln_B的比例} = \frac{[Ln_AL][Ln_BL]}{\overline{[Ln_AL]}\,\overline{[Ln_BL]}}$$

因为 $$\beta_{吸附} = \frac{[Ln_A^{3+}][Ln_B^{3+}]}{\overline{[Ln_A^{3+}]}\,\overline{[Ln_B^{3+}]}} \approx 1, \quad K_A = \frac{[Ln_AL]}{[Ln][L]}, \quad K_B = \frac{[Ln_BL]}{[Ln][L]}$$

所以 $$\beta_{淋洗} = \frac{K_A}{K_B}$$

即在淋洗剂存在的情况下，两种稀土元素的分离系数可视为两种稀土元素与淋洗剂配合常数之比，配合常数相差越大，分离效果就越好。早期使用的淋洗剂有柠檬酸、苹果酸、酒石酸、α-羟基异丁酸、乙酸铵等，稍后又发展了氨羧配合剂类，如 EDTA 等。

8.3.1.2 液-液萃取

液-液萃取是稀土分离工业中最为广泛的一种方法。它可用于每一种稀土元素的分离，有时一种好的萃取剂几乎可以实现全部稀土元素的分离。

液-液萃取所研究的问题实际上是两相间的配位化学。一个萃取体系是由水相和不与水相溶的有机相所组成。水相中除含有待分离的物质外，根据不同情况还可能含有配合剂、盐析剂、无机酸等；有机相主要含有一种或两种萃取剂和用以改善有机相性能的稀释剂。中性和酸性萃取剂是一种油溶性的配体，根据萃取化学的基本要求，它在结构上必须具备以下两个特点：① 至少要有一个或多个配位功能基团，其中的配位原子与稀土配位后，形成油溶性配合物；② 为了使萃取剂本身或生成的稀土配合物易溶于有机相而难溶于水相，萃取剂的分子中还必须有一个足够长的碳链或芳环。当然，一个有实用价值的萃取剂，还必须有较高的选择性、较大的容量、比重小、黏度低、化学稳定性好、无毒、易反萃和价廉等。

根据萃取过程中稀土离子对萃取剂的结合及形成萃合物的性质和种类的不同，稀土元素的溶剂萃取体系主要有四类：

1. 中性配合萃取体系

中性配合萃取体系的特点是萃取剂是中性分子，对中心金属离子的萃取能力顺序如下：

$$R_3NO \geqslant R_3PO > R_2SO > R_2CO$$

萃合物是通过氧原子上的孤对电子和金属原子生成配键而形成的。当 R 基团相同时，萃取剂的萃取能力随着与氧键接的原子半径增加，电负性降低而提高。

此类萃取剂研究和应用最多的是中性膦类萃取剂，此外还有亚砜类和冠醚。

2. 酸性配合萃取体系

酸性配合萃取体系的特点是萃取剂是一个有机弱酸 HA，水相的被萃金属离子与有机酸的氢离子之间通过离子交换机理形成萃合物。这一类的萃取剂有有机膦酸、羧酸和β-二酮等。

3. 离子缔合萃取体系

离子缔合萃取体系的特点是被萃金属形成阴离子，它们与萃取剂阳离子形成离子对，共存于有机相。有机胺类属于离子缔合萃取体系，它们可以看作氨分子中的 3 个氢逐步地被烷基取代生成的 3 种胺及铵盐：

RNH_2	$RR'NH$	$RR'R''N$	$RR'R''R'''NX$
一级胺（伯胺）	二级胺（仲胺）	三级胺（叔胺）	四级铵盐（季铵盐）

分子中 R、R′、R″、R‴ 等代表不同的烷基或芳基；X 代表无机酸根，如 SO_4^{2-}、Cl^-、NO_3^- 和 CNS^-等。

胺类的碱性强弱，结构的空间位阻及分子间氢键效应等对它们的萃取性能都有较大的影响。

4. 协同萃取体系

1954 年，Cumingham 等在寻找分离镨钕的体系时发现用纯的 TBP 从 $0.1\ mol \cdot L^{-1}$ 的 HNO_3 和 $1\ mol \cdot L^{-1}\ NH_4NO_3$ 溶液中萃取钕时，其分配系数只有 0.3；如果用饱和的 HTTA 的煤油溶液从 $1\ mol \cdot L^{-1}\ NH_4NO_3$ 溶液（pH=3.5）中萃取钕，分配比也只有 0.3，但如果用 $0.3\ mol \cdot L^{-1}$ 的 HTTA 加入 1%TBP 的混合萃取剂从 $1\ mol \cdot L^{-1}\ NH_4NO_3$ 溶液中萃取钕，其分配比可激增到 110，这种现象在萃取化学中称为协同萃取。协同萃取现象的实质是在水相中的中心离子与萃取剂生成了一种在热力学上更稳定、在有机相中溶解度更大的混合配体的配合物。

8.3.2 稀土配合物在光致发光领域中的应用

稀土配合物的光致发光现象早在 20 世纪 40 ~ 50 年代就已陆续被观察到了。60 ~ 70 年代初，随着激光的出现，人们为了寻找激光的工作物质，才开始对稀土光致发光配合物进行了系统的研究。纵观历史，如果认为稀土分离是稀土配合物化学建立和发展的第一个里程碑的话，那么，毫无疑问，对稀土光致发光配合物的系统研究就是稀土配合物化学发展中的第二个里程碑。

8.3.2.1 稀土配合物光致发光原理

最普遍接受的稀土光致发光配合物的敏化机理是 Crosby 等人提出的如图 8.14 所示的三重态敏化过程，该机理认为配合物中有机配体的能量吸收导致配体从基态到激发单重态 S_0 的激发，这种激发使分子到达激发态 S_1 中的一个振动多重态，分子很快通过一些非辐射的去激活过程失去过剩的振动能，并且衰退到激发态 S_1 的最低能级上，经过系间窜跃到达三重态 T 的一个能级上，然后把能量转移到金属离子上，发出稀土离子的特征荧光。与此相对应，Kieinerman 在 1969 年首次提出了发光稀土配合物的单重态敏化机理。随后，Horrocks 等人在结合了稀土离子的蛋白质中检验了这种能量传递过程，认为稀土离子的特征发射是由发色团的单重态敏化所致。北京大学王原教授等也通过实验直接观察到了这种单重态敏化过程。

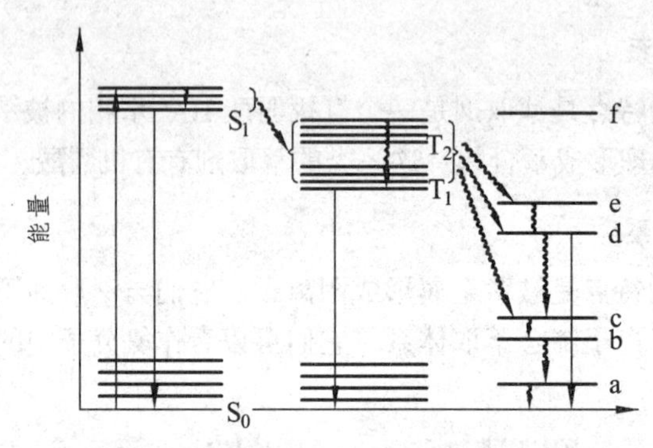

图 8.14 由配体向中心离子能量传递示意图

S_0—配体的基态；S_1—配体最低激发单重态；T_1、T_2—配体激发三重态；a～f—稀土离子能级

8.3.2.2 影响稀土发光配合物发光强度的因素

综上，具有中心离子特征发射的稀土配合物的发光是经过这样一个过程：配体吸收紫外光并跃迁到激发单重态，激发单重态寿命很短，很快便经系间蹿跃到亚稳的三重态，再进一步将能量传递给稀土离子的各振动能级，稀土离子从激发态回到基态时发射该离子的特征荧光。在这个过程中，以下几个因素对发光强度有影响：

（1）稀土离子本身电子层结构的影响：La^{3+}（f^0）、Lu^{3+}（f^{14}）为稳定电子层结构，不能发生 f 轨道能级间的电子跃迁，Gd^{3+}（f^7）也较稳定,即难以产生 L → RE^{3+}能量传递，故这 3 种稀土离子的化合物都没有稀土离子荧光现象。Pr^{3+}（f^2）、Nd^{3+}（f^4）、Ho^{3+}（f^{10}）、Er^{3+}（f^{11}）、Yb^{3+}（f^{13}）中虽有 f 电子，但其电子跃迁能级较多，激发态与基态光谱项之间能级间距较小，当受到配体三重态能量激发后，f 电子在各光谱项间的跃迁将产生较强的非辐射去激活过程，故这 5 种稀土离子配合物中通常仅有较弱的稀土离子荧光。Sm^{3+}（f^5）、Eu^{3+}（f^6）、Tb^{3+}（f^8）、Dy^{3+}（f^9）的最低激发态和基态之间的能级差分别为 7 400 cm^{-1}、1 250 cm^{-1}、14 800 cm^{-1}、7 850 cm^{-1}，f → f 跃迁的非辐射失活几率较小，且辐射波长在可见光范围。

（2）配体三重态与稀土离子最低激发态之间的能级差$\Delta(E_T - RE^{3+})$的影响：根据 Dexter 的固体荧光敏化理论，能量传递几率取决于配体的三重态能级与中心金属离子的激发态能级的匹配程度，能级差过大或过小均不能实现有效的能量传递，也就得不到高强度的荧光，较高的发光效率对应于较佳的能级差。Latva 的经验规则指出：配体三重态与 Eu(Ⅲ)、Tb(Ⅲ)之间的最佳能量差分别为 2 500～4 000 cm^{-1} 和 2 500～4 500 cm^{-1}，稀土化合物能获得较好的发光。

（3）温度的影响：随着环境温度的下降，配合物荧光产率增大；反之，荧光产率减小。这主要由于热逆转能影响所致。

（4）配合物自身结构的影响：配合物的结构是可以人为控制的一个重要因素，结构上的差异往往对稀土离子的发光性能影响很大。通常配合物体系的共轭平面和刚性结构程度越大，配合物中稀土离子的发光效率就越高，因为这种结构比较稳定，可以大大降低发光的能量损失。需要特别指出的是，配体取代基对中心稀土离子发光效率有明显的影响，取代基的电子给予特性也是影响稀土离子发光效率的重要因素。因此选择合适的功能基团和设计适当的配体能提高稀土配合物的荧光强度。

（5）溶剂分子的影响：当溶剂分子参与配位时，如水、氨及其他溶剂分子中的O—H、N—H甚至C—H的振动能都可能消耗中心离子激发态的能量，导致发光减弱；反之配体分子参与配位的原子数越多，与中心离子配位的溶剂分子就会越少，相应的发光强度越大。

8.3.2.3 稀土光致发光配合物的应用

1. 在分析化学中的应用

基于荧光光谱的高灵敏度和高选择性，它的发展和应用与生命科学紧密相关。稀土发光配合物可用于生物活性物质的分析：稀土元素中的 Eu^{3+}和 Tb^{3+}作为代替放射性同位素和非同位素标记的荧光探针具有很大的潜力，特别是 Tb^{3+}已被广泛地应用于研究 DNA 与生物体内 Mg^{2+}的作用与功能。使用稀土离子作为生物分子的荧光探针具有量子产率高、Stokes 位移大、发射峰窄、激发和发射波长理想、荧光寿命长等优点。Tb^{3+}对核酸的作用具有高选择性和特异性：研究发现只有含鸟嘌呤的核苷酸才能有效地敏化 Tb^{3+}的发光，只有单链核酸能敏化 Tb^{3+}，由此可提供有关核酸的结构信息。

荧光免疫分析：荧光免疫分析中存在的主要问题是测量过程中的高背景荧光干扰而使测试的灵敏度受到限制，这些背景荧光主要来自塑料、玻璃及样品中的蛋白质等，其荧光寿命常在 1 ~ 10 ns，若用荧光素作为标记物，应用时间分辨技术仍不能消除干扰，因此，必须使用具有比产生背景信号组分的荧光寿命更长的荧光基团作为标记，才能发挥时间分辨测量的优点。某些稀土元素，如 Eu^{3+}的螯合物的荧光寿命比普通的荧光标记物高出 3 ~ 6 个数量级，因此很容易用时间分辨荧光剂将其与背景荧光区分开来。

2. 配位化合物的结构探针

稀土离子作为发光探针一般可获得稀土配合物中中心离子的格位数、中心离子的局部对称性、配位体形式电荷之和、直接与金属离子键合水的数目及两个金属离子间的距离等结构信息。Eu^{3+}的电子组态为 $4f^6$，在静电场作用下，电子间排斥作用可产生 119 个谱项，由于自旋和轨道耦合作用可产生 295 个光谱支项。Eu^{3+}配位后，配位场的作用使其简并的能级变成许多 Stark 能级或 J 亚能级。由于 Eu^{3+}的基态 $^7F_0$ 和长寿命的激发态 $^5D_0$ 是非简并的，它们不会因晶体场的影响而发生分裂。但在不同的晶体场中，$^5D_0$ 能级的能量是不同的，因此在 Eu^{3+}配合物的高分辨荧光光谱中，若 $^5D_0 \rightarrow {}^7F_0$ 只观察到一条跃迁谱线，则说明配合物中 Eu^{3+}只有 1 种格位；若观察到两条谱线则配合物中 Eu^{3+}可能有两种格位。这里需要指出的是，当配合物中 Eu^{3+}有两种或多种格位时，由于能量相差不多，也可能只观察到 1 条较宽的谱带。

此外，还可以根据高分辨荧光光谱的谱线分裂情况来确定中心离子的局部对称性。表 8.2 给出了 Eu^{3+}的 $^5D_0 \rightarrow {}^7F_j$ 跃迁按 7 个晶系、32 个点群进行的分类。这样，借助于 Eu^{3+}配合物的高分辨荧光光谱谱线数目来判断 Eu^{3+}的对称性。

表 8.2 32 个点群中 f^6 组态的 $^5D_0 \rightarrow {}^7F_j$ 跃迁

晶系	点群	^7F_j（$j=0, 1, 2, 4, 6$）能级数目					$^5D_0 \rightarrow {}^7F_j$ 跃迁数目				
		0	1	2	4	6	$^5D_0 \rightarrow {}^7F_0$	$^5D_0 \rightarrow {}^7F_1$	$^5D_0 \rightarrow {}^7F_2$	$^5D_0 \rightarrow {}^7F_4$	$^5D_0 \rightarrow {}^7F_6$
三斜	C_1	1	3	5	9	13	1	3	5	9	13
	C_i	1	3	5	9	13	0	3	0	0	0
单斜	C_s	1	3	5	9	13	1	3	5	9	13
	C_2	1	3	5	9	13	1	3	5	9	13
	C_{2h}	1	3	5	9	13	0	3	0	0	0
正交	C_{2v}	1	3	5	9	13	1	3	4	7	10
	D_2	1	3	5	9	13	0	3	3	6	9
	D_{2h}	1	3	5	9	13	0	3	0	0	0
四方	C_4	1	2	4	7	10	1	2	2	5	6
	C_{4v}	1	2	4	7	10	1	2	2	4	5
	S_4	1	2	4	7	10	0	2	3	4	7
	D_{2d}	1	2	4	7	10	0	2	2	3	5
	D_4	1	2	4	7	10	0	2	0	3	4
	C_{4h}	1	2	4	7	10	0	2	0	0	0
	D_{4h}	1	2	4	7	10	0	2	0	0	0
三方	C_3	1	2	3	6	9	1	2	3	6	9
	C_{3v}	1	2	3	6	9	1	2	3	5	7
	D_3	1	2	3	6	9	0	2	2	4	6
	D_{3d}	1	2	3	6	9	0	2	0	0	0
	S_6	1	2	3	6	9	0	2	0	0	0
六方	C_6	1	2	3	6	9	1	2	2	2	5
	C_{6v}	1	2	3	6	9	1	2	2	2	4
	D_6	1	2	3	6	9	0	2	0	0	3
	C_{3h}	1	2	3	6	9	0	2	1	4	4
	D_{3h}	1	2	3	6	9	0	2	1	3	3
	C_{6h}	1	2	3	6	9	0	2	0	0	0
立方	T	1	1	2	4	6	0	1	1	2	3
	T_d	1	1	2	4	6	0	1	1	1	2
	T_h	1	1	2	4	6	0	1	0	0	0
	O	1	1	2	4	6	0	1	0	0	0
	O_h	1	1	2	4	6	0	1	0	0	0

图 8.15 是在 77 K 下，用 337.1 nm 的激发光将配合物 Eu(*p*-ABA)$_3$ · bipy · 2H_2O 激发（其中，*p*-ABA 为对氨基苯甲酸根，bipy 为 2, 2′-联吡啶）得到的发射光谱，从图中可看到 $^5D_0 \to {}^7F_0$、$^5D_0 \to {}^7F_1$ 和 $^5D_0 \to {}^7F_2$ 跃迁分别产生 1、3（有一个肩峰）和 5 条谱线，对照表 8.2，可以推断出配合物 Eu(*p*-ABA)$_3$ · bipy · 2H_2O 中 Eu^{3+}的对称性可能是 C_1、C_s或 C_2，该配合物的晶体解析结果表明，在该配合物中 Eu^{3+}的对称性为 C_1。

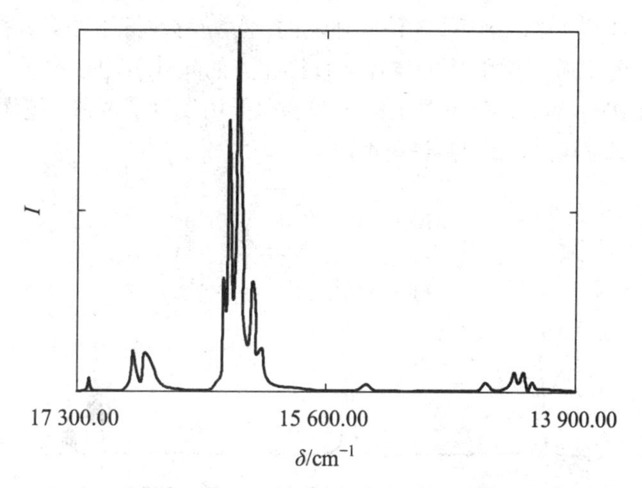

图 8.15　Eu(*p*-ABA)$_3$ · bipy · 2H_2O 配合物 77 K 下的高分辨荧光光谱

3. 稀土功能材料

稀土光致发光配合物应用于各种材料方面，已有不少专利发表。稀土配合物良好的油溶性可用于印刷油墨，印制各种防伪商标、有价证券；还可以制成发光涂料或与透明塑料混合制成各种显示材料。利用有机配体对紫外光的高效吸收及稀土离子的高效发光，可将稀土配合物分散到高分子中，再制成发光的功能农用薄膜，可达到良好的农田增产效果。

利用铕和铽的价态变化所带来的颜色显示日趋引起人们关注，例如，日本 Sato 研究了多色溶液发光器件：在紫外灯下，向含有 Eu^{3+}和 Tb^{3+}的 β-二酮配合物溶液施加电压，此时正极一侧发红光，负极一侧发绿光，这是由于正极一侧的 Tb^{3+}被氧化成 Tb^{4+}，而负极一侧的 Eu^{3+}则被还原成 Eu^{2+}，而 Tb^{4+}和 Eu^{2+}与 β-二酮所形成的配合物都是不发光的，因而正、负两端只分别发出以 Eu^{3+}和 Tb^{3+}为特征的荧光束。此外大阪大学的足立吟和中科院长春物理研究所的李文连课题组分别研究了 Eu^{2+}和 Ce^{3+}的高分子发光材料。配体分别为 15-冠-5 的聚甲基丙烯酸甲酯（PMA）或 18-冠-6 的聚甲基丙烯酸甲酯，这两个材料的发光能量主要是基于 Eu^{2+}和 Ce^{3+}的 f → d 允许跃迁的吸收。在紫外灯照射下，前者发出蓝光，后者发出紫光。由于含 Eu^{3+}、Tb^{3+}、Eu^{2+}的高分子配合物在紫外光激发下可分别发出红、绿和蓝 3 个色调的光，可作为三基色研制出高分子或塑料型三基色荧光照明灯或彩色显示器件。

8.3.3　稀土配合物在核磁共振领域中的应用

1969 年，C. C. Hinckley 在非极性溶剂中发现 Eu(DPM)$_3$ · 2py [HDPM=$(CH_3)_3CCOCH_2COC(CH_3)_3$] 可使胆甾醇的核磁谱发生超常的变化，氢谱普遍向低场发生了很大的位移，越靠近羟基的氢，变化越大。这一发现意味着：① 一个大的有机分子中随机简并的氢谱有望产生不同的位移而分开；② 峰的指认更确定；③ 通过氢谱的位置变化可望获得有关分子结构的重要信息。

8.3.3.1 镧系元素位移试剂

承上，$Eu(DPM)_3 \cdot 2py$ 可使胆甾醇的核磁氢谱发生很大的位移，是由于稀土 β-二酮的存在。如图 8.16 所示为 $Eu(DPM)_3$ 作为位移试剂将底物氢谱分开的例子：苄醇芳环氢在未加位移试剂前是一个尖峰，但在加了位移试剂后，3 种芳环氢的化学位移拉开了距离；在正己醇中也有类似的情况，在未加试剂前，所有次甲基（与羟基直接相连的除外）均集中于 1.2 ~ 1.7 ppm 之间，无法辨认，加入 $Eu(DPM)_3$ 后，各种位置上的氢普遍向低场发生了位移，越靠近羟基，位移越大，这是由于加合物的生成是通过 Eu^{3+} 与羟基配位的。

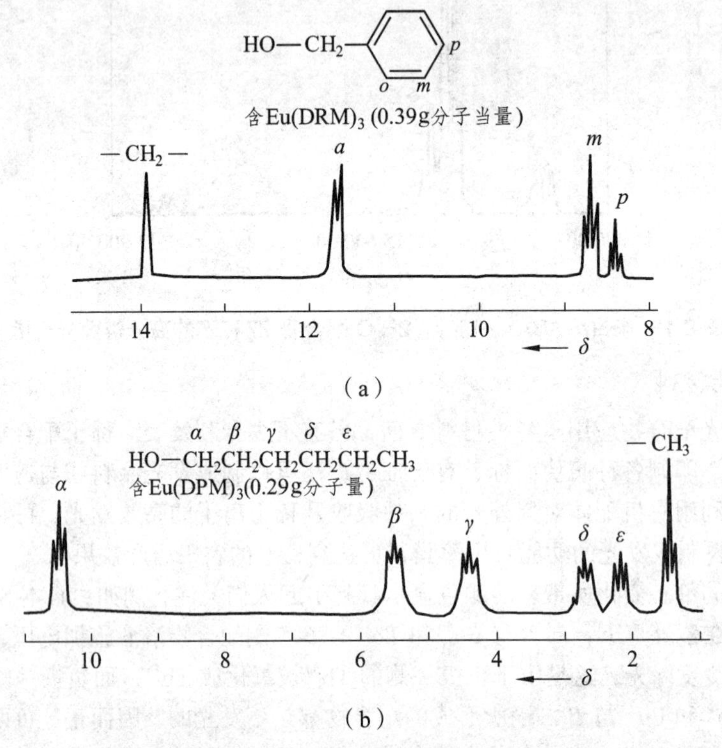

图 8.16 苄醇及正己醇在有位移试剂存在时的核磁共振氢谱（100 M/CCl_4）

8.3.3.2 分子构象探针

分子构象一直是化学学科关心和探讨的基本问题之一。用镧系离子作为核磁共振探针研究溶液中分子的构象被称为测定溶液中分子结构的“X 射线方法”，可以弥补“X 射线方法”只能用于晶体结构测定的不足。用镧系离子作为顺磁诱导位移探针和顺磁弛豫探针，用实验测得的 ^{1}H NMR 的镧系诱导准接触位移、纵向弛豫速率增强以及邻位自旋耦合常数等数据，借助计算机进行分析处理，可得出水溶液中分子的构象及各种异构体的平衡布局。杨频等用 Eu^{3+}、Pr^{3+}、Nd^{3+}、Yb^{3+}、Gd^{3+} 作为核磁共振探针，研究了 5′-CMP、5-AMP 和 5′-IMP 三种核苷酸在三种溶液中的构象。结果表明，核苷酸分子在水溶液中的构象是以一组构象异构体平衡共存；与晶态相比，分子中绕单键旋转的二面角以及戊糖环的折叠形式均有一定的变化，但碱基仍以稳定的反式存在。

8.3.3.3 钆的配合物与核磁共振造影

核磁共振造影（magnetic resonance imaging，MRI）是近 30 年来发展起来的一种新的医疗诊断手段。与 X 射线-计算机断层扫描（computed tomography，X-CT）相比，具有显著的优势：① 对脑部、腹腔部、椎间盘组织等的病变有较高的灵敏度；② 磁场和射频电波对人体健康的损害远远小于 X-CT 产生的 X 射线。

提高核磁共振成像质量的努力主要集中在两个方面：一方面改进仪器的设计，另一方面是致力于研究含顺磁性物质的核磁共振成像造影试剂。这种顺磁性物质进入人体后，可以缩短局部组织质子的弛豫时间，增强信号强度及对比度，从而探测出其中的微小病变部位。Gd^{3+}的配合物研究得最多，并已进入了临床应用，取得了明显的效果。

核磁共振造影技术已成为当今临床诊断中最为有力的检测手段之一。它对疾病的诊断是通过使用外来的核磁试剂或造影剂而使得正常组织和疾病组织的 ^{1}H（主要是水）的共振信号产生差别。核磁共振造影剂使得质子的弛豫时间缩短，从而达到改善组织成像的效果。顺磁金属配合物和水之间相互作用的有效性由以下几个参数决定：$R_i = f(T_{1e}, \tau_M, \tau_R, \tau_D)$，其中 T_{1e} 为弛豫度，它与弛豫时间成反比，τ_M 为纵向电子弛豫时间，τ_R 为键合水的滞留时间，τ_D 为相对平衡扩散时间。这些影响因素如图 8.17 所示。

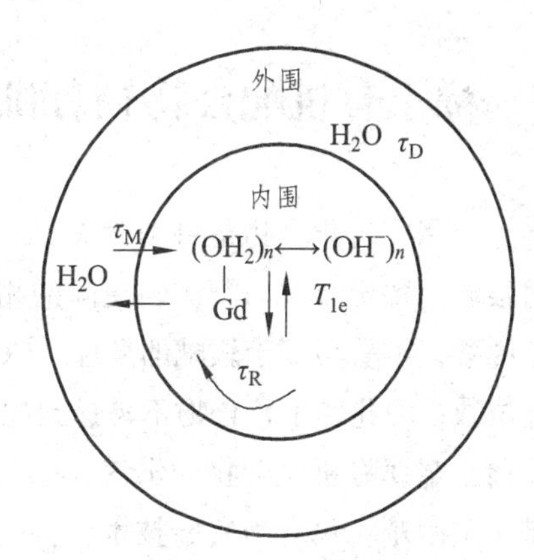

图 8.17 影响钆配合物弛豫时间的因素

通过优化各种参数，特别是提高水的交换速率，降低转动、滚动相关时间，介入靶向传递基团等，可以大大提高弛豫度 R 值。多数核磁造影剂为 Gd(Ⅲ)、Mn(Ⅱ)、Fe(Ⅲ)离子，是因为这些离子具有最多的未成对电子和较长的电子自旋弛豫时间。据统计，世界上大约每年要进行 500 万次核磁共振诊断，而其中有 20%使用了造影剂。

目前有 4 种钆的配合物用于临床诊断（结构如下）。其中 DTPA（1）和 DOTA（2）的钆配合物为离子型的，而 DTPA-BMA（3）和 HP-DOTA（4）为中性。后两者的低渗透压可以减小注射引起的疼痛。这些化合物的热稳定性都很高，相比之下，DOTA 的配合物要更高一些。在这些钆配合物中，钆均为九配位，并含有一个键合的水分子。由于配合物中水的交换过程为离解型，所以水分子周围的空间效应会加快水的交换。近年来，该领域的研究工作集中在钆配合物的靶向传递和通过把钆配合物和生物大分子相结合而进一步增加其弛豫度。

$^-$OOC, $^-$OOC, COO$^-$, COO$^-$, COO$^-$, N, N, N, Gd^{3+}

（1）

$^-$OOC, COO$^-$, COO$^-$, COO$^-$, N, N, N, N, Gd^{3+}

（2）

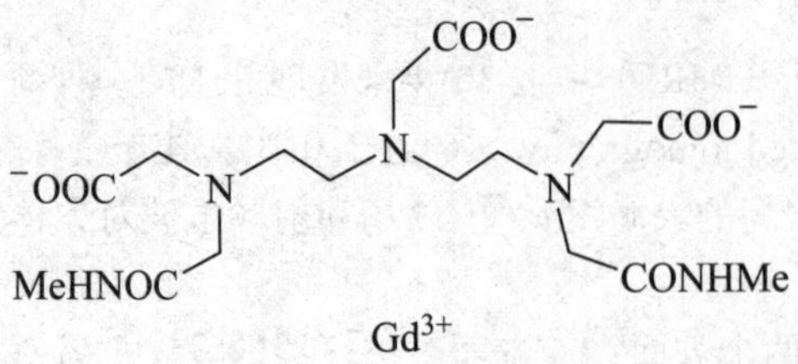

（3） 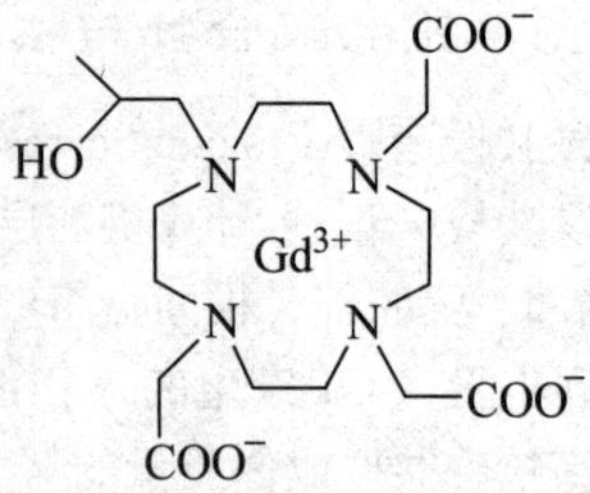　　　　　　　　（4）

一些用于临床诊断的钆配合物的分子结构

8.3.4 稀土有机配合物在有机合成及催化领域中的应用

稀土金属有机化合物是一类含 RE—C 键的化合物。与过渡金属元素相比，稀土 4f 轨道成键能力很弱，稀土金属与配体轨道间的相互作用在稀土金属有机化学中不起重要作用。稀土金属属于硬酸，不易与属于软碱的烯烃、CO、膦等配体配位。它们一般具有较大的离子半径和较高的配位数，因此稀土化合物不易达到配位饱和。此外，稀土金属具有很强的离子性、亲氧性，从而使稀土金属有机化合物对水汽、空气非常敏感。上述这些性质都给稀土有机金属化合物的研究带来了困难。只有当实验技术，特别是无水、无氧操作技术发展，先进分析仪器设备不断问世，才能进一步推动稀土有机化合物的发展。

在稀土有机化合物的合成及反应中，金属与配体轨道间的相互作用虽然不起主要作用，但只要在满足电荷和空间要求的条件下，配体的重排、配位几何的变化都较容易，这正是稀土有机化合物可参与很多催化和计量反应的基础。稀土离子相似的化学性质和不同的离子半径可使其显示不同的反应性能。例如，同系列稀土化合物的 Lewis 酸性随离子半径的减小而增加，这就是稀土有机化合物具有丰富的均相反应性能的潜在因素。

自从 Wilkinson 等人首次合成三茂稀土金属有机配合物以来，稀土金属有机化学的发展经历了 20 世纪 60 ~ 70 年代的鲜为人知、80 年代的方兴未艾和 90 年代后的蓬勃发展阶段。稀土离子独特的电子层结构及高的配位数，使得稀土金属有机配合物在有机合成及催化反应中显示了一些独特的性能。现简述如下。

8.3.4.1 在有机合成方面的应用

1. 对羰基的活化

对 RE—C 键稀土金属有机化合物反应性能的研究表明，与过渡金属有机化合物类似，稀土金属有机化合物也具有活化羰基的性质：CO 可以插入茂稀土金属有机配合物中并得到稀土酰基配合物，后者再进一步和 CO 反应生成稀土双核配合物（反应历程如下），展示了稀土金属有机配合物在活化小分子方面的潜在特性。

$$Cp_2Lu[C(CH_3)_3](THF) + 2CO \longrightarrow 2Cp_2Lu[CC(CH_3)_3]$$

$C(CH_3)_3$ Cp_2Lu O O $LuCp_2$ O O $C(CH_3)_3$ $\longleftarrow$ $2Cp_2Lu \leftarrow :CC(CH_3)_3$

2. 对饱和碳氢键的活化

饱和 C—H 键的活化一直是均相催化反应中没有得到很好解决的一个问题。Watson 首先发现$(C_5Me_5)Lu—CH_3$和$(C_5Me_5)LuH$化合物都有活化饱和 C—H 键的性质，而且反应条件温和，产率也高。相应的反应如下所示：

$$(C_5Me_5)_2Lu—CH_3 \xrightarrow{H_2} (C_5Me_5)_2Lu—H$$

$$(C_5Me_5)_2Lu—OEt \xleftarrow{Et_2O} (C_5Me_5)_2Lu—H \xrightarrow{C_6H_6} (C_5Me_5)_2Lu—C_6H_5$$

$$(C_5Me_5)_2Lu—H \xrightarrow{C_6D_6\ 或\ D_2} (C_5Me_5)_2Lu—D + C_6D_5H\ 或\ HD$$

$$(C_5Me_5)_2Lu—C_6H_5 \underset{}{\overset{(C_5Me_5)_2Lu—H}{\rightleftharpoons}} (C_5Me_5)_2Lu—C_6H_4—Lu(C_5Me_5)_2$$

8.3.4.2 在催化领域中的应用

1. 氢化反应

茂基稀土氢化物、茂基稀土烷基化合物、二价茂基稀土化合物都是烯烃或炔烃氢化的催化剂或预催化剂。特别是二茂稀土金属有机氢化物，即$[(C_5H_5)_2LnH]_2$是文献报道的活性最高的烯烃催化氢化催化剂。茂稀土金属有机氢化物催化烯烃氢化的机理与过渡金属催化反应不同，如下所示，一般认为首先是烯烃向金属配位，配位烯烃向 RE—H 键插入，然后和氢气反应，以四中心方式发生氢解，放出产物，再生催化剂。其中的关键步骤为烯烃双键对稀土-氢键的插入。据报道，$[(C_5H_5)_2LnH]_2$在 25 °C，100 kPa 压力 H_2 条件下，催化 1-己烯氢化的转换数为 $1.2\times10^5\ h^{-1}$，远高于熟知的过渡金属均相催化剂 $RhCl(PPh_3)_3$ 等的活性。

Cp_2LnH + R—CH=CH₂ → R—CH(—)—CH₂—$LnCp_2$ → R—CH₂—CH₂—H + Cp_2LnH

二茂稀土金属催化烯烃氢化

茂稀土有机氢化物催化烯烃氢化显示出很高的立体选择性，末端双键的反应速度远远大于中间双键，因此可以实现末端双键的选择性还原。对环内烯烃，双键一般从位阻小的面插入稀土金属-氢键，得到顺式产物。

2. 催化烯烃氢环化

当底物烯烃为 1, 5 末端二烯或 1, 6 末端二烯时，在$(C_5Me_5)_2YMe(THF)$催化下，发生氢化环化，通过双键的串联可以实现环化，形成环戊烷或环己烷类化合物（反应过程如下）。反应活性中间体是$(C_5Me_5)_2YH$，它是通过甲基化合物在原位氢解形成。双烯向 Y—H 键的二次插入再氢解，构成了催化环化循环过程。

H
( )n
Cp_2LnH
( )n
H
$LnCp_2$
( )n
( )n
$LnCp_2$

3. 催化烯烃和极性单体聚合

稀土有机配合物是广谱小分子聚合催化剂，可以催化简单烯烃、官能化烯烃、炔烃、内酯和环氧化物等多种小分子聚合生成高聚物或共聚物。早在 1960 年就有专利报道稀土金属催化剂可以催化乙烯聚合，进一步的研究表明稀土金属催化剂可以使乙烯聚合生成高相对分子质量和高结晶度的线型聚乙烯。稀土金属配合物-烷基铝体系可以实现丁二烯的高选择性定向聚合，生成顺-1, 4-丁二烯。环芳烃稀土金属催化体系能用于催化末端炔烃、乙烯、苯乙烯、丙烯酸酯、内酯和环氧化物聚合。催化乙烯聚合是稀土催化中研究最早的反应。很多化合物如$[(C_5H_5)_2LnMe]_2$、$(C_5Me_5)_2LnMeL$（$L=Et_2O$, THF）、$(C_5Me_5)_2LnOEt_2$（Ln=Sm, Yb, Eu）、$[(C_5Me_5)_2LnH]_2$等可以引发乙烯聚合，其中活性最高的是$[(C_5Me_5)_2LnH]_2$。$(C_5H_5)_2LnH]_2$在 25 °C，100 kPa 压力 H_2 条件下，乙烯转换数可高达 $1.8\times10^3\ h^{-1}$。聚合反应机理认为，乙烯不断向 Ln—C 键或 Ln—H 键插入，组成了链的增长反应；稀土-碳聚合链发生 β-H 消去，是链的转移反应。因此插入反应与 β-H 消去反应速率之比，决定了聚合物的相对分子质量和相对分子质量分布。

参考文献

[1] 沈泮文. 无机化学.北京：化学工业出版社，2002.

[2] WEISSMAN S I. J. Chem. Phys. 1942, 10: 214.

[3] SINHA S P, In rao, C N, FARRARO J R. Spectroscopy in Inorganic chemistry. New York: Academic Press, 1971.

[4] HORROCKS Ir. W. D. N. Albino. Prag., Inorg. Chem., 1984, 31: 1.

[5] 黄春辉. 稀土配位化学. 北京：科学出版社，1997.

[6] 钱长涛，杜灿屏. 稀土金属有机化学. 北京：化学工业出版社，2004.

[7] 杨迟，杨燕生. 大学化学. 1995.

[8] SHIONOYA S, YEN W M. Phosphor Handbook. Boca Raton: CRC Press Inc., 1999.

[9] KIDO J，OKAMOTO Y. Chem. Rev. 2002, 102: 2357.

[10] 宋学琴. 酰胺型配体稀土配合物的设计、合成、结构及荧光性质研究[D]. 兰州：兰州大学，2008.

[11] REDPATH T W. Br J Radiol,1997,70:S70.

[12] LAUFFER R B.Chem Rev,1987,87:901.

[13] CHANG C A, FRANCESCONI L C, MALLEY M F,et al. J Inorg Chem, 1993,32:3501.

[14] 游效曾，孟庆金，韩万书. 配位化学进展. 北京：高等教育出版社，2000.

[15] 沈琪，钱延龙，廖世健. 北京：化学工业出版社，1989.